Documentación técnica

Paraninfo

Documentación técnica

José Manuel Espinosa Malea
Inmaculada Rubio Rubio

Paraninfo

Documentación técnica

© José Manuel Espinosa Malea e Inmaculada Rubio Rubio

Gerente Editorial
María José López Raso

Equipo Técnico Editorial
Paola Paz Otero
Sofía Durán Tamayo

Editora de Adquisiciones
Carmen Lara Carmona

Producción
Nacho Cabal Ramos

Diseño de cubierta
Ediciones Nobel

Preimpresión
Montytexto

2.ª edición, 2024

C/ Sierra de Guadarrama 35. Naves 2, 3, 4 y 5
Polígono Industrial San Fernando II
28830 San Fernando de Henares
Teléfono: 914 463 350
clientes@paraninfo.es / www.paraninfo.es

ISBN: 978-84-283-6202-3
Depósito legal: M-5220-2024
(28.736)

Impreso en España / *Printed in Spain*
Graficas Summa (Llanera, Asturias)

La editorial recomienda que el alumnado realice las actividades sobre el cuaderno y no sobre el libro.

Presentación

Este libro desarrolla los contenidos del módulo profesional de **Documentación Técnica,** del Ciclo Formativo de grado superior en Automatización y Robótica Industrial, de la familia profesional de Electricidad y Electrónica.

Las unidades del libro se acompañan de multitud de **recursos didácticos** que ayudarán al futuro profesional a comprender la materia y acercarlo a su inminente realidad laboral:

Esta **nueva edición,** revisada y actualizada, recoge la última versión del programa de representación y simulación CADeSIMU y la versión educacional de ePLAN. Con estos programas se realizan detallados ejemplos de representación de planos de instalaciones automatizadas (esquemas de potencia y alimentaciones, maniobras cableadas o con PLC, electroneumática), utilizando especialmente en ePLAN las macros y los àrtículos obtenidos de Data Portal y la construcción de cuadros 3D con sus vistas 2D acotadas.

- Legislación y normativa actualizada.
- Numerosas figuras y esquemas de cableado con un alto nivel de detalle.
- Planos de cableados realizados paso a paso.
- Actividades resueltas de manera detallada.
- Mapas conceptuales al final de las unidades para repasar.
- Actividades de comprobación de tipo test, de aplicación y de ampliación en todas las unidades.

Este libro dispone de los siguientes **materiales y recursos** disponibles en línea para el **profesorado** que **confirme su adopción** como libro de texto para impartir la materia:

- **Programación didáctica.**
- **Solucionario.**
- **Presentación en PowerPoint.**
- **Materiales y documentación extra.**
- **Examina.**
- **LDP (Libro Digital Proyectable).**

Este libro dispone además de **materiales y recursos previo registro** disponibles en línea para el **alumnado:**

- **Planos en PDF de las actividades resueltas.**
- **Enlace para la descarga de programas.**

Agradecimientos

La realización de este libro ha sido posible gracias a la ayuda y a la aportación desinteresada de diferentes personas y empresas de materiales técnicos de uso en el ámbito de las instalaciones automatizadas (eléctricas, neumáticas/electroneumáticas, comunicaciones, sistemas de potencia, robótica, etc.). Con toda esta información, material gráfico, contenidos y orientación se ha podido completar una obra rica en contenidos actuales y que es una herramienta útil para abordar el aprendizaje y la elaboración de la documentación técnica para estudiantes y para profesionales técnicos.

Los autores quieren agradecer sinceramente a las siguientes empresas por permitir la publicación de contenido gráfico y documental de su propiedad:

- Siemens.
- Schneider Electric.
- ABB.
- Phoenix Contact.
- Autodesk.
- ePLAN.
- Cype.
- IFM electronic.
- Baumer Electric.
- Pepper+Fuchs.

También queremos agradecer y ensalzar el excelente trabajo realizado por D. Juan Luis Villanueva Montoto al crear y mejorar un programa informático como CADeSIMU. Sin duda, es muy útil como primera herramienta informática didáctica para introducir al alumnado en el campo de las diferentes instalaciones automatizadas.

Nos gustaría añadir nuestra gratitud a todos aquellos compañeros, presentes y pasados, que han contribuido al desarrollo de los contenidos incluidos en el libro. En especial, cabe citar al compañero D. Agustín López Herreros por su buen hacer en el diseño de cuadros eléctricos representados con los programas técnicos AutoCAD y ePLAN Educacional.

No sería justo no mencionar a los alumnos, de quienes siempre se aprende algo año tras año en nuestro camino en el mundo de la docencia.

También es preciso remarcar nuestra gratitud al equipo de Ediciones Paraninfo, puesto que sin su confianza, esfuerzo y dedicación esta obra nunca hubiera podido ser llevada a cabo.

Índice

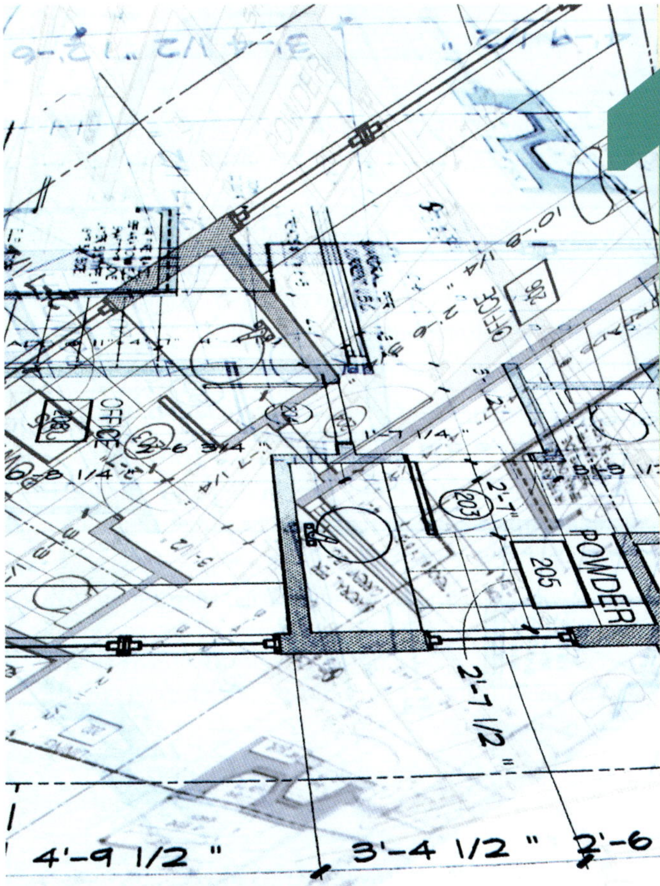

1 Identificación de la documentación técnico-administrativa de las instalaciones y sistemas

Contenidos

Objetivos

- Conocer los diferentes documentos que componen un Proyecto.
- Identificar la función de cada documento que forma parte de un Proyecto.
- Conocer la temporalización de las diferentes fases requeridas para elaborar un Proyecto, así como los tipos de Proyectos.
- Relacionar el Proyecto del sistema automático con el Proyecto general.
- Conocer y utilizar la normativa de aplicación.
- Conocer las gestiones necesarias para tramitar legalmente un Proyecto, incluyendo el proceso de puesta en servicio.

En esta unidad se pretenden conocer las características más importantes de los diferentes documentos (Memoria, Anexos, Pliego de Condiciones, Planos y Presupuesto) asociados a los Proyectos de instalaciones y sistemas automatizados. Conviene situar el Proyecto en el tiempo y ser consciente de las diferentes fases requeridas hasta su elaboración (incluyendo, si es necesario, un Anteproyecto) y posterior ejecución. En estas fases intervienen el promotor, los técnicos competentes (estudio de ingeniería), el director de la ejecución y las empresas contratadas para la fase de ejecución y para las fases de verificación e inspección (certificación de la instalación o sistema automatizado).

Es también preciso poder clasificar los diferentes tipos de Proyectos y verificar en los equipos técnicos el cumplimiento de normas y directrices que garantizan su calidad.

Por último, es interesante plantear la etapa final del Proyecto que implica la tramitación y legalización de la instalación ante las Administraciones competentes y su posterior puesta en servicio.

1.1. Documentos básicos que componen un Proyecto

Un **Proyecto** (del latín *proiectio)* se puede definir, de manera general, como un **conjunto de documentos** en los que se deben detallar **los medios necesarios** y los **procesos requeridos** para **dar forma a un plan o a una idea de una cosa** que se desea hacer.

Más concretamente, en el ámbito técnico, un Proyecto Técnico se puede entender como el **conjunto de documentos** que permite **definir un proceso o instalación de tipo industrial,** de tal forma que varios profesionales cualificados de diferentes ámbitos técnicos puedan dirigir, con arreglo a los mismos, los diferentes trabajos necesarios para su **completa definición** en un **tiempo limitado y** con un **coste económico fijado** (por ejemplo, la ejecución y verificación de las diferentes instalaciones eléctrica, neumática e hidráulica requeridas en un proceso de automatización industrial).

En la actualidad, gracias a las **nuevas tecnologías,** está de moda el concepto de Industria 4.0 que añade **nuevas herramientas** en el **proceso de diseño del Proyecto** y su **posterior implementación.** Como ejemplo de ellas se pueden citar la integración de sistemas, el Internet de las cosas, la ciberseguridad, el uso de herramientas de simulación de procesos, la robótica, la realidad aumentada, la información disponible en la nube, etcétera.

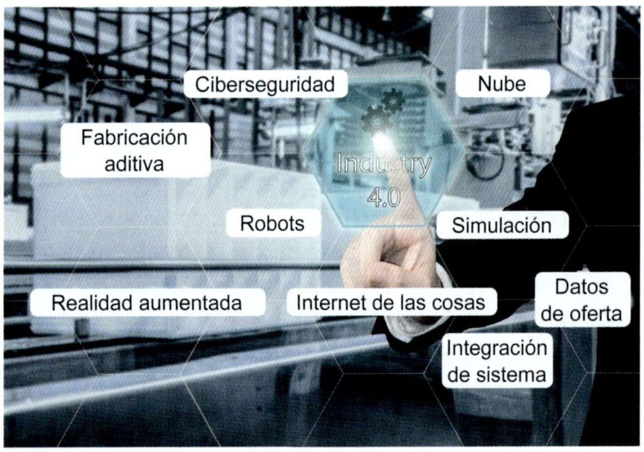

Figura 1.1. Nuevas tecnologías presentes en el concepto de Industria 4.0.

De forma tradicional, un Proyecto Técnico debe contar con, al menos, **cuatro documentos tipo,** que son:

- **Memoria** con sus **Anexos** (de cálculos, de programación, etcétera).
- **Planos.**
- **Pliego de Condiciones Técnicas y Facultativas.**
- **Mediciones y Presupuesto.**

No hay que olvidar elaborar una **portada** y un **índice general** de todo el Proyecto que se deben situar al principio de este.

Además, según el tipo de instalación automatizada que proyectar, puede ser necesario añadir **más documentos** como son un Estudio básico de Seguridad y Salud, un Estudio de impacto ambiental, un Estudio de gestión de residuos, etcétera.

Es posible plantear una serie de **características comunes** para los Proyectos, como son:

- Requieren de una **etapa previa de planificación,** de una **etapa de ejecución** y de una **etapa final** de entrega al promotor del Proyecto.
- Los documentos deben ser **claros, bien estructurados** y deben incluir la información técnica, económica y legal (por ejemplo, para pedir permisos ante las Administraciones u organismos oficiales) que requiere el promotor.
- Se utilizan para definir los **datos técnicos,** los **detalles constructivos** y las **condiciones de ejecución** del Proyecto.
- Requieren ir **firmados por el técnico competente** y, en la mayoría de casos, ir visados por el colegio profesional.
- Es necesario **ajustarlos a un plazo de tiempo limitado,** aunque pueden verse modificados fácilmente si cambian las condiciones iniciales previstas que afectan, por ejemplo, a los materiales, a los procesos de ejecución de las diferentes instalaciones, a las licencias y a los equipos de personal requeridos.
- Requieren un **proceso de control y monitorización,** durante la fase de ejecución para garantizar el resultado final.
- El **Presupuesto Real,** una vez finalizada la ejecución del Proyecto, debería mantenerse en torno al ± 5 % del Presupuesto inicial. Se suele incrementar fácilmente en caso de modificaciones o aplazamientos de este.

No obstante, es importante recalcar la **diversidad de Proyectos** que se pueden dar dentro del ámbito de los **sistemas automáticos y automatizados.** No en vano, los contenidos requeridos pueden ir desde el ámbito de las instalaciones (eléctricas, hidráulicas, neumáticas) hasta la robótica industrial pasando por la programación de autómatas y de pantallas táctiles, sistemas SCADA, las comunicaciones industriales, los accionamientos industriales (eléctricos como motores, hidráulicos y neumáticos como cilindros), la informática industrial, los sistemas de potencia (variadores, arrancadores), la sensórica digital, los transductores analógicos, el uso de herramientas de diseño y representación (ePLAN Educacional, AutoCAD, Automation Studio, CADeSIMU), etcétera.

Válvula neumática 5/2 monoestable	Periferia descentralizada ET200S PROFIBUS	Variador de velocidad SINAMICS G120

Figura 1.2. Elementos presentes en Proyectos de sistemas automáticos y automatizados.

Además, a esta variabilidad de conocimientos, se deben añadir las **diferentes soluciones técnicas disponibles en el mercado** como consecuencia de utilizar unos u otros fabricantes de materiales (Siemens, ABB, Schneider Electric, Phoenix Contact, Bihl+Wiedemann, etcétera).

SIEMENS	ABB	Schneider Electric
PHOENIX CONTACT	Bihl + Wiedemann	

Figura 1.3. Fabricantes de materiales para sistemas automáticos y automatizados.

Es por ello por lo que se puede afirmar que **no hay dos soluciones técnicas iguales a un mismo Proyecto** cuando se utilizan materiales de diferentes fabricantes. Todo esto implica una gran variabilidad en la solución técnica del Proyecto y en la manera de generar la documentación técnica necesaria ya indicada, sobre todo en lo referido a la parte gráfica de los mismos (Planos).

1.1.1. Memoria

La **Memoria** es el documento en el que se recoge el **desarrollo del Proyecto** (desde su objeto hasta las soluciones alternativas posibles que consideren todos los factores) y en el que se deben **indicar los resultados de este.** Suele ser habitual incluir, de forma orientativa, una **estimación del tiempo necesario** para cumplir con las diferentes fases requeridas en el Proyecto y un estudio de los costes estimados ligados a cada fase. La extensión de la Memoria debe permitir una lectura directa, clara y concisa.

La Memoria está formada por varios documentos, que son:

- La **Memoria Descriptiva** es un documento que **justifica e informa sobre el proceso seguido de elaboración del Proyecto y la solución adoptada** de entre las propuestas. Se suele dividir en tantos capítulos o apartados como sean necesarios para su elaboración. Según el tipo de Proyecto e instalación, pueden existir índices (fijados por normativa) con los contenidos mínimos que debe tener. Algunos apartados comunes a muchos Proyectos pueden ser los que figuran en la Tabla 1.1.

Tabla 1.1. Apartados comunes en las memorias descriptivas

Objetivos	Se describen los objetivos o propósitos del Proyecto.
Justificación	Permite indicar las necesidades o mejoras técnicas en el ámbito de la automatización y robótica que el Proyecto cubre.
Antecedentes	Se pueden añadir estudios previos o anteproyectos con referencias a normativas de aplicación.
Emplazamiento	Indicación de dónde se encuentran ubicadas las instalaciones (ver Plano correspondiente).
Descripción del proceso	Según el tipo de instalaciones y equipos que incluya.
Conclusiones y resumen	Indicación de las conclusiones y resumen de la solución técnica implementada.

- Los **Anexos** de cálculos justificativos o de programación son documentos en los que reflejar el método de diseño y selección de los diferentes componentes del Proyecto, según los tipos de instalaciones y equipos involucrados, y listar los segmentos de programación de autómatas, pantallas táctiles o robots requeridos en el Proyecto. Permiten resolver el Proyecto y sirven para comprobar la validez de la solución adoptada.

Pueden incluir documentación relativa a las fases previas del Proyecto como un Estudio previo o un

Anteproyecto o Proyecto básico. En el caso de Proyectos de utilidad pública, se puede añadir el Pliego de las bases del concurso del Proyecto.

- La **Planificación y Programación** de la ejecución de la instalación. Es habitual emplear un diagrama de barras o una red CPM/PERT para definir los plazos temporales requeridos en la ejecución y puesta en marcha de cada instalación o equipo dentro del Proyecto.

Actividad resuelta 1.1

Plantea el índice de la Memoria Descriptiva de un Proyecto para un sistema SCADA de control de un proceso industrial realizado en TIA Portal para equipos Siemens.

Solución:

Tabla 1.2. Ejemplo de Memoria Descriptiva de un sistema SCADA

1. Introducción	1
1.1. Objetivo del Proyecto	1
1.2. Entorno del Proyecto	3
1.3. Justificación del Proyecto	5
2. Antecedentes	7
2.1. Conceptos técnicos	7
2.2. Gestión económica	9
2.3. Conceptos de maquinaria	10
2.4. Problemas comunes	13
3. Objetivos del Proyecto	15
3.1. Objetivo de rendimiento	15
3.2. Objetivo eléctrico	16
3.3. Objetivo de programación	17
4. Hipótesis del Proyecto	19
4.1. SCADA con TIA Portal	19
4.2. Descripción de la máquina	20
4.3. Características de las mejoras	22
5. Metodología y resultados	23
5.1. Solución del problema	23
6. Conclusiones	25
6.1. Resumen	25
6.2. Repuestos y mantenimiento	26
7. Bibliografía	29
8. Anexos	31
8.1. Programación S7-1512C y pantalla HMI	31
8.2. Manual S7-1500	32
8.3. Manual TP1200-Comfort Panel	33

- Otros **Estudios** requeridos por diversos motivos como puede ser un Estudio de Seguridad y Salud o básico de Seguridad y Salud, un Estudio Medioambiental, un Estudio de costes o económico, etcétera.

Actividad resuelta 1.2

Plantea el índice de la Memoria Descriptiva de un Proyecto de integración de un robot industrial IRB 120 en un proceso automatizado.

Solución:

Tabla 1.3. Ejemplo de Memoria Descriptiva de un Proyecto de robótica

1. Introducción	1
1.1. Entorno del Proyecto	2
1.2. Enfoque del Proyecto	4
1.3. Justificación del Proyecto	5
2. Antecedentes	7
2.1. Robot IRB 120	7
2.2. Smart Components	8
2.3. Lenguaje Rapid	10
3. Objetivos del Proyecto	11
3.1. Objetivos principales	11
3.2. Riesgos de seguridad	12
3.3. Riesgos económicos	13
4. Hipótesis de trabajo	15
4.1. Limitaciones del lugar de instalación	15
4.2. Limitaciones del equipo	16
4.3. Otros condicionantes	17
5. Metodología y resultados	19
5.1. Solución propuesta	19
5.2. Metodología empleada	21
5.2.1. Diseño	21
5.2.2. Uso de Smart Components	22
5.2.3. Entradas/Salidas y lógica del proceso	25
5.2.4. Lenguaje Rapid empleado	26
5.3. Resultados	30
6. Conclusiones y propuestas	32
6.1. Conclusiones finales	32
6.2. Posibles mejoras	33
7. Bibliografía	34
8. Anexos de Programación Rapid	35
8.1. CalibData	35
8.2. CintaOFF	36
8.3. Ordenar	40
8.4. Bloque Main	40

1.1.2. Planos

Los **Planos** son la **representación gráfica del Proyecto.** Son los documentos **más utilizados durante la ejecución** de las máquinas o instalaciones, siendo preciso disponer de Planos de conjunto y de Planos de detalle.

El número de Planos necesario en un Proyecto no está fijado, siendo **tantos como sean necesarios** para que la máquina o la instalación estén definidas de la forma más concreta posible, sin añadir información inútil e innecesaria. Para evitar equívocos, la elaboración de los Planos debe ajustarse rigurosamente a la normativa UNE y los preceptos del dibujo técnico, tanto en la representación, los tamaños y las escalas como en el plegado de estos.

Los Planos, junto con el Pliego de Condiciones, forman los documentos **que tienen carácter vinculante** al estar **definidos en los contratos firmados** entre el promotor o fabricante y la empresa o ingeniería que desarrolla el Proyecto.

Todos los Planos deben incluir el título del Proyecto y de cada Plano, la escala a la que se han ejecutado, su numeración dentro del Proyecto (indicándose el número de Plano y el número de hoja), el autor y el número de colegiado con su firma, la fecha y el visado del colegio profesional.

Actividad resuelta 1.3

Explica la estructura del documento de Planos, realizado con un programa informático de dibujo técnico, de la instalación automatizada de una máquina dosificadora de especias de una industria alimentaria.

Solución:

El documento de Planos de una instalación automatizada para la dosificación de especias en una industria alimentaria consta de 68 páginas realizadas mediante el uso de un programa informático de dibujo técnico en formato DIN A3 con cajetín.

La primera página es la portada de este con la información relevante de la empresa para, a continuación, situar 3 páginas de índices con la ruta relativa o IME a cada página, la descripción de esta, la fecha y el responsable. A continuación, se indican las especificaciones técnicas de la máquina junto con los Planos o esquemas de potencia y los Planos con los módulos o relés de seguridad requeridos. También es habitual realizar el esquema de montaje del cuadro eléctrico que, en este caso, requiere montar las protecciones eléctricas, borneros con bornes triples, switch de comunicación de 4 puertos, acopladores PN/PN y el autómata programable S7-1214C con sus módulos de señal SM.

El resto de Planos desglosan las alimentaciones al PLC, las conexiones de cada uno de los bytes de entradas digitales al autómata y a los módulos de señal con entradas digitales SM1221 y SM1223, las conexiones de cada uno de los bytes de salidas digitales del autómata y de los módulos de señal con salidas digitales SM1222 y SM1223, las conexiones de cada una de las entradas analógicas requeridas en la máquina conectadas a los módulos de señal con entradas analógicas SM1231 y todos los Planos de bornes con el desglose de las conexiones de cada borne del cuadro eléctrico.

1.1.3. Pliego de Condiciones

El **Pliego de Condiciones Técnicas y Facultativas** es un documento que sirve para describir las **características exigibles a los elementos y equipos necesarios** en la ejecución de las máquinas o instalaciones del Proyecto. Tiene **carácter vinculante,** como los Planos, y el promotor está obligado a cumplirlo durante la ejecución del Proyecto.

Es, desde el **punto de vista contractual,** el **documento más importante del Proyecto.** Por tanto, el Pliego de Condiciones fija cómo se deben ejecutar las diferentes partes del Proyecto y su influencia en el coste final de la máquina o instalación es importante. Esto es debido a que **debe prever lo imprevisto,** como, por ejemplo, la aparición de unidades de obra no contempladas en el Proyecto, las penalizaciones por retraso en la ejecución, etcétera.

En Proyectos de gran extensión, el pliego se suele dividir en hasta cinco documentos diferenciados que hacen referencia a las condiciones generales, a las condiciones de materiales y equipos, a las condiciones de ejecución, a las condiciones económicas y a las normas de seguridad e higiene:

- El documento de **condiciones generales** recoge aspectos generales del Proyecto como las normas técnicas, los reglamentos y las leyes de aplicación, así como aspectos relacionados con las responsabilidades de las empresas que participan en la ejecución del Proyecto, pólizas de seguros requeridas, etcétera.
- El documento de **condiciones de materiales y equipos** fija los requisitos y especificaciones técnicas y normativas de los diferentes materiales y equipos necesarios para implementar el Proyecto.
- El documento de **condiciones de ejecución** establece la forma de ejecutar el montaje de los diferentes equipos e instalaciones del Proyecto (eléctricas, neumáticas, de automatización, de comunicaciones, etc.) y su entrega al promotor. Se pueden utilizar documentos como controles de calidad, ensayos y el libro de órdenes del director del Proyecto, así como definir

las condiciones para la recepción provisional de la máquina o instalaciones, su periodo de prueba y su entrega final.

- El documento de **condiciones económicas** establece la forma de medir, valorar y pagar los trabajos realizados durante las diferentes fases del Proyecto. Será necesario definir elementos como la fianza inicial de la ejecución (para hacer frente a las penalizaciones por demora o por incumplimiento de partes no ejecutadas), los criterios para resolver precios contradictorios o no contemplados inicialmente, las condiciones de pago de maquinaria o equipos de montaje, valoraciones, mediciones y pagos de cada partida del Proyecto, etcétera.

- El documento con la **normativa de seguridad e higiene** que pueda afectar a parte de la instalación objeto de Proyecto (por ejemplo, la relacionada con torres de refrigeración y sistemas de conducción de agua caliente sanitaria para la prevención y el control de la legionelosis).

1.1.4. Mediciones y Presupuesto

El **Presupuesto** es un **documento orientativo, sin carácter vinculante,** que permite conocer el precio asociado a todas las etapas o fases del Proyecto; es decir, la inversión necesaria para su diseño, ejecución y puesta en marcha.

La elaboración de un Presupuesto requiere, inicialmente, realizar las **mediciones de las distintas unidades de obra o partidas** que componen el Proyecto. Las unidades de obra o partidas son las distintas partes en que puede dividirse y medirse un Proyecto. Posteriormente, se deben determinar los **precios de cada partida** teniendo en cuenta:

- **Precio de los materiales,** suma de su precio de compra y de los gastos de almacenaje, transporte, pérdidas y roturas en la manipulación, etcétera.

- **Precios de la mano de obra,** con los gastos añadidos de tipo social (seguros de accidentes, cotizaciones, vacaciones, indemnizaciones) y gastos asociados al desplazamiento de los operarios.

- **Precio de los equipos y maquinaria necesaria** durante la ejecución de las distintas etapas del Proyecto.

Los precios empleados en la elaboración del Presupuesto pueden ser **precios unitarios** (expresión en cifras de los precios de las unidades de obra) o pueden ser **precios descompuestos** (precios de las unidades de obra indicando cada una de las cantidades de materiales y los tiempos empleados de maquinaria y mano de obra). Por último, se elaborará el Presupuesto como suma de las diferentes unidades de obra, multiplicadas por su precio unitario. El valor resultante recibe el nombre de **Presupuesto de Ejecución Material (PEM).**

De forma orientativa, se deberán añadir los gastos generales y financieros que oscilan entre un 12 y un 20 %, y el beneficio industrial, que es el 6 %. Por tanto, el coste total del Proyecto se obtiene sumando el Presupuesto de Ejecución Material, los gastos generales y el beneficio industrial. Faltará añadir sobre el coste total el IVA (normalmente, el 21 %) para obtener el Presupuesto de Ejecución por Contrata (PEC). Además, puede ser necesario añadir otros gastos ligados al diseño del Proyecto (10 % del PEM) y a la tramitación de licencias (6 % del PEM) para definir el Presupuesto Final ante la Administración.

1.2. Fases del Proyecto Técnico

La elaboración de un Proyecto Técnico requiere conocer, inicialmente, la **necesidad que tiene su promotor.** En muchos casos, esa necesidad está perfectamente definida (lo que ayuda mucho a su rápida y correcta puesta en el papel o elaboración de la documentación), pero en otros casos la novedad de la idea, de la máquina o de la instalación deja lagunas o zonas muertas en la etapa de diseño que cuesta mucho tiempo rellenar o superar. Para ello, es necesario contar con la **labor técnica de un profesional o grupo de profesionales** altamente cualificados.

Las **distintas fases** en el desarrollo de un Proyecto de tipo técnico, cualquiera que sea su temática o complejidad, se deben realizar en el tiempo mediante un esquema temporal más o menos flexible definido por el proyectista.

De forma resumida, el proceso debe empezar con una **fase de entrevistas entre** el **promotor y** el **proyectista** (profesional o grupo de profesionales cualificados que reciben el encargo formal en el que se fijan las condiciones de la colaboración), que dará lugar a la elaboración, por parte del proyectista, de una o varias soluciones **(estudios o esquemas previos)** para que el promotor pueda introducir modificaciones y concrete más aquellos puntos o aspectos más novedosos del Proyecto.

La siguiente etapa, que no siempre se realiza pues es más propia de Proyectos complejos en donde sea requerido como un requisito para la autorización de la instalación por parte de la Administración, es la **elaboración de un Anteproyecto o Proyecto básico.** El Anteproyecto tiene por objeto definir las líneas básicas o planteamientos del Proyecto, de manera que suministre la información necesaria para justificar la selección de la mejor solución técnica posible. También permite tomar la decisión de rehacer o replantear las soluciones presentadas o, incluso, la decisión de abandonar el Proyecto.

Actividad resuelta 1.4

Plantea una unidad de obra descompuesta ligada a materiales de un Proyecto de automatización con un autómata programable S7-1500 del fabricante Siemens.

Solución:

Tabla 1.4. Ejemplo de unidad de obra descompuesta

Cantidad	Designación	Descripción	
1	Equipo de automatización para sala de caldera con control y supervisión de temperatura y presión.	Coste del controlador S7-1500 de Siemens, equipos informáticos para puesto de supervisión, limitador de temperatura, sonda para medición de temperatura de humos y transductor de presión.	
DESGLOSE			
Cantidad	**Elemento**	**Coste unitario (€/unidad)**	**Coste total (€)**
1	Autómata S7-1500 Siemens compuesto por: 1 Fuente de alimentación PM1507, 24 V DC, 8 A (ref. 6EP1333-4BA00) 1 CPU 1516-3PN/DP (ref. 6ES7516-3AN00-0AB0) 1 Tarjeta de memoria 24 Mb Flash (ref. 6ES7954-8LF02-0AA0) 1 Módulo de 32 entradas digitales 24 V DC (ref. 6ES7521-1BL00-0AB0) 4 Módulos de 8 entradas analógicas U/I/RTD/TC (ref. 6ES7531-7KF00-0AB0) 3 Módulos de salidas digitales 8xAC 230 V/5 A, Relés, 8 canales en grupos de 1,5 A por grupo (ref. 6ES7522-5HF00-0AB0) 1 Módulo de 4 salidas analógicas U/I 16 bits (ref. 6ES7532-5HD00-0AB0) 1 perfil soporte 482 mm (ref. 6ES7590-1AE80-0AA0) 1 Licencia de *software* STEP 7 Professional V18 (ref. 6ES7822-1AA08-0YA8) 12 Conectores frontales (ref. 6ES7592-1AM00-0XB0)	4286,70	4286,70
1	Equipo informático HP con monitor	870,00	870,00
8	Sondas de temperatura Regeltechnik PT-100	200,00	1600,00
5	Transductor de presión Siemens	176,00	880,00
TOTAL			7636,70

En general consta de una Memoria, un Presupuesto y unos Planos. La Memoria es un documento que permite justificar la solución o soluciones presentadas (cumpliendo la normativa vigente) para la máquina o instalación industrial automatizada, los criterios para decidir el emplazamiento de la instalación y una descripción general del conjunto de los equipos o instalaciones industriales.

El Presupuesto permite conocer una valoración aproximada del coste del Proyecto, mientras que los Planos deben integrar, al menos:

- Planos de situación y de emplazamiento.
- Plano de planta general y secciones más significativas.
- Esquemas unifilares simplificados del conjunto de la máquina o de la instalación industrial, esquemas neumáticos, etc., con indicación de las instalaciones existentes y las modificaciones o ampliaciones requeridas.
- Programación de los equipos afectados (variadores, autómatas, robots, etcétera).

Tras esta fase, es el momento de **desarrollar la solución elegida** (de común acuerdo entre el promotor y el proyectista) mediante la elaboración del correspondiente **Proyecto.** Una vez elaborado, se debe firmar por el técnico competente y visar por parte del colegio profesional correspondiente para, a continuación, si es necesario, empezar su tramitación legal. En esta etapa suele ser habitual tener **periodos de tiempo de espera** así como posibles **revisiones y modificaciones** de cada uno de los documentos que integran el Proyecto.

La **fase final** del proceso requiere las **negociaciones para la contratación** de las diferentes empresas que van a ejecutar el Proyecto de acuerdo con una planificación temporal realizada. En caso de Proyectos grandes, esta fase puede ser más laboriosa en su gestión por el número de empresas intervinientes y por las posibles subcontrataciones de trabajos que se puedan realizar. También pueden producirse uniones temporales de empresas (UTE) para la ejecución de grandes Proyectos.

Una vez firmados todos los contratos, si es necesario, se procede a **solicitar** las **autorizaciones o permisos** de obras a los ayuntamientos correspondientes para poder iniciar los trabajos de **ejecución de las instalaciones** según la planificación establecida.

1.3. Tipos de Proyectos

Existen multitud de criterios que permiten establecer una clasificación sobre los diferentes tipos de Proyectos Técnicos. Algunos de ellos son:

a) Según el nivel de dificultad

- **Proyectos sencillos:** son aquellos que están **centrados en uno o pocos ámbitos tecnológicos** y cuentan con un **número pequeño de elementos e instalaciones.** Se pueden utilizar para tareas no muy complejas y se pueden realizar y ejecutar en un tiempo relativamente corto.

  Por ejemplo, sería el Proyecto para realizar una **máquina automatizada sencilla cableada,** con autómata centralizado o con un brazo robot utilizando detectores, preactuadores eléctricos y neumáticos (contactores, relés auxiliares, electroválvulas, etc.) y variadores de velocidad.

- **Proyectos complejos:** son aquellos que requieren una **planificación elevada** debido a que deben **coordinar muchas actividades diferentes.** Están centrados en muchos ámbitos tecnológicos y cuentan con un gran número de elementos e instalaciones.

  Por ejemplo, la automatización de un **proceso completo** que requiera el uso y la comunicación entre varias estaciones con entradas-salidas

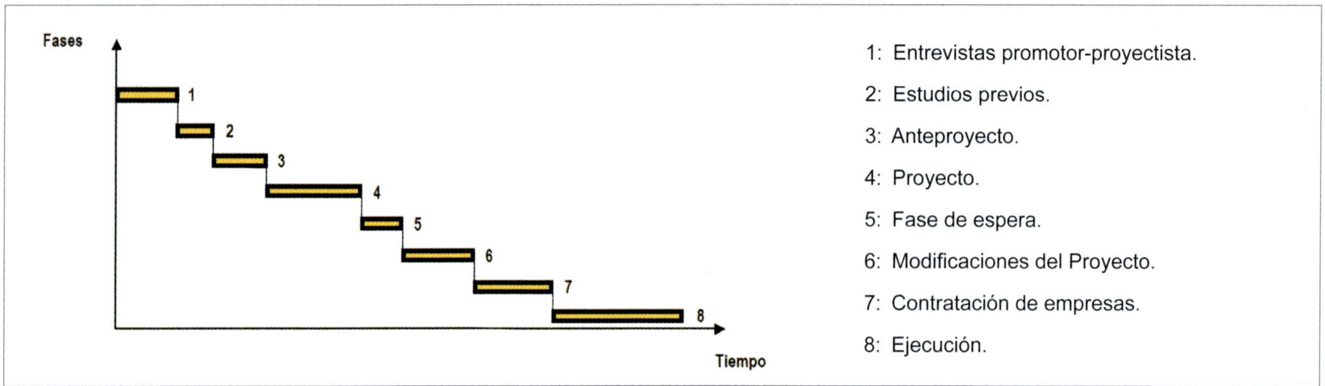

Figura 1.4. Diferentes fases en la elaboración de un Proyecto.

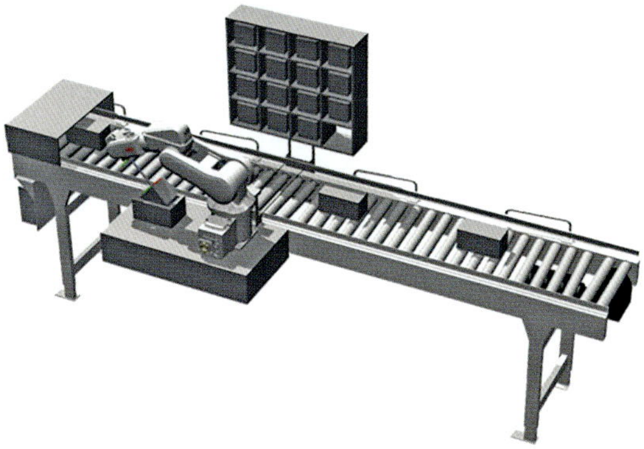

Figura 1.5. Instalación automatizada que requiere un Proyecto sencillo.

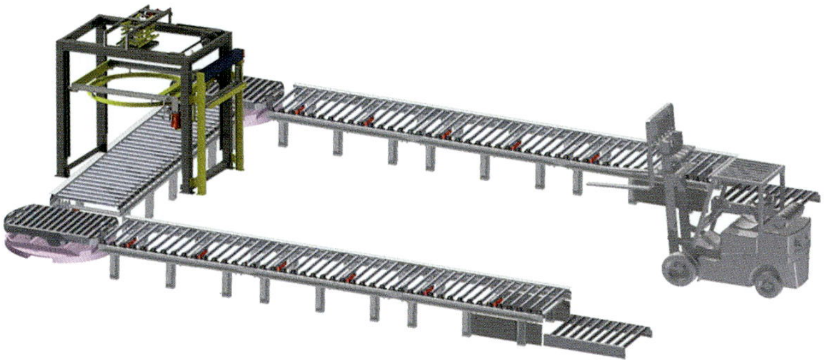

Figura 1.6. Instalación automatizada que requiere un Proyecto complejo.

digitales-analógicas (periferias descentralizadas), variadores de velocidad, pantallas táctiles, comunicaciones entre varios autómatas, sistemas SCADA y el uso de varios robots industriales.

b) Según quien sea el promotor

- **Proyectos de utilidad pública:** están **promovidos por las Administraciones** y tienen, en general, una estructura rígida según el Pliego de Condiciones estipulado en las bases iniciales del correspondiente concurso o subasta.

  Cada Administración suele trabajar con **modelos de impresos de forma definida** y exige la planificación de las diferentes fases del Proyecto, así como la fórmula de revisión de precios. Además, se deben incluir siempre todos los documentos exigidos por la Ley de Contratos del Sector Público que se encuentre en vigor.

  En algunos casos, las Administraciones pueden llegar a fijar aspectos del diseño básico y de detalle que no pueden ser modificados, lo que limita las posibles soluciones técnicas que considerar por los técnicos competentes en la fase de estudio previo o anteproyecto.

  Por ejemplo, pueden ser Proyectos de este tipo un polideportivo, infraestructuras públicas, un polígono industrial, etcétera.

- **Proyectos de iniciativa privada:** se caracterizan por estar **promovidos con fondos de iniciativa privada** provenientes de particulares, fondos de inversión o empresas nacionales o multinacionales con capital propio.

  Este tipo de Proyectos **no son tan rígidos en su forma** y permiten al proyectista adoptar una solución técnica con mayor autonomía y con el mínimo de documentación necesaria para llevar a cabo su ejecución y entrega. No obstante, los Proyectos de instalaciones para **empresas multinacionales** sí pueden disponer de modelos o pautas fijas para las soluciones técnicas requeridas.

  Solamente en las partes del Proyecto que deben presentarse preceptivamente a la Administración, para su aprobación, se deberán ajustar exactamente a lo indicado por la normativa.

- **Proyectos Fin de Ciclo o de Grado:** son ejemplos de Proyectos donde el promotor o autor es siempre un particular que necesita **elaborar, presentar y defender positivamente un Proyecto académico** para obtener una titulación. Es, por tanto, un requisito formal ligado a las enseñanzas regladas (Formación Profesional o títulos de Grado Universitario).

c) Según el ámbito

- **Proyectos de ingeniería:** son aquellos Proyectos que permiten diseñar y elaborar maquinaria de uso industrial, procesos automatizados y obras de ingeniería.
- **Proyectos informáticos:** son aquellos Proyectos que implican la instalación y puesta en marcha de sistemas informáticos en empresas o instalaciones industriales y sus necesarias actualizaciones.
- **Proyectos tecnológicos:** son aquellos Proyectos que permiten desarrollar o actualizar un bien tecnológico general (por ejemplo, la tecnología 5G) que se pueda implementar en el sector terciario, en instalaciones industriales y en empresas.

Otros tipos de Proyectos que pueden citarse dentro de esta clasificación son los Proyectos artísticos, legales, fiscales, médicos, etcétera.

d) Según el formato empleado

- **Proyectos formales:** son aquellos Proyectos cuya redacción requiere de modelos o documentos establecidos. Se deben presentar ante el organismo correspondiente de la Administración (por ejemplo, Dirección General de Industria) y deben disponer de visado por el colegio profesional competente.

- **Proyectos no formales:** son aquellos que no requieren de modelos o documentos específicos para su realización pues, normalmente, son generados por las empresas u organismos como documentos propios. Por tanto, su estructura y forma no precisa de la aprobación por parte de la Administración.

e) Según su área de influencia

- **Proyectos supranacionales o internaciones:** son aquellos que se desarrollan afectando a grandes regiones (por ejemplo, Europa) o a dos o más países. Se trata de Proyectos definidos por grandes empresas o multinacionales para abastecer de productos manufacturados a grandes mercados. También entrarían en esta definición los Proyectos de Administraciones como la Unión Europea.
- **Proyectos nacionales:** son aquellos que se desarrollan afectando al territorio de un Estado. Son Proyectos definidos por empresas para abastecer de productos manufacturados a un mercado nacional (por ejemplo, España). También entrarían en esta definición las Administraciones estatales (por ejemplo, un Proyecto vinculado a un ministerio).
- **Proyectos locales:** son aquellos vinculados a la actividad de una empresa o pequeña empresa (por ejemplo, una pyme) en un ámbito local como una ciudad. También entrarían en esta definición las Administraciones locales (por ejemplo, un Proyecto vinculado a un ayuntamiento).
- **Proyectos regionales:** son aquellos vinculados a empresas cuya área de influencia es mayor que la local pero menor que la nacional. También entrarían en esta definición las Administraciones autonómicas (por ejemplo, un Proyecto vinculado a una consejería).

1.4. Normativa

Actualmente, gracias a la progresiva implantación en las empresas de los **sistemas de gestión de calidad,** la inmensa mayoría de productos o equipos empleados en la ejecución de los más diversos Proyectos en los ámbitos técnicos cumplen **normativas nacionales** (en España, normas UNE), **supranacionales** (en Europa, normas EN) e **internacionales** como, por ejemplo, las normas IEC o CEI o las normas ISO.

Una **norma técnica** es una **especificación técnica u otro documento redactado, accesible de forma general, en el que se aúnan los resultados de la ciencia, la tecnología y la experiencia del personal técnico.** En España, AENOR (Asociación Española de Normalización y Certificación), entidad reconocida como **Organismo de Normalización** por el Ministerio de Industria, es la encargada de elaborar las normas UNE. Además, AENOR participa en los diferentes Comités Técnicos (CT) de otros organismos de normalización como CEN (Comité Europeo de Normalización), CENELEC (Comité de Normalización Electrotécnico), CEI (Comisión Electrotécnica Internacional) e ISO (Organización Internacional de Normalización).

Un **comité técnico** está integrado por todas las partes interesadas en la normalización de un producto como son los fabricantes, los laboratorios de calibración, la Administración, los consumidores, los representantes del propio organismo de normalización, etc. En cada organismo de normalización existen diferentes comités técnicos, ordenados por un número, los cuales están centrados en **proponer la normativa en sus ámbitos específicos.**

Como ejemplo, el comité CTN-116 de AENOR está centrado en elaborar normativa para:

- Sistemas de automatización industrial e integración relacionados con la fabricación de componentes discretos, abarcando la aplicación de múltiples tecnologías, como, por ejemplo: sistemas de información y control, máquinas y equipos, y sus componentes.
- Normalización en el ámbito de la fabricación aditiva de procesos, términos y definiciones, sistemas de fabricación (materiales, *hardware* y *software*), procedimientos de ensayo, parámetros de calidad, contratos de servicio y cualquier otro tipo de fundamentos.

Este comité técnico está relacionado en el ámbito internacional con los siguientes comités de ISO y de CEN:

- ISO/TC 184: Sistemas de automatización e integración.
- ISO/TC 261: Fabricación aditiva.
- ISO/TC 299: Robótica.
- CEN/TC 310: Tecnologías avanzadas de automatización y sus aplicaciones.
- CEN/TC 438: Fabricación aditiva.

En el caso de fabricantes de países de la Unión Europea, también es necesario el cumplimiento de las **diferentes directivas europeas de seguridad** como, por ejemplo, la Directiva Europea sobre máquinas 2006/42/CE. Una directiva es un **acto jurídico** previsto en el Tratado de la Unión Europea que **obliga a los Estados miembros** a transponerla a las normativas nacionales en un plazo determinado.

AENOR, como otros organismos en el ámbito internacional (DNV, Det Norske Veritas; TÜV Rheinland; BVQI, Bureau Veritas Quality International, UL, Underwriters Laboratories, etc.), es también un **Organismo de Certificación (homologación).** Son entidades que tienen el cometido de establecer la conformidad de una determinada empresa, producto, proceso o servicio a los requisitos definidos en normas o especificaciones técnicas. Una vez comprobado, emiten certificaciones o marcas de conformidad para diversos productos (por ejemplo, el marcado CE), servicios o sistemas.

Por último, en el caso del diseño de las instalaciones eléctricas, neumáticas e hidráulicas es necesario utilizar la normativa estatal y autonómica existente en el momento de realización del Proyecto.

Las instalaciones eléctricas se deben diseñar de acuerdo con el Reglamento electrotécnico para baja tensión y sus Instrucciones técnicas complementarias (Real Decreto 842/2002, de 2 de agosto), las Guías técnicas de aplicación de las ITC y las normas UNE (convenientemente actualizadas) a las que hace referencia el propio reglamento.

Las instalaciones neumáticas se deben diseñar de acuerdo con el Reglamento de equipos a presión y sus Instrucciones técnicas complementarias (Real Decreto 809/2011, de 21 de septiembre).

1.5. Tramitaciones y legalización. Puesta en servicio de las instalaciones

Una vez finalizada la ejecución de la instalación por parte de las diferentes empresas contratadas, el director del Proyecto debe ordenar las **verificaciones** que sean oportunas o preceptivas (según la normativa) en las distintas instalaciones, procesos o partes de la máquina objeto del Proyecto. Estas pueden llevarse a cabo por las propias empresas que han realizado los trabajos o por otras ajenas a los mismos. Además, según el tamaño del Proyecto, puede ser necesario contratar a un organismo externo llamado Organismo de Control Autorizado (OCA) para que realice la inspección de las instalaciones realizadas. Estos organismos están autorizados por las Administraciones para realizar sus labores.

Actividad resuelta 1.5

Busca en Internet la normativa, directivas y certificaciones (homologaciones) que cumple un detector inductivo de seguridad GG711S del fabricante IFM electronic.

Solución:

De acuerdo con la información del fabricante, el producto indicado cumple la Directiva Europea 2006/42/CE sobre máquinas y la Directiva Europea 2004/108/CE sobre compatibilidad electromagnética (CEM). Además, cumple las siguientes normas:

- Norma UNE-EN ISO 13849-1:2008: Seguridad de las máquinas. Partes de los sistemas de mando relativas a la seguridad. Parte 1: Principios generales para el diseño.
- IEC 60947-5-2:2007/A1:2012: Aparamenta de baja tensión. Parte 5-2: Aparatos y elementos de conmutación para circuitos de mando. Detectores de proximidad.
- IEC 61508-2:2010: Seguridad funcional de los sistemas eléctricos, electrónicos, electrónicos programables relacionados con la seguridad. Parte 2: Requisitos para los sistemas eléctricos/electrónicos/electrónicos programables relacionados con la seguridad.
- UNE-EN 62061:2005: Seguridad de las máquinas. Seguridad funcional de sistemas de mando eléctricos, electrónicos y electrónicos programables relativos a la seguridad.

El producto indicado dispone del marcado CE y la certificación UL 508 para equipos de control industrial.

Figura 1.7. Diversas certificaciones de productos de diferentes organismos.

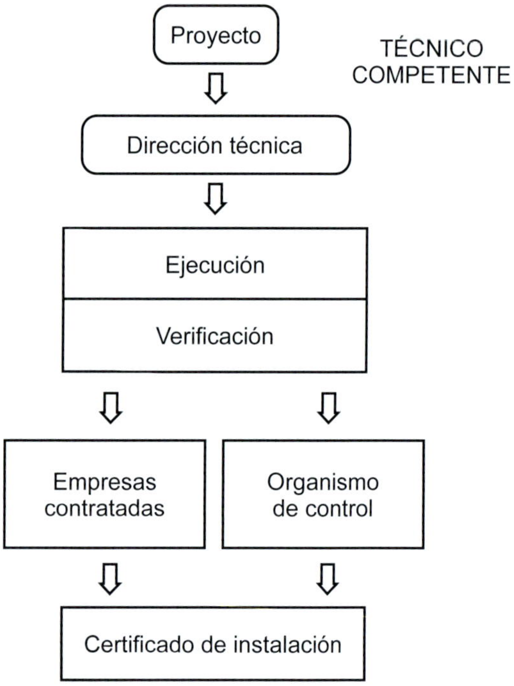

Figura 1.8. Proceso de emisión del certificado de instalación.

Por ejemplo, según indica la normativa REBT-2002, las instalaciones eléctricas del Proyecto deben someterse a diferentes verificaciones mediante medidas (ensayos) o por examen directo.

Tras realizar las **verificaciones y medidas técnicas requeridas** o solicitadas por la dirección del Proyecto, las empresas contratadas deberán emitir un **certificado de instalación** y presentarlo al registro de la Administración para remitirlo ante el órgano competente. En general, para la **tramitación de** los **permisos y licencias** para la puesta **en servicio de una instalación industrial,** se deben presentar varias copias de dicho certificado ante la Administración acompañado del Proyecto, del certificado de dirección de obra firmado y, si procede, del certificado de inspección favorable realizada por el organismo de control.

Tabla 1.5. Algunas verificaciones requeridas en las instalaciones eléctricas

Verificaciones mediante medidas o ensayos
• Medida de continuidad de los conductores de protección.
• Medida de la resistencia de puesta a tierra.
• Medida de la resistencia de aislamiento entre conductores.
• Medida de la rigidez dieléctrica.
Verificaciones por examen
• Comprobar si el material eléctrico es conforme (cumple normas UNE), ha sido elegido e instalado correctamente y no presenta ningún daño visible.
• Verificar la existencia de medidas de protección por contacto directo (por ejemplo, aislamiento adecuado de las partes activas) y por contacto indirecto (por ejemplo, interruptores diferenciales en cada agrupación de circuitos).
• Verificar la existencia y el calibrado de los dispositivos de protección y señalización mediante un equipo comprobador de instalaciones o similar.
• Verificar la existencia de barreras cortafuegos en la instalación para evitar la propagación de un incendio.
• Verificar la existencia y la disponibilidad de esquemas unifilares, advertencias e informaciones similares con las que el técnico se pueda hacer una idea clara de cómo es la instalación eléctrica.
• Identificar adecuadamente circuitos, fusibles, interruptores, bornes, etc. para poder situarlos en el esquema unifilar de la instalación.

En la actualidad, la realización de estos trámites y la consulta de su estado, se pueden realizar de manera directa vía web al disponer las Administraciones de **portales informáticos** desarrollados a tal fin (en general, dentro de las páginas web de los Servicios de Industria e I+D+i).

Mapa conceptual

Partes de un Proyecto

- **Memoria**
  - Memoria Descriptiva
  - Anexos (cálculos, programación)
  - Planificación y programación
  - Estudios de Seguridad y Salud, medioambientales
- **Planos**
  - De conjunto
  - De detalle
- **Pliego de Condiciones**
  - Generales
  - De materiales y equipos
  - De ejecución
  - Económicas
- **Presupuesto**
  - Precios:
    - Descompuestos
    - Unitarios
  - Mediciones

Fases y tipos de un Proyecto

- **Fases temporales**
  - Entrevistas promotor-proyectista
  - Estudios previos
  - Anteproyecto
  - Proyecto
  - Fase de espera
  - Modificaciones
  - Contratación de empresas
  - Ejecución
- **Tipos de Proyectos**
  - Nivel de dificultad
  - Promotor
  - Ámbito
  - Formato empleado
  - Área de influencia

Actividades finales

De comprobación

1.1. Don Luis Suárez desea construir una nueva fábrica de conservas en unos terrenos de su propiedad. ¿A quién se debería dirigir para concretar esa necesidad?

a) Al jefe de planta de su fábrica antigua.

b) A su mujer o familiares.

c) A un amigo también fabricante de conservas.

d) A una oficina técnica o ingeniería.

1.2. El director de ejecución de un Proyecto será:

a) Siempre un miembro del equipo de proyectistas que lo ha redactado.

b) A veces un miembro del equipo de proyectistas que lo ha redactado.

c) Nunca un miembro del equipo de proyectistas que lo ha redactado.

d) Ninguna de las respuestas anteriores es correcta.

1.3. Los Proyectos de utilidad pública son:

a) Aquellos que están siempre promovidos por las Administraciones.

b) Aquellos en los que siempre se sintetiza al máximo el contenido del Proyecto.

c) Aquellos en los que a veces se sintetiza al máximo el contenido del Proyecto.

d) Aquellos que a veces están promovidos por las Administraciones.

1.4. Los documentos que integran un Proyecto son:

a) Memoria, Planos y Pliego de Condiciones Técnicas y Facultativas.

b) Memoria, Presupuestos y Pliego de Condiciones Técnicas y Facultativas.

c) Memoria, Planos y Presupuesto.

d) Ninguna de las respuestas anteriores es correcta.

1.5. El documento o documentos en el que se describe el Proyecto desde su origen y objeto hasta las soluciones adoptadas es:

a) La Memoria Descriptiva y el Estudio de Seguridad y Salud.

b) La Memoria Descriptiva y los Cálculos Justificativos.

c) Los Anexos de la Memoria y el Estudio de Seguridad y Salud.

d) Ninguna de las respuestas anteriores es correcta.

1.6. En un Proyecto, los Planos:

a) Son los únicos documentos que tienen carácter vinculante entre la propiedad y el contratista.

b) No son los únicos documentos que tienen carácter vinculante, falta el Presupuesto.

c) No son los únicos documentos que tienen carácter vinculante, falta la Memoria.

d) No son los únicos documentos que tienen carácter vinculante, falta el Pliego de Condiciones.

1.7. Una entidad de certificación puede establecer la conformidad a los requisitos establecidos en las normas en lo relativo a:

a) Empresa.

b) Empresa, producto, proceso o servicio.

c) Producto y proceso o servicio.

d) Ninguna de las respuestas anteriores es correcta.

1.8. El Presupuesto de Ejecución por Contrata (PEC) se obtiene como:

a) Suma del Presupuesto de Ejecución Material más el IVA correspondiente.

b) Suma del coste total más el IVA correspondiente.

c) Suma del Presupuesto de Ejecución Material y el beneficio industrial.

d) Ninguna de las respuestas anteriores es correcta.

1.9. El documento que permite definir los planteamientos del Proyecto para poder seleccionar la mejor solución técnica posible es:

a) La Memoria Descriptiva.

b) El Pliego de Condiciones Técnicas.

c) El Anteproyecto.

d) El Presupuesto.

1.10. Los Proyectos cuya redacción requiere de modelos o documentos establecidos se clasifican como:

a) Proyectos no formales.

b) Proyectos de iniciativa privada.

c) Proyectos formales.

d) Ninguna de las respuestas anteriores es correcta.

De aplicación

1.1. ¿Cuáles son las características comunes a los diferentes tipos de Proyectos? ¿Cuál crees que es la más importante de todas? Razona la respuesta.

1.2. ¿Cuáles son los apartados comunes de una Memoria Descriptiva? Razona la respuesta.

1.3. ¿Qué documentos en un Proyecto tienen carácter vinculante? Razona la respuesta.

1.4. ¿Qué es una norma técnica? ¿Y un comité técnico?

1.5. ¿Qué tipos de Proyectos se pueden redactar considerando como criterios quién es el promotor, cuál es su ámbito de aplicación o cuál es el formato empleado?

1.6. Indica los diferentes documentos que integran un Pliego de Condiciones de un Proyecto.

De ampliación

1.1. Busca en Internet o en una biblioteca digital de Proyectos, un ejemplo de Proyecto de Utilidad Pública y estudia las características de la Memoria y sus Anexos.

1.2. Busca en Internet o en una biblioteca digital de Proyectos, un ejemplo de Proyecto de Iniciativa Privada y estudia las características de la Memoria y sus Anexos. ¿Qué diferencias encuentras con la actividad anterior?

1.3. Busca en Internet o en una biblioteca digital de Proyectos, un ejemplo de Proyecto de Iniciativa Privada y estudia las características de los Planos requeridos.

1.4. Busca en Internet ejemplos de sistemas de tramitación de Proyectos vía web de las diferentes Administraciones públicas y da tu opinión acerca de su utilidad.

1.5. Busca en Internet posibles aplicaciones informáticas para realizar Presupuestos verificando si disponen de bases de datos asociadas con precios.

2 Representación de instalaciones y sistemas automatizados

Contenidos

La representación de elementos o piezas presentes en instalaciones y sistemas automatizados requiere el uso de diferentes sistemas de proyección con los que definir sistemas de representación que permitan obtener un número significativo de vistas asociadas a las formas principales del elemento.

En disciplinas técnicas, se utiliza principalmente el sistema diédrico europeo con sus 3 vistas principales (planta, alzado y perfil izquierdo). Con Planos de corte para visualizar partes internas (cortes y secciones), y detalles de acabado de las mismas. En todas las vistas principales será necesario emplear normas técnicas.

Estas vistas se deben situar dentro de un Plano u hoja de trabajo que deberá poderse plegar y con un cajetín donde indicar toda la información importante (número, título, escala de representación E, etcétera).

Además, es posible realizar un croquis o dibujo a mano alzada, rápido y acotado como toma de datos de un objeto real existente o como parte de una fase de diseño de un nuevo elemento o pieza.

Objetivos

- Utilizar las normas de representación gráficas adecuadas y la simbología normalizada en las instalaciones y sistemas automatizados.
- Seleccionar las vistas y las secciones más representativas de elementos presentes en las instalaciones y sistemas automatizados, empleando un formato o soporte gráfico adecuado.
- Realizar el acotado, de forma clara, de las dimensiones de los equipos presentes en las instalaciones y sistemas automatizados.
- Realizar representaciones o croquis con la suficiente calidad gráfica para la comprensión de la instalación o del equipo considerado.
- Identificar elementos presentes en las instalaciones y sistemas automatizados para realizar representaciones o croquis de ellos con proporciones adecuadas.
- Trabajar las representaciones o croquis con pulcritud y limpieza.

2.1. Sistemas de representación gráfica

Los **sistemas de representación gráfica** permiten obtener imágenes de un objeto o pieza sobre un **Plano de proyección** o Plano de cuadro mediante diferentes sistemas de proyección. Los más habituales son:

- **Cilíndrica ortogonal:** las líneas de proyección son perpendiculares al Plano de proyección, considerando que el observador O se encuentra situado en el infinito.
- **Cilíndrica oblicua:** las líneas de proyección son oblicuas al Plano de proyección, considerando que el observador O se encuentra situado en el infinito.
- **Cónica:** cuando, además, se emplea un centro de proyección O del que parten las líneas oblicuas de proyección sobre el Plano de proyección.

Tal y como se refleja en la Tabla 2.1, cada sistema de proyección indicado permite trabajar con varios **sistemas de representación.** En el Apartado 2.2 se hablará en profundidad del sistema de representación diédrico, comúnmente empleado en disciplinas técnicas para realizar Planos en dos dimensiones con las diferentes vistas principales de un objeto o pieza (planta, alzado y perfil izquierdo) y secciones por Planos definidos.

2.1.1. Sistema de representación axonométrico

Es un **sistema de proyección cilíndrico ortogonal** en el que dos líneas paralelas en la realidad son también paralelas en su representación, de forma que la escala del objeto representado es independiente de la distancia al observador (situado este en el infinito).

En este sistema de representación, la altura del objeto se sitúa en el eje vertical (eje Z) mientras que la anchura y la longitud de este (ejes X e Y) se sitúan sobre un Plano de proyección con ángulos entre 120º y 135º. Existen tres tipos de perspectivas axonométricas:

- **Perspectiva isométrica:** los ejes de coordenadas ortogonales X, Y y Z forman ángulos iguales de 120º en el Plano. Es muy habitual en programas de dibujo técnico como AutoCAD, al poder seleccionar

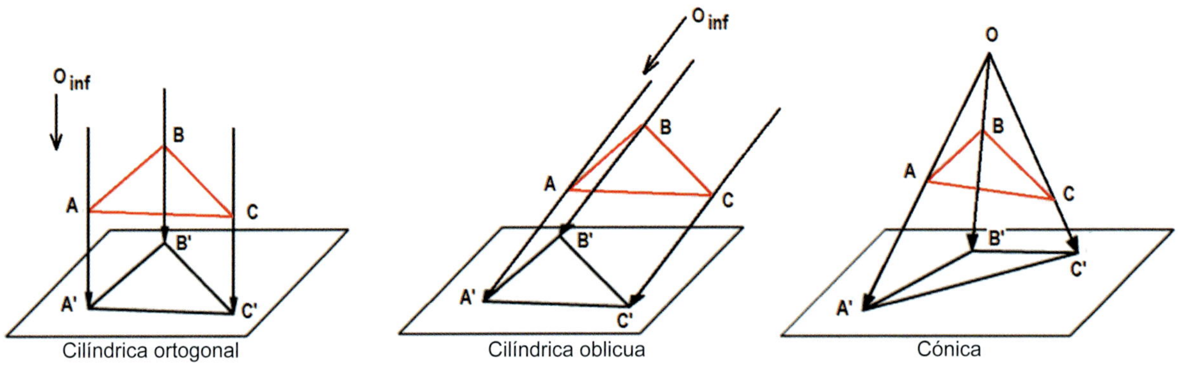

Figura 2.1. Sistemas de proyección gráfica.

Tabla 2.1. Sistemas de representación según tipo de proyección

Sistemas de proyección	Sistemas de representación	Aplicaciones
Cilíndrica ortogonal	• Planos acotados. • Diédrico. • Axonométrico (isométrica, dimétrica, trimétrica).	• Topografía. • Planos de taller (ingeniería, diseño, etcétera).
Cilíndrica oblicua	• Perspectiva caballera. • Perspectiva militar.	• Ingeniería. • Arquitectura. • Diseño.
Cónica	• Perspectiva cónica oblicua. • Perspectiva cónica frontal.	• Arquitectura. • Decoración de interiores. • Escenografía.

diferentes isoplanos fácilmente y dibujar en ellos en dos dimensiones hasta obtener la pieza total tridimensional.

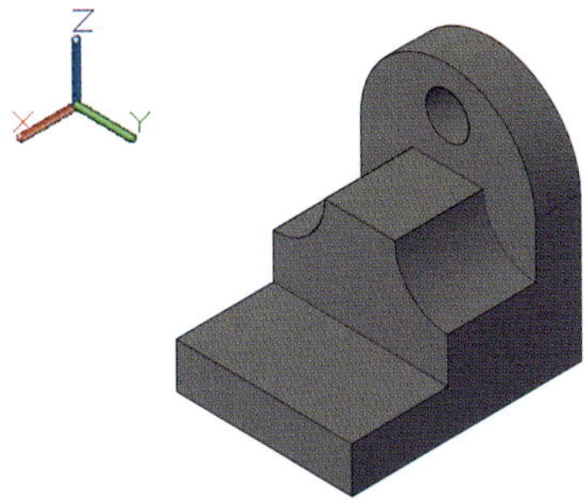

Figura 2.2. Perspectiva isométrica de una pieza.

- **Perspectiva dimétrica:** los ejes de coordenadas ortogonales X, Y y Z forman con la línea de referencia horizontal ángulos adicionales de 7º y 42º. Las **aristas del cuerpo en profundidad aparecen reducidas a la mitad.**
- **Perspectiva trimétrica:** en este caso, los **ejes de coordenadas** están **sometidos a escalas de reducción** en la representación de las aristas de un objeto.

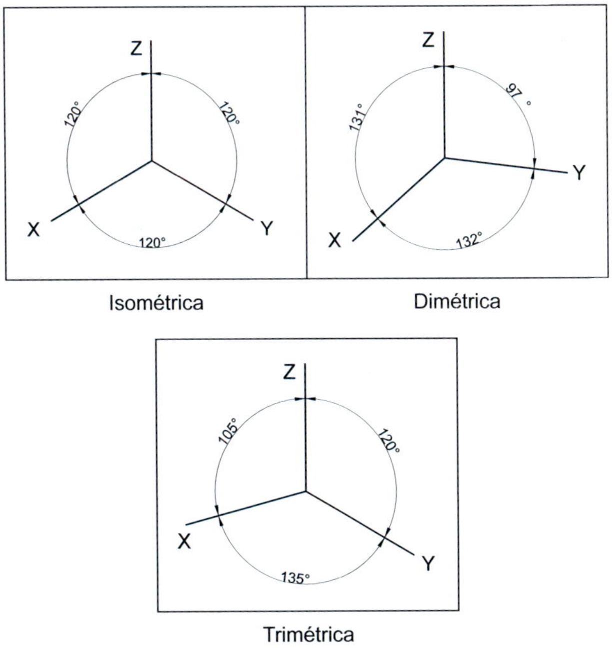

Figura 2.3. Tipos de perspectivas axonométricas.

2.1.2. Sistema de representación de perspectiva caballera

Es un **sistema de proyección cilíndrico oblicuo** en el que las **dimensiones del objeto sobre el Plano de proyección frontal** están en **verdadera magnitud.** Los ejes X y Z (anchura y altura) no tienen distorsión angular (ángulo de 90º), mientras que el eje Y (profundidad) se reduce en una proporción fija (por ejemplo, 1:2, 2:3 o 3:4). El eje Y suele tener 30º, 45º o 60º más con respecto al ángulo existente entre los otros dos ejes.

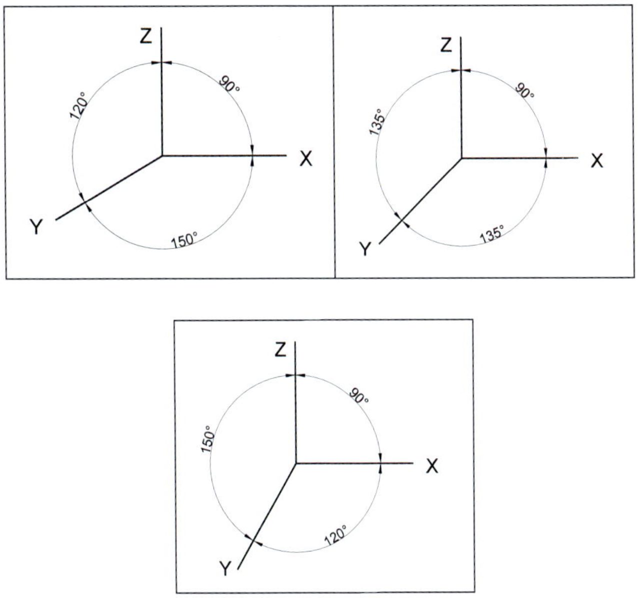

Figura 2.4. Tipos de perspectivas caballeras.

2.1.3. Sistema de representación de perspectiva militar

Es un **sistema de proyección cilíndrico oblicuo** en el que las **dimensiones del objeto sobre el Plano de proyección horizontal** están en **verdadera magnitud.** Los ejes X e Y (anchura y profundidad) no tienen distorsión angular (ángulo de 90º), mientras que el eje Z (altura) se reduce en una proporción fija (por ejemplo, 2:3 o 3:4). El eje Y se encuentra a 150º del eje vertical Z.

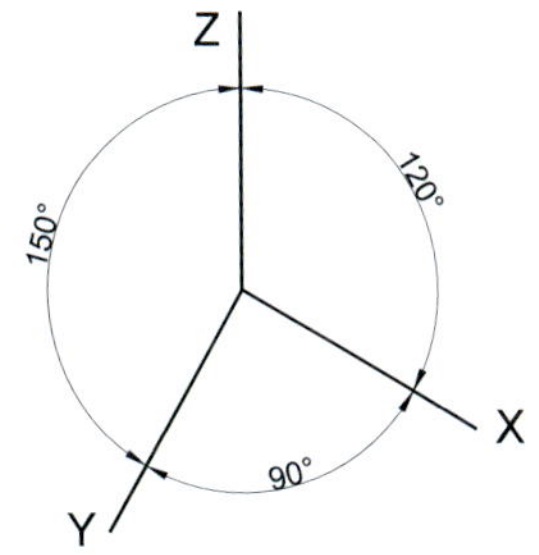

Figura 2.5. Perspectiva militar.

En este sistema de representación se pueden dibujar las circunferencias o formas circulares sin deformación sobre el Plano horizontal (Plano X-Y).

2.2. Vistas. Cortes y secciones

Las representaciones más utilizadas en los dibujos técnicos de piezas u objetos son las llamadas vistas principales definidas en el **sistema diédrico europeo (planta, alzado y perfil izquierdo).** La representación de objetos más complejos, con una mayor cantidad de detalles internos, requiere definir Planos de corte para conocer las secciones internas de la pieza u objeto.

2.2.1. Vistas principales

Las **vistas o proyecciones** son representaciones diédricas normalizadas, según la norma UNE 1032:1982, Dibujos técnicos. Principios generales de representación y la norma ISO 128-30, con las que definir geométricamente un objeto o pieza existente o en fase de diseño. Requieren utilizar métodos de proyección cilíndrica ortogonal definiendo un Plano de proyección, un sentido de proyección y el propio objeto o pieza que representar.

Planos de proyección y denominación de las vistas

Dado un objeto cualquiera situado en el espacio, se debe situar este dentro de tres **Planos de proyección perpendiculares entre sí** que son el **Plano horizontal (PH)**, el **Plano vertical (PV)** y el **Plano de perfil (PP)**. Estos 3 Planos definen un sistema diédrico o triedro trirrectángulo. En el caso de considerar un punto A, las vistas sobre cada Plano situado detrás de dicho punto se indican por a (sobre PH), a' (sobre PV) y a'' (sobre PP). La representación del punto o de un objeto sobre un formato de dibujo bidimensional requiere abatir dos de los Planos (PH y PP) sobre el tercero (PV).

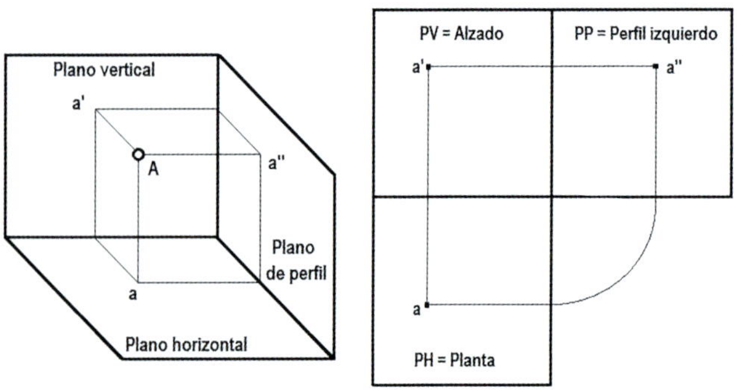

Figura 2.6. Vistas principales de un punto en el sistema diédrico.

En el **sistema diédrico europeo**, las vistas principales de un punto A o de un objeto, situado entre el observador y los Planos de proyección, sobre los tres Planos considerados son:

- Vista superior o proyección horizontal: **planta.**
- Vista de frente o proyección vertical: **alzado.**
- Vista lateral izquierda: **perfil izquierdo.**

En general, un objeto o pieza se debe representar con el **menor número de vistas posibles.** El alzado se elegirá primero al ser habitualmente la vista principal y debe corresponderse con la posición normal de trabajo que muestre más superficie del objeto o dé una idea más clara de la forma de la pieza. También es interesante elegir aquellas vistas que tengan un menor número de líneas ocultas. De forma general, a partir de dos vistas (por ejemplo, planta y alzado) se puede determinar la tercera vista (perfil izquierdo).

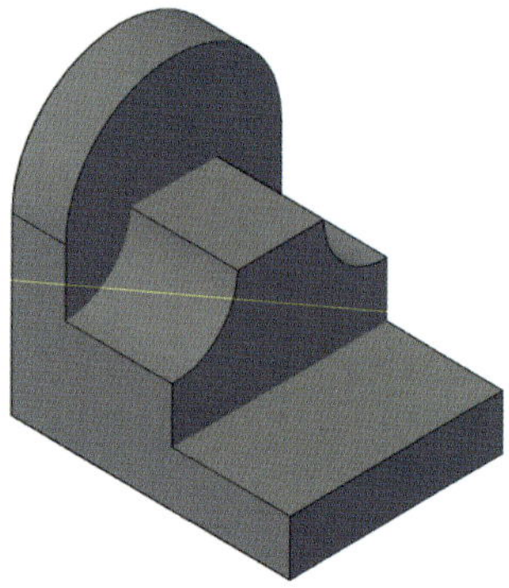

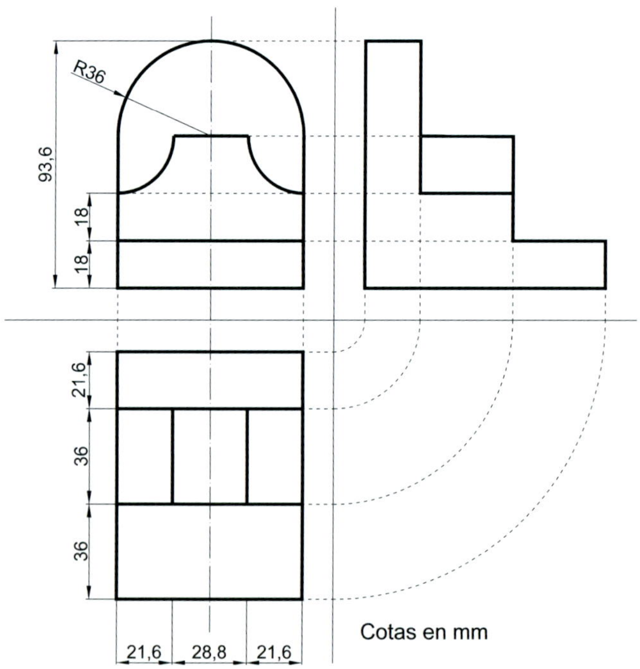

Figura 2.7. Vistas principales de un objeto en sistema diédrico.

En la Figura 2.7 se puede observar la correspondencia de cualquier arista o línea del objeto en las 3 vistas representadas mediante el uso de líneas discontinuas rectas y semicirculares.

Actividad resuelta 2.1

Modifica las vistas diédricas del objeto anterior realizando un agujero pasante de radio 8 mm centrado situado en la parte más alta de la pieza.

Solución:

En este caso, se muestra el círculo de radio 8 mm solo en el alzado de la pieza. En el resto de vistas no se verá el agujero realizado al ser líneas ocultas representadas mediante líneas discontinuas.

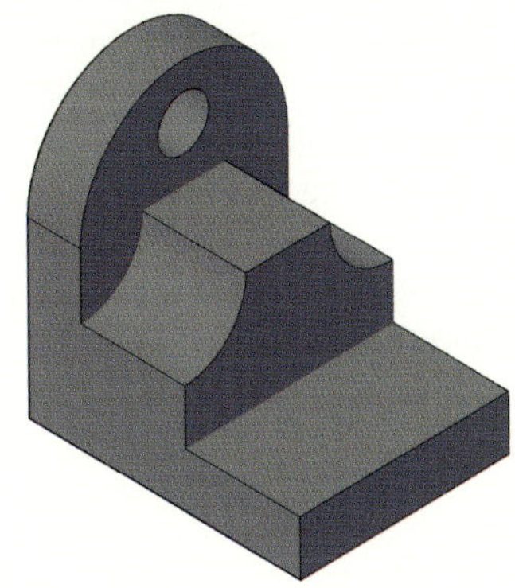

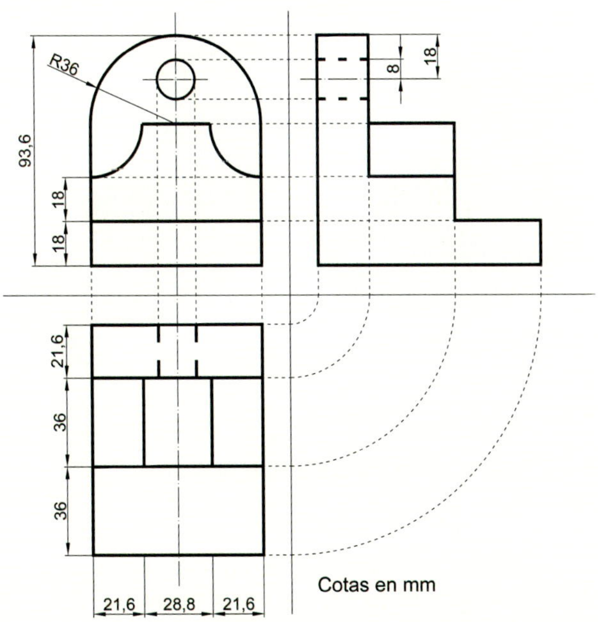

Figura 2.8. Vistas principales de un objeto (sistema diédrico).

Para completar el número de vistas principales de una pieza u objeto basta dibujar tres Planos paralelos a los anteriores formando un cubo que rodeará completamente al objeto. Como antes, se deberán abatir todos los Planos sobre el Plano vertical. Las tres nuevas vistas principales en el sistema europeo, situando al observador en ellas, serán:

- Vista inferior: **planta inferior.**
- Vista posterior: **alzado posterior.**
- Vista lateral derecha: **perfil derecho.**

Actividad resuelta 2.2

Completa las seis vistas diédricas del objeto de la Figura 2.7 añadiendo la planta inferior, el alzado posterior y el perfil derecho (sistema de representación europeo).

Solución:

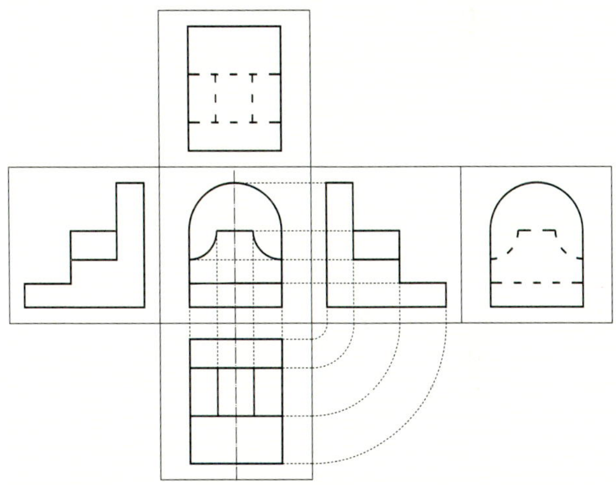

Figura 2.9. Vistas principales completas del objeto (sistema europeo).

Métodos de proyección: sistema europeo y sistema americano

El sistema indicado anteriormente se conoce como **sistema europeo** o del primer diedro al situar la pieza u objeto entre el observador y el Plano de proyección. Por el contrario, en el caso de situar los Planos de proyección entre el observador y la pieza u objeto, se utiliza el llamado **sistema americano** o del tercer diedro. En ambos casos se debe indicar la simbología correspondiente.

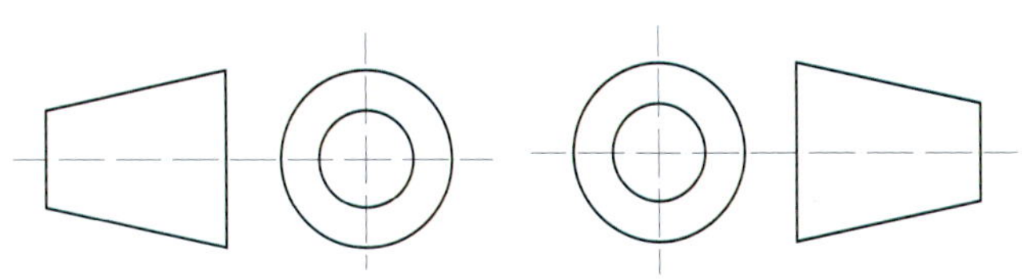

Figura 2.10. Simbología para el sistema europeo y para el sistema americano.

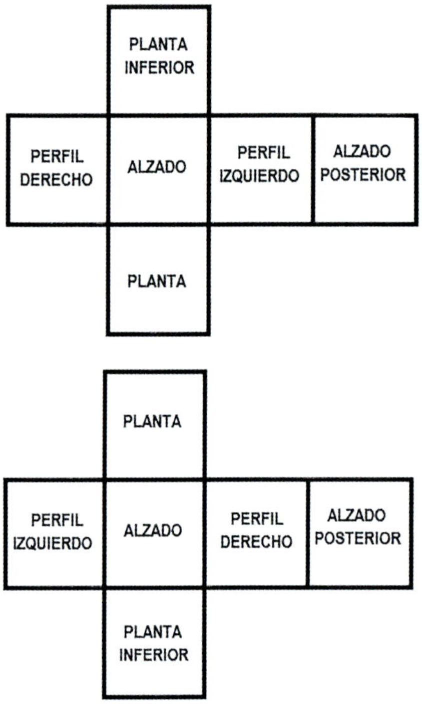

Figura 2.11. Distribución de vistas principales: sistema europeo (superior) y sistema americano (inferior).

Vistas ampliadas

En determinadas **piezas con chaflanes o empalmes** con radios de curvatura muy pequeños puede ser necesario realizar vistas ampliadas para poder ver dichos detalles. Estas vistas son dibujos aparte en los que se modificará la escala general del objeto ampliándola para poder apreciar la forma y dimensiones del detalle.

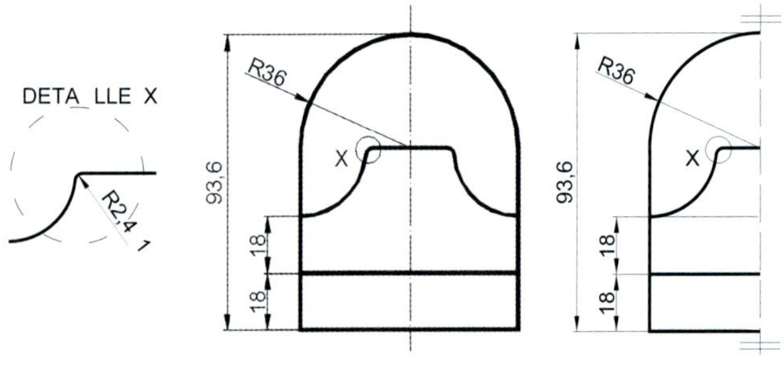

Figura 2.12. Detalle de un empalme y de simetría de una pieza.

También es posible utilizar **vistas auxiliares** de un objeto o pieza, es decir, vistas que son útiles para comprender la pieza pero no se corresponden con los seis Planos de proyección utilizados para definir el cubo. Además, en piezas con uno o dos **Planos de simetría** se puede optar por representar la mitad o un cuarto de la pieza, respectivamente. Esta situación se puede marcar o bien mediante dos trazos paralelos en el eje de simetría o bien prolongando los contornos de la pieza más allá del eje de simetría.

2.2.2. Cortes y secciones

Los **cortes y secciones** de piezas se emplean para ganar en claridad de representación de un objeto en el que hay un gran número de aristas ocultas debido a que posee un gran número de detalles internos. También es posible utilizar **roturas** en un Plano para piezas de gran longitud que difícilmente pueden representarse con las escalas gráficas normalizadas. Las reglas para realizar cortes, secciones y roturas se reflejan en la norma UNE 1032:1982, Dibujos técnicos: Principios generales de representación, equivalente a la norma ISO 128-82.

Un **corte** es un artificio que permite **eliminar una parte de una pieza u objeto** para facilitar su comprensión, su representación y su acotado. Se debe utilizar uno o varios Planos de corte, indicados en la vista correspondiente, para eliminar la parte de la pieza más cercana al observador. De esta forma, las **aristas ocultas afectadas por el corte** se representan con **líneas continuas** y la **superficie afectada por el corte** se representa con un **rayado** realizado con líneas continuas a 45° de las aristas del contorno del objeto y separadas entre 0,7 y 3 mm, según el tamaño de la superficie.

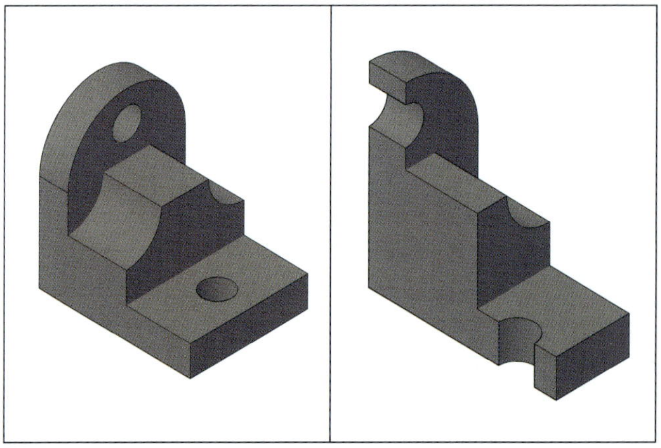

Figura 2.13. Pieza inicial y pieza cortada mediante un Plano longitudinal.

La **sección** de la pieza será solamente la **intersección del Plano o Planos de corte con la pieza u objeto,** sin considerar en la representación el resto de la pieza que quedará por detrás del Plano o Planos de corte. La sección, zona rellenada en rojo, tiene una representación más clara y sencilla y da mejor idea de los detalles internos de la pieza.

Las normas establecen como **piezas no seccionables** tornillos, tuercas, arandelas, pasadores, remaches, eslabones de cadena, chavetas, tabiques de refuerzo, nervios, orejeras, bolas de cojinetes, mangos de herramientas, ejes, brazos de ruedas y poleas, etcétera.

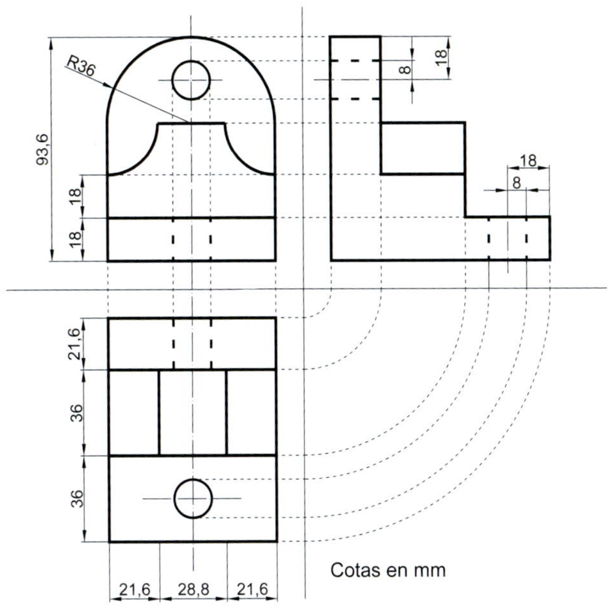

Representación normal

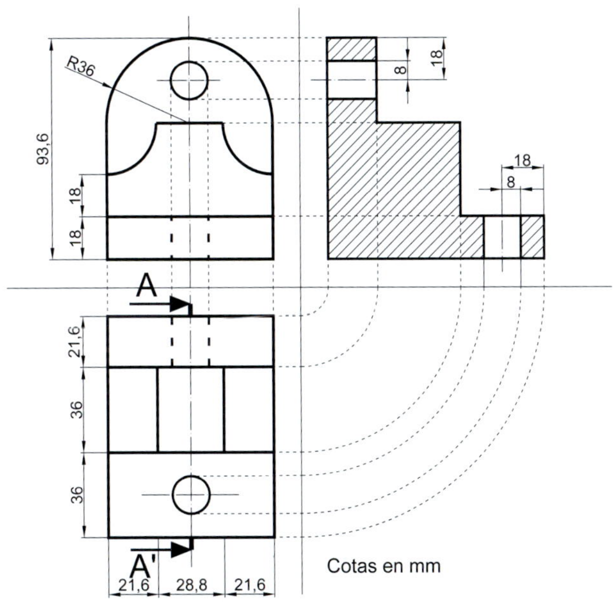

Representación con corte A-A'

Figura 2.14. Vistas diédricas con el corte según Plano A-A'.

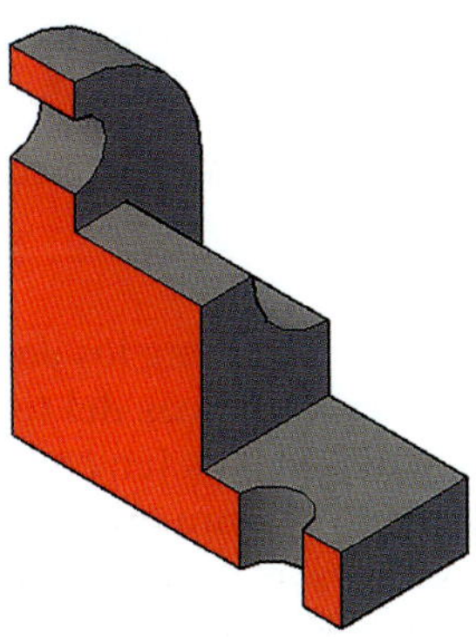

Figura 2.15. Sección de la pieza según Plano A-A'.

2.3. Tipos de líneas y grosores

Los **grosores y tipos de líneas** que se pueden emplear en la realización de dibujos técnicos (sean o no en forma de croquis), así como sus **principales aplicaciones,** están normalizados mediante las normas:

- UNE 1032: 1982, Dibujos técnicos. Principios generales de representación.
- UNE-EN ISO 128-20:2002. Dibujos técnicos. Principios generales de presentación. Parte 20: Convenciones generales para las líneas.

Tabla 2.2. Tipos de líneas y aplicaciones generales

Tipo de línea	Designación	Aplicaciones generales
A	Línea gruesa	A1: Contornos vistos. A2: Aristas vistas.
B	Línea fina	B1: Líneas ficticias. B2: Líneas de cota. B3: Líneas auxiliares de cota. B4: Líneas de referencia. B5: Rayados de cortes y secciones. B6: Contornos de secciones abatidas. B7: Ejes cortos.
C	Línea fina a mano alzada	C1: Límites de vistas y cortes parciales o interrumpidos.
D	Línea fina en zigzag	D1: Límites de vistas y cortes parciales o interrumpidos.
E	Gruesa de trazos	E1: Contornos ocultos. E2: Aristas ocultas.
F	Fina de trazos	F1: Contornos ocultos. F2: Aristas ocultas.
G	Fina de trazos y puntos	G1: Ejes de revolución. G2: Ejes de simetría. G3: Trayectorias de piezas móviles.
H	Fina de trazos y puntos, gruesa en los extremos	H1: Trazas del Plano de corte, un solo Plano.

Tipo de línea	Designación	Aplicaciones generales
J —·—·—·—·—	Gruesa de trazos y puntos	J1: Indicación de líneas o superficies que son objeto de especificaciones particulares.
K —··—··—··—	Gruesa de trazos y puntos	K1: Contornos de piezas contiguas. K2: Posiciones extremas de piezas móviles. K3: Líneas de centro de gravedad. K4: Contornos iniciales, antes del conformado. K5: Partes situadas delante del Plano de corte.

En el caso de coincidir líneas de diferentes tipos, se debe establecer una **prioridad entre ellas** en la representación:

- Líneas de tipo A (contornos vistos, aristas vistas).
- Líneas de tipo E y F (contornos ocultos, aristas ocultas).
- Líneas de tipo H (trazas de Planos de corte).
- Líneas de tipo G (ejes de simetría y revolución).
- Líneas de tipo K (contornos de piezas contiguas, líneas de centro de gravedad, etcétera).
- Líneas de tipo B (líneas de cota, líneas auxiliares de cota, líneas de referencia, rayados de cortes y secciones, etcétera).

El grosor o espesor de las líneas se debe elegir según el tamaño del dibujo del objeto que representar, considerando que la **relación entre líneas gruesas y líneas finas** no debe ser inferior a 2. Los espesores normalizados son 0,18; 0,25; 0,35; 0,5; 0,7; 1; 1,4 y 2 mm con una relación de $\sqrt{2}$ entre dos espesores consecutivos.

2.4. Textos. Tamaños de letra

En la actualidad, la realización de anotaciones o de textos a mano alzada, con letras adhesivas o con plantillas de rotular en un formato de dibujo es casi inexistente al realizarse casi exclusivamente mediante programas de dibujo como AutoCAD.

Estos programas disponen de herramientas para escribir **textos con diferentes tipos y tamaños o altura de letra** que se pueden modificar muy fácilmente cambiando sus propiedades. Con estas aplicaciones se garantiza que el texto del dibujo técnico sea legible y homogéneo.

La definición de los tamaños de letras o cifras requiere, como referencia inicial, la **altura nominal *h*** de las letras mayúsculas. A partir de la altura elegida, se definen hasta dos tipos de escritura (norma UNE 1034 e ISO 3098) relacionadas con los espesores o ancho de línea *d,* de valores:

- Escritura **tipo A, estrecha,** de ancho de línea $d = h/14$.
- Escritura **tipo B, normal,** de ancho de línea $d = h/10$.

Estos tipos de escritura tienen a su vez variedades, según se emplee una escritura vertical, una escritura en negrita o una escritura cursiva, inclinada 15º hacia la derecha.

Las **alturas normalizadas** en la norma UNE-EN ISO 3098-1:2015 Documentación técnica de productos. Escritura. Parte 1: Requisitos generales son de 2,5; 3,5; 5; 7; 10; 14 y 20 mm. Además, la diferencia entre las alturas de las letras mayúsculas y las minúsculas no debe ser inferior a 2,5 mm. Por tanto, un texto con una altura máxima de 2,5 mm se debe escribir solo con letras mayúsculas.

Tabla 2.3. Alturas y anchos normalizados para textos

	$h = 2,5$	$h = 3,5$	$h = 5$	$h = 7$	$h = 10$	$h = 14$	$h = 20$
Tipo A $d = h/14$	0,18	0,25	0,35	0,5	0,7	1	1,4
Tipo B $d = h/10$	0,25	0,35	0,5	0,7	1	1,4	2

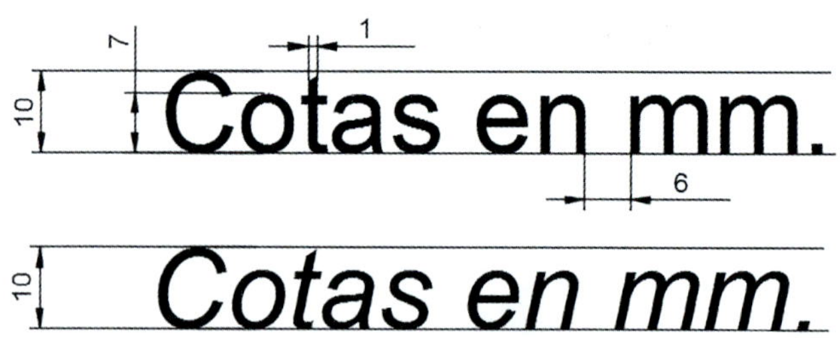

Figura 2.16. Texto vertical y en cursiva (altura 10 mm y escritura tipo B).

La normativa también fija, para los dos tipos de escritura indicados, **otras características del texto** como pueden ser la **altura de las minúsculas** [en escritura tipo B es de (7/10) *h* por lo que en la figura anterior sería 7 mm], el **espacio entre caracteres,** el **espacio mínimo entre palabras** [en escritura tipo B es de (6/10) *h* por lo que en la figura anterior sería 6 mm], etcétera.

2.5. Formatos de dibujo. Plegado. Cajetines y márgenes

La representación de instalaciones y sistemas automatizados requiere, como en otro tipo de instalaciones, de **formatos normalizados de dibujo (norma DIN)** en los que representar las vistas del objeto. El formato, que deberá plegarse hasta un tamaño adecuado, debe tener un cajetín donde situar toda la información que identifique al Plano (número, autor, escala gráfica, etc.), así como definir los **márgenes necesarios** para fijar el **recuadro del dibujo,** incluido el **margen de encuadernación.**

2.5.1. Formatos de dibujo. Plegado

La representación de objetos se realiza en tres **series de papeles** (normas de estandarización DIN, normas de la industria alemana). La **serie A corresponde a formatos de dibujo,** mientras que las series B y C tienen otras aplicaciones (serie B para archivadores y serie C para elaborar documentos comerciales como sobres e impresos).

Los formatos de dibujo (serie DIN A) son láminas u hojas de papel, de tamaño rectangular, destinadas a realizar en ellas dibujos y cuyas dimensiones (largo y ancho) se expresan en milímetros. Las dimensiones de los formatos están normalizadas en la norma UNE-EN ISO 216:2008 Papel de escritura y ciertos tipos de impresos. Formatos acabados. Series A y B. La relación entre los lados de un formato es $1/\sqrt{2}$, que es la relación entre el lado de un cuadrado y su diagonal.

El formato base de la serie (formato DIN A0, de dimensiones 1189 mm por 841 mm) corresponde a una superficie de 1 m². A partir de este, el resto de formatos de la serie A se obtendrá por doblado transversal del inmediatamente superior. Así, un formato DIN A1 es el doble de grande que un formato DIN A2, es decir, un formato DIN A1 contiene dos formatos DIN A2. En la misma línea, un formato DIN A2 contiene dos formatos DIN A3 y un formato DIN A3 abarca dos formatos DIN A4. El formato DIN A4 es ligeramente más pequeño que un folio.

Existen formatos menores que el A4 y, también, **formatos alargados especiales o excepcionales** recogidos en la norma UNE. Los formatos alargados, muy difíciles de manejar y no recomendables para su uso, se obtienen combinando las dimensiones del lado corto de un formato de la serie A y las dimensiones del lado largo de otro formato más grande de la serie A. Por ejemplo, en el formato alargado A3.2 se combina el lado corto del formato A3 (297 mm) y el lado largo del formato A2 (594 mm).

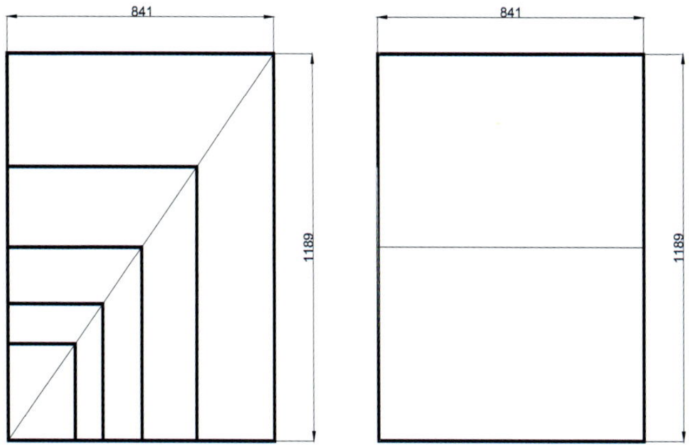

Figura 2.17. Formatos de dibujo de la serie A.

Tabla 2.5. Medidas de algunos formatos alargados de la serie A

Designación	Medidas (mm)
A4.3	210 × 420
A4.2	210 × 594
A4.1	210 × 841
A4.0	210 × 1189
A3.2	297 × 594
A3.1	297 × 841
A3.0	297 × 1189
A2.1	420 × 841
A2.0	420 × 1189
A1.0	594 × 1189

Una vez realizado el Plano en soporte papel en el formato elegido, se debe proceder a su **plegado** para poderlo **introducir en una funda con las dimensiones de archivado** (210 × 297 mm, formato A4) y encuadernarlo con el resto de documentos del Proyecto. La norma UNE 1027:1995, Dibujos técnicos. Plegado de Planos, establece

Tabla 2.4. Formatos de dibujo de la serie A

Formatos Serie A	DIN A0	DIN A1	DIN A2	DIN A3	DIN A4	DIN A5
Medidas	841 × 1189	594 × 841	420 × 594	297 × 420	210 × 297	148 × 210

la forma de plegar los Planos. En general, el **plegado de Planos** se debe hacer **en zigzag, tanto en sentido vertical como horizontal,** dejando siempre visto el cajetín completo en la parte anterior. Según el formato, la norma UNE indica las dimensiones de las diferentes dobleces tanto verticales como horizontales, como en la Figura 2.18 para doblar un formato A3.

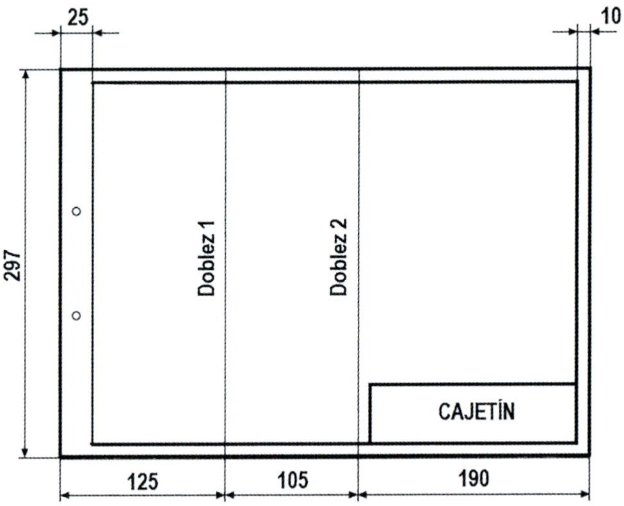

Figura 2.18. Ejemplo de doblado de un formato DIN A3.

2.5.2. Cajetines y márgenes

El **cajetín,** rectángulo situado generalmente en la parte inferior derecha del Plano y dentro de la zona del dibujo, es la parte donde se pueden **situar las características del documento.** Es importante resaltar que el cajetín siempre debe **verse en su totalidad,** como **página inicial,** cuando se realice el doblado o plegado del Plano. Las dimensiones del cajetín, horizontales y verticales, estarán en función de los márgenes que se dejen en cada lado para cada tipo de formato de dibujo.

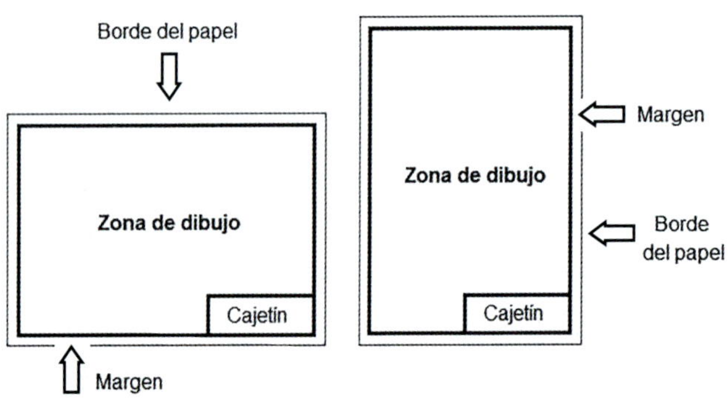

Figura 2.19. Posición del cajetín y recuadro (formato DIN apaisado y vertical).

Según cómo se hagan las divisiones dentro del rectángulo del cajetín y el número de estas, se pueden añadir **diferentes datos al Plano** como son:

- Número del Plano.
- Título del Plano.
- Escala utilizada.
- Autor o autores del Plano y personas que realizan las revisiones o los controles.
- Fecha de elaboración y de cada revisión o control.
- Número de versión actual del Plano.
- Datos complementarios como tolerancias, método de representación, etcétera.

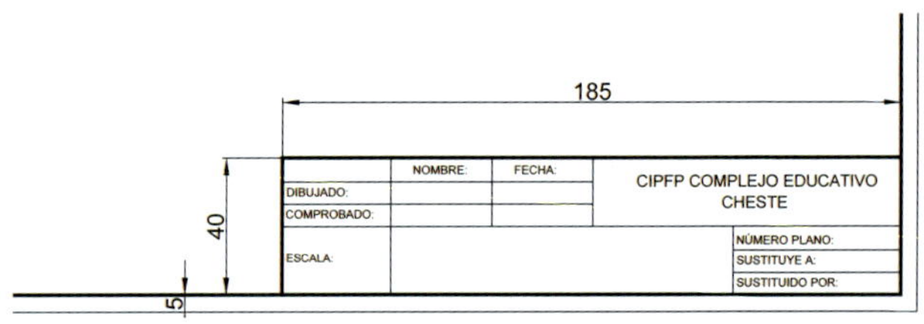

Figura 2.20. Ejemplo de información contenida en un cajetín DIN A3.

El **margen** es el espacio que se debe dejar entre el borde del formato y la zona en la que se realiza el dibujo. Definiendo los cuatro **márgenes posibles** del formato (**superior, inferior, izquierdo y derecho** con una línea continua de grosor mínimo 0,5 mm), se creará un **recuadro o marco** dentro del cual estará toda la zona de dibujo. Como norma, se puede considerar una anchura mínima del margen de 20 mm, para los formatos DIN A0 y A1, y de 10 mm, para los formatos A2, A3 y A4. Estos valores se pueden reducir, si lo desea el dibujante, en 5 mm más para ampliar al máximo la zona de dibujo.

Además, es necesario disponer de un margen izquierdo mayor (de 20 mm como mínimo) para facilitar las tareas de archivado de los Planos pues se deberán realizar las perforaciones necesarias para su encuadernación.

Para el caso de un formato DIN A3 apaisado (horizontal), las dimensiones del recuadro pueden ser las siguientes:

Largo = 420 – 20 (margen de encuadernación) –
– 5 (margen derecho) = 395 mm máximo;

Alto = 297 – 5 (margen superior) – 5 (margen inferior) =
= 287 mm máximo.

En cuanto al cajetín, su largo se puede ampliar hasta la longitud máxima permitida en el doblado del Plano (185 mm). La **altura del cajetín** vendrá definida por la cantidad de información que deba contener, teniendo como valor estándar de 40 mm.

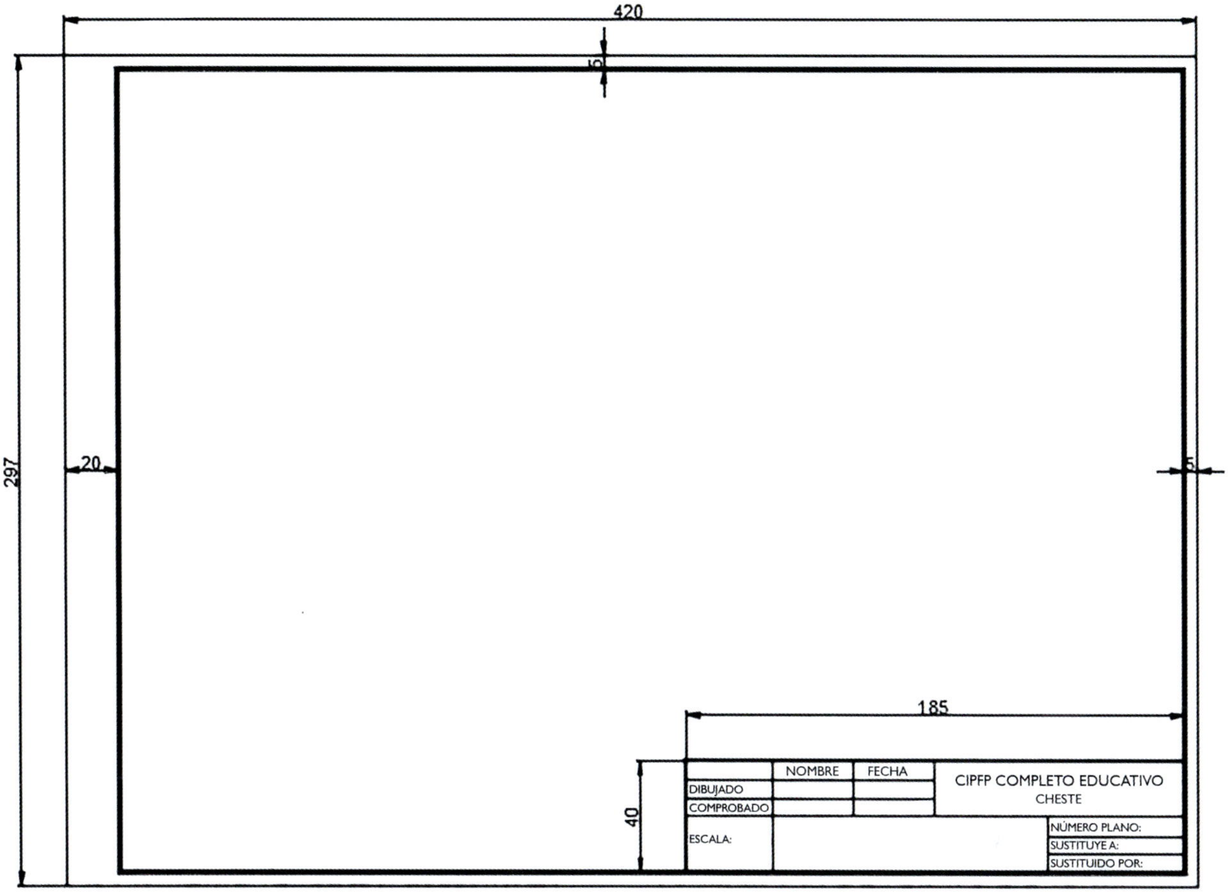

Figura 2.21. Modelo de formato DIN A3 apaisado con cajetín y recuadro.

2.6. Escalas normalizadas

La **escala del dibujo** expresa la relación entre la medida lineal de un elemento u objeto y la medida lineal real de dicho elemento. En un mismo dibujo, esta escala debe ser constante para todos los elementos que lo componen. Las medidas angulares no se ven afectadas por las escalas empleadas.

A la hora de elaborar Planos, lo ideal sería trabajar con la **escala natural** (escala 1:1 o E 1:1), pero esto no es siempre posible al tener que representar objetos de gran tamaño u objetos muy pequeños en distintos tamaños de formatos de dibujo DIN.

La escala 1:1 significa que la medida del dibujo, en la unidad elegida, se corresponde con la medida del objeto real. Así, empleando, por ejemplo, como unidad de medida el milímetro (mm), la escala natural indica que 1 milímetro del dibujo representa a 1 milímetro de la realidad. También se pueden emplear otras unidades de medida como el centímetro (cm) con la misma relación pues, como se mantiene el cociente, 1 centímetro del dibujo (10 mm) representa a 1 centímetro de la realidad.

Escalas de reducción

En este tipo de escalas, las medidas del objeto en el dibujo son menores que las correspondientes medidas reales del objeto. Por ejemplo, un dibujo de una pieza industrial realizada a escala 1:3 significa que las dimensiones del objeto en el dibujo son un tercio de sus dimensiones reales; es decir, que «1 milímetro del dibujo corresponde a 3 milímetros de la realidad». Las escalas normalizadas vienen definidas en la norma UNE-EN ISO 5455:1996, Dibujos técnicos. Escalas, y son, según Tabla 2.6:

Tabla 2.6. Escalas normalizadas de reducción

1:2	**1:5**	**1:10**
1:20	**1:50**	**1:100**
1:200	**1:500**	**1:1000**
1:2000	**1:5000**	**1:10000**

Por ejemplo, la escala E 1:50 indica que una medida lineal de un objeto en el Plano de 1 milímetro representa a 50 milímetros en la realidad; es decir, que por cada 1 cm del dibujo se tiene 50 cm en la realidad (0,5 m).

En casos excepcionales, por razones funcionales o de uso del tipo de instalación, las escalas recomendadas pueden no aplicarse eligiendo escalas intermedias como E 1:25, E 1:125 o E 1:150 y sus múltiplos por 10.

Tabla 2.7. Escalas de reducción según uso

En fabricación e instalaciones	En construcciones industriales o civiles	En topografía	En urbanismo
1:2,5 1:5 1:10 1:20 1:50 1:100 1:200	1:20 1:50 1:100 1:200 1:500 1:1000	1:100 1:200 1:500 1:1000 1:2000 1:5000 1:10000 1:25000 1:50000	1:5000 1:10000 1:25000 1:50000

Escalas de ampliación

En este tipo de escalas, las **medidas del objeto en el dibujo son mayores que las correspondientes medidas reales del objeto.** Por ejemplo, un dibujo de una pieza industrial realizada a escala 3:1 significa que las dimensiones del objeto en el dibujo son el triple de las dimensiones reales de dicho objeto; es decir, que 3 milímetros del dibujo corresponden a 1 milímetro de la realidad. Las escalas normalizadas vienen definidas en la norma UNE-EN ISO 5455:1996, Dibujos técnicos. Escalas, y son, según Tabla 2.8:

Tabla 2.8. Escalas normalizadas de ampliación

2:1 **20:1**	**5:1** **50:1**	**10:1**

Es posible medir directamente las dimensiones de un objeto situado en un Plano del que se conoce su escala gráfica indicada en el cajetín. Para ello, basta utilizar un **escalímetro** que tenga la escala requerida. Los escalímetros suelen traer varias escalas (1:50, 1:100, 1:150, 1:200, etcétera).

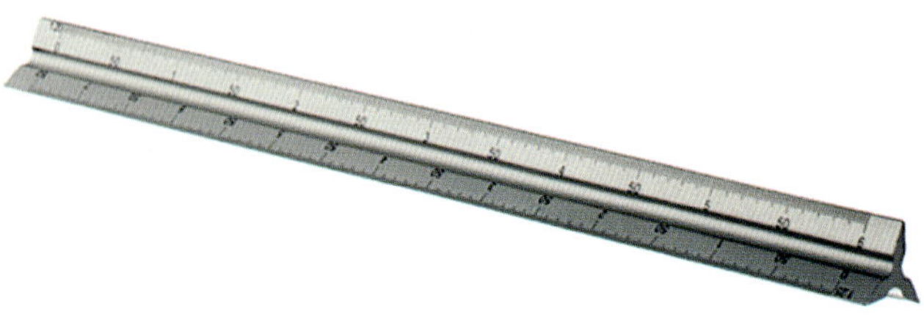

Figura 2.22. Escalímetro con varias escalas.

En el caso de no disponer de un escalímetro, se deberá utilizar una regla normal y multiplicar la medida realizada (por ejemplo, 4 cm) por la escala gráfica indicada en el Plano (por ejemplo, si la escala es 1:150, se multiplica 4 × × 150 = 600 cm lo que implica una medida real de 6 m).

2.7. Acotación

La acotación es el **proceso de toma de medidas de un objeto** presente en un dibujo representado en un formato. Para ello se deben utilizar **cotas,** formadas por un **valor numérico** expresado en las unidades de medida apropiadas (por ejemplo, mm) **junto con líneas, signos y símbolos.** La norma UNE 1039:1994, Dibujos técnicos. Acotación. Principios generales, definiciones, métodos de ejecución e indicaciones especiales, recoge los principios generales de acotación y la metodología para la realización de una cota.

La acotación requiere siempre conocer la **función adjudicada a cada objeto** (por ejemplo, un Plano de montaje de una pieza para automoción), pues conviene distinguir entre **cotas funcionales** (F) o esenciales para la función de la pieza, **cotas no funcionales** (NF) o no esenciales para la función de la pieza y **cotas auxiliares** (AUX) o dadas solo en el ámbito informativo.

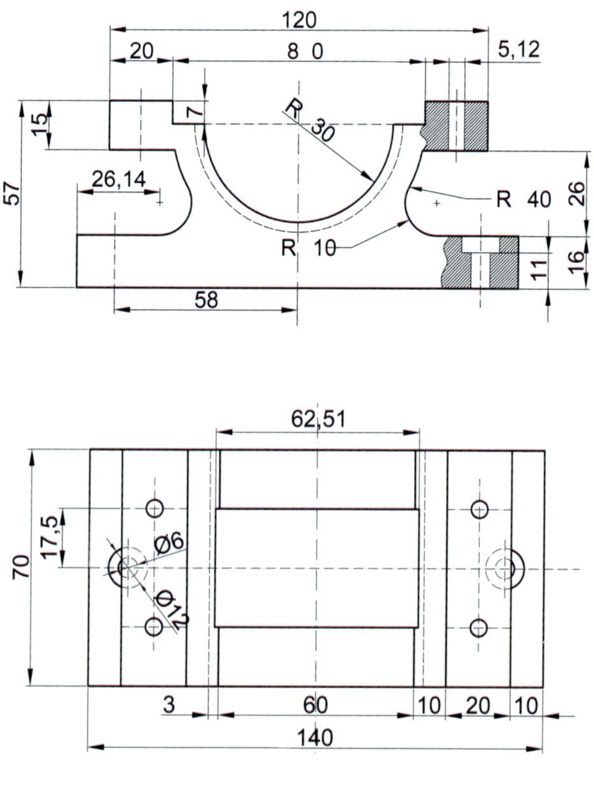

Figura 2.23. Ejemplo de acotación de un objeto industrial (en mm).

2.7.1. Elementos de acotación

Para llevar a cabo la acotación de una pieza representada en un dibujo, es necesario utilizar una serie de elementos básicos:

- **Cifras de cota:** es un **número que indica una magnitud** en las **unidades empleadas** (por ejemplo, mm, cm o m) según el tamaño de la pieza y la escala de representación empleada. El tamaño y el tipo utilizados se pueden modificar fácilmente con programas de diseño gráfico como AutoCAD. Suele ir centrada en la línea de cota, sobre la misma o interrumpiéndola. Se debe emplear una altura que sea fácil de leer directamente sobre el Plano (por ejemplo, 5 mm) para todas las cotas necesarias. Se pueden emplear **símbolos complementarios** como R (radio), Ø (diámetro), □ (cuadrado), SR (radio de la esfera), etcétera.

- **Líneas de cota:** son líneas **paralelas a la superficie del objeto** que se desea medir. Se emplea una línea fina y continua.

- **Líneas auxiliares de cota:** son líneas perpendiculares **con la superficie del objeto** que se desea medir y **sobresalen ligeramente** de las líneas de cota (unos 2 mm). Se emplea una línea fina y continua.

- **Símbolo final de cota:** son los elementos empleados para **finalizar las líneas de cota.** Se pueden emplear **puntas de flecha** o un **pequeño trazo inclinado a 45°,** por ejemplo, y son fácilmente modificables con programas de diseño gráfico como AutoCAD.

- **Líneas de referencia de cota:** permiten añadir una **nota explicativa o un valor dimensional** (por ejemplo, un radio de 40 mm: R40) en un objeto del dibujo. Estas líneas pueden terminar con una flecha, si acaban en el contorno del objeto; con un punto, si acaban dentro del objeto, o sin flecha ni punto, si acaban en otra línea.

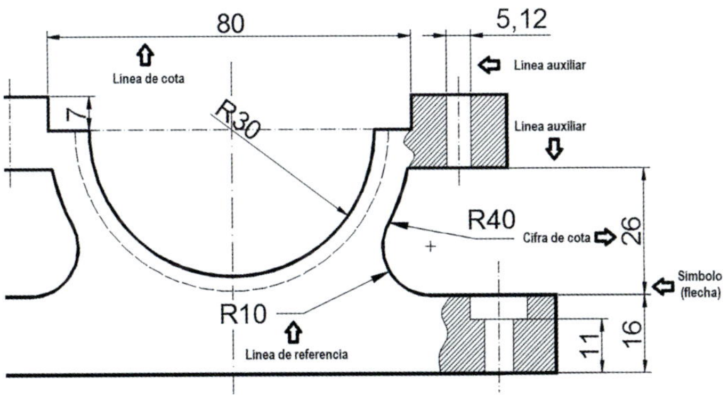

Figura 2.24. Diferentes elementos de acotación (en mm).

2.7.2. Procedimiento de acotación

Para llevar a cabo la acotación de un objeto, es necesario **dividirlo mentalmente** señalando los **ejes de simetría** con líneas de trazo y punto. Es interesante **empezar** la acotación por las **dimensiones funcionales horizontales,** luego las **verticales** y, por último, las referidas a **círculos** (valores de radios o diámetros).

Las **líneas de cota,** acabadas con flechas largas y estrechas, se situarán paralelas a las dimensiones que se deseen medir y siempre sin cruzarse entre ellas. Las **cifras de cota** se deben situar para **leerse en la posición normal del dibujo,** siendo homogéneas en altura y tipo de letra y centradas en las líneas de cota. Conviene sumar las cotas para verificar todas las dimensiones del objeto y, así, evitar *olvidos* de dimensiones que luego generen indefiniciones de dimensiones del objeto. No se debe repetir la misma cota en vistas diferentes de un objeto.

La acotación se puede completar, de igual forma, añadiendo las **cotas no funcionales** del objeto o pieza y las **cotas auxiliares** o dadas a título informativo.

La disposición de las cotas resultantes puede ser una **acotación en serie,** una **acotación a partir de un elemento común** (en paralelo o mediante cotas superpuestas), una **acotación por coordenadas** o una **acotación combinada** como la empleada en las figuras anteriores.

2.8. Normas generales de croquizado. Tipos y proceso de croquizado

El croquis es una herramienta muy válida para **dibujar, de forma rápida y barata, un objeto real o una idea** de una pieza u objeto que se debe desarrollar posteriormente.

2.8.1. Normas generales de croquizado

El croquizado o croquis no es más que un dibujo rápido de un objeto o pieza **hecho a mano alzada** sin ayuda de plantillas de dibujo ni de escalas de representación. En el caso que se acote, el croquis es un **dibujo a mano alzada con indicación de sus medidas.** En la Figura 2.25 se muestra el resultado del croquis de dos esclavos para bus de comunicaciones AS-i de cuatro entradas digitales a 3 hilos (cotas en mm).

La **realización de un croquis** requiere utilizar únicamente un lápiz, una goma, un papel y un soporte para que no se mueva el papel, es decir, se realiza a mano alzada, sin otros elementos adicionales como el compás, las escuadras, las reglas, etc. Se puede emplear cualquiera de los sistemas de representación existentes en el dibujo técnico, aunque de forma simplificada, por parte del autor.

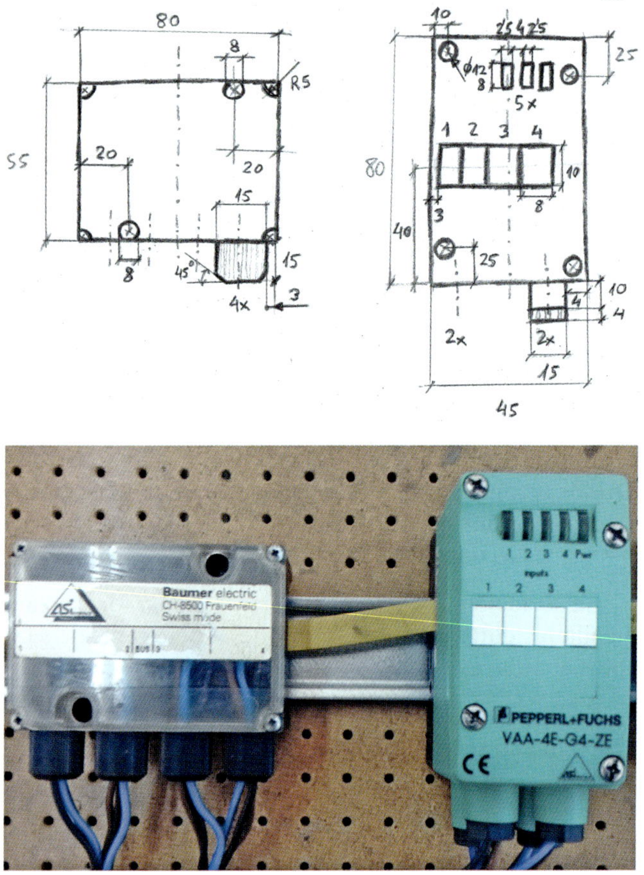

Figura 2.25. Croquis de dos equipos de comunicación en bus AS-i (cotas en mm).

El croquis es un medio rápido y eficaz de representar una pieza u objeto, aunque presenta el **problema** que muchas veces **solo es totalmente entendible por el propio autor.** Debe servir como **toma de datos** para, posteriormente, realizar el dibujo con programas técnicos como AutoCAD e incorporarlo en un Plano. El croquis se debe realizar sin escalas, pero con una cierta proporción en las formas del objeto y en sus medidas.

2.8.2. Tipos y proceso de croquizado

Los croquis se pueden clasificar en función de si la pieza u objeto ha sido construido antes o de si el croquis es previo a la construcción de la pieza.

Un **croquis de detalle** es aquel que se dibuja a partir del **objeto presente,** por lo que se pueden indicar fácilmente las cotas y anotar sus especificaciones. De forma complementaria, en un **croquis de conjunto o montaje** se indicará la **posición relativa de un objeto** situado o montado en una máquina, con definición de distancias entre ejes, anclajes, etcétera.

Entre los croquis realizados previos a la construcción de un objeto, se pueden citar el **croquis de ideas, el croquis de cálculo, el croquis de Proyecto** que permite desarrollar las ideas, etcétera.

Las diferentes fases que se deben abordar a la hora de realizar un croquis de una pieza u objeto industrial pueden ser:

- **Análisis del elemento que croquizar**

  Inicialmente, conviene centrarse en el estudio previo del objeto para determinar sus formas, las diferentes partes y si pueden existir detalles (por ejemplo, en un esclavo AS-i distinguir entre sus partes, vistas y no vistas, y sus formas, como las roscas y los agujeros para tornillos).

- **Elección de las vistas, secciones o perspectivas**

  Se deben elegir las perspectivas que emplear (isométrica, diédrica, etc.) y las vistas o caras de un objeto que mejor lo representen. No es necesario realizarlas todas. Por ejemplo, en el caso de la figura anterior se elige la vista de planta. A continuación, se debe determinar si es necesario realizar algún corte o sección, así como utilizar los convencionalismos normalizados para marcar, por ejemplo, los ejes de simetría.

- **Replanteo del dibujo sobre el papel**

  El croquis del objeto se debe dibujar lo suficientemente grande como para situar los detalles (dejando espacio para la acotación) y debe ser proporcionado en relación con la hoja de papel. Se deben determinar las líneas principales, las líneas de contorno, los elementos geométricos como circunferencias, cuadrados, etcétera.

- **Acotación y toma de medidas**

  Tras acabar y revisar el dibujo del croquis, se debe acotarlo dibujando las líneas de referencia y las líneas de cota en cada dimensión necesaria del objeto. Este apartado se debe hacer previamente a la toma de las mediciones reales, que se realizará en la fase final mediante el empleo de aparatos de medida adecuados (por ejemplo, con una regla milimetrada o calibre). Interesa acotar primero las cotas funcionales, luego las no funcionales y, por último, las cotas auxiliares.

- **Anotación de especificaciones**

  Si fuera necesario, se deben añadir las especificaciones necesarias para llevar a cabo la fabricación de la pieza como son los materiales que hay que emplear, la denominación de la pieza, sus calidades superficiales, etcétera.

- **Revisión y comprobación final**

  Paso final para dar por acabado el croquis realizado.

Mapa conceptual

Sistemas de representación gráfica

- Cónica
- Cilíndrica oblicua
  - Perspectiva caballera
  - Perspectiva militar
- Cilíndrica ortogonal
  - Axonométrico
  - Diédrico:
    - Sistema diédrico americano
      - Planta
      - Alzado
      - Perfil izquierdo
      - Vistas ampliadas
      - Cortes y secciones
    - Sistema diédrico europeo

Normas de representación

- Tipos de líneas. Grosores
- Textos y tamaños de letras
- Formatos de dibujo
  - Normas DIN
  - Márgenes y cajetines
  - Plegado
- Escalas normalizadas
  - Escalas de reducción
  - Escalas de ampliación
- Acotación
  - Elementos
  - Procedimiento
- Croquizado
  - Normas
  - Tipos y procesos

Actividades finales

De comprobación

2.1. En un sistema de proyección de un objeto que utiliza la proyección cilíndrica ortogonal:

a) Las líneas de proyección son oblicuas al Plano de proyección.

b) El observador O siempre se encuentra situado en un punto fijo cercano al objeto.

c) Las líneas de proyección son perpendiculares al Plano de proyección.

d) Ninguna de las respuestas anteriores es correcta.

2.2. Los sistemas de proyección en los que el observador O se encuentra situado en el infinito son:

a) Perspectiva cónica y cilíndrica ortogonal.

b) Perspectiva cónica y cilíndrica oblicua.

c) Solo en la perspectiva cónica.

d) Solo en las perspectivas cilíndricas (ortogonal y oblicua).

2.3. Dado un objeto, el sistema de representación diédrico utiliza:

a) Un sistema de proyección cilíndrico ortogonal para definir las vistas principales.

b) Un sistema de proyección cónico para ver una representación tridimensional.

c) Un sistema de proyección cilíndrico oblicuo para definir las vistas principales.

d) Ninguna de las respuestas anteriores es correcta.

2.4. Dado un objeto, el sistema de representación axonométrico utiliza:

a) Un sistema de proyección cilíndrico ortogonal para ver una representación tridimensional.

b) Un sistema de proyección cónico para definir las vistas principales.

c) Un sistema de proyección cilíndrico oblicuo para definir las vistas principales.

d) Ninguna de las respuestas anteriores es correcta.

2.5. En una perspectiva isométrica, los ejes de coordenadas ortogonales X, Y y Z:

a) Forman ángulos adicionales de 7° y 42° con la línea de referencia horizontal.

b) Forman ángulos iguales de 120° en el Plano.

c) Forman ángulos de 90° para que la proyección frontal esté en verdadera magnitud.

d) Ninguna de las respuestas anteriores es correcta.

2.6. En el sistema diédrico europeo, las vistas principales de un punto A son:

a) Vista superior o proyección horizontal (planta).

b) Vista de frente o proyección vertical (alzado).

c) Vista lateral izquierda (perfil izquierdo).

d) Todas las respuestas anteriores son correctas.

2.7. Cuando un objeto se sitúa entre el observador y los Planos de proyección:

a) Se está empleando siempre el sistema diédrico europeo.

b) Se está empleando siempre el sistema diédrico americano.

c) Se está empleando el sistema de Planos acotados.

d) Ninguna de las respuestas anteriores es correcta.

2.8. El artificio que permite eliminar una parte de una pieza u objeto para facilitar su comprensión, su representación y su acotado es:

a) Sección.

b) Corte.

c) Detalle.

d) Ninguna de las respuestas anteriores es correcta.

2.9. La línea llena fina, según las normas, se utiliza para:

a) Contornos y aristas vistos.

b) Líneas de cota y auxiliares de cota.

c) Ejes de revolución y ejes de simetría.

d) Ninguna de las respuestas anteriores es correcta.

2.10. La línea fina de trazos y puntos, según las normas, se utiliza para:

a) Contornos y aristas vistos.

b) Líneas ficticias y líneas de referencia.

c) Ejes de revolución y ejes de simetría.

d) Ninguna de las respuestas anteriores es correcta.

2.11. Las escalas en las que las medidas del objeto en el dibujo son menores que las correspondientes medidas reales son:

a) Escalas de ampliación.

b) Escalas de reducción.

c) Escalas naturales.

d) Ninguna de las respuestas anteriores es correcta.

2.12. **Un objeto o pieza realizado con una escala gráfica E 1:5 es:**

a) Una pieza para fabricación con una escala de ampliación.

b) Una pieza para construcciones civiles con una escala de ampliación.

c) Una pieza para fabricación con una escala de reducción.

d) Una pieza para construcciones civiles con una escala de reducción.

De aplicación

2.1. Dados los croquis acotados de las siguientes figuras en sistema axonométrico, representa las tres vistas características (planta, alzado y perfil izquierdo) en sistema diédrico europeo y realiza el acotado necesario de las mismas (cotas en mm).

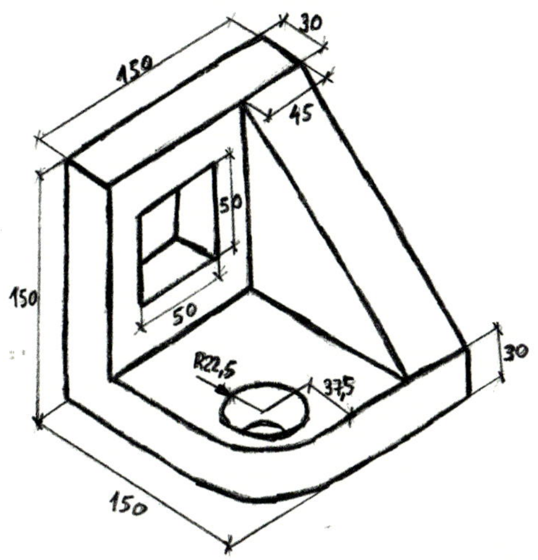

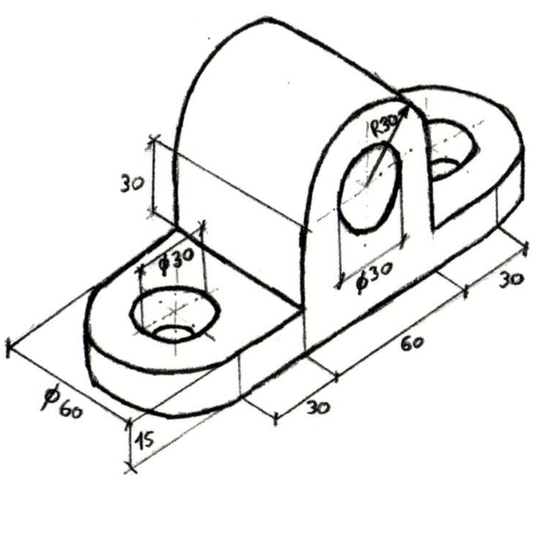

2.2. Dados los croquis acotados de las figuras anteriores realiza el corte de estas definiendo un Plano de sección que permita ver el detalle de sus partes internas huecas (cotas en mm).

2.3. Dado el croquis acotado de la siguiente figura en sistema diédrico europeo, completa la vista que falta y representa dicha pieza en sistema axonométrico (cotas en mm).

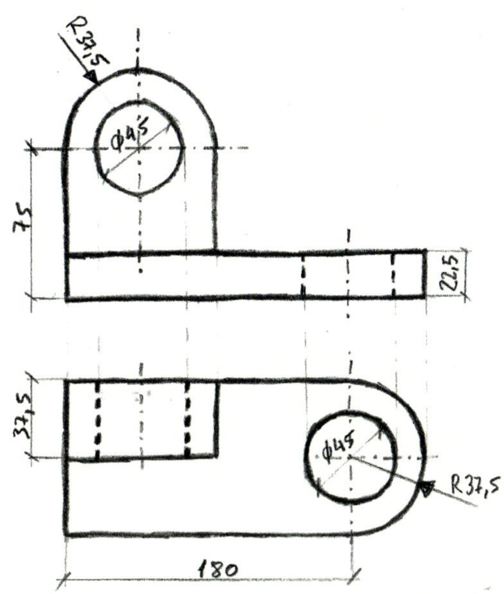

Actividades finales

2.4. Dado el croquis acotado de la siguiente figura en sistema diédrico europeo, representa dicha pieza en sistema axonométrico (cotas en mm).

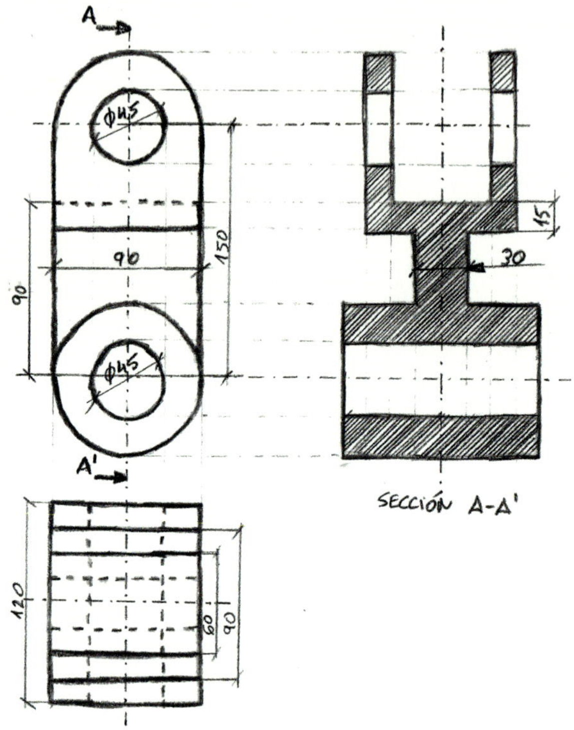

De ampliación

2.1. Realiza las figuras de la Actividad de aplicación 2.1. en perspectiva caballera considerando que el eje Y (profundidad) se reduce en un 1:2. Busca información técnica para definir el ángulo del eje Y con respecto al Plano X-Z.

2.2. Utiliza un formato DIN A4 con cajetín para representar en su interior, a la escala de representación adecuada, las tres vistas características (planta, alzado y perfil izquierdo) en sistema diédrico europeo de las figuras de la Actividad de aplicación 2.1.

3 Elaboración de la documentación gráfica con AutoCAD

Contenidos

Objetivos

- Identificar el proceso de trabajo y la interfaz de usuario del programa de diseño asistido por ordenador AutoCAD utilizado en la elaboración de Planos.
- Realizar Planos con vistas diédricas normalizadas (planta, alzado y perfil), añadiendo cortes y secciones con AutoCAD.
- Conocer y utilizar los diferentes comandos o instrucciones básicas de AutoCAD para realizar dibujos mediante ejemplos.
- Crear e insertar bloques de dibujo en AutoCAD mediante ejemplos, así como crear y gestionar diferentes capas en un dibujo complejo.
- Importar archivos .DXF elaborados con otros programas de dibujo y modificarlos en AutoCAD.
- Preparar Planos para su impresión mediante el uso del espacio de presentación de AutoCAD.
- Realizar la acotación de objetos o piezas representadas en los Planos de forma precisa y en aplicación de la normativa.

El programa de diseño AutoCAD es una herramienta muy útil para realizar la representación en diferentes sistemas de piezas y objetos de uso industrial. Es una aplicación muy potente que permite representar vistas de objetos en dos dimensiones (sistema diédrico europeo) o en tres dimensiones (sistema axonométrico).

El programa está estructurado en forma de fichas y grupos con muchas instrucciones de dibujo para ejecutar de forma rápida representaciones complejas en las que pueden aplicarse los conceptos teóricos de normalización. Además, permite el acotado de las diferentes dimensiones de forma sencilla e intuitiva. Todos los objetos de dibujo utilizados disponen de propiedades que pueden modificarse rápidamente.

Es un programa técnico capaz de crear e insertar bloques de dibujo, lo que permite exportar e importar datos con otras herramientas de representación. AutoCAD también permite realizar Planos con diferente simbología eléctrica y neumática importada.

Por último, es una herramienta muy potente para organizar y gestionar dibujos complejos gracias a la posibilidad de definir capas que pueden estar activadas, desactivadas, inutilizadas o bloqueadas. También dispone del espacio de presentación, ideal para preparar Planos de instalaciones o piezas técnicas con diferentes escalas y formatos de dibujo DIN serie A.

3.1. Primeros pasos para descargar e instalar el programa

El programa AutoCAD, de la empresa Autodesk, dispone de una versión Estudiante gratuita para estudiantes, profesores y centros de enseñanza accesible desde su página web (http://www.autodesk.es/education).

Figura 3.1. Página web de Autodesk, apartado Educación.

Una vez se haya cargado la página web en el navegador utilizado, se debe hacer clic en la pestaña Instalar en equipo personal, situada en la parte inferior. Esta pestaña muestra los productos más populares de Autodesk, de entre los cuales se debe seleccionar haciendo clic en AutoCAD (inglés).

Figura 3.2. Productos más populares de Autodesk, apartado Educación.

Al cargar la página de *software* gratis de AutoCAD, se debe hacer clic en CREATE ACCOUNT y rellenar toda la información necesaria (formulario de datos) para crear inicialmente una cuenta de usuario con el nombre elegido (Autodesk ID) que permita obtener una licencia educacional de tres años.

Se debe marcar la aceptación de los términos del servicio y, para poder activar la cuenta de Autodesk, es preciso abrir el correo electrónico proporcionado en el formulario de datos.

Al abrir el mensaje de correo electrónico de Autodesk, se proporcionará un enlace para cada usuario Autodesk ID con el que poder activar la cuenta creada.

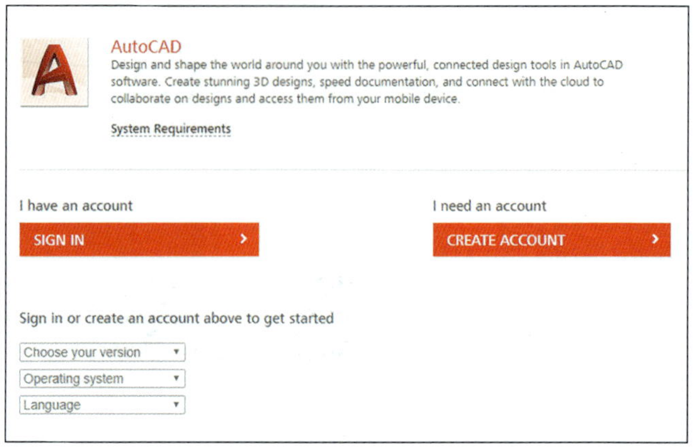

Figura 3.3. Página de *software* gratis para AutoCAD.

A continuación, en la página web de *software* gratis AutoCAD, se debe hacer clic en SIGN IN indicando la dirección de correo o nombre de usuario Autodesk ID y la contraseña definida.

Tras este proceso, se activará en la página la identificación del usuario y se podrá seleccionar la versión del programa (por ejemplo, AutoCAD 2015), el sistema operativo (por ejemplo, Windows 32-bit) y el lenguaje (Español). Al finalizar la selección, se mostrará en pantalla el número de serie, la clave del producto, el tamaño del archivo y el uso autorizado. Autodesk enviará copia al correo electrónico indicado de la información de licencia.

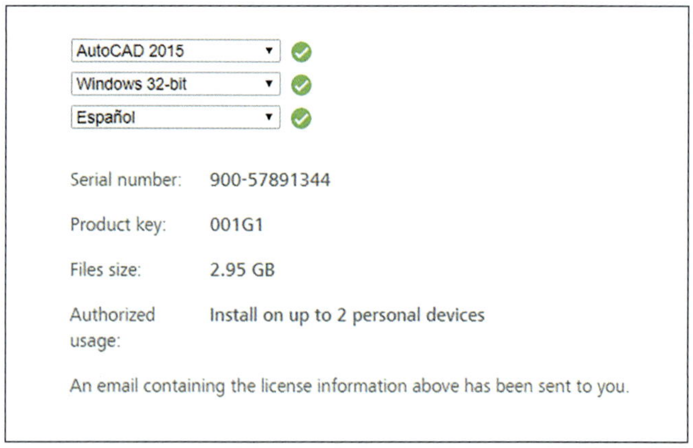

Figura 3.4. Información de la licencia del producto elegido.

Por último solo hará falta elegir en el botón INSTALL NOW la variante de descarga:

- La opción DONWLOAD NOW permite abrir el Autodesk Download Manager para gestionar la descarga del programa en la carpeta elegida (casi 3 GB). Posteriormente se deberá ejecutar el archivo para su instalación.
- La opción BROWSER DOWNLOAD permite descargar un archivo ejecutable .EXE de tamaño 1,3 GB

que, una vez descargado y ejecutado, permite arrancar la instalación *online* del programa. Si salta el Firewall de Windows para impedir la instalación, se deberá desbloquear el programa.

3.2. Pantallas iniciales de AutoCAD

Una vez instalado el programa AutoCAD, basta hacer doble clic con el botón izquierdo del ratón sobre el icono del programa situado en el escritorio del PC. Al abrir el programa, se muestra la pantalla de Inicio *(Nueva ficha)* de la versión del estudiante de AutoCAD 2015.

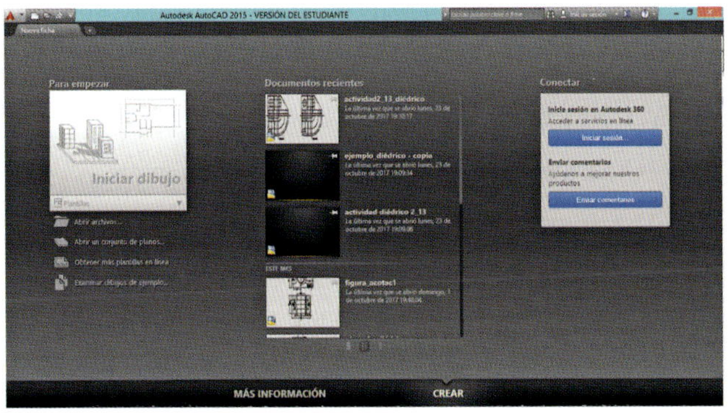

Figura 3.5. Pantalla de Nueva ficha de AutoCAD 2015 (versión del estudiante).

En la parte inferior de la pantalla de inicio aparecen dos apartados que son MÁS INFORMACIÓN y CREAR.

En la parte izquierda, se puede iniciar un nuevo dibujo eligiendo la plantilla deseada (archivo .DWT) de entre las disponibles. Las plantillas más habituales que se pueden elegir para realizar dibujos bidimensionales son acad.dwt y acadiso.dwt.

Figura 3.6. Creación de un nuevo dibujo con plantilla de dibujo.

También es posible abrir un nuevo dibujo desde el menú Nuevo situado en el menú desplegable de la aplicación (letra A en la esquina superior izquierda).

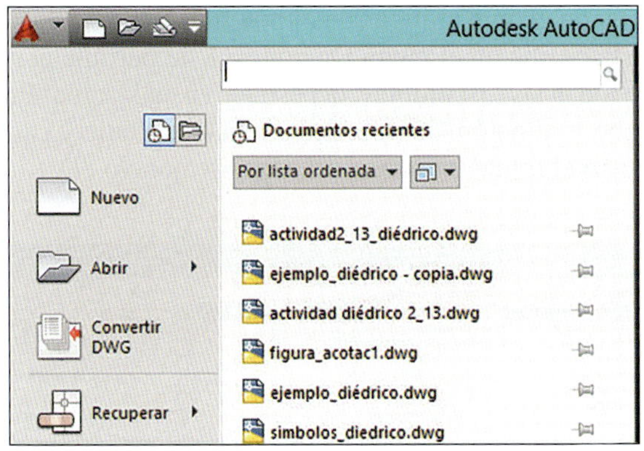

Figura 3.7. Abrir un archivo existente desde el menú de la aplicación.

En el caso de querer abrir un archivo ya existente, se puede ir a Abrir archivos… en el apartado Iniciar dibujo o, directamente, desde el menú Abrir situado en el menú desplegable de la aplicación. También aparecerán en dicho menú los archivos de dibujo de extensión .DWG abiertos de forma reciente.

En la zona central de la pantalla Nueva ficha se pueden previsualizar los archivos de dibujo .DWG abiertos recientemente eligiendo entre tres configuraciones posibles para mostrar la previsualización.

Figura 3.8. Documentos recientes abiertos con previsualización.

En el apartado Conectar, situado en la parte izquierda de la pantalla inicial, se puede iniciar sesión en Autodesk 360 y enviar comentarios al fabricante.

Una vez creado un nuevo dibujo, llamado por defecto Dibujo1, y seleccionada la plantilla que se desea emplear (por ejemplo, acad.dwt), se abrirá el entorno de trabajo de

AutoCAD con la pestaña del archivo Dibujo1.DWG abierta. Por defecto, el color de fondo del archivo es oscuro aunque se puede cambiar fácilmente a blanco para que las líneas, círculos, cotas, etc. aparezcan en color negro. Pinchando en el área gráfica con el botón derecho del ratón, se debe hace clic en el menú Opciones. Este permite abrir, de entre todas las disponibles, la pestaña Visualización. En ella se debe ir al botón Colores de ventana de dibujo y cambiar a blanco el fondo uniforme del espacio modelo 2D.

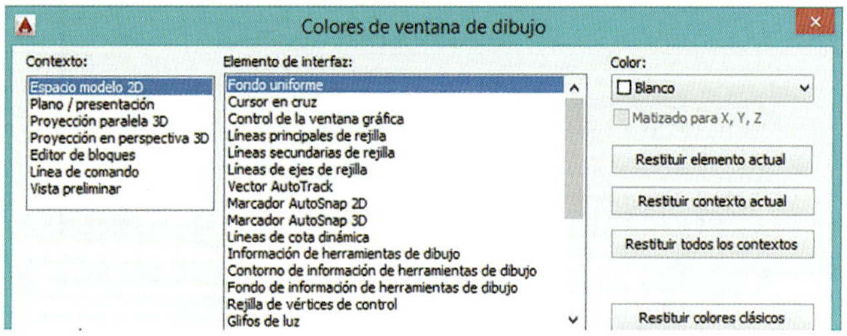

Figura 3.9. Cambio del color de fondo uniforme del dibujo.

Es posible tener varios archivos de dibujo abiertos a la vez en AutoCAD haciendo clic sobre el símbolo (+) de la pestaña situada al fondo. Se crearán nuevos archivos con nombre por defecto (Dibujo2.DWG, etc.). Situando el ratón en la pestaña donde está el nombre del archivo, se pueden visualizar los espacios de trabajo (por defecto, modelo y dos hojas de presentación). También es posible cambiarlos haciendo clic sobre las pestañas situadas en la parte inferior izquierda del entorno de trabajo.

Figura 3.10. Cambio del espacio de trabajo (modelo, presentación).

La pantalla principal del programa AutoCAD es el entorno de trabajo. Este entorno dispone de varias áreas o zonas con funciones específicas.

En la parte superior izquierda, donde está situado el logo de Autodesk, se puede abrir un menú de persiana con los comandos más habituales con los que se pueden realizar las siguientes acciones:

- Crear un nuevo dibujo o conjunto de Planos.
- Abrir archivo de dibujo, dibujo en la nube, conjunto de Planos, etcétera.
- Guardar el archivo de dibujo con el nombre por defecto o nombre dado.
- Guardar como archivo .DWG un dibujo o dibujo a la nube, como archivo .DWT una plantilla de dibujo, como archivo .DWS de normas de dibujo, etc. seleccionando la ruta y el nombre elegido.

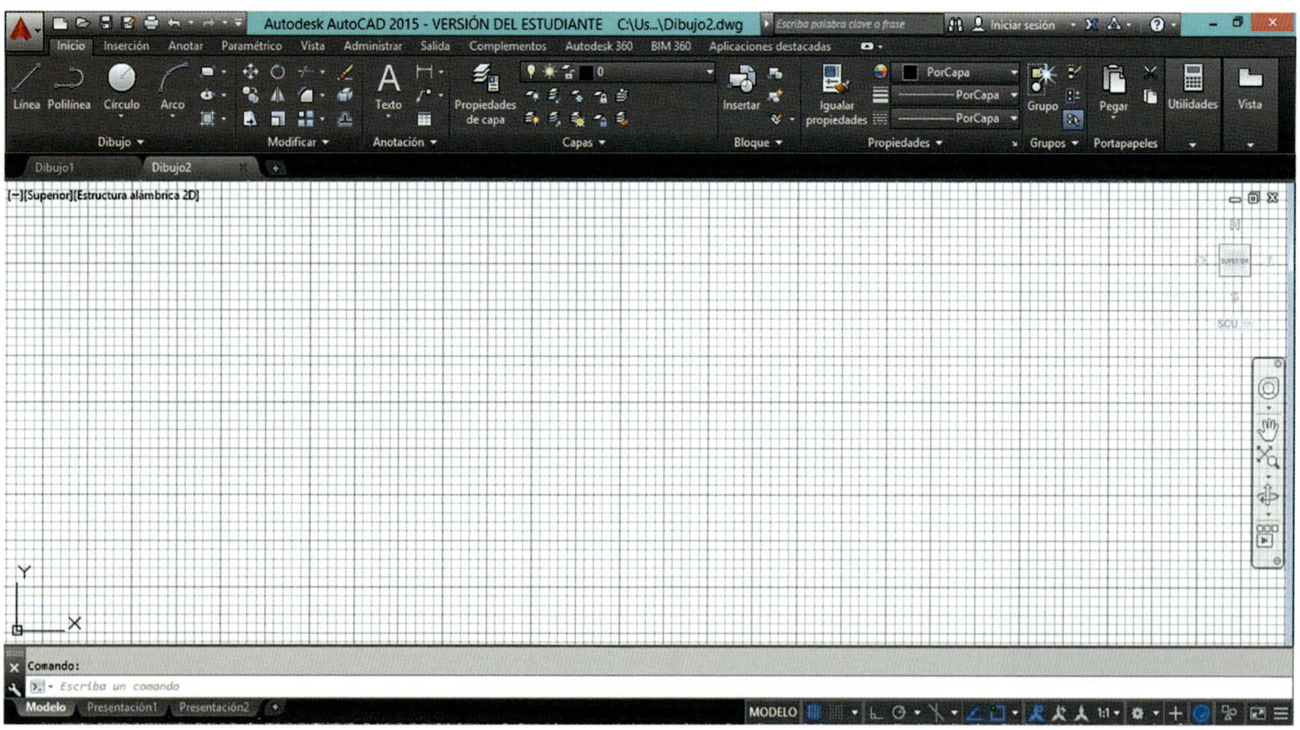

Figura 3.11. Pantalla o entorno de trabajo de AutoCAD.

- Exportar a diferentes formatos como .DWF, .DXF 3D, archivos PDF, metarchivos (.WMF), PS encapsulado, mapa de bits (.BMP), etcétera.
- Imprimir enviando el dibujo a un trazador, impresora, archivo o a otro dispositivo de salida realizando la configuración de la página y comprobando una vista preliminar del dibujo (ver cómo se va a trazar).
- Consultar las ayudas al dibujo como las propiedades del dibujo, unidades, recuperar archivos, revisar la integridad del dibujo, etcétera.

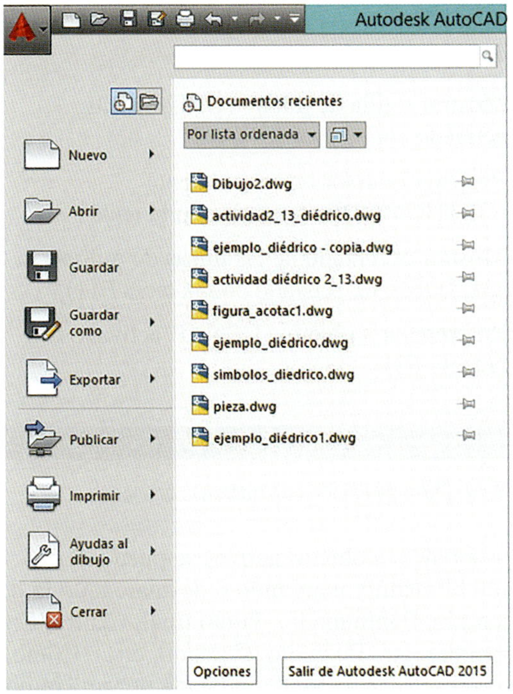

Figura 3.12. Menú de persiana de AutoCAD.

En la parte superior izquierda también se muestran los botones seleccionados de la barra de herramientas de acceso rápido. Por defecto, aparecen los botones de Nuevo, Abrir, Guardar, Guardar como…, Trazar, Deshacer y Rehacer pero se puede personalizar desplegándola para añadir nuevos botones como Vista preliminar, Propiedades, Render, etcétera.

Figura 3.13. Barra de herramientas de acceso rápido.

La barra de título se sitúa en la parte superior, centrada, con información de la versión de AutoCAD y la ruta donde se guarda el archivo con el nombre elegido.

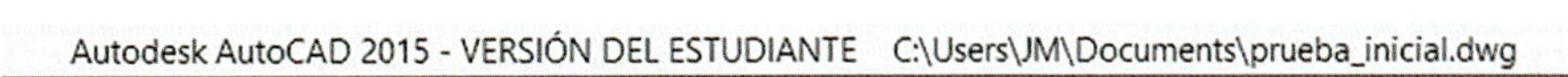

Figura 3.14. Barra de título.

Además, al lado de la barra de título se encuentra situado un cuadro de texto para hacer búsquedas en la Ayuda del programa (por ejemplo, se puede consultar la utilidad de la instrucción *Editpol*).

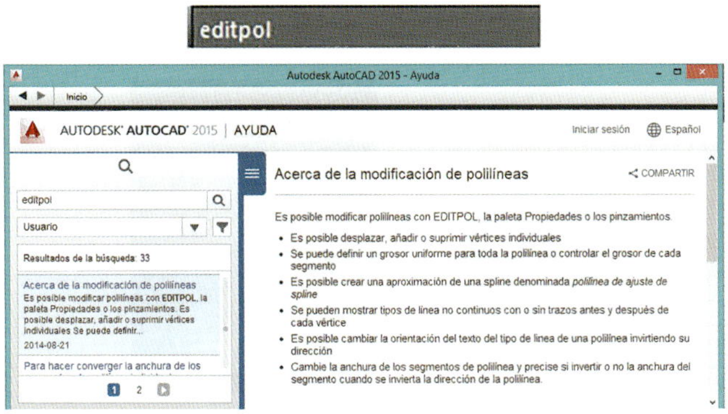

Figura 3.15. Uso de la Ayuda de AutoCAD.

En la parte superior, por debajo de lo indicado, se sitúan las diferentes barras de menú o fichas activas como son Inicio, Inserción, Anotar, Paramétrico, Vista, Administrar, Salida, etc. Dentro de cada menú o ficha se pueden activar diferentes grupos o barras de botones como, por ejemplo, para la ficha Inicio, los grupos Dibujo, Modificar, Anotación, Capas, Bloque, Propiedades, etcétera.

Figura 3.16. Ejemplos de grupos activos en la ficha Inicio.

En AutoCAD, dentro de cada grupo (por ejemplo, Dibujo) se encuadran diferentes botones que permiten ejecutar las instrucciones de dibujo más habituales (como son Línea, Polilínea, Círculo, Arco, Rectángulo, Elipse y Sombreado) y otras de uso más ocasional como Línea auxiliar, Rayo, Hélice, Arandela, etc. Estos botones aparecen con un menor tamaño si la resolución de la pantalla es baja, de forma comprimida. Lo mismo puede pasar con otros grupos de la misma ficha.

Figura 3.17. Botones disponibles en el grupo Dibujo.

En la parte central de la pantalla, con fondo de color blanco, se sitúa el área gráfica donde realizar y visualizar el dibujo. En la parte inferior izquierda de la misma está situado el símbolo del sistema de coordenadas X, Y en el espacio Modelo con el origen situado en el punto (0, 0) y representado por un pequeño cuadrado.

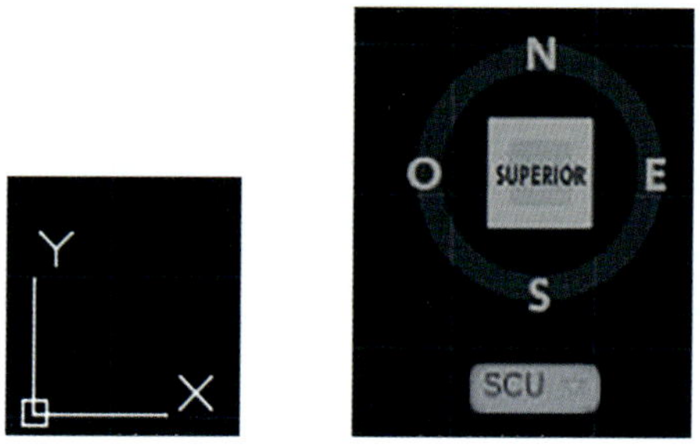

Figura 3.18. Sistema de coordenadas SCU en espacio Modelo.

En el área gráfica, situada a la derecha y en la parte superior, se encuentra la barra para modificar el sistema de coordenadas universal (SCU) y, desplegando el menú, un sistema de coordenadas personal (SCP) que puede definirse donde sea requerido por el dibujante. Por defecto, el dibujo muestra un Plano de representación X, Y con la vista de un cubo desde la parte superior; en caso de modificarlo (con el botón derecho del ratón pinchando sobre el cubo), se puede observar la representación tridimensional del espacio de trabajo.

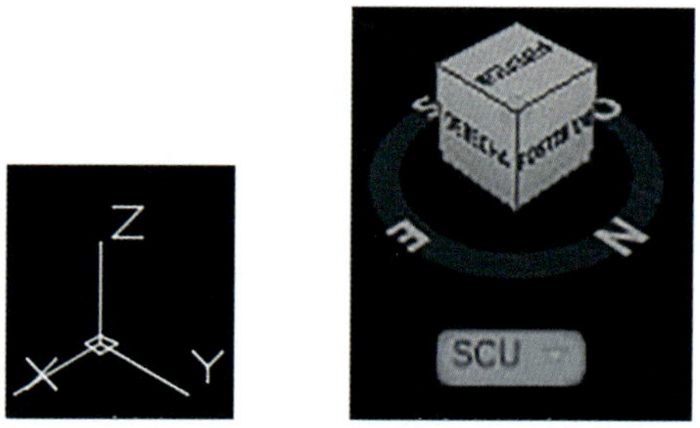

Figura 3.19. Modificación del sistema de coordenadas SCU.

Además, dentro del área gráfica, también se sitúa una barra de botones de acceso rápido (vertical, anclada en posición superior derecha) para utilizar las instrucciones Encuadre, los distintos tipos de Zoom y Órbita (giro de la vista en el espacio modelo 3D).

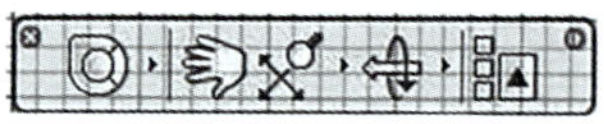

Figura 3.20. Barra de botones de Encuadre y Zoom.

En la parte inferior del entorno de trabajo se sitúa la barra de comandos donde se pueden visualizar los datos y los comandos introducidos desde el teclado (por ejemplo, para ejecutar la orden CÍRCULO basta escribir el alias «C» en la barra de comandos). Se puede desanclar de su posición inicial y situarla donde más interese.

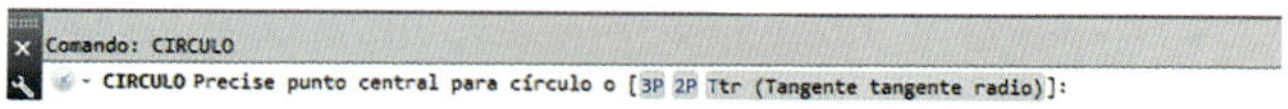

Figura 3.21. Ejemplo de comando introducido en AutoCAD.

Para modificar los alias de los comandos en AutoCAD se debe abrir el archivo PGP con el editor de textos yendo a la ficha ADMINISTRAR/EDITAR ALIAS. Una vez hechas las modificaciones en dicho archivo, se deben guardar y cerrar. A continuación, se debe escribir _REINIT en la barra de comandos para cargar nuevamente al archivo PGP modificado.

Por debajo de la barra de comandos, se haya la pestaña con el tipo de espacio de trabajo (por defecto, Modelo) y, al lado, la barra de estado que muestra diversos botones activados (en fondo azul) como son:

- Mostrar rejilla de dibujo (GRIDMODE, activado con la tecla F7). 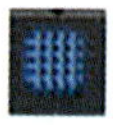
- Restringir cursor ortogonalmente (ORTHOMODE, activado con la tecla F8). 
- Mostrar el forzado de las líneas de referencia (AUTOSNAP, activado con la tecla F11). 
- Referenciar a objetos (OSNAP, activado con la tecla F3). 

Figura 3.22. Barra de estado con opciones activadas.

La referencia a objetos activos se puede modificar desplegando el menú y marcando o desmarcando la deseada (por ejemplo, Punto medio, Punto final, Centro, Cuadrante, Perpendicular, Tangente, Cercano, etc.). Como se observa, cada referencia viene indicada por un símbolo que se mostrará en el área gráfica al utilizar instrucciones o comandos de dibujo.

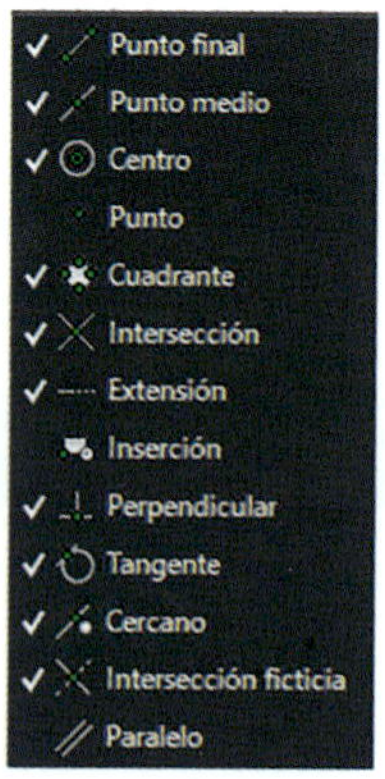

Figura 3.23. Tipos de referencias a objetos activos.

Para desactivar las opciones indicadas, bastará con hacer doble clic sobre el icono o actuar mediante la tecla de función definida.

3.3. Instrucciones básicas de AutoCAD

Para empezar a realizar un dibujo sencillo en AutoCAD, se plantea un bloque de instrucciones donde emplear comandos como Línea, Línea C (cerrar polígono), Zoom (Extensión, Ventana, Previo, En tiempo real, Dinámico, Acercar, Alejar), Encuadre, Polilínea, Editpol, Desplazar, Copiar, Medir (Distancia, Radio, Ángulo, Área, Volumen), Texto, Sombreado/Degradado, Contorno y Acotar lineal/alineada/angular.

Con estos comandos se trabajarán las coordenadas (rectangulares y polares) absolutas y locales de un punto, la activación y desactivación de las diferentes opciones del REFENT (F3), la activación y desactivación del ORTO (F8), la activación y desactivación de la rejilla del dibujo (F7), las propiedades totales y propiedades rápidas de un objeto, el uso de las líneas auxiliares en un dibujo, el borrado de líneas y polígonos (Supr), la anulación de un comando (Esc-Esc) y el guardado de dibujo en un archivo con extensión .DWG.

Actividad resuelta 3.1

Realiza el siguiente dibujo en AutoCAD mediante el uso de coordenadas cartesianas y polares, definiendo su contorno mediante una polilínea de grosor 5.

Además, aplícale un sombreado o degradado e inserta al pie un texto explicativo.

Realiza el acotado del mismo mediante cotas lineales, alineadas o angulares.

Utiliza como unidad de dibujo el centímetro.

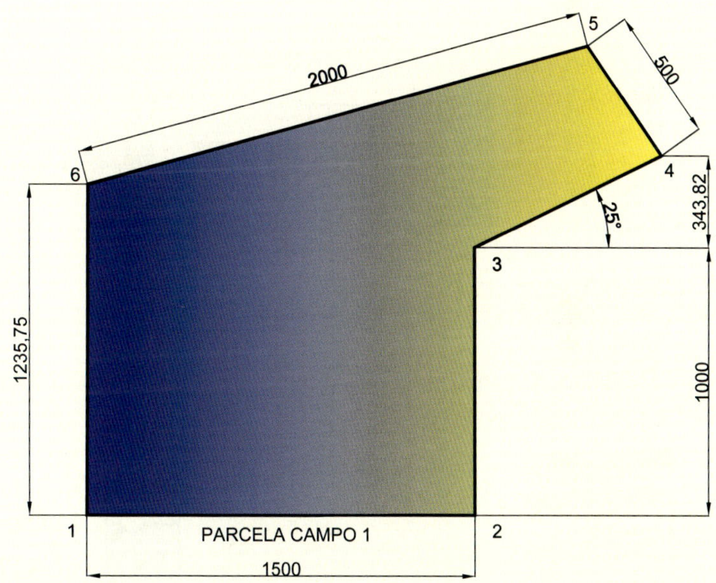

Figura 3.24. Parcela acotada con texto.

Solución:

En primer lugar, conviene definir el estado inicial en el espacio Modelo de la referencia a objetos REFENT, la rejilla desactivada y el ORTO activado. Para comprobar la unidad empleada en el archivo de dibujo, basta consultar en el menú Opciones la pestaña Preferencias de usuario.

Para empezar el dibujo, se debe hacer clic en el botón Línea y definir el punto inicial con un clic en el área gráfica de la pantalla. A continuación, se debe introducir la distancia del punto final de la línea en coordenadas polares relativas (por ejemplo, 1500 < 0º).

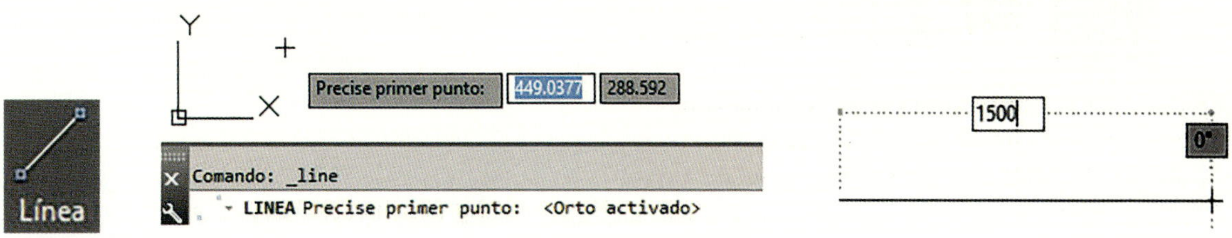

Figura 3.25. Comando Línea (distancia relativa).

Con el comando Línea activo, el siguiente punto se encuentra situado a una distancia vertical de 1000 < 90º, mientras que, para definir el siguiente punto, se deberá desactivar el ORTO e indicar la distancia (por ejemplo, 800) y un ángulo de 25º (medido en sentido antihorario y definido por la posición del ratón).

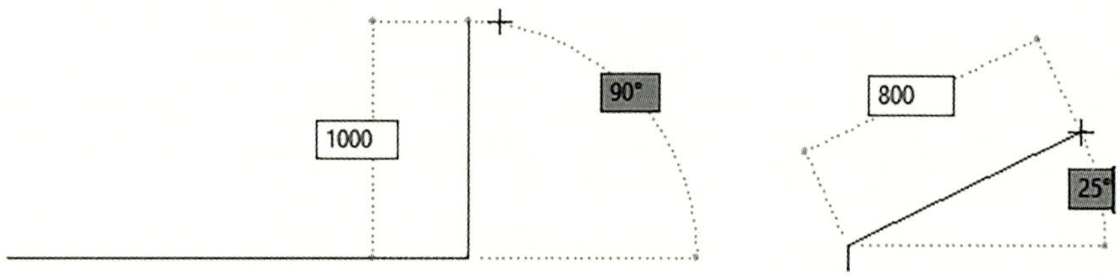

Figura 3.26. Comando Línea (distancia y ángulo).

El siguiente punto requiere escribir la distancia (por ejemplo, 500) y después bloquearla presionando la tecla Tabulador para, posteriormente, definir un ángulo de 125º medido en sentido antihorario. El punto siguiente se definirá en coordenadas polares relativas como 2000 < 165º y, por último, para cerrar el polígono se puede utilizar la opción Cerrar (C) del comando Línea.

Figura 3.27. Comando Línea (distancia bloqueada y ángulo).

Una vez dibujado el polígono, se puede centrar en el área gráfica con opciones del comando Zoom (por ejemplo, Zoom ventana) y el comando Encuadre.

Figura 3.28. Comandos Zoom y Encuadre.

Para darle propiedades al perímetro de polígono (por ejemplo, un grosor), se debe crear una polilínea con todo el polígono. Se puede utilizar el botón Polilínea para, sobre el contorno del polígono, ir definiendo punto a punto dicha polilínea. Otra opción posible es escribir el comando Editpol y, en primer lugar, transformar la línea seleccionada en una polilínea.

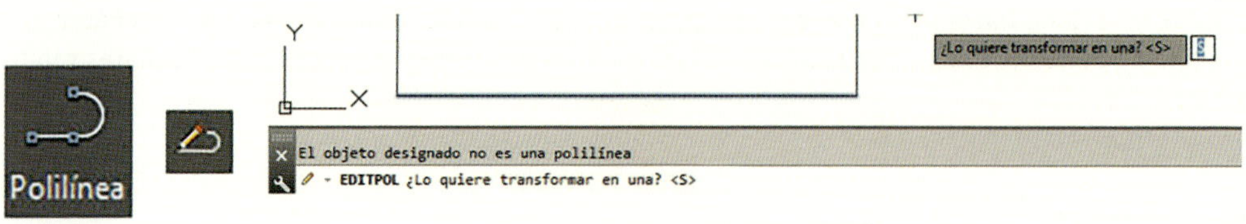

Figura 3.29. Comandos Polilínea y Editpol.

Con la orden Editpol se debe utilizar la opción de Juntar (J) para seleccionar una a una todas las líneas del contorno creando una polilínea con el Color, Capa y Tipo de línea por defecto. Por último, se selecciona la opción Grosor (G) de la orden Editpol y se fija un valor de 10.

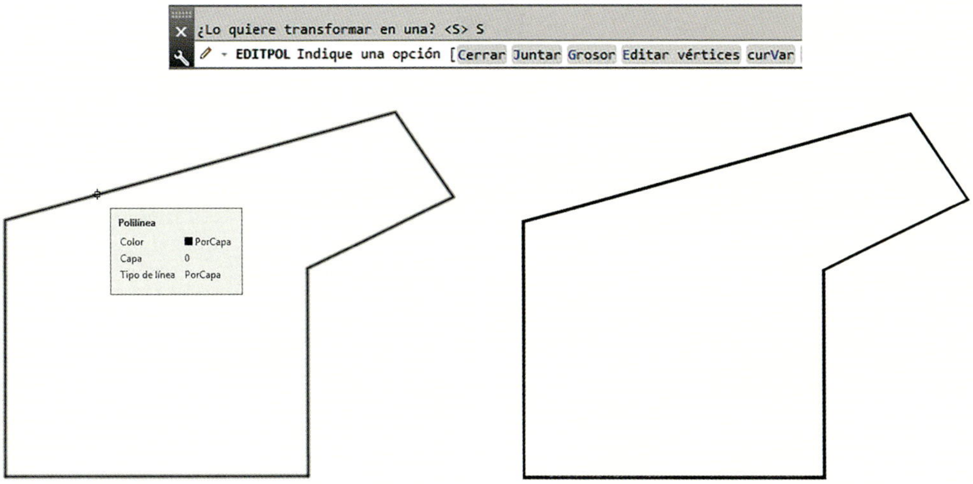

Figura 3.30. Polilínea creada con grosor definido (Editpol).

Para situar texto en el área de dibujo, se debe utilizar el comando TextoM, que permite definir un recuadro de texto mediante dos puntos opuestos. Se debe insertar el texto deseado en el mismo (por ejemplo, PARCELA CAMPO 1). Para obtener el resultado buscado será necesario modificar sus propiedades seleccionando el texto y haciendo clic en el botón derecho del ratón. Por ejemplo, se puede cambiar la Altura del texto (valor 50) para que se visualice bien.

Figura 3.31. Propiedades del comando Texto.

Puede ser necesario utilizar el botón o comando Desplazar para seleccionar el texto y moverlo desde un punto inicial o punto base hasta la posición final que se desee. Conviene desactivar el ORTO para definir el punto final deseado.

Figura 3.32. Comando Desplazar.

Para numerar los vértices del polígono, se puede volver a utilizar el comando TextoM o, sencillamente, copiar el texto anterior con el botón Copiar las veces necesarias para editarlo y cambiarlo. Como antes, se debe designar el objeto, indicar el punto de base y punto final del mismo con o sin el ORTO activado, según interese. Si la referencia a objetos impide seleccionar algún punto final, se deberá desactivar.

Figura 3.33. Comando Copiar.

En cualquier momento, se pueden consultar las distancias introducidas en las líneas mediante el bloque Utilidades que tiene el botón Medir. Se pueden medir la Distancia, el Radio, el Ángulo, el Área y el Volumen.

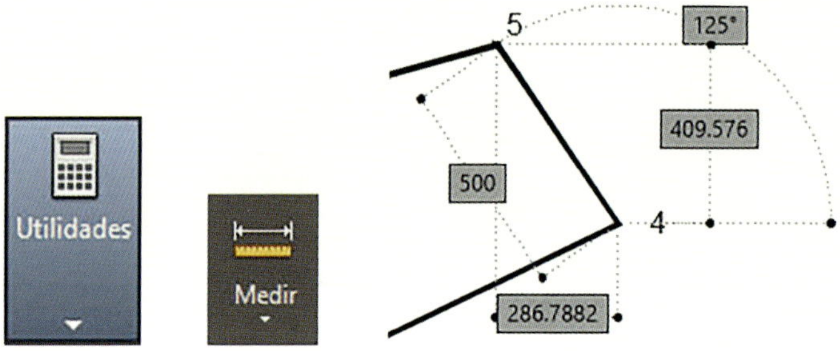

Figura 3.34. Uso de comando Medir Distancia.

Para realizar el sombreado o degradado del dibujo, se debe activar el botón desplegable Sombreado/Degradado/Contorno. Las dos primeras órdenes de dibujo son similares, mientras que Contorno permite crear una polilínea designando un punto interno del polígono.

Figura 3.35. Uso del comando Contorno.

Para aplicar un sombreado al polígono, se abrirá la barra de herramientas Creación de sombreado. En el grupo Contornos se deberá designar un punto interno para detectar el contorno sobre el que aplicar el patrón seleccionado (por ejemplo, AR-CONC). Haciendo clic en el lateral, se despliegan todos los patrones para poder cambiar el seleccionado. Por último, basta cerrar el Editor cuando se obtenga el resultado deseado.

Figura 3.36. Barra de Creación de sombreado.

Para aplicar un degradado al polígono, se abrirá la barra de herramientas Creación de degradado. Como antes, se debe definir el contorno al que aplicar el patrón seleccionado. Este patrón requiere seleccionar dos colores de degradado para hacer la transición de uno a otro (por ejemplo, el azul y el amarillo). Por último, basta cerrar el Editor cuando se obtenga el resultado deseado.

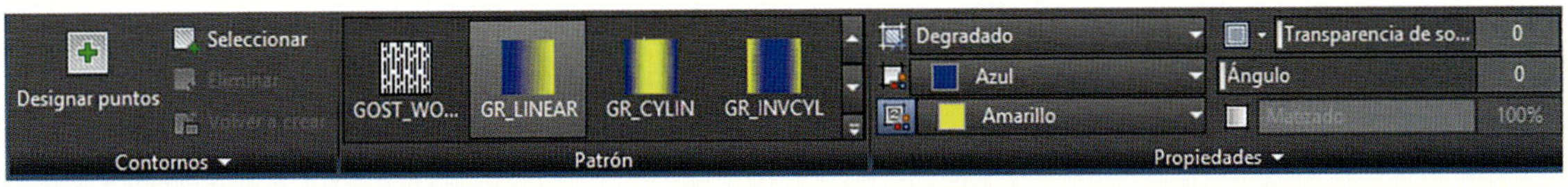

Figura 3.37. Barra de Creación de degradado.

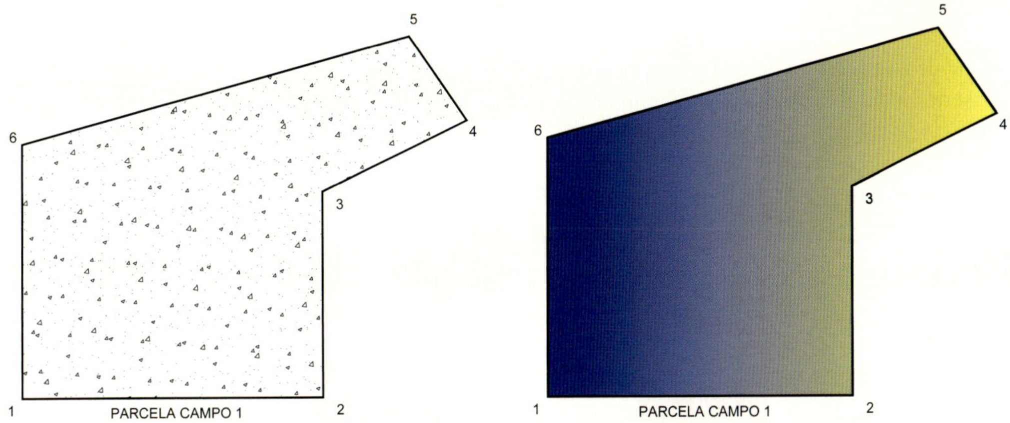

Figura 3.38. Resultado del sombreado/degradado.

Para realizar la acotación del dibujo hecho, se debe activar el botón desplegable de Acotar. Las tres primeras instrucciones o botones permiten realizar cotas de tipo lineal, de tipo alineado y de tipo angular.

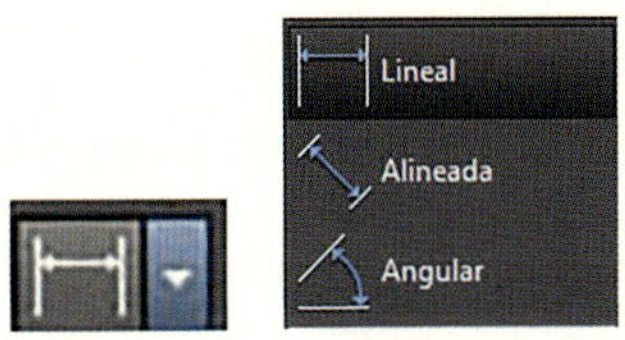

Figura 3.39. Uso de la acotación lineal, alineada y angular.

Para acotar la distancia lineal entre el punto 1 y 2, se debe activar el botón Lineal, seleccionando como origen de la primera línea de referencia el punto 1 (Punto final activo en el REFENT). De igual forma, se define la segunda línea de referencia (punto 2). Por último, se debe definir la ubicación de la línea de cota paralela a la línea. Es posible que sea necesario modificar sus propiedades para visualizarla correctamente; en concreto, el tamaño de la flecha y la altura del texto. Se trabaja de forma muy parecida con el botón Alineada.

Para acotar el ángulo de la línea entre los puntos 3 y 4 y la horizontal, se debe activar el botón Angular. Esta instrucción pide la designación inicial de un arco, círculo, línea o un vértice haciendo clic con el botón derecho del ratón. A continuación, se debe designar el primer extremo sobre la línea horizontal de cota (Cercano o Punto medio activo en el REFENT). De igual forma, se define el segundo extremo de la cota, su ubicación y, si es necesario, se modifican sus propiedades.

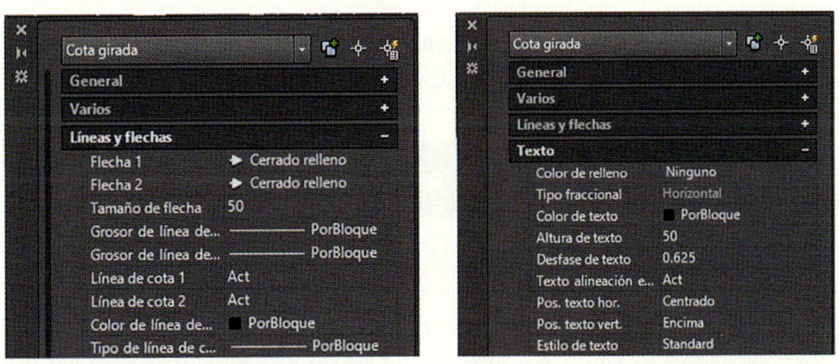

Figura 3.40. Modificación de propiedades de una cota.

En el siguiente bloque de instrucciones, se introduce el uso de otros comandos básicos de AutoCAD como son Rectángulo, Descomponer, Estirar, Desfase, Círculo, Arco, Partir, Directriz, Acotar radio/diámetro y cómo poder cargar diferentes tipos de líneas en un dibujo.

Actividad resuelta 3.2

Realiza el siguiente dibujo acotado de una pieza troquelada mediante el uso de las instrucciones de AutoCAD comentadas anteriormente. Inserta líneas discontinuas para marcar los ejes de simetría de la pieza. Utiliza como unidad de dibujo el milímetro.

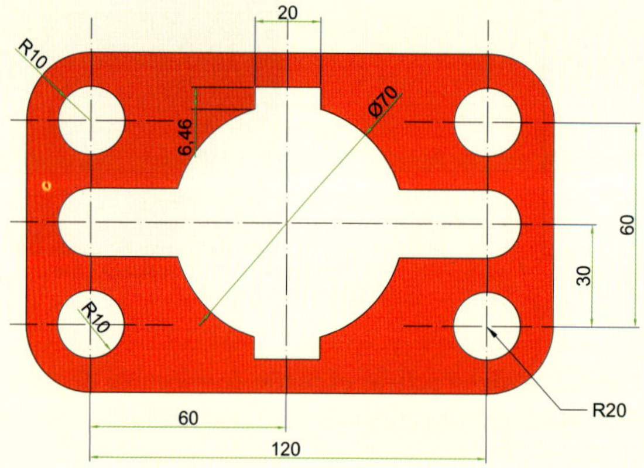

Figura 3.41. Pieza troquelada.

Solución:

Inicialmente, conviene definir el estado inicial en el espacio Modelo de la referencia a objetos REFENT, la rejilla desactivada y el ORTO activado.

En primer lugar, se utiliza el botón desplegable Rectángulo/Polígono para definir un rectángulo de 120 mm × 100 mm. Se deben establecer los puntos opuestos del rectángulo mediante coordenadas cartesianas relativas. Tras activar el comando, se debe precisar el primer punto de la esquina (por ejemplo, haciendo clic con el ratón); posteriormente, se deberá indicar el punto de la esquina opuesta introduciendo un valor en horizontal de 120 bloqueado (presionando tecla Tab) y un valor en vertical de 100 bloqueado (presionando tecla Tab).

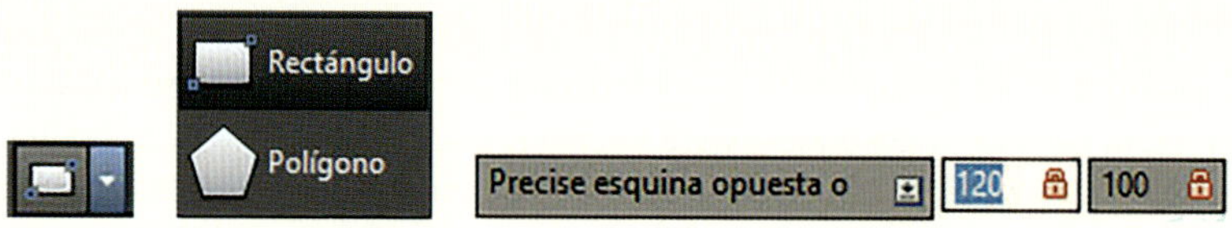

Figura 3.42. Comando Rectángulo.

El rectángulo creado es una polilínea que interesa descomponer para poder modificar los tipos de líneas. Se debe seleccionar el rectángulo haciendo clic sobre él y ejecutar el comando Descomponer.

Figura 3.43. Comando Descomponer.

Para poder cargar nuevos tipos de líneas (por ejemplo, líneas discontinuas) se debe ir al grupo Propiedades de la ficha Inicio y desplegar el Tipo de línea para seleccionar Otro. Se abrirá el administrador de tipos de líneas para hacer clic en el botón Cargar y seleccionar para los ejes de simetría de la pieza el tipo de línea ACAD_ISO04W100.

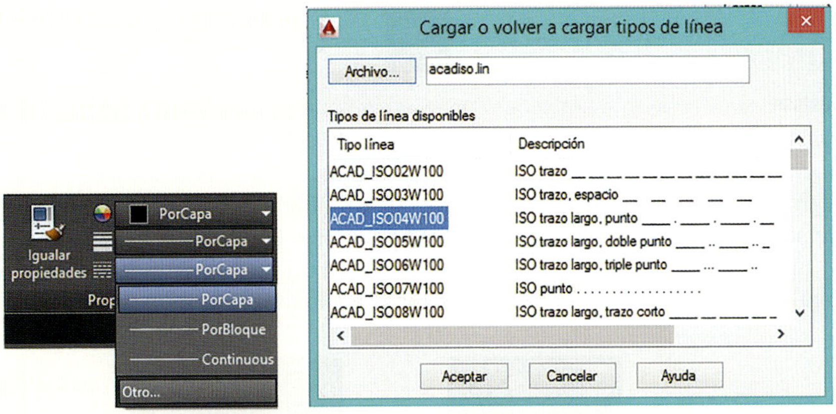

Figura 3.44. Cargar nuevo tipo de línea en el dibujo.

Bastará con seleccionar las líneas verticales del rectángulo y cambiarlas mediante el desplegable del grupo Propiedades/ Tipo de línea. Dado que son ejes de simetría, es necesario que dichas líneas sobresalgan del contorno de la pieza. Basta con seleccionarlas y Estirar 20 unidades de dibujo cada uno de los extremos.

El paso siguiente requiere copiar un eje de simetría y moverlo a la posición definida por el punto medio (REFENT activo) de una de las líneas horizontales. Además, es necesario dibujar una línea de simetría horizontal por la mitad de la pieza que sobresalga 45 unidades de los ejes verticales.

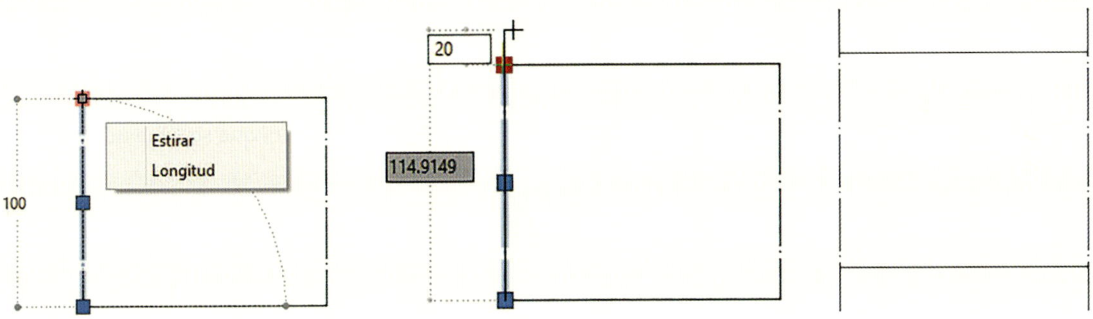

Figura 3.45. Aplicar nuevo tipo de línea y estirar sus extremos.

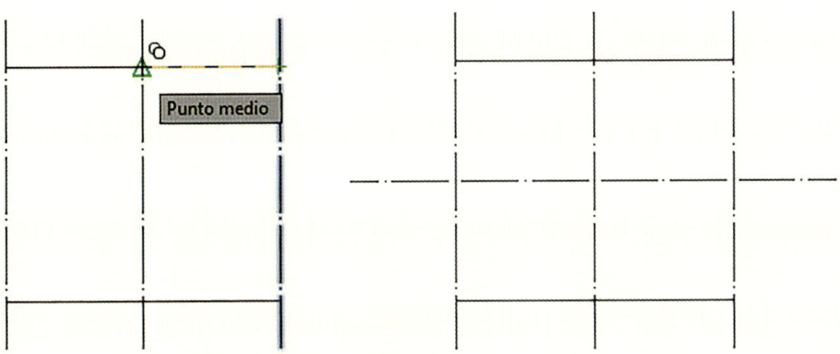

Figura 3.46. Definición de las líneas de simetría de la pieza.

Para acabar de definir las líneas de simetría se utiliza la orden Desfase, que permite crear líneas, curvas y círculos paralelos a otros a la distancia que se indique. En este caso, se crearán dos líneas paralelas a una distancia de desfase de 30 mm del objeto que desfasar, que es la línea horizontal anterior.

Figura 3.47. Comando Desfase.

El paso siguiente requiere dibujar círculos y arcos, dado que ya se han definido sus centros. Al presionar el menú desplegable Círculo se debe elegir (de entre las existentes) las opciones Centro, Radio o Centro, Diámetro. Hay que indicar el punto central mediante la intersección de los ejes de simetría y el radio de valor 10 mm o el diámetro de valor 70 mm. En el caso del comando Arco, hay muchas opciones entre las que elegir según el caso (por ejemplo, definir tres puntos: Inicio, Centro, Fin; Inicio, Centro, Ángulo; Inicio, Centro, Longitud; Inicio, Fin, Ángulo; etcétera).

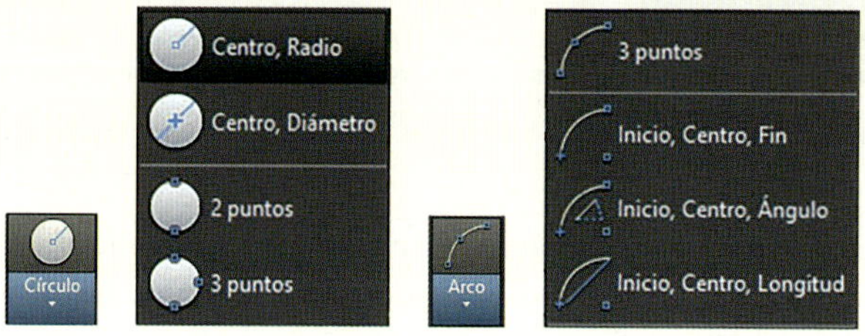

Figura 3.48. Comandos Círculo y Arco.

En este ejemplo, se opta por definir el arco con la opción Inicio, Centro, Fin del mismo. La instrucción se deberá repetir en las cuatro esquinas de la pieza. Para cerrar el contorno, se deben añadir las líneas continuas necesarias usando las referencias activas.

Además, los ejes horizontales de simetría se deben modificar mediante la instrucción Partir (situada en la parte desplegable del grupo de Modificar). Este comando requiere definir el objeto (línea horizontal) y dos puntos (intersecciones de los ejes). Por último, se estirará cada eje de simetría de los círculos pequeños para que tengan una distancia total en horizontal de 50 mm y se modificarán sus propiedades (por ejemplo, escala del tipo de línea a 0,5) para que se vean adecuadamente.

Figura 3.49. Comando Partir.

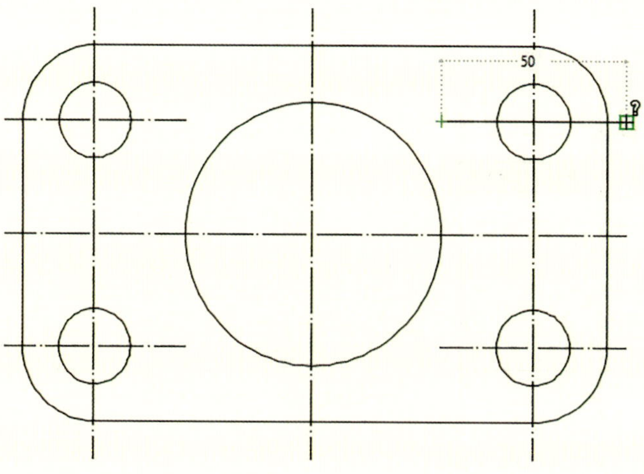

Figura 3.50. Aspecto intermedio de la pieza.

Mediante el comando Copiar, se pueden situar círculos de radio 10 en los puntos que faltan. Con la referencia de Cuadrante (REFENT) se dibujarán líneas rectas que unan los cuadrantes superiores e inferiores de los arcos.

Para obtener el resultado deseado en la parte central de la pieza, se debe utilizar el botón desplegable Recortar/Alargar en el grupo Modificar. El comando Recortar permite recortar objetos hasta alcanzar las aristas de otros objetos, seleccionándolos primeramente (por ejemplo, el círculo central) y luego, con el botón derecho del ratón, designando el objeto que recortar (las líneas horizontales situadas dentro del círculo central). La instrucción Recortar, se debe emplear las veces necesarias hasta adoptar la forma final de la pieza troquelada.

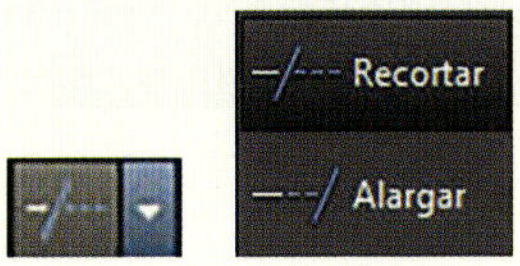

Figura 3.51. Comando Recortar/Alargar.

Por último, mediante el comando Desfase se dibujan líneas paralelas al eje vertical de simetría con línea continua por capa a una distancia de 10 mm en cada lado y se unen los cuadrantes superiores e inferiores de los círculos mediante líneas rectas. Faltará volver a aplicar los comandos Recortar y Estirar para eliminar la parte de los objetos no requerida.

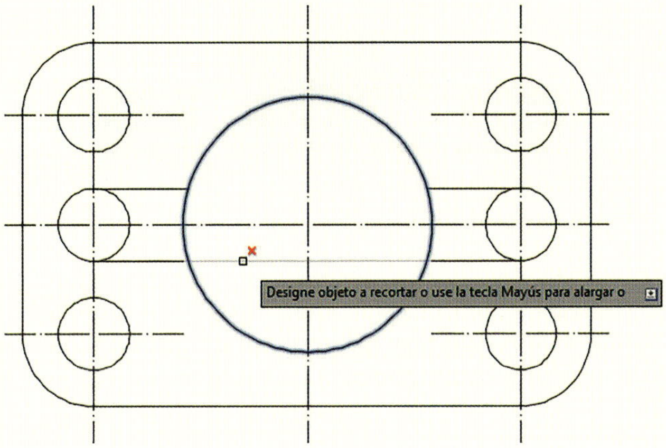

Figura 3.52. Ejemplo de aplicación (comando Recortar).

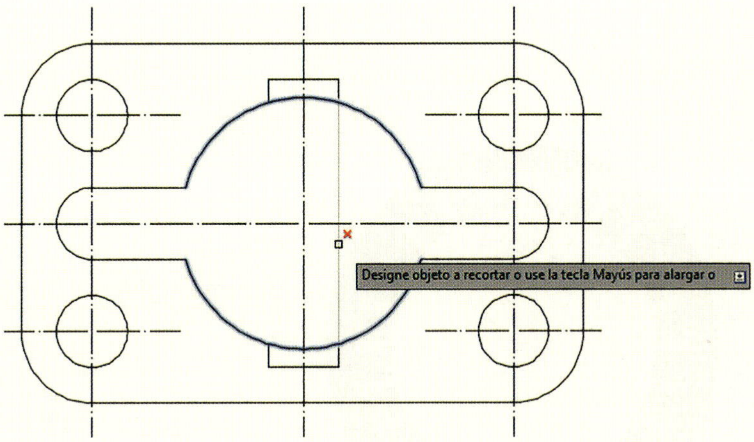

Figura 3.53. Ejemplo de aplicación (comando Recortar).

Para acabar la pieza troquelada bastará con realizar su sombreado con el patrón SOLID. Para cambiar el color (por defecto, negro por capa) se debe seleccionar todo el sombreado de la pieza y modificar las propiedades cambiando el color en el apartado General.

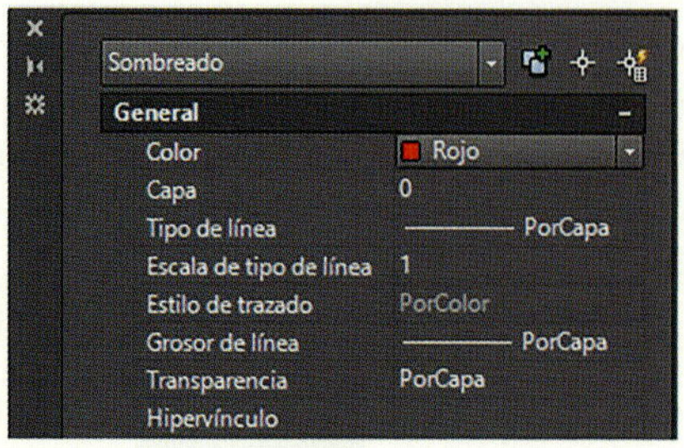

Figura 3.54. Cambio del color del sombreado SOLID.

Como en el ejemplo anterior, el acotado de la pieza se puede hacer mediante cotas lineales con color verde para la línea de cota. En este caso se requiere utilizar, además, las opciones de Radio o Diámetro. También puede ser necesario añadir el comando Directriz, marcando el centro del círculo como ubicación de la punta del segmento de cota y donde situar el segmento de conexión. En todo caso, siempre se pueden seleccionar las cotas y cambiar sus propiedades de forma agrupada (por ejemplo, la altura del texto, el color de línea de cota o de línea de extensión, etcétera).

Figura 3.55. Uso de la acotación de Radio/Diámetro y comando Directriz.

En el siguiente bloque de instrucciones, se introduce el uso de otros comandos básicos de AutoCAD como son Simetría, Girar, Bloque (para crear o insertar bloques como archivos externos .DWG), Escala y cómo realizar ventanas o capturas para seleccionar objetos de un dibujo.

Actividad resuelta 3.3

Realiza el dibujo de la chapa troquelada de acero al silicio utilizado para construir el estátor de un motor eléctrico de 24 ranuras distribuidas uniformemente en los 360°, creando además un bloque para definir el tipo de ranura empleado.

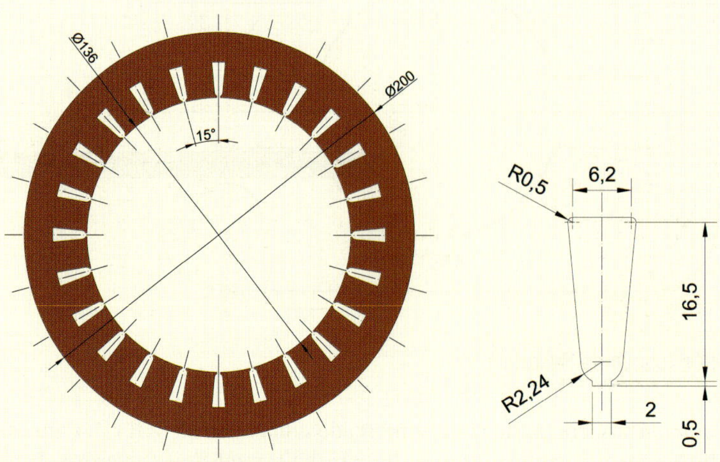

Figura 3.56. Chapa magnética para estátor de motor eléctrico.

Solución:

En primer lugar, se deben definir dos círculos concéntricos con la orden Círculo; el primero, de diámetro 200 mm y, el segundo, usando la orden Desfase con una distancia hacia dentro entre círculos de 32 mm. En segundo lugar, dado que hay que distribuir 24 ranuras entre los 360°, conviene situar en el primer cuadrante desde el centro del círculo ejes de simetría separados cada 15° (tipo de línea ACAD_ISO04W100).

Para ello, se pueden dibujar inicialmente los ejes principales perpendiculares con el ORTO activo y la referencia de cuadrante y, posteriormente, desactivar el ORTO y dibujar todas las líneas auxiliares requeridas desde la referencia de Centro con la distancia bloqueada (radio de 100 mm) y ángulos múltiplos de 15°.

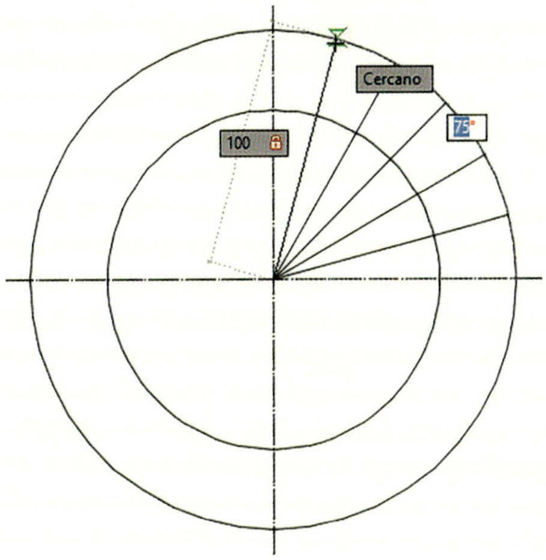

Figura 3.57. Dibujo de los ejes de simetría de la pieza.

Para completar el resto de las líneas auxiliares requeridas, se puede utilizar el comando Simetría para copiar las líneas auxiliares. Haciendo clic con el botón derecho del ratón, se deben definir un eje de simetría mediante uno o dos puntos y una dirección con el ORTO activado. En este caso, no se deben borrar los objetos originales. Para dibujar los ejes de simetría, sobre las líneas auxiliares, se debe dibujar una línea ACAD_ISO04W100 y estirarla unos 10 mm por encima del círculo exterior y volver a emplear el botón Simetría. Se pueden modificar las propiedades de cada línea para que la escala del tipo de línea sea 0,5.

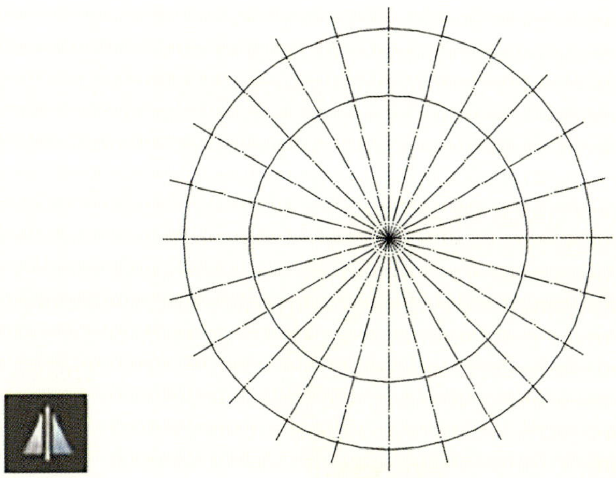

Figura 3.58. Comando Simetría (definición de ejes).

Para borrar las líneas iniciales se deben designar objetos por ventana/captura, de forma que con doble clic del ratón se defina un rectángulo hacia la derecha (Ventana) en el que solo se seleccionan elementos completos. En caso de definir un rectángulo hacia la izquierda (Captura), se seleccionarían todos los elementos que parcialmente queden dentro.

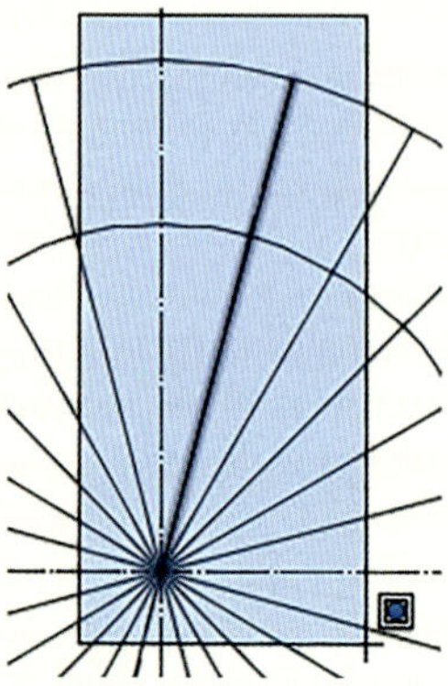

Figura 3.59. Ventana con captura de objetos.

El paso siguiente es realizar el dibujo de la ranura de la chapa troquelada del estátor de un motor eléctrico (usar Zoom Acercar y Encuadre). Para ello, se dibuja inicialmente un rectángulo de 7,2 × 17,5 mm descompuesto y, mediante el comando Desfase, las líneas verticales y la horizontal inferior paralelas a la distancia indicada en el enunciado. A continuación, se debe situar el centro del círculo inferior con una línea auxiliar a 2,5 mm de la línea horizontal inferior. Hay que recortar el tramo inferior del círculo.

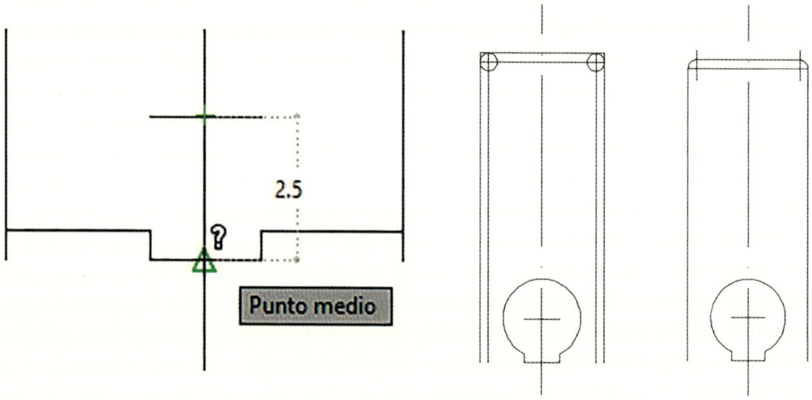

Figura 3.60. Proceso de dibujo de una ranura.

En la parte superior se puede emplear la orden Desfase con una distancia de 0,5 hacia dentro para situar los centros de los círculos de radio 0,5 mm. Se deben recortar y eliminar los tramos de las líneas y los círculos que no son necesarios. Por último, se debe utilizar el comando Línea para unir las referencias de Cuadrante de los círculos situados entre la parte superior y la parte inferior de la ranura. Bastará recortar las partes sobrantes del círculo inferior y de las líneas de desfase. También se pueden modificar las propiedades de los tipos de línea cargados en el dibujo (ACAD_ISO04W100 para el eje de simetría y ACAD_ISO02W100 en los ejes de los círculos superiores).

Una vez dibujada la ranura, AutoCAD permite definir dicho objeto como un bloque de dibujo mediante el grupo desplegable Bloque. Estos botones permiten insertar otros dibujos externos hechos previamente en AutoCAD (extensión .DWG) como bloques que podrán modificarse posteriormente descomponiéndolos. También se puede crear una definición de bloque de dibujo a partir de los objetos que se seleccionen (por ejemplo, todos los objetos de la ranura dibujada).

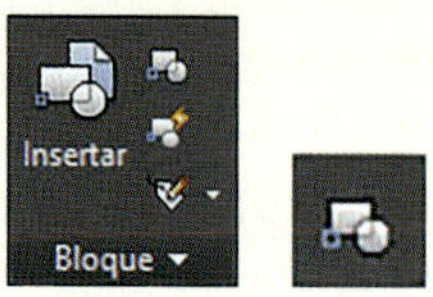

Figura 3.61. Menú de Bloque (comando Crear).

Haciendo clic en el botón Crear se abre el menú de Definición de bloque. En primer lugar, se debe indicar un nombre para el bloque (por ejemplo, ranura1), precisar el punto de base de inserción del mismo, designar los objetos mediante una Captura y los parámetros como la unidad utilizada en el bloque (por ejemplo, mm). Se puede añadir un comentario en Descripción y es aconsejable mantener marcada la opción de Abrir en Editor de bloques. Al finalizar, se debe presionar la tecla Enter para abrir el Editor de bloques.

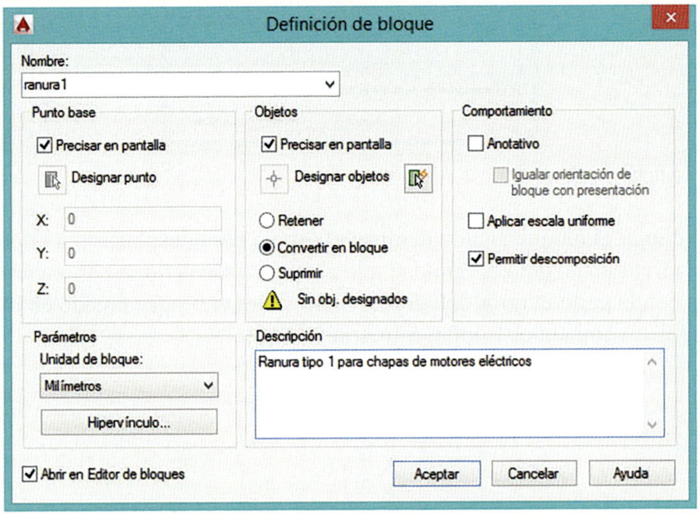

Figura 3.62. Definición de bloque.

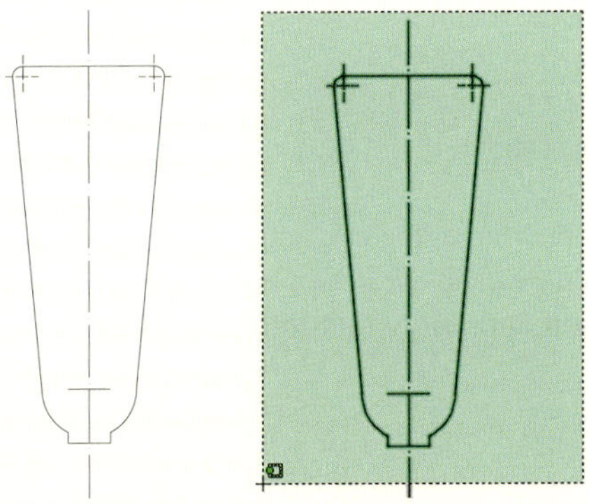

Figura 3.63. Punto de base y Captura de objetos.

El Editor de bloques dispone de varios grupos de instrucciones como son Abrir/guardar, Geométricas, Por cota, Administrar, Parámetros de acción y Visibilidad para cambiar las características del bloque. También dispone de una Paleta de Creación de bloques en el lateral izquierdo con cuatro pestañas de Parámetros, Acciones, Conjuntos de parámetros y Restricciones.

Figura 3.64. Aspecto parcial del Editor de bloques.

Para poder guardar, además, el bloque creado como un dibujo externo se debe desplegar el grupo Abrir/guardar y seleccionar el botón Guardar bloque como. Al finalizar, se debe cerrar el Editor de bloques y guardar cambios.

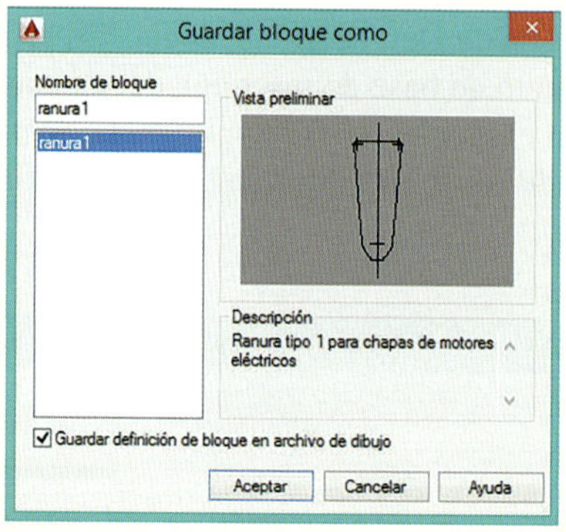

Figura 3.65. Guardar bloque como fichero externo.

El paso siguiente consiste en copiar el bloque creado dentro del dibujo para desplazarlo a la posición final, descomponerlo y recortar la parte interior del círculo para dar continuidad a la chapa. Puede ser necesario alargar previamente las aristas de la ranura para que intersecten con la parte interior del círculo. Para situar el bloque creado en las posiciones definidas de las otras ranuras, se deberán utilizar los comandos Copiar, Simetría y Girar.

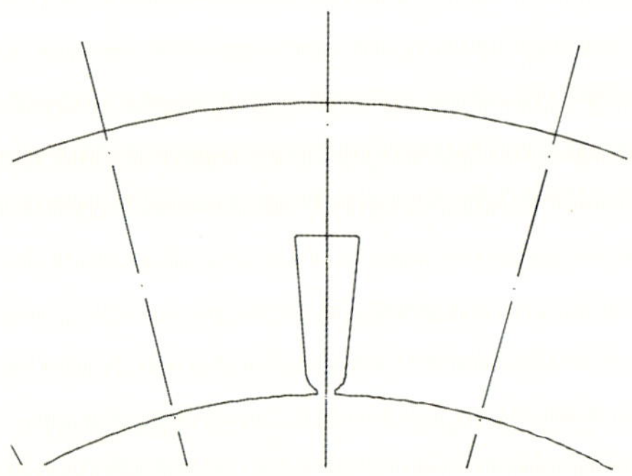

Figura 3.66. Bloque ranura situado en posición central.

El comando Girar permite girar un objeto previamente designado (por ejemplo, el bloque de la ranura con su eje de simetría) alrededor de un punto base (la intersección de cada eje de simetría principal con el círculo interior). El ángulo de giro debe ser, en cada caso, múltiplo de –15° en sentido horario y múltiplo de +15° en sentido antihorario.

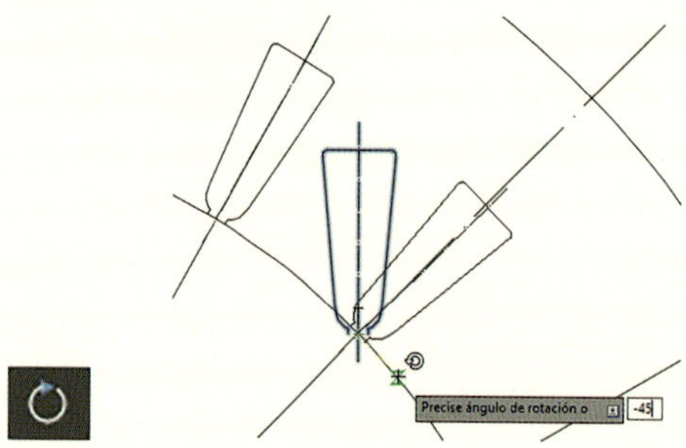

Figura 3.67. Comando Girar (ranura girada).

Para realizar el sombreado con el patrón SOLID de la pieza conviene recortar todos los ejes de simetría utilizando como elemento auxiliar un círculo concéntrico que luego se borrará. Se elige un color marrón (color 36 de la paleta) modificando las propiedades del sombreado. Para acabar el dibujo de la chapa magnética, se debe acotar la misma mediante acotación angular y de diámetro.

El sombreado debe ordenarse como objeto y ponerlo detrás para que, posteriormente, puedan visualizarse, por ejemplo, las cotas completas de la pieza.

Nota: otra opción es insertar en el dibujo un bloque externo con la ranura ya dibujada previamente. Es habitual tener que utilizar el comando Escala que aumenta o reduce la escala de los objetos seleccionados hasta adecuarla al dibujo.

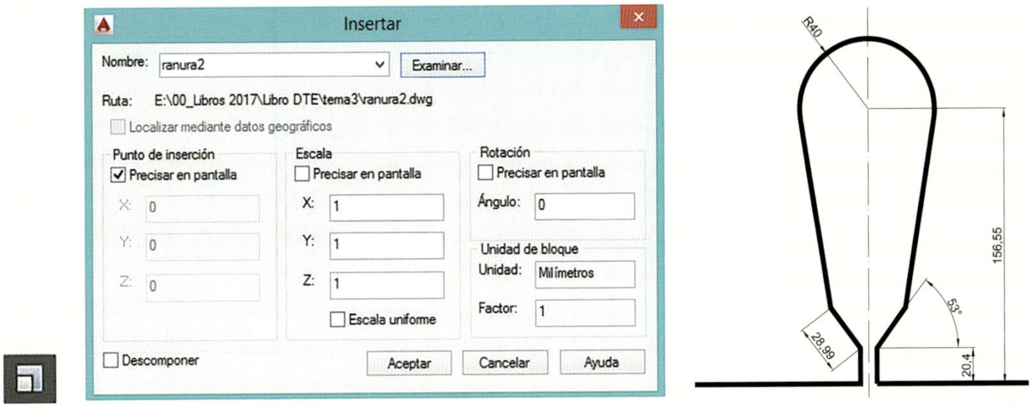

Figura 3.68. Comando Escala para un bloque externo insertado.

En este caso, sería necesario descomponer el bloque y la polilínea, y aplicar una escala de reducción E 1:10 para poder insertar el bloque de la ranura en el dibujo de la chapa magnética del ejemplo. Al ejecutar el comando Escala, se deben designar los objetos (con ventana o captura), definir el punto de base (parte inferior del eje de simetría) y precisar el factor de escala deseado (por ejemplo, 0,1).

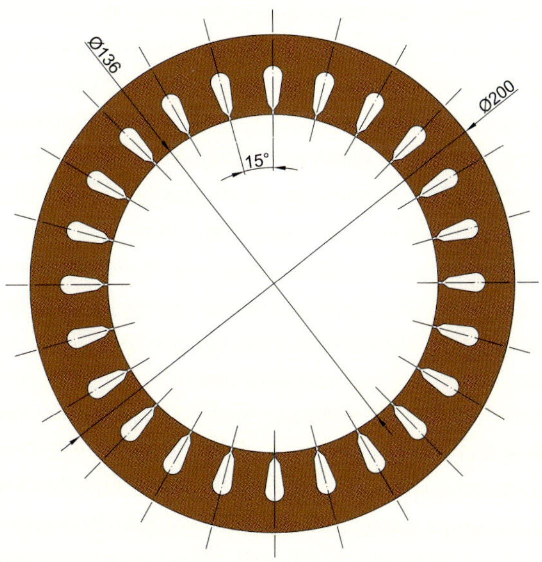

Figura 3.69. Chapa magnética para estátor de motor eléctrico.

3.4. Creación de una plantilla de dibujo en AutoCAD

AutoCAD permite crear una plantilla propia de dibujo (archivo de extensión .DWT) en la que insertar, por ejemplo, un formato de dibujo DIN A4 junto con su cajetín para rellenar la información del Plano.

Mediante un nuevo archivo de dibujo .DWG se empieza utilizando el comando Rectángulo para crear las dimensiones de un formato A4 vertical (210 mm × 297 mm) mediante la introducción de coordenadas cartesianas relativas.

Para consultar y cambiar las unidades del dibujo (por ejemplo, milímetros) se puede ir al menú desplegable del icono de la aplicación AutoCAD en Ayudas al dibujo/Unidades.

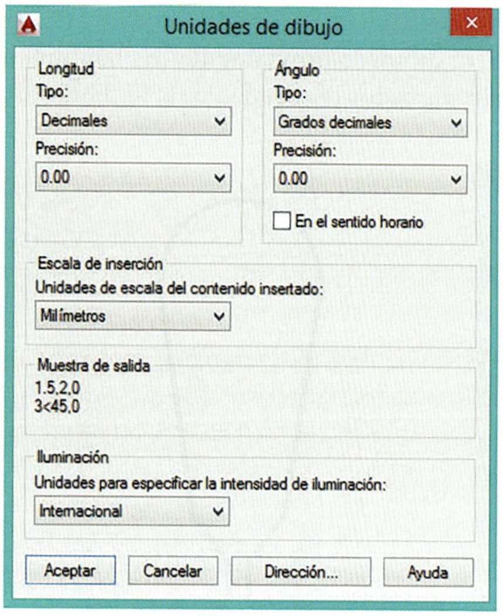

Figura 3.70. Consulta de las unidades de dibujo.

A continuación, se puede definir el recuadro interior del Plano mediante el comando Desfase con la distancia deseada (por ejemplo, 10 mm). En el caso de desear aumentar la distancia de separación en un margen concreto (por ejemplo, el margen lateral izquierdo), basta seleccionar el lado y con el ORTO activo estirar dicho lado la nueva distancia (por ejemplo, 10 mm más).

El dibujo de un cajetín modelo para el formato A4 creado se puede hacer en un fichero externo .DWG con el que, posteriormente, se creará un nuevo bloque de dibujo. Se deberá insertar el texto base para la información situada en cada recuadro, modificando las propiedades necesarias (por ejemplo, altura del texto).

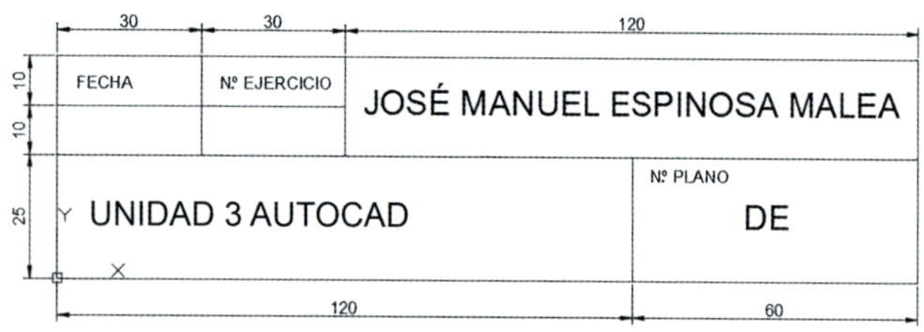

Figura 3.71. Bloque de dibujo (cajetín para A4).

Para crear la plantilla final, se debe insertar el bloque creado del cajetín en el archivo .DWG del formato A4. Una vez definido el punto de base, se deberá mover el bloque para situarlo en la parte inferior del formato A4.

Para guardar la nueva plantilla .DWT se debe ir al botón desplegable de la aplicación de AutoCAD y seleccionar, en Guardar como, la opción Plantilla de dibujo. Bastará con asignar un nombre con extensión .DWT y guardarlo en la carpeta donde están situados el resto de plantillas de dibujo por defecto.

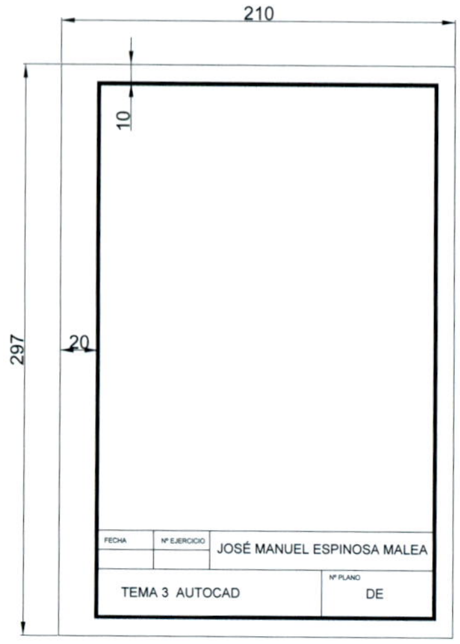

Figura 3.72. Plantilla de formato A4 completo.

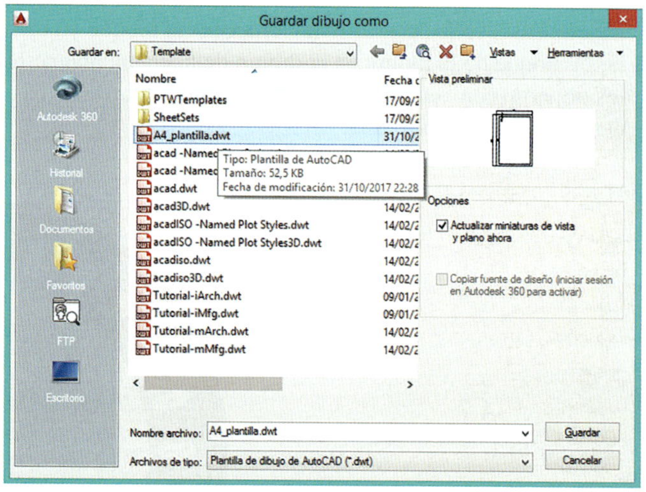

Figura 3.73. Guardar una nueva plantilla de dibujo.

La próxima vez que se abra un nuevo dibujo .DWG se podrá seleccionar en la pantalla inicial de AutoCAD la plantilla creada. Para modificar o completar el cajetín, se deberá descomponer previamente.

3.5. Gestión de capas en un dibujo de AutoCAD

AutoCAD es un programa de dibujo que permite ordenar, para una mejor compresión del mismo, los diferentes objetos de un dibujo en forma de hojas de dibujo o capas transparentes. Estas capas permiten la visualización o la impresión conjunta de todas ellas, de varias a la vez o de una a una.

Estas capas se definen con cierta lógica según el tipo de dibujo hecho. Por ejemplo, en el caso de realizar el Plano de un cuadro de automatismos, se pueden plantear como capas del mismo la placa de montaje, las protecciones, el canal y el carril DIN, los borneros, los contactores, los relés auxiliares, los temporizadores, etcétera.

La ficha Inicio dispone de un grupo desplegable Capas para realizar la gestión de las diferentes capas. Por defecto, la capa activa es la capa 0. Además, el grupo Propiedades permite definir por capa el color del objeto (por defecto, negro), el grosor de cada uno y el tipo de línea.

Figura 3.74. Grupos Capas y Propiedades.

Por ejemplo, dado un símbolo de un transformador trifásico situado en la capa 0, se puede modificar el color de los diferentes objetos (rojo, azul), el grosor de cada objeto presente y el tipo de línea empleado.

Figura 3.75. Objetos en capa 0 con modificación de propiedades.

El botón de Propiedades de capa permite abrir el Administrador de propiedades de capas para gestionarlas (inicialmente, solo se tiene la capa 0) (Figura 3.76).

Para crear una nueva capa, se debe hacer clic en el botón Nueva capa y definir el nombre. La capa activa está marcada en la columna activa y basta hacer doble clic en otra para que esta sea la nueva capa activa.

Toda capa dispone de propiedades del estado como son Act, Inutilizar, Bloquear, Color, Tipo de línea, Grosor de línea, Trazar, etcétera:

- La opción de Activar/Desactivar capa permite que las capas desactivadas no se visualicen ni se impriman, con lo que no se visualizan los objetos de dibujo situados en ellas.
- La opción de Inutilizar/Reutilizar permite inutilizar las capas indicadas en todas las ventanas gráficas, con lo que aumenta la velocidad del programa al reducir el tiempo de regeneración de dibujos complejos.
- La opción de Bloquear/Desbloquear impide modificar los objetos situados en una capa que esté activa y reutilizada.

Figura 3.77. Opciones modificables de una capa.

También es posible modificar dichas opciones directamente en el grupo Capas.

El Administrador de propiedades de capas dispone, en la esquina superior derecha, de la opción de buscar una capa concreta en un dibujo. Esta opción es muy interesante para localizar una capa entre muchas en un dibujo creado con otro programa de diseño (por ejemplo, ePLAN Electric) e importado en AutoCAD con extensión .DXF.

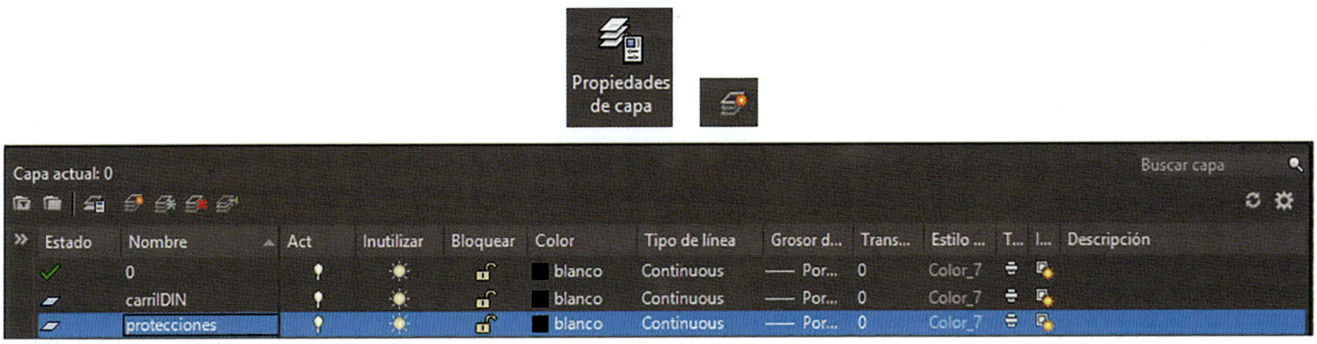

Figura 3.76. Administrador de propiedades de capas.

Actividad resuelta 3.4

Ordena el dibujo realizado en AutoCAD de un cuadro de automatismos industriales en montaje vertical en capas, de forma que se distingan los objetos situados en las capas borneros, botoneras, canaletas, carril DIN, contactores, protecciones, relés auxiliares, tablero y sombreados.

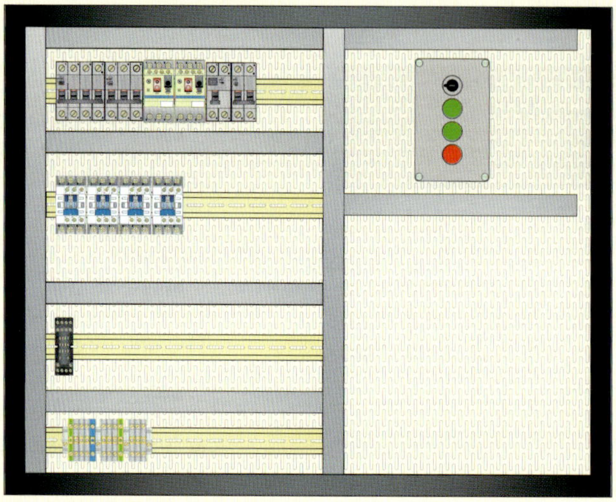

Figura 3.78. Tablero de automatismos organizado en capas de dibujo.

Solución:

En primer lugar, dado que están definidas las capas que utilizar, se crea cada una de ellas y se desactivan todas menos la capa 0 y la capa Tablero (capa actual) en la que se empezará a dibujar. Se dibuja la placa de montaje perforada utilizando, por ejemplo, el comando Matriz y se sombrean en negro los laterales en la capa Sombreados. Una vez acabada se bloquea dicha capa, que pasa a ser de un color menos intenso.

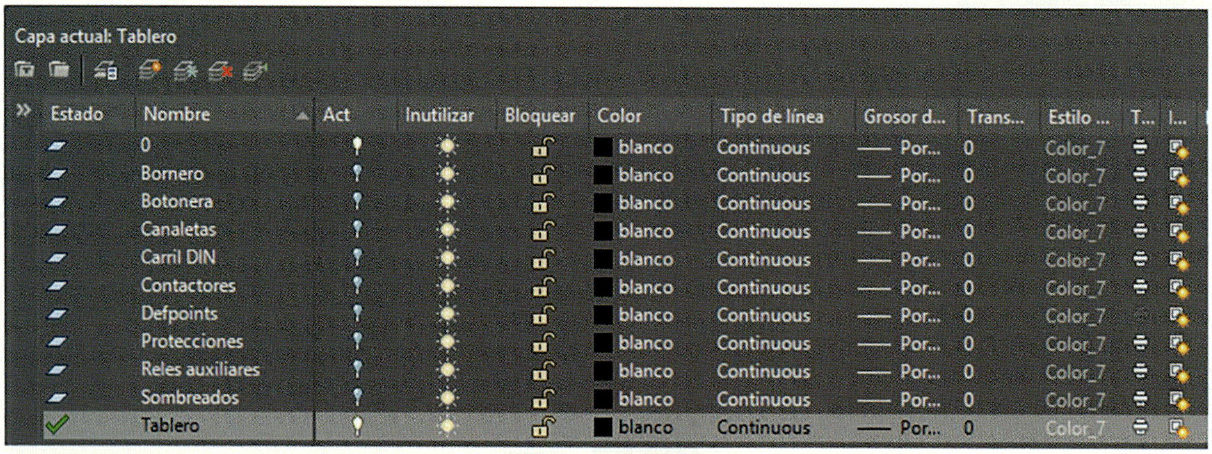

Capa actual: Tablero

Estado	Nombre	Act	Inutilizar	Bloquear	Color	Tipo de línea	Grosor d...	Trans...	Estilo ...	T...	I...
	0				blanco	Continuous	—— Por...	0	Color_7		
	Bornero				blanco	Continuous	—— Por...	0	Color_7		
	Botonera				blanco	Continuous	—— Por...	0	Color_7		
	Canaletas				blanco	Continuous	—— Por...	0	Color_7		
	Carril DIN				blanco	Continuous	—— Por...	0	Color_7		
	Contactores				blanco	Continuous	—— Por...	0	Color_7		
	Defpoints				blanco	Continuous	—— Por...	0	Color_7		
	Protecciones				blanco	Continuous	—— Por...	0	Color_7		
	Reles auxiliares				blanco	Continuous	—— Por...	0	Color_7		
	Sombreados				blanco	Continuous	—— Por...	0	Color_7		
✓	Tablero				blanco	Continuous	—— Por...	0	Color_7		

Figura 3.79. Administrador de capas para un dibujo (cuadro de automatismos).

El paso siguiente consiste en activar la capa Canaleta (capa actual) para dibujarla sobre la placa de montaje o tablero bloqueado. La capa Canaleta representa el alzado de las mismas y se sombrea en gris y, una vez acabada, se debe bloquear.

A continuación, se debe activar la capa Carril DIN (capa actual) para dibujarla sobre el tablero y la canaleta bloqueados. La capa Carril DIN representa el alzado con las dimensiones y su posición en el tablero, junto con su sombreado de color amarillo. Una vez acabada, se debe bloquear dicha capa.

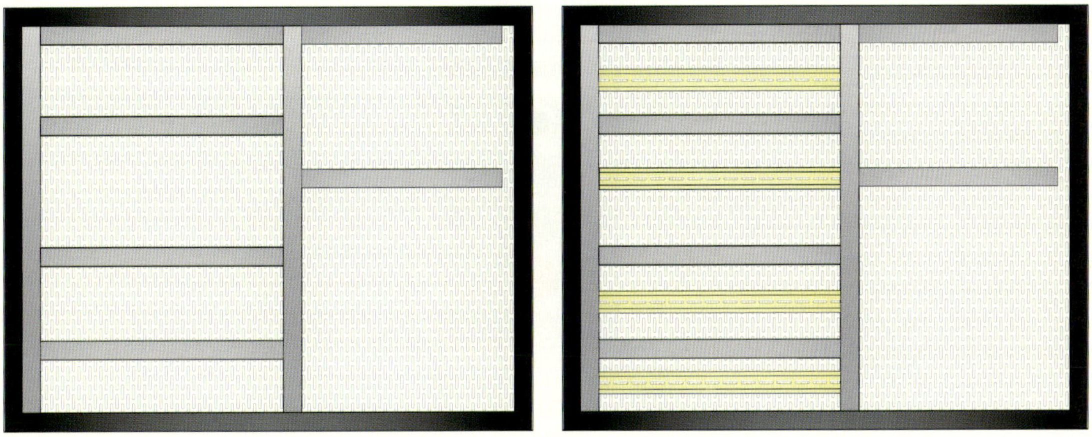

Figura 3.80. Proceso de dibujo de un cuadro de automatismos por capas.

El proceso se deberá repetir con las siguientes capas y en un orden lógico de montaje de los diferentes elementos del cuadro de automatismos (por ejemplo, protecciones, contactores, relés auxiliares, borneros y botoneras).

Figura 3.81. Capa activa de Protecciones.

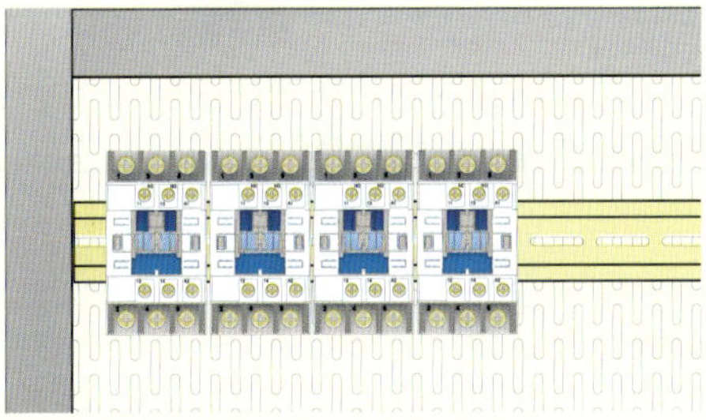

Figura 3.82. Capa activa de Contactores.

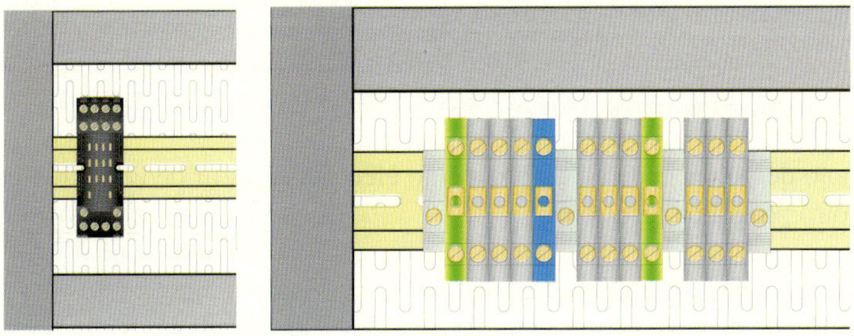

Figura 3.83. Capas activas de Relés auxiliares y Borneros.

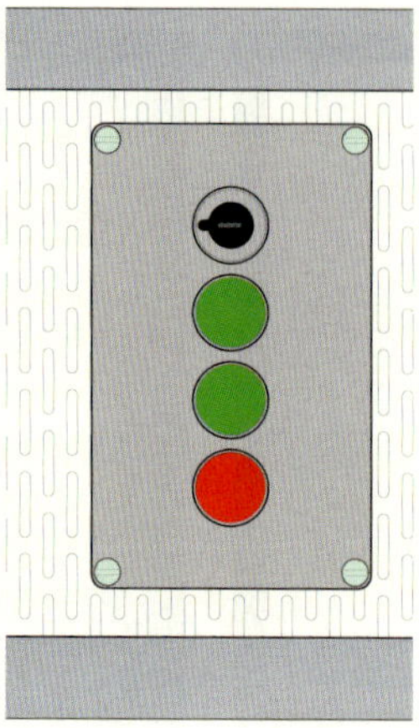

Figura 3.84. Capa activa de Botoneras.

Nota: en la actualidad, los fabricantes disponen de páginas web en las que se pueden localizar y descargar los archivos .DWG de los materiales requeridos (por ejemplo, un interruptor diferencial). Con esto se reduce el tiempo de elaboración de los dibujos y se consiguen resultados mucho más reales.

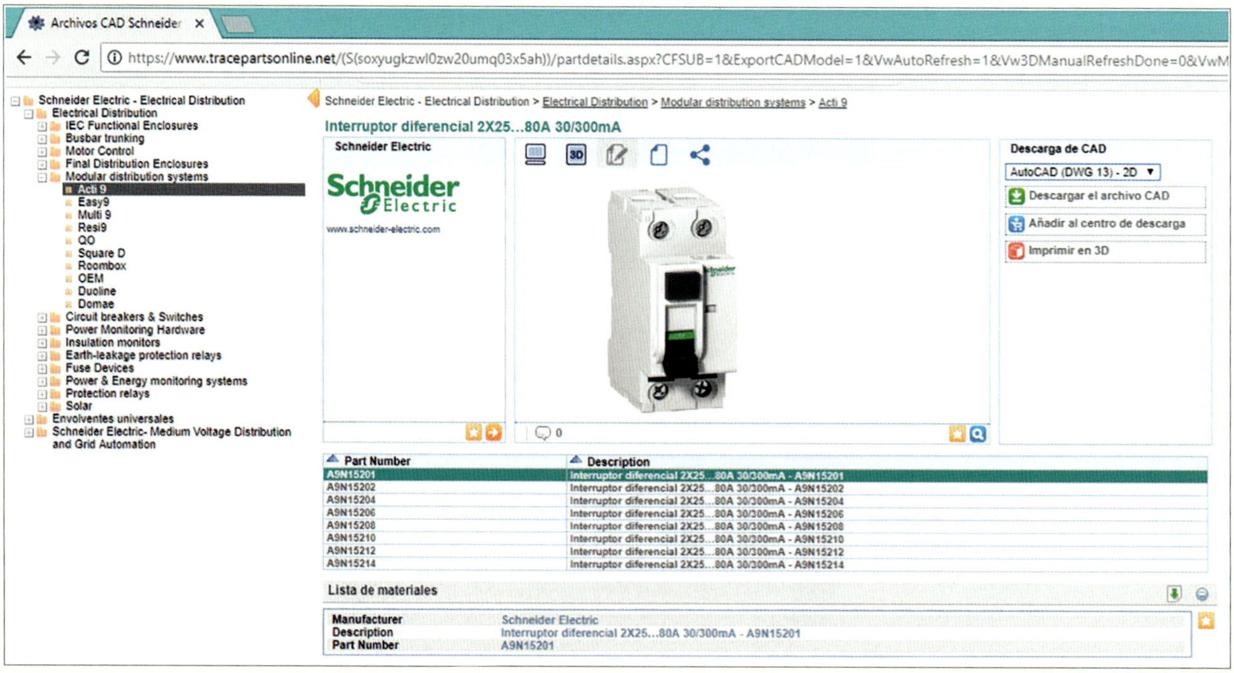

Figura 3.85. Descarga de archivos .DWG desde la web de fabricante.

Actividad resuelta 3.5

Modifica en AutoCAD un Plano de potencia de un automatismo eléctrico a partir de un archivo de intercambio de datos (extensión .DXF) generado con otro programa de diseño.

Solución:

Los programas de representación de esquemas (por ejemplo, ePLAN Electric) permiten exportar hojas o Planos con esquemas o circuitos eléctricos/neumáticos como archivos de extensión .DXF. Estos archivos se pueden abrir con AutoCAD, guardar como .DWG y están formados por símbolos en forma de bloques de dibujo y organizados por capas.

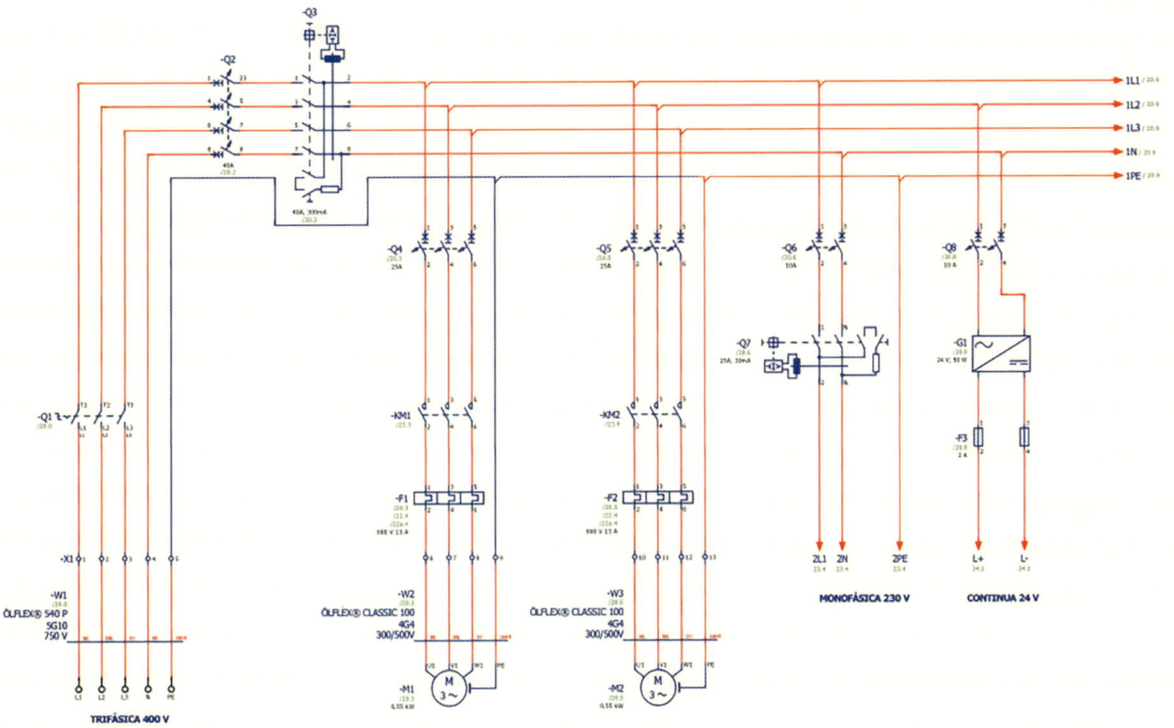

Figura 3.86. Aspecto de un archivo .DXF generado con ePLAN Electric.

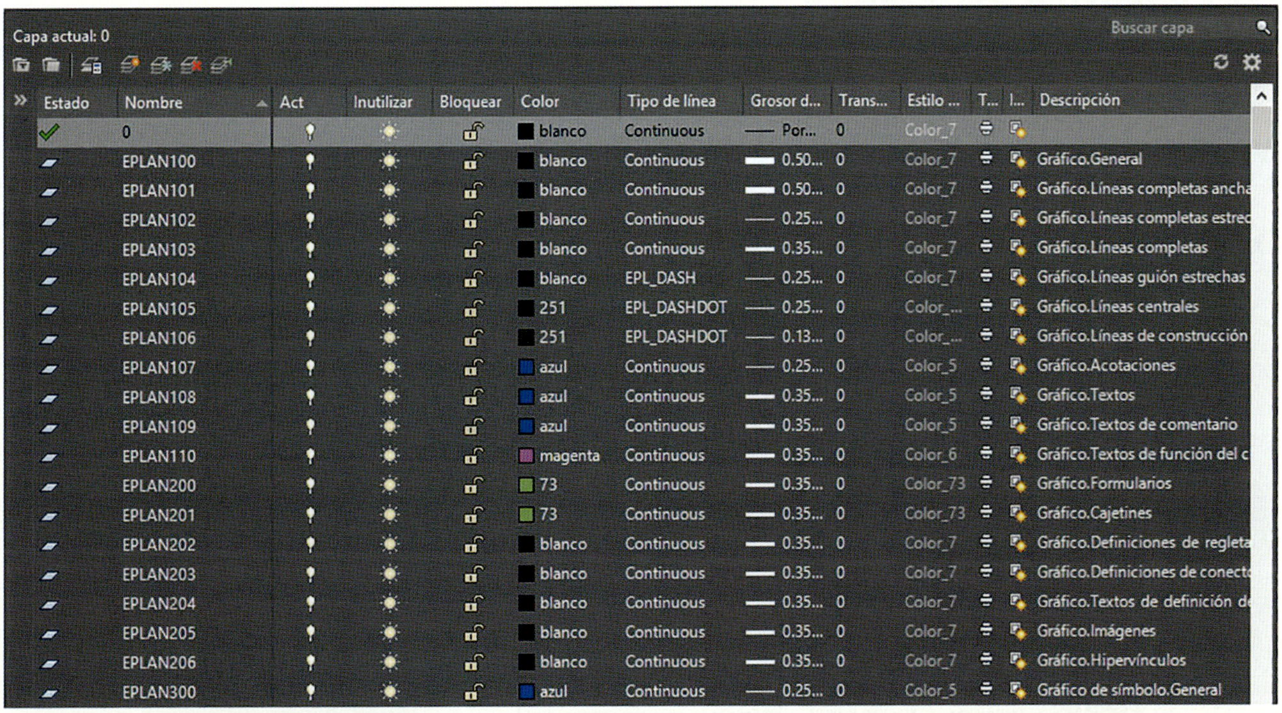

Capa actual: 0

Estado	Nombre	Act	Inutilizar	Bloquear	Color	Tipo de línea	Grosor d...	Trans...	Estilo ...	T...	I...	Descripción
	0				blanco	Continuous	Por...	0	Color_7			
	EPLAN100				blanco	Continuous	0.50...	0	Color_7			Gráfico.General
	EPLAN101				blanco	Continuous	0.50...	0	Color_7			Gráfico.Líneas completas ancha
	EPLAN102				blanco	Continuous	0.25...	0	Color_7			Gráfico.Líneas completas estre
	EPLAN103				blanco	Continuous	0.35...	0	Color_7			Gráfico.Líneas completas
	EPLAN104				blanco	EPL_DASH	0.25...	0	Color_7			Gráfico.Líneas guión estrechas
	EPLAN105				251	EPL_DASHDOT	0.25...	0	Color_...			Gráfico.Líneas centrales
	EPLAN106				251	EPL_DASHDOT	0.13...	0	Color_...			Gráfico.Líneas de construcción
	EPLAN107				azul	Continuous	0.25...	0	Color_5			Gráfico.Acotaciones
	EPLAN108				azul	Continuous	0.35...	0	Color_5			Gráfico.Textos
	EPLAN109				azul	Continuous	0.35...	0	Color_5			Gráfico.Textos de comentario
	EPLAN110				magenta	Continuous	0.35...	0	Color_6			Gráfico.Textos de función del c
	EPLAN200				73	Continuous	0.35...	0	Color_73			Gráfico.Formularios
	EPLAN201				73	Continuous	0.35...	0	Color_73			Gráfico.Cajetines
	EPLAN202				blanco	Continuous	0.35...	0	Color_7			Gráfico.Definiciones de regleta
	EPLAN203				blanco	Continuous	0.35...	0	Color_7			Gráfico.Definiciones de conect
	EPLAN204				blanco	Continuous	0.35...	0	Color_7			Gráfico.Textos de definición d
	EPLAN205				blanco	Continuous	0.35...	0	Color_7			Gráfico.Imágenes
	EPLAN206				blanco	Continuous	0.35...	0	Color_7			Gráfico.Hipervínculos
	EPLAN300				azul	Continuous	0.25...	0	Color_5			Gráfico de símbolo.General

Figura 3.87. Aspecto parcial del administrador de capas (archivo .DXF).

Los objetos presentes en estas capas se pueden modificar para añadirlos a un dibujo previo, cambiarlos de capas y modificarles el color, el grosor y el tipo de línea.

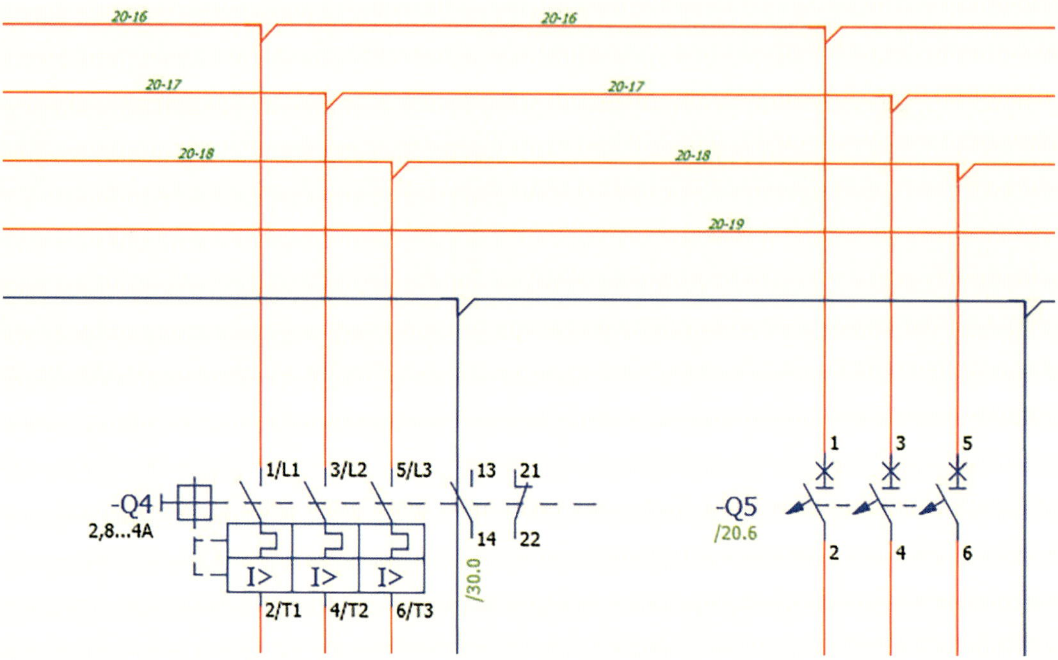

Figura 3.88. Modificación de un archivo .DXF de intercambio.

3.6. Utilización del espacio Presentación en AutoCAD

Hasta este momento, todos los objetos en los dibujos se han situado en el espacio Modelo. AutoCAD dispone, además, del espacio Presentación o Papel (por defecto, dos pestañas situadas en la parte inferior del entorno de trabajo) que permiten realizar presentaciones de dibujos a diferentes escalas y presentaciones de Planos con diferentes formatos DIN.

Se considera, inicialmente, un dibujo en el espacio Modelo (por ejemplo, un cuadro de automatismos con tablero perforado de dimensiones 87 cm × 68 cm). En Ayudas al dibujo/Unidades se define como unidad el centímetro. Para abrir el espacio Presentación bastará hacer clic en la pestaña inferior, Presentación 1, y, con el botón derecho del ratón, se deberá abrir el Administrador de configuraciones de página.

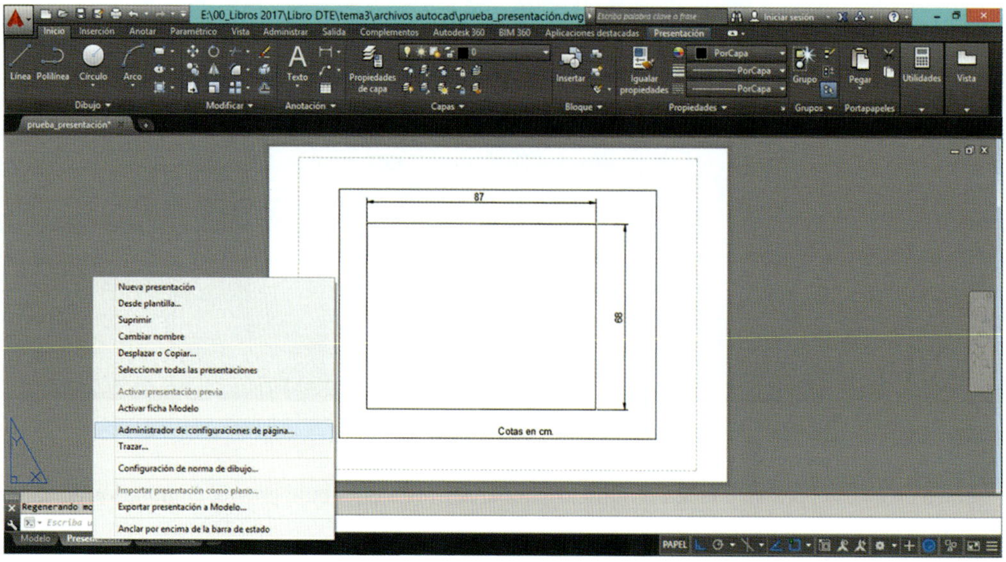

Figura 3.89. Ejemplo de espacio Presentación 1.

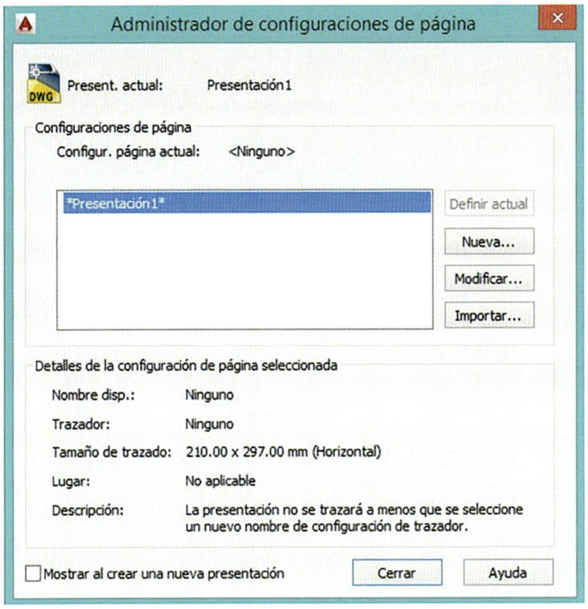

Figura 3.90. Administrador de configuraciones de página para Presentación 1.

El Administrador de configuraciones para Presentación 1 permite configurar la página actual haciendo clic en el botón Modificar. Se puede modificar el trazador disponible, el tamaño de papel DIN A3 y la escala de trazado (escala natural E 1:1). Se puede seleccionar la orientación de dibujo (vertical, horizontal) y definir el área de trazado (Presentación, Ventana, etcétera).

Figura 3.91. Modificación de la configuración de página.

En el espacio Presentación se puede trabajar como con cualquier dibujo (por ejemplo, estirar la ventana definida, insertar textos, copiar, reducir, insertar bloques, etc.) mientras no se haga doble clic sobre dicha ventana. En este caso, se pasa a estar DENTRO del espacio Modelo original.

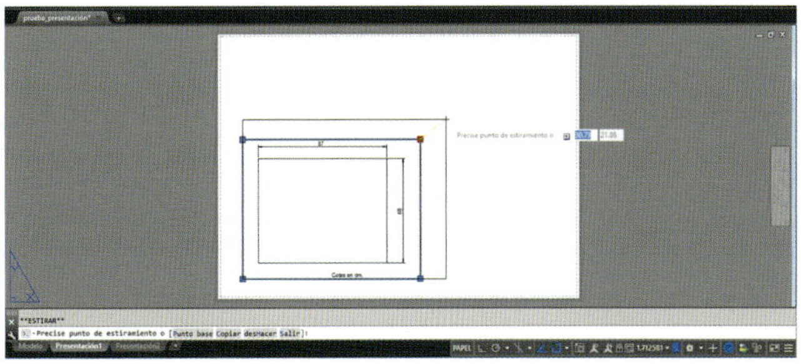

Figura 3.92. Estirar la ventana en el espacio Presentación.

En el espacio Presentación es posible escalar un Plano dentro de la ventana modelo flotante (haciendo doble clic para entrar en ella) utilizando la instrucción Zoom, Escala de zoom y añadir el factor de escala (nXP).

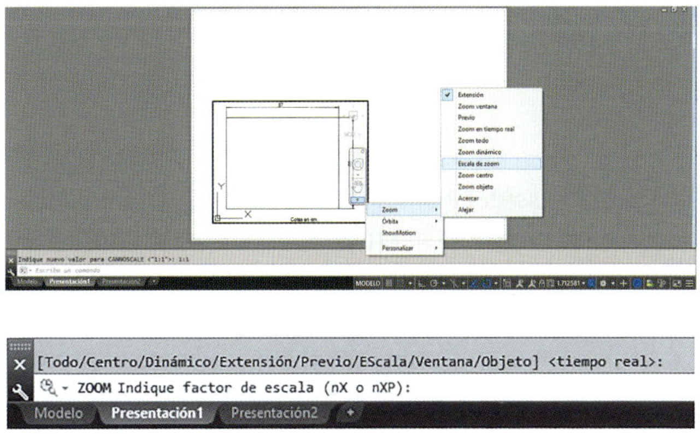

Figura 3.93. Escalar un objeto en la ventana modelo flotante (Comando Zoom).

El factor de escala que se debe utilizar depende de las unidades utilizadas en el espacio Modelo y en el espacio Presentación (espacio Papel) así como de la escala de impresión que se desee utilizar. Por ejemplo, si se toma como unidad del espacio Modelo 1 metro = 1000 mm y como unidad del espacio Presentación 1 mm:

- Para una escala E 1:100:

  $n = 1/100 = 1000/100 = 10$, 10 es la medida en XP.

  El valor para la instrucción Zoom, Escala de zoom es 1000/100XP o 10XP.

- Para una escala E 1:50:

  $n = 1/50 = 1000/50 = 20$, 20 es la medida en XP.

  El valor para la instrucción Zoom, Escala de zoom es 1000/50XP o 20XP.

Tabla 3.1. Factor de escala XP según unidades del espacio Modelo/Presentación

Unidades esp. Modelo	Unidades esp. Presentación	Conversión unidades del modelo a mm	Escalas de impresión	Factor de escala XP	Valor
Milímetros (mm)	Milímetros (mm)	1 mm = 1 mm	E 1:50	1/50XP	0,02XP
			E 1:100	1/100XP	0,01XP
			E 1:250	1/250XP	0,004XP
			E 1:300	1/300XP	0,0033XP
Centímetros (cm)	Milímetros (mm)	1 cm = 10 mm	E 1:50	10/50XP	0,2XP
			E 1:100	10/100XP	0,1XP
			E 1:250	10/250XP	0,04XP
			E 1:300	10/300XP	0,0333XP
Metros (m)	Milímetros (mm)	1 m = 1000 mm	E 1:50	1000/50XP	20XP
			E 1:100	1000/100XP	10XP
			E 1:250	1000/250XP	4XP
			E 1:300	1000/300XP	3,33XP

Para el caso del ejemplo del cuadro de automatismos, la unidad utilizada en el espacio Modelo es el centímetro (1 cm = 10 mm) y la unidad del espacio Presentación es el milímetro.

Se pueden ir probando diferentes escalas en el espacio Modelo flotante de Presentación 1 para un formato de dibujo DIN A3. Por ejemplo, para el rectángulo de 87 cm × 68 cm puede valer una escala de reducción E 1:5 (Zoom, Escala de zoom, 10/5XP). En la barra situada en la parte inferior derecha, se puede bloquear la escala elegida (2:1) con el símbolo del candado.

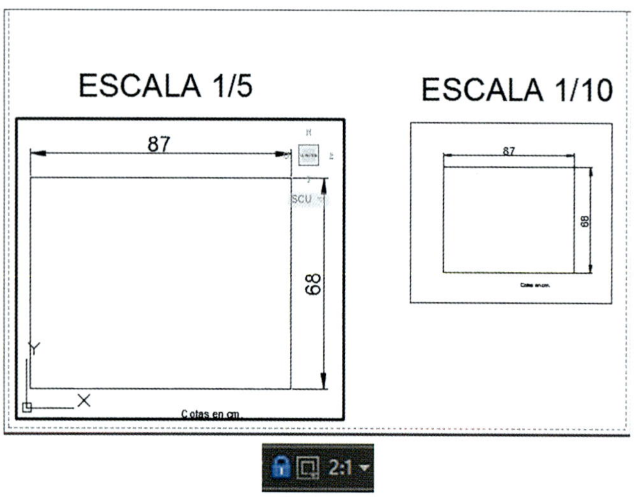

Figura 3.94. Espacio Modelo flotante en Presentación 1 (E 1:5 y E 1:10).

También es posible utilizar en otra ventana de menor tamaño (copiar el rectángulo y modificar dimensiones) con la escala de reducción E 1:10 (Zoom, Escala de zoom, 10/10XP).

A continuación, con el botón derecho del ratón sobre la pestaña Presentación 1, se debe abrir Trazar para poder comprobar con el botón Vista preliminar las características definidas previamente del espacio Presentación.

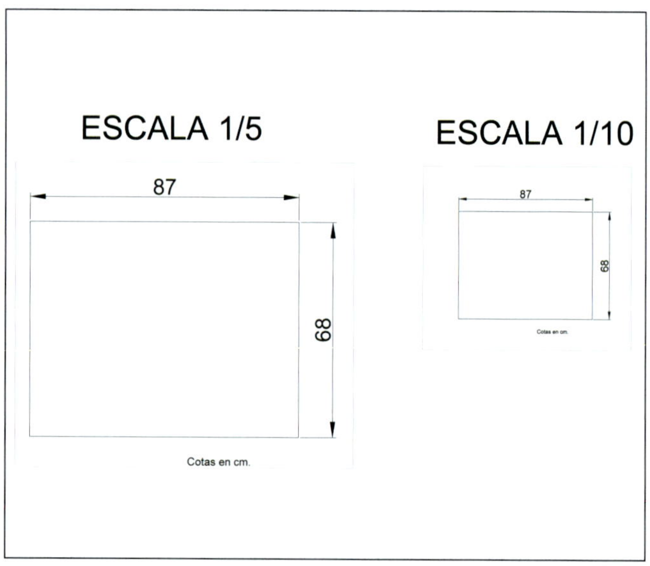

Figura 3.95. Vista preliminar con el botón Trazar.

Actividad resuelta 3.6

Utiliza un bloque de dibujo con un formato DIN A3 para preparar un Plano de un cuadro de automatismos en el espacio Presentación de AutoCAD con una escala de reducción E 1:5.

Solución:

La principal utilidad del espacio Presentación consiste en poder introducir inicialmente en el mismo un bloque de dibujo de un formato normalizado (DIN A4, A3, A2, etc.). En este caso, estando en el espacio Presentación, se introduce un bloque de dibujo hecho en milímetros como unidad de dibujo y con dimensiones 297 mm × 420 mm.

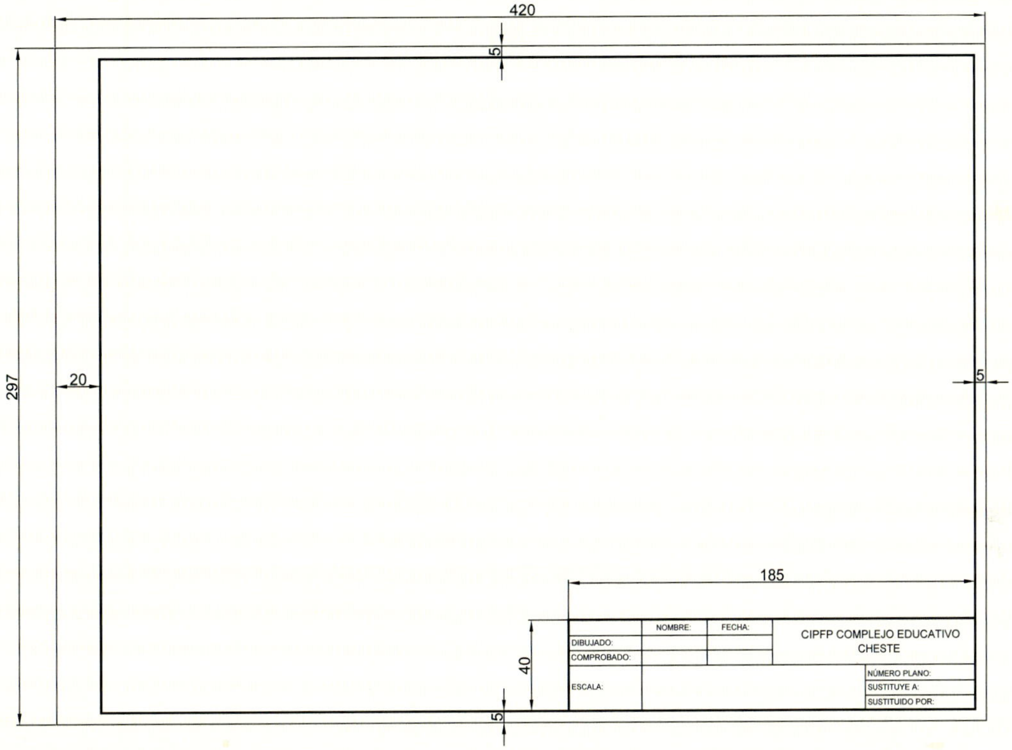

Figura 3.96. Modelo de formato DIN A3.

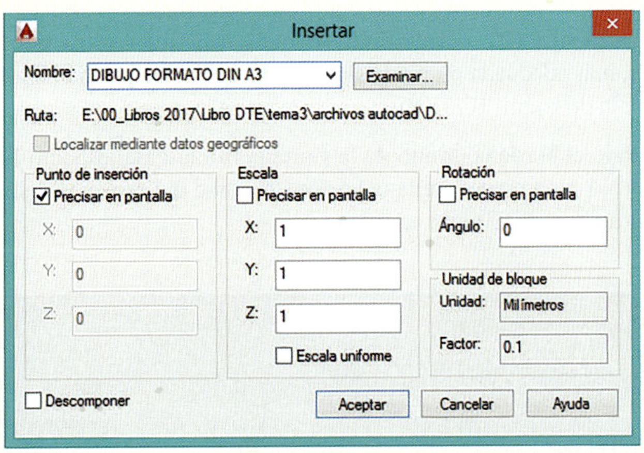

Figura 3.97. Insertar bloque de un formato DIN A3.

En este ejemplo, como la unidad del bloque es el milímetro, se deberá utilizar la instrucción Escala del grupo Modificar para reducir por 10 las dimensiones del bloque.

Cuando se realice la configuración de página es necesario conocer, para el formato elegido A3 del trazador Adobe PDF, la diferencia entre el tamaño del papel estándar y el área de impresión (zona interior del espacio Presentación definida mediante línea discontinua) evitando así que partes del formato de dibujo DIN A3 puedan quedarse cortadas al trazar el Plano. Se puede comprobar con la opción Trazar y el botón de Vista preliminar.

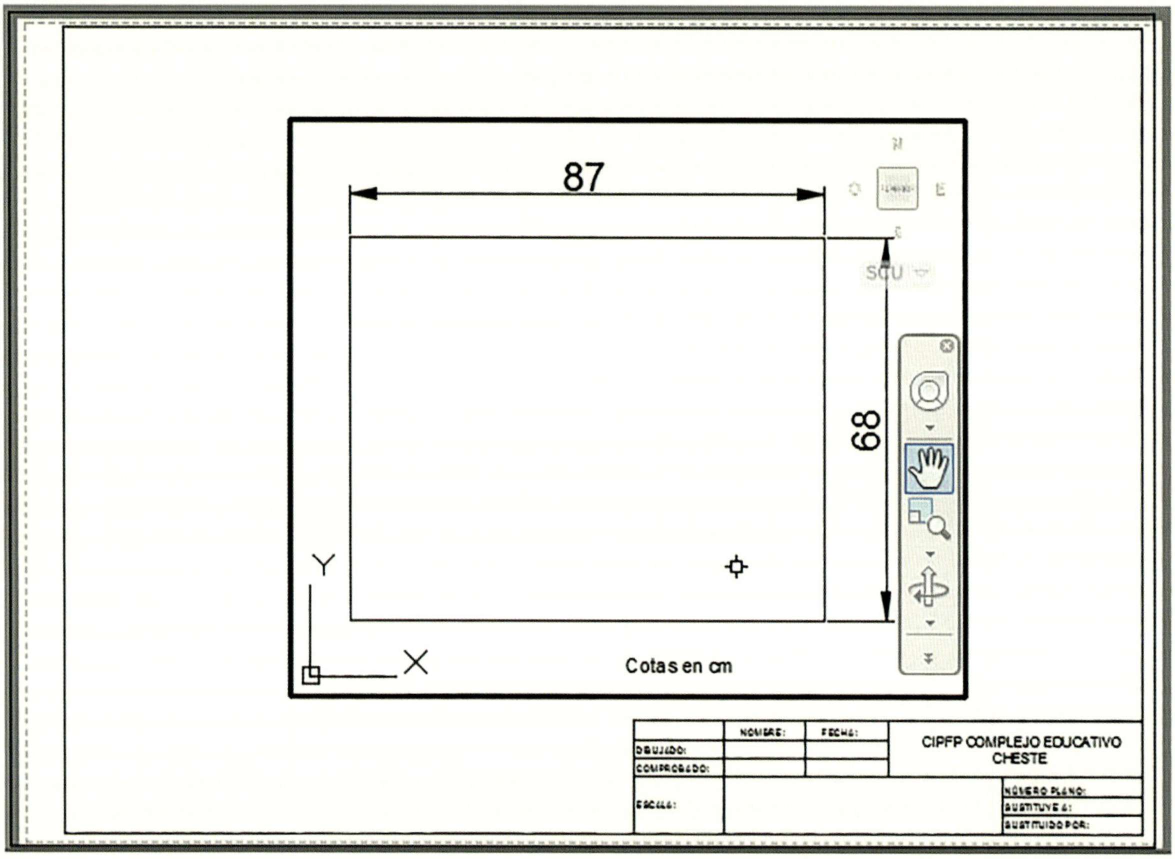

Figura 3.98. Recuadro del formato A3 dentro del espacio de trazado.

La ventana flotante del espacio Modelo se situará dentro del bloque insertado y en ella se podrán modificar las escalas de presentación, las capas activas del dibujo, etc., permitiendo definir las características que se desean mostrar en los Planos preparados. Como antes, la escala más adecuada para representar el cuadro de automatismos 87 × 68 cm en un formato DIN A3 es la escala E 1:5 (Zoom, Escala de zoom, 10/5XP).

Para no visualizar durante el trazado el borde continuo de la ventana flotante del espacio Modelo es interesante definir una capa en el dibujo llamada VENTANA para mover a ella la ventana flotante del espacio Modelo. Así, esta capa se podrá inutilizar para que no se muestre en el archivo PDF generado.

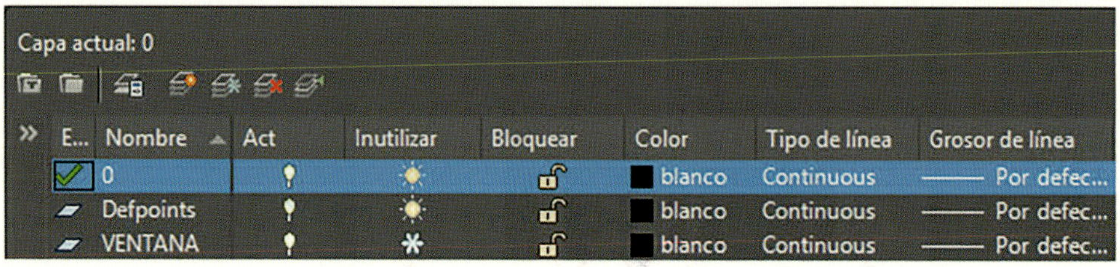

Figura 3.99. Capa VENTANA inutilizada.

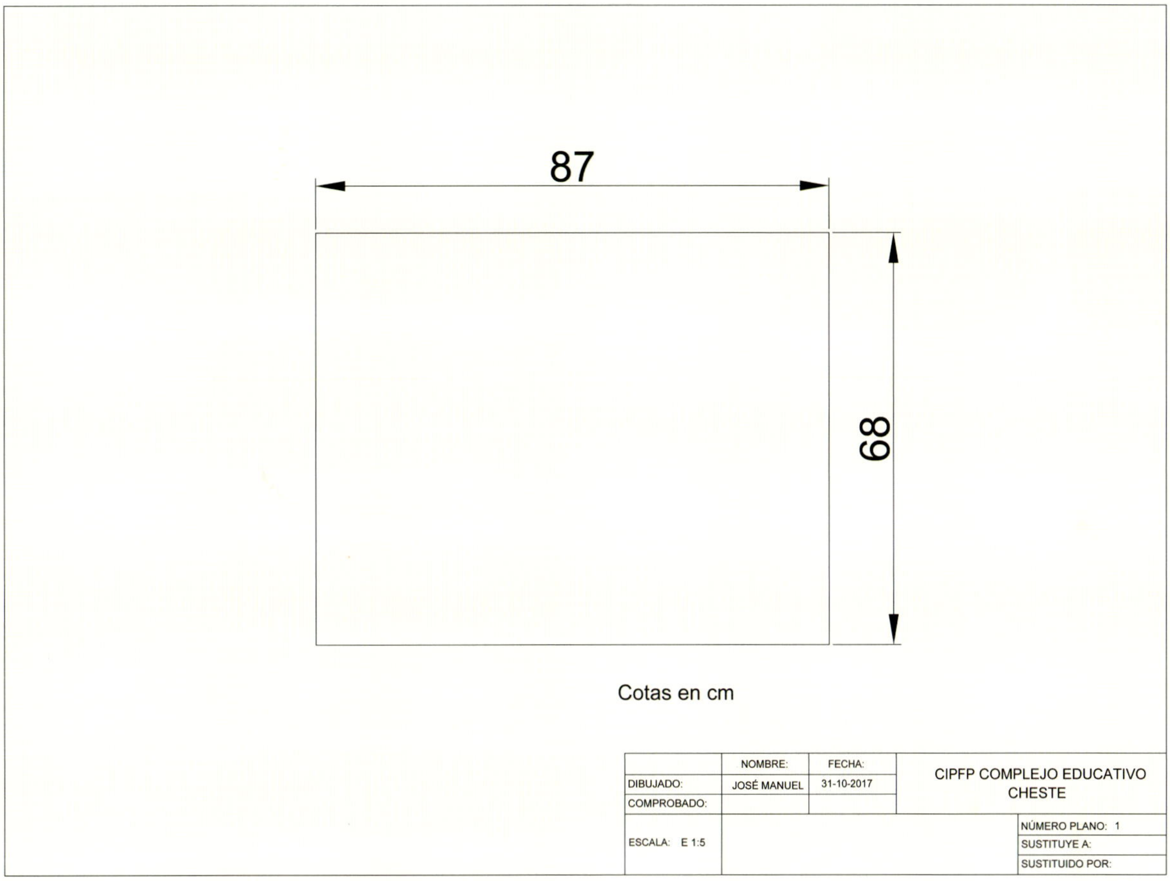

Figura 3.100. Aspecto final del Plano en espacio Presentación.

Por último, antes de trazar el Plano con formato DIN A3, conviene descomponer el bloque de formato DIN A3 para rellenar sus diferentes campos mediante cuadros de texto (escala E 1:5, nombre del autor, fecha, título de Plano, número de Plano, etcétera).

	NOMBRE:	FECHA:	CIPFP COMPLEJO EDUCATIVO CHESTE
DIBUJADO:	JOSÉ MANUEL	31-10-2017	
COMPROBADO:			
ESCALA: E 1:5			NÚMERO PLANO: 1
			SUSTITUYE A:
			SUSTITUIDO POR:

Figura 3.101. Cajetín de un formato A3 descompuesto y editado.

Mapa conceptual

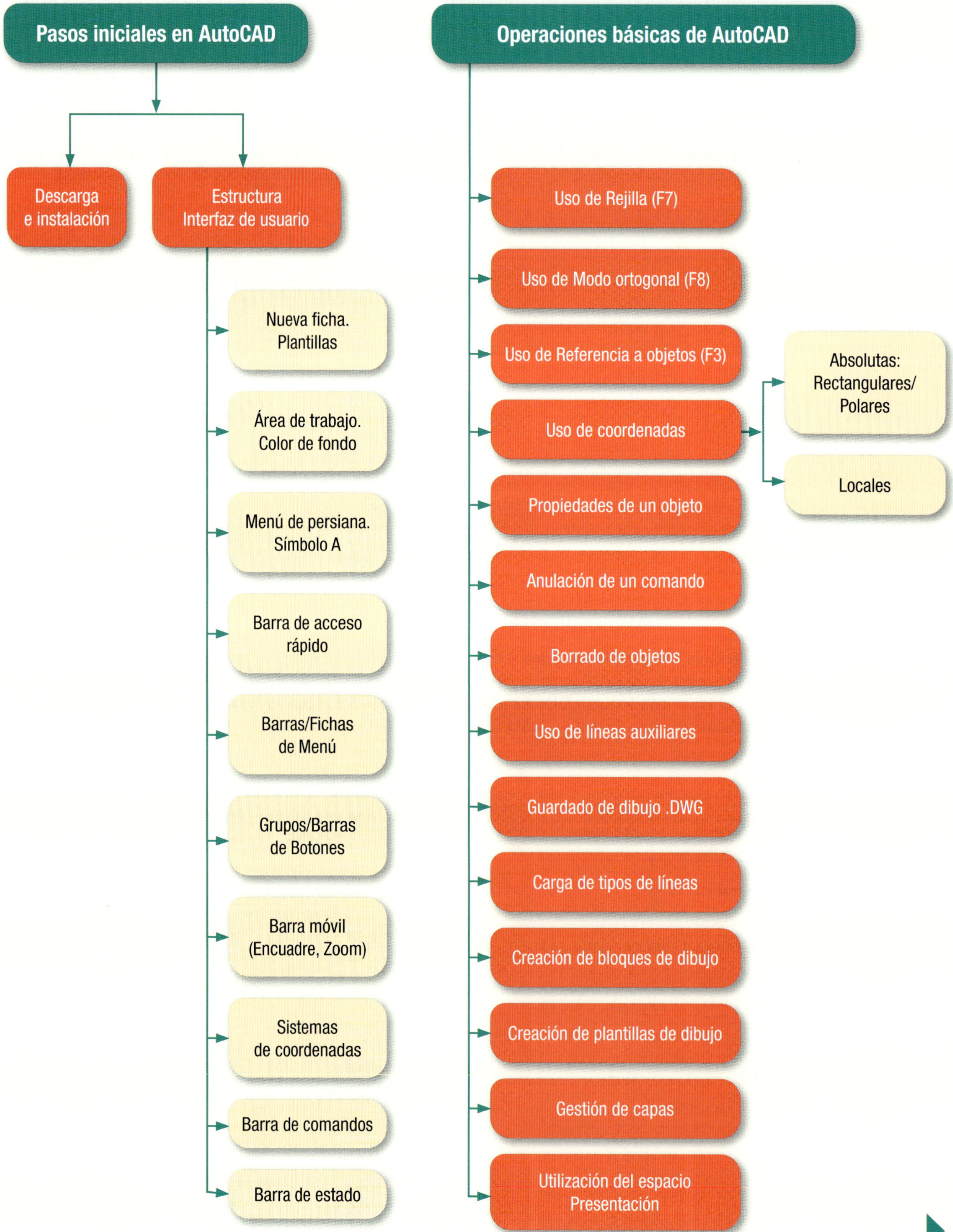

Mapa conceptual

Instrucciones básicas de AutoCAD

- Línea, Línea C
- Zoom, Encuadre
- Polilínea, Editpol
- Desplazar, Copiar
- Medir, Texto
- Sombreado/Degradado
- Acotar
  - Lineal
  - Alineada
  - Angular
- Rectángulo
- Descomponer
- Estirar, Desfase
- Círculo, Arco
- Partir
- Recortar/Alargar
- Acotar
  - Radio
  - Diámetro
- Simetría, Girar
- Bloque

Actividades finales

De comprobación

3.1. La extensión de una plantilla elegida para realizar un nuevo dibujo en AutoCAD es:

a) Archivo con extensión .DWT.

b) Archivo con extensión .DWG.

c) Archivo con extensión .ISO.

d) Archivo con extensión .DXF.

3.2. La extensión de un archivo de dibujo creado con AutoCAD es:

a) Archivo con extensión .DWT.

b) Archivo con extensión .DWG.

c) Archivo con extensión .ISO.

d) Archivo con extensión .DXF.

3.3. Las instrucciones de dibujo más habituales como Línea y Rectángulo se encuentran accesibles:

a) Desde el grupo de botones correspondiente, que en este caso es Dibujo.

b) Desde la barra de comandos, tecleando la abreviatura o alias de comando.

c) Las dos respuestas anteriores son correctas.

d) Ninguna de las respuestas anteriores es correcta.

3.4. El uso de la tecla del ordenador F8 permite en AutoCAD:

a) Mostrar el forzado de las líneas de referencia.

b) Restringir el cursor ortogonalmente.

c) Referenciar a objetos.

d) Ninguna de las respuestas anteriores es correcta.

3.5. El uso de la tecla del ordenador F3 permite en AutoCAD:

a) Mostrar el forzado de las líneas de referencia.

b) Restringir el cursor ortogonalmente.

c) Referenciar a objetos.

d) Ninguna de las respuestas anteriores es correcta.

3.6. Para realizar una línea en AutoCAD e introducir el punto final en coordenadas polares relativas, se debe:

a) Indicar la distancia desde el punto inicial y un ángulo en radianes.

b) Indicar una pareja de valores (coordenadas X e Y).

c) Indicar la distancia desde el punto inicial y un ángulo en grados.

d) Ninguna de las respuestas anteriores es correcta.

3.7. El comando de AutoCAD Medir:

a) Se encuentra dentro del grupo Modificar y permite medir solo el área.

b) Se encuentra dentro del grupo Modificar y permite medir, entre otras, la distancia.

c) Se encuentra dentro del grupo Utilidades y permite medir solo la distancia.

d) Se encuentra dentro del grupo Utilidades y permite medir, entre otras, el área.

3.8. ¿Es posible cargar nuevos tipos de líneas (por ejemplo, líneas discontinuas) en AutoCAD?

a) Sí, en el grupo Utilidades desplegando el Tipo de línea para seleccionar Otro.

b) Sí, en el grupo Modificar desplegando el Tipo de línea para seleccionar Otro.

c) Sí, en el grupo Propiedades desplegando el Tipo de línea para seleccionar Otro.

d) Ninguna de las respuestas anteriores es correcta.

3.9. El comando Descomponer en AutoCAD se puede utilizar:

a) Para descomponer un bloque de dibujo insertado.

b) Para descomponer un rectángulo realizado en el propio dibujo.

c) Las dos respuestas anteriores son correctas.

d) Ninguna de las respuestas anteriores es correcta.

3.10. La opción de Bloquear/Desbloquear una capa:

a) Impide modificar los objetos situados en una capa que esté activa y reutilizada.

b) Permite que las capas desactivadas no se visualicen ni se impriman.

c) Permite inutilizar las capas indicadas en todas las ventanas gráficas.

d) Ninguna de las respuestas anteriores es correcta.

De aplicación

3.1. Dibuja, con el programa de diseño AutoCAD, las tres vistas características (planta, alzado y perfil izquierdo) en sistema diédrico europeo de las siguientes figuras junto con el acotado necesario de las mismas. Cotas en milímetros.

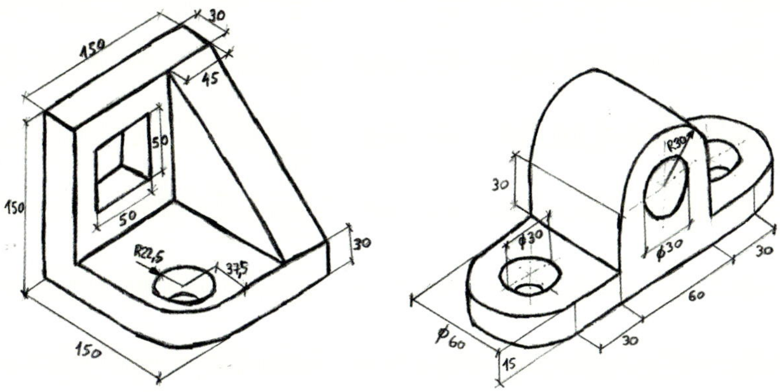

3.2. Dibuja, con el programa de diseño AutoCAD, los croquis acotados en sistema diédrico europeo de las siguientes figuras. Cotas en milímetros.

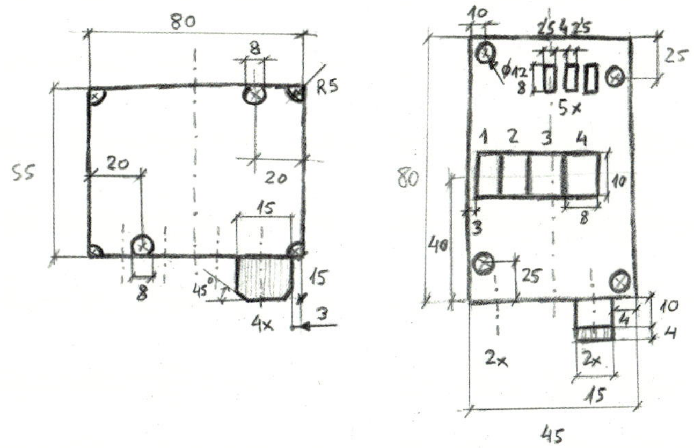

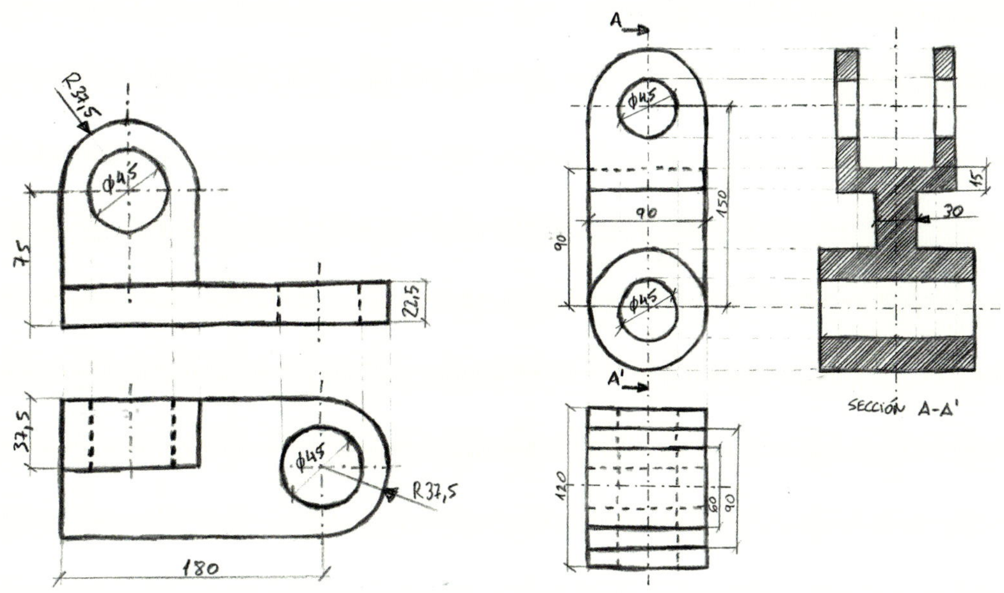

Actividades finales

3.3. Ordena y realiza en AutoCAD el siguiente dibujo de un cuadro de automatismos industriales en montaje vertical en capas, de forma que se distingan los objetos situados en las capas Canaleta, Carril DIN, Protecciones, Contactores, Relés térmicos y Borneros. Cotas en milímetros.

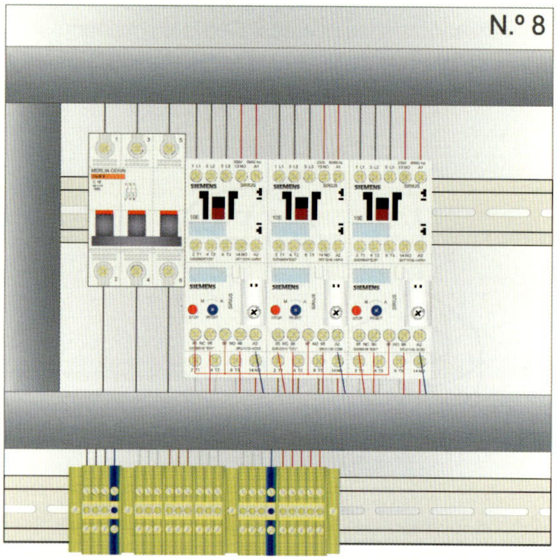

Capa Canaleta:

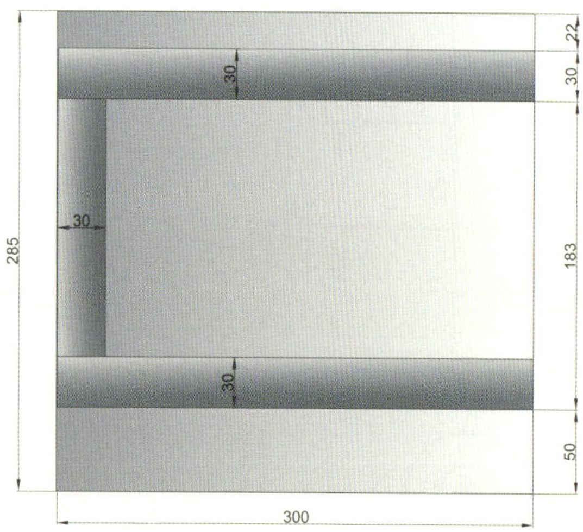

Capa Carril DIN:

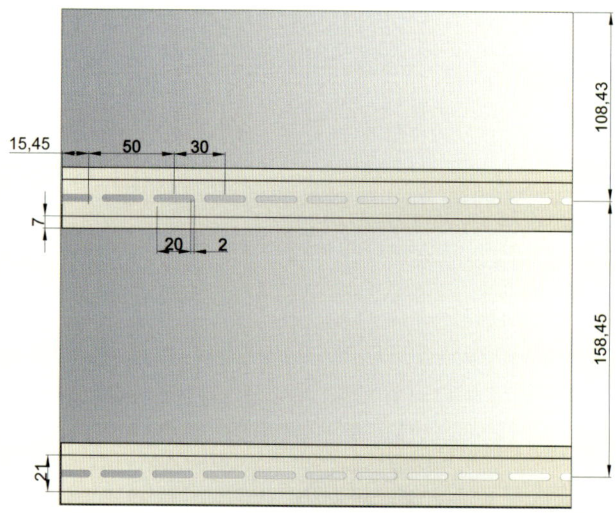

Capa Protecciones:

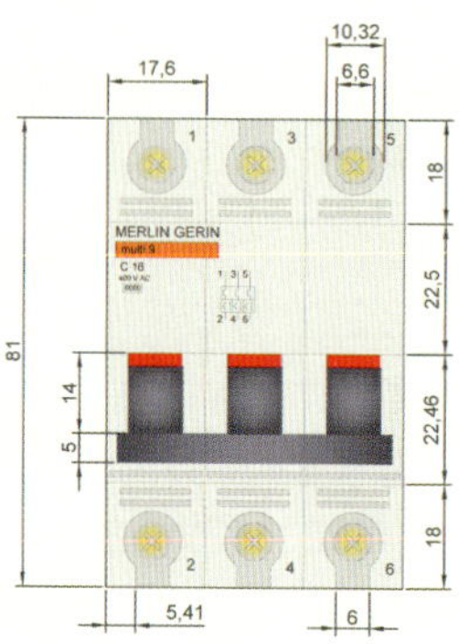

Capa Contactores:

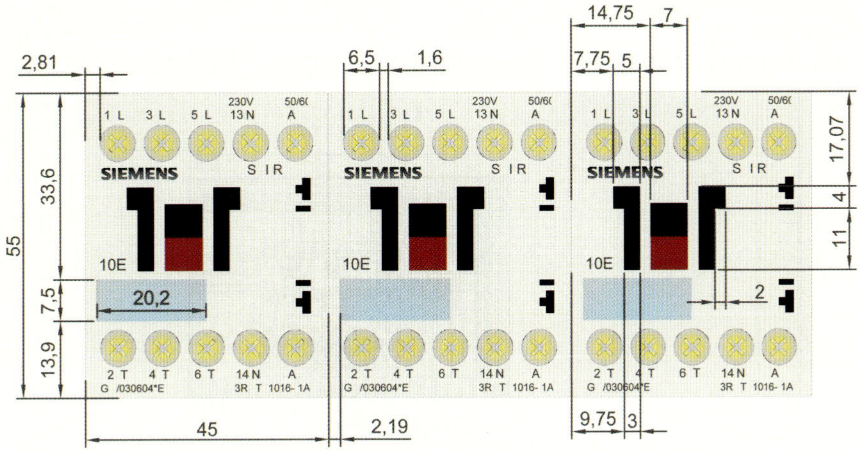

Capa Relés térmicos:

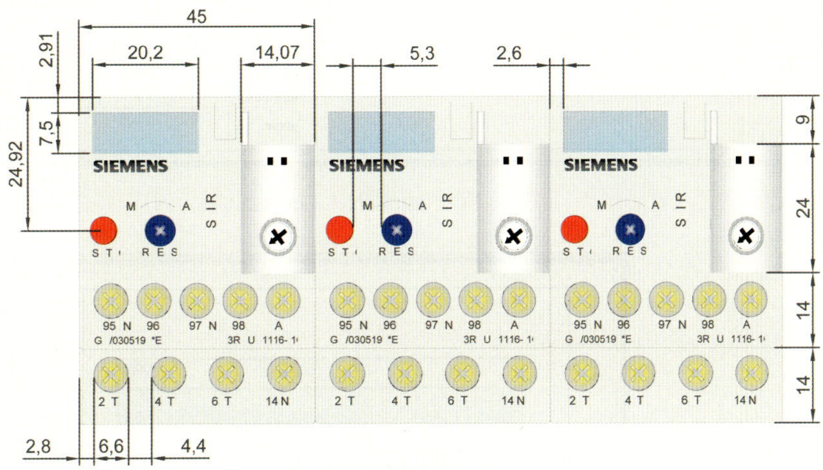

Borneros:

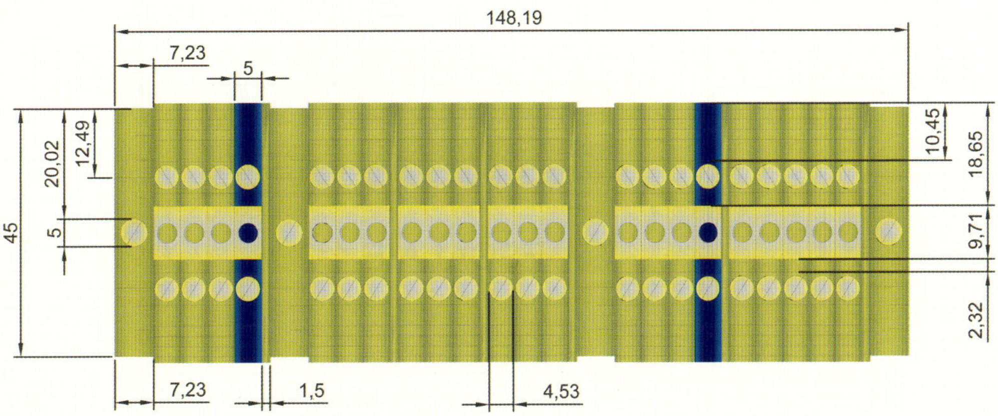

Actividades finales

3.4. Realiza la preparación del Plano anterior con formatos de dibujo DIN A en el espacio de presentación (espacio Papel) de AutoCAD. Tanto la unidad del espacio Modelo como del espacio Papel es el milímetro (mm).

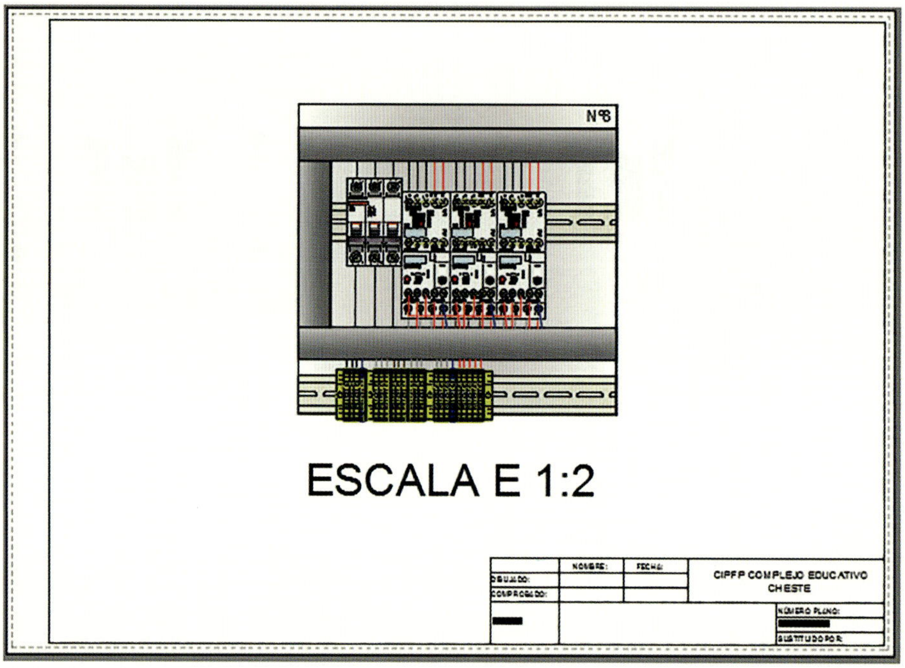

Formato DIN A3 horizontal.

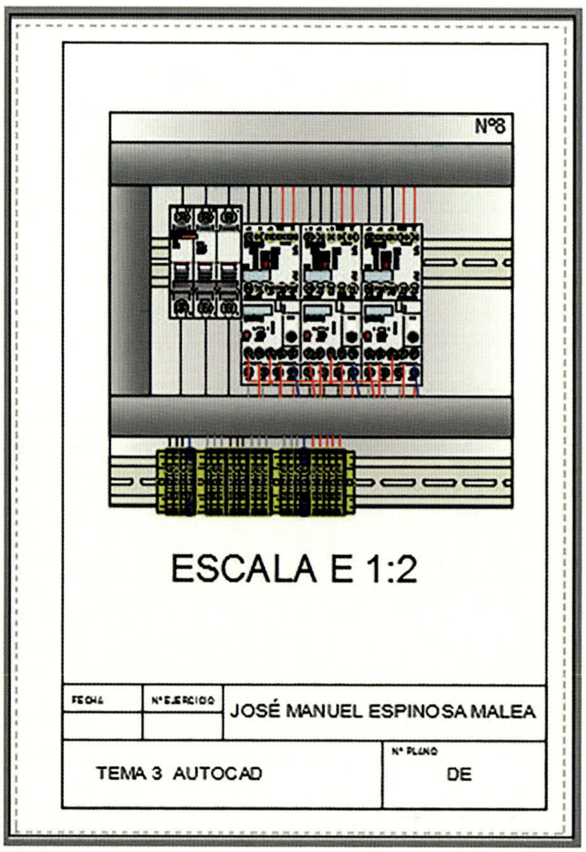

Formato DIN A4 vertical.

3.5. Ordena y realiza en AutoCAD el siguiente cuadro de automatismos industriales en montaje vertical en capas. Utiliza los datos de la actividad anterior para determinar las cotas que utilizar en las capas Canaleta, Carril DIN, Contactores, Relé térmico y Bornero. Busca en Internet el archivo DWG de un guardamotor y de un bloque de contactos auxiliares para contactor de Siemens. Cotas en milímetros.

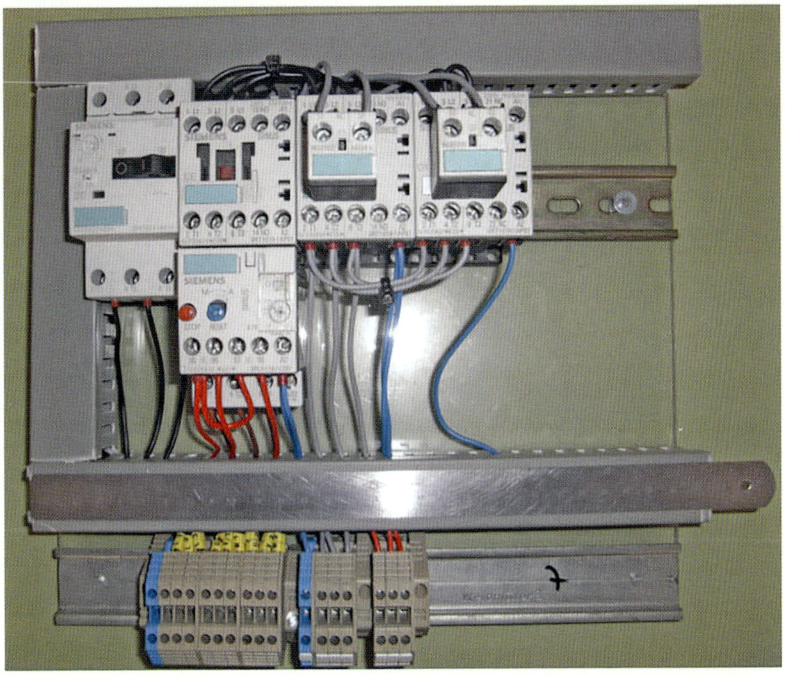

Capa bloque auxiliar:

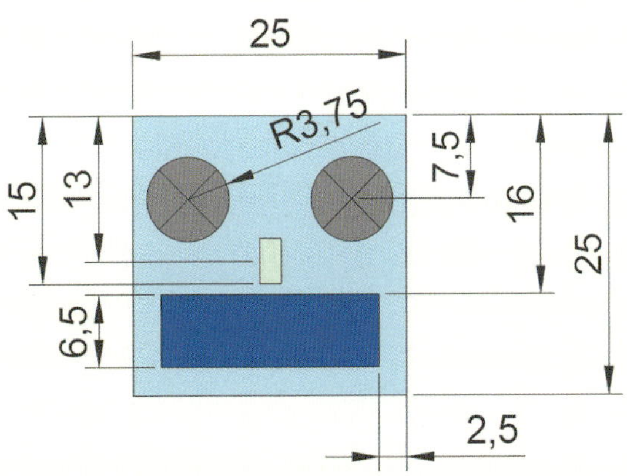

De ampliación

3.1. Busca información en Internet para poder realizar vistas isométricas en AutoCAD, cambiando el sistema de coordenadas SCU en espacio Modelo, y representa las vistas de las figuras de la Actividad de aplicación 3.1.

3.2. Crea diferentes plantillas de dibujo en AutoCAD para formatos de dibujo DIN A2 y DIN A1. Busca información en Internet sobre las dimensiones del cajetín para realizar un plegado correcto del mismo.

4 Elaboración de la documentación gráfica de Proyectos de instalaciones automáticas con CADeSIMU

Contenidos

CADeSIMU es un programa sencillo de representación gráfica y de simulación para realizar de forma adecuada Planos u hojas de trabajo dentro de un Proyecto de instalaciones automatizadas.

Estos programas disponen de librerías normalizadas de símbolos (según CEI) y clasificados según su utilización (simbología eléctrica; simbología electroneumática; autómatas programables como LOGO!, S7-1200 y S7-1500; equipos descentralizados o periferias de tipo ET200SP; etcétera).

Es posible realizar fácilmente esquemas de cableados básicos para instalaciones eléctricas (como circuitos de potencia y de maniobra cableada eléctrica), esquemas electroneumáticos con actuadores neumáticos y sus posibles electroválvulas o esquemas de conexiones de entradas y salidas digitales/analógicas de un autómata.

Además, estos Planos se pueden completar externamente para añadir en forma de tabla los diferentes borneros requeridos, la numeración de conductores, los esquemas de terminales, las mangueras de cables, etcétera.

Objetivos

- Identificar la interfaz de usuario del programa CADeSIMU para elaborar esquemas de instalaciones automatizadas.
- Utilizar menús de herramientas y botones del programa de diseño para elaborar Planos de potencia, de maniobra, electroneumáticos y de cableado de entradas/salidas en autómatas.
- Insertar bornes de conexión, de entrada y de salida entre diferentes Planos u hojas de trabajo, realizando de forma manual con otros programas la numeración de conductores, los esquemas de terminales, etcétera.
- Utilizar la simbología normalizada requerida para instalaciones automatizadas de tipo eléctrico/electroneumático.
- Editar las opciones del cajetín, cambiar el tipo de formato y generar Planos técnicos normalizados A3/A4 para sistemas automatizados con y sin autómatas en formato PDF.

4.1. Primeros pasos para crear un Proyecto

En primer lugar, se debe copiar la carpeta completa descomprimida del programa CADeSIMU versión 4.2 (realizado por D. Juan Luis Villanueva Montoto) directamente en el escritorio del PC. Esta carpeta contiene 5 archivos, de los cuales 4 son archivos de librerías (extensión .DLL) y uno es el archivo ejecutable (extensión .EXE) que requiere de una contraseña de 4 números para su uso con todas las funcionalidades. Además, dispone de una carpeta de archivos con la finalidad de facilitar las comunicaciones del programa con otros *softwares* de monitorización o con autómatas reales.

Nombre	Fecha de modificación	Tipo	Tamaño
Nettoplcsim-S7o-v-1-1-0-0	20/09/2020 14:21	Carpeta de archivos	
CADe_SIMU_V4.2_4962	20/09/2020 21:18	Aplicación	39.449 KB
libnodave.dll	28/02/2011 2:15	Extensión de la ap...	124 KB
MFC42D.DLL	23/05/2007 9:41	Extensión de la ap...	909 KB
MFCO42D.DLL	23/05/2007 9:41	Extensión de la ap...	781 KB
MSVCRTD.DLL	23/05/2007 9:41	Extensión de la ap...	377 KB

Figura 4.1. Estructura del directorio del programa de simulación CADeSIMU.

Al abrir un archivo en el programa se muestra la interfaz de usuario formada por varios elementos. En la parte superior se sitúa la barra de título (nombre dado al archivo abierto con extensión .CAD), la barra de menús y las diferentes barras de herramientas horizontales situadas debajo que se pueden mover de la posición inicial arrastrándolas hacia la posición que se desee. También se sitúan otras barras de herramientas verticales a cada lado del área de trabajo, que es el área principal situada en el centro de la interfaz gráfica donde dibujar los esquemas y visualizar la simulación.

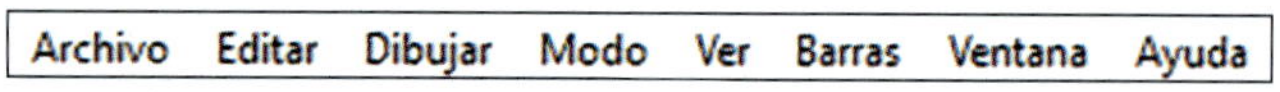

Figura 4.2. Barra de menús en la ventana principal de CADeSIMU.

Las barras de herramientas están integradas por botones con los que se pueden abrir directamente las funciones más importantes de CADeSIMU. Mediante el menú Barras se puede comprobar las barras de herramientas existentes, de forma que se visualiza cuáles de ellas están activadas o desactivadas en la interfaz gráfica (Alimentaciones, Fusibles, Automáticos, Contactores, Motores, Potencia, Contactos, Accionamientos, Detectores, Bobinas, Lógica, Ladder, Grafcet, Entrada/Salida, Actuadores neumáticos, Conexiones, etcétera).

Figura 4.3. Barras de herramientas en la ventana principal de CADeSIMU.

En el área de trabajo se observa, en verde, el **formato de dibujo con cajetín** que (por defecto) utiliza el programa CADeSIMU. Este formato de dibujo dispone de columnas en la parte superior (formato A3, con letras desde la A hasta la J) y de filas en el lateral izquierdo (formato A3, con números desde el 1 hasta el 8), de forma que cualquier símbolo de un equipo insertado en el Plano estará situado en una posición única. Esto permitirá posteriormente realizar las **referencias cruzadas** entre partes de un mismo elemento (por ejemplo, un contactor) situadas en diferentes hojas.

Figura 4.4. Aspecto de la ventana principal de CADeSIMU.

Además, en la parte inferior se indican las coordenadas X, Y del punto donde están situados el ratón y el modo de Edición (STOP cuando se diseña un esquema y RUN cuando se está simulando su funcionamiento).

A través del menú Archivo/Configuración se pueden realizar **cambios en la configuración del formato** (por ejemplo, pasar de un formato A4 a un formato A3 para tener una mayor área gráfica donde diseñar el automatismo), en las **opciones de formato** (tipo de cajetín), en las **opciones de impresión** (desplazamientos, escala y espesor de línea), en la **velocidad de simulación**, la **orientación de referenciado** y en las **opciones de visualización** (por ejemplo, visualizar las conexiones del símbolo o las conexiones automáticas de los cables).

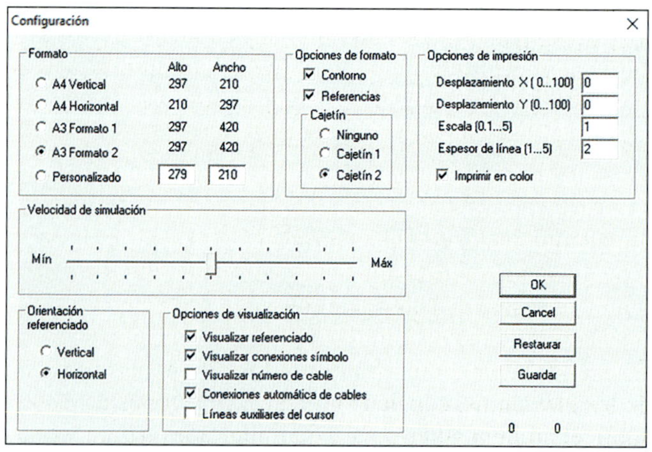

Figura 4.5. Menú de Configuración de CADeSIMU.

El cajetín de la hoja o Plano que se está realizando se puede rellenar utilizando el menú Editar/Cajetín. En este ejemplo, se puede indicar el autor, la fecha, la entidad, el título, el número de Plano, etcétera.

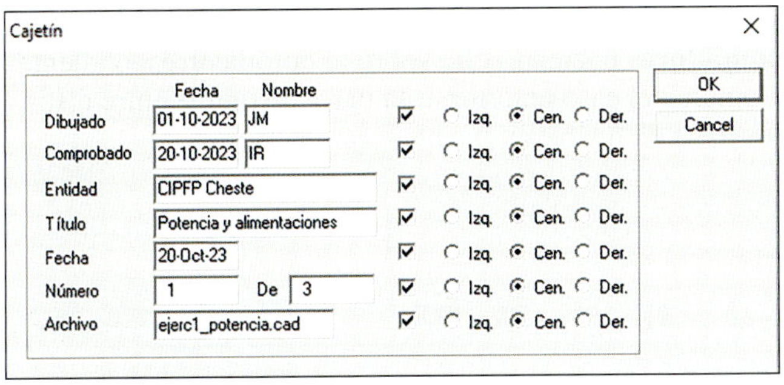

Figura 4.6. Menú de Cajetín de CADeSIMU.

Figura 4.7. Cajetín editado de un formato DIN A3 en CADeSIMU.

En este programa es interesante no tardar mucho tiempo en **Guardar el archivo** creado mediante el **menú Archivo/Guardar como** o con el botón correspondiente de la barra de menú (archivo con extensión .CAD). Además, es posible tener varios archivos abiertos a la vez (por ejemplo, para realizar en uno el circuito de potencia y en otro el circuito de maniobra) y simularlos de forma conjunta mediante el botón de Simular todos los documentos.

Figura 4.8. Botón para simular a la vez varios archivos .CAD.

También es importante generar el Plano PDF de la hoja realizada en el programa CADeSIMU mediante el uso de una impresora PDF instalada en el ordenador. Se deberá ajustar la configuración de la impresora PDF (tamaño y orientación del formato) con las opciones del **menú Archivo/Configuración** del programa (escala y desplazamientos, principalmente). El resultado final, antes de generar el archivo PDF, se deberá revisar desde el programa CADeSIMU (**menú Archivo/Presentación preliminar**).

4.2. Diseño del circuito de potencia y alimentaciones AC-DC

En primer lugar, antes de insertar los diferentes símbolos de los elementos, conviene utilizar las opciones de Zoom sobre el archivo abierto para delimitar adecuadamente la zona de trabajo. El programa dispone de una barra de herramientas con las opciones de Zoom +, Zoom –, Zoom ventana, Zoom todo y Zoom anterior. Además, situado a su lado, está el botón para activar o desactivar la rejilla del espacio de dibujo y dos botones para Deshacer/Rehacer los pasos dados en el dibujo.

Figura 4.9. Botones de Zoom, Rejilla y Deshacer/Rehacer.

Para empezar el esquema se requiere utilizar la **barra de herramientas Alimentaciones** y definir los puntos de potencial para las fases de alimentación L1, L2 y L3, el neutro N y el conductor de protección PE. Se pueden utilizar por separado o mediante las combinaciones disponibles a 2 hilos, 3 hilos, 4 hilos y 5 hilos. Además, en la misma barra se incluyen las alimentaciones de continua (positivo L+ y negativo L–), transformadores, diodos, puentes rectificadores, fuentes de alimentación AC/DC (por ejemplo 230 V AC/ 24 V DC), baterías y tomas de corriente.

Figura 4.10. Barra de herramientas Alimentaciones.

En este ejemplo se empieza por insertar el esquema de la alimentación a 4 hilos más PE y, con los elementos seleccionados, se utiliza la barra de herramientas disponible para girar el símbolo a la izquierda, a la derecha, hacer espejo horizontal o hacer espejo vertical.

Figura 4.11. Barra de herramientas para girar y hacer espejo de un símbolo.

A continuación, para **tirar cable** en el esquema de potencia, se debe hacer clic sobre el botón Cables y conexiones para desplegar la barra de herramientas correspondiente. Esta barra permite insertar cables sueltos de diferente espesor para fase (color marrón), para neutro (color azul), para conductor de protección (color amarillo-verde), para positivo (color rojo), para negativo (color negro), puntos de derivación en paralelo, varias líneas de fase con orientación vertical u horizontal, mangueras (color azul grueso), bornes de conexión cuadrados y redondos y puntos de conexiones de entrada/salida.

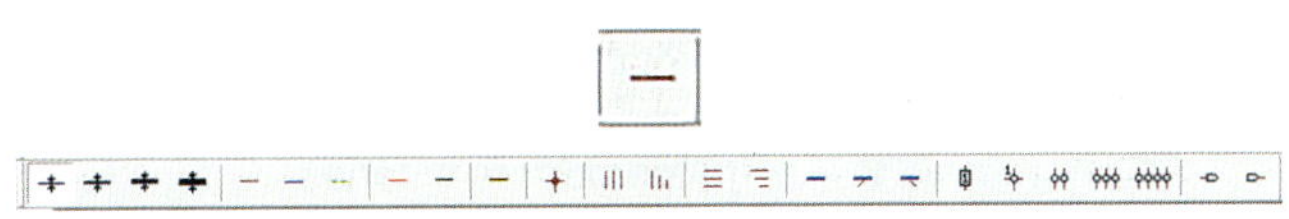

Figura 4.12. Barra de herramientas Cables y conexiones.

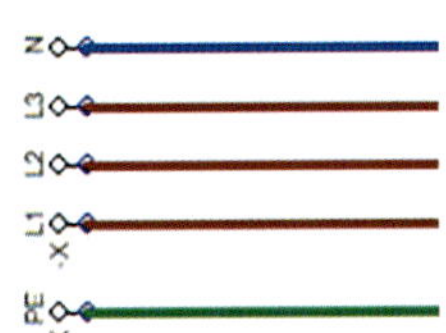

Figura 4.13. Cableado de alimentación para el esquema de potencia.

En este caso, activada la **Visualización de conexión** de símbolo, se han introducido tres cables verticales en marrón para las fases (L1, L2, L3), uno azul para el neutro (N) y otro amarillo-verde para el conductor de protección (PE). Además, se ha elegido un espesor de tamaño 3 para los cables. Es muy importante, para una correcta simulación posterior, que la conexión de cada cable a su punto de alimentación sea exacta. En caso de superponer un cable sobre un borne por error no estará definido el potencial correspondiente y no se mostrará adecuadamente en la simulación posterior.

En el caso que sea necesario modificar la extensión de los cables de alimentación dentro del formato de dibujo (por ejemplo, por insertar un elemento de protección como un interruptor-seccionador), bastará borrarlos y añadir a continuación nuevos cables del mismo tipo.

Para comenzar a insertar la aparamenta de protección frente a sobreintensidades (cortocircuitos y sobrecargas), por ejemplo, un **interruptor automático o disyuntor**, se requiere hacer clic en la barra de herramientas **Automáticos, Disyuntores**. Esta barra permite insertar en el circuito diferentes interruptores automáticos (monopolar para fase, monopolar + neutro, bipolar, tripolar y tripolar + neutro), interruptores diferenciales (monopolar + neutro, tripolar + + neutro), relé térmico tripolar, diferentes disyuntores (monopolar para fase, monopolar + neutro, bipolar, tripolar y tripolar + neutro) y limitadores de sobretensiones.

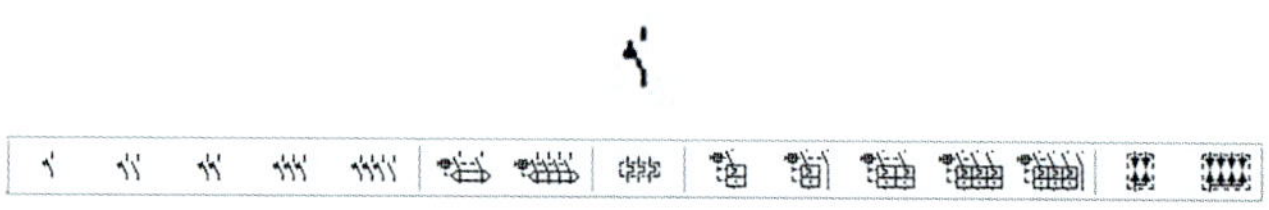

Figura 4.14. Barra de herramientas Automáticos, Disyuntores.

En el caso de necesitar insertar el símbolo de algún **fusible de protección** (protección solo contra cortocircuitos), se deberá abrir la barra de herramientas **Fusibles, Seccionadores** haciendo clic sobre el botón correspondiente. Como en el caso anterior, esta barra distingue entre distintos tipos de fusibles y fusibles seccionadores.

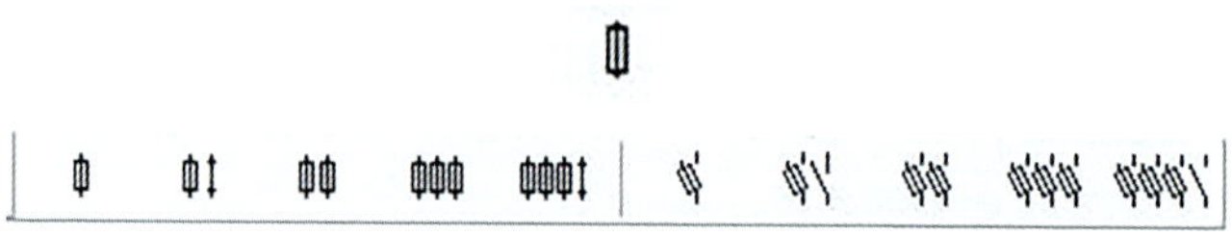

Figura 4.15. Barra de herramientas Fusibles, Seccionadores.

La **barra de herramientas Contactores, Interruptores** permite insertar en un esquema los contactos de potencia de un contactor (monopolar, bipolar, tripolar o tetrapolar), así como de un interruptor (seccionador).

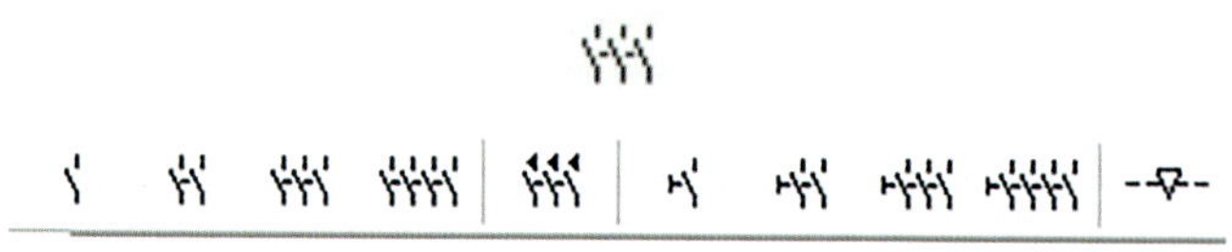

Figura 4.16. Barra de herramientas Contactores, Interruptores.

Para situar el símbolo de un elemento en un esquema se debe elegir una posición definida por la rejilla (menú Ver/ Rejilla) y, a partir de ella, ir disponiendo en la misma columna y por debajo el resto de símbolos de otros elementos. Al hacer doble clic con el ratón se posibilita la **edición de un símbolo** y se pueden cambiar sus atributos como, por ejemplo, el nombre y la visualización de sus conexiones.

La **designación de cada elemento** se debe hacer siguiendo un criterio normativo, si bien existe en la práctica cierta confusión en la aplicación uniforme entre las diferentes normas que se han ido desarrollando con el paso del tiempo.

Norma IEC 750	Norma EN 81346	Tipo de aparato	Ejemplo
A	A	Grupos o partes de grupos constructivos.	Amplificadores, láser, etcétera.
B	T	Convertidores de magnitudes eléctricas a no eléctricas y viceversa.	Transductores, sondas termoeléctricas, células fotoeléctricas, etcétera.
C	C	Condensadores.	
D	C	Operadores binarios.	Elementos monoestables y biestables, memorias, registros.
E	V	Filtros electrostáticos.	
F	F	Dispositivos de protección.	Fusibles, relé térmico (elementos bimetálicos).
F	B	Presostatos.	
G	G	Generadores, dispositivos de alimentación.	Baterías, fuentes de alimentación, SAI.
G	T	Convertidores de frecuencia.	Arrancadores electrónicos, variadores.
H	P	Dispositivos de señalización ópticos y acústicos.	Columnas de señalización.

Norma IEC 750	Norma EN 81346	Tipo de aparato	Ejemplo
K	**Q**	Contactores de potencia.	
K	**K**	Relés de automatismos.	Relé auxiliar, relé temporizador.
K	**T**	Contactor semiconductor.	Relé estático.
L	**R**	Inductancias.	Bobinas, reactancias.
M	**M**	Motores.	
P		Instrumentos de medida y de pruebas.	Instrumentos de medición, registros, contadores, relojes.
Q	**Q**	Aparatos mecánicos de conexión para circuitos de potencia.	Interruptores automáticos, seccionadores, interruptores-seccionadores, protección del motor.
R	**R**	Resistencias, resistencias de ajuste.	Resistencias, potenciómetros, reostatos.
R	**B**	Resistencias de precisión.	
R	**E**	Resistencias de calefacción.	
S	**S**	Interruptores, pulsadores, selectores.	
S	**B**	Interruptores de posición.	Finales de carrera.
T	**T**	Transformadores.	Transformadores de tensión, de corriente, de frecuencia.
U	**T**	Moduladores, convertidores.	Variadores, convertidores de frecuencia.
V		Válvulas, semiconductores.	Diodos, transistores.
V	**R**	Diodos.	
V	**T**	Rectificadores.	
V	**K**	Transistores.	
W		Vías de conducción.	Cables, dipolos.
X		Bornes, clavijas, enchufes.	Regleta de bornes.
Y		Aparatos eléctricos accionados mecánicamente.	Frenos, embragues.
Z		Equipos de compensación, filtros, limitadores.	Reguladores.
Z	**K**	Filtros CEM.	
Z	**F**	Dispositivos supresores de radio interferencias.	

Figura 4.17. Designación de elementos según normas IEC/EN.

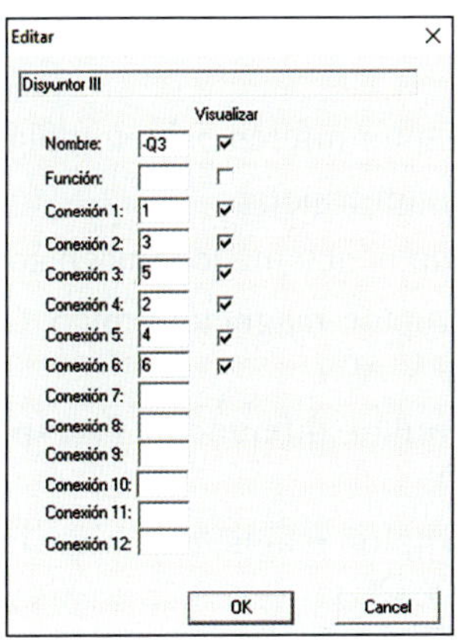

Figura 4.18. Edición de un símbolo introducido en CADeSIMU.

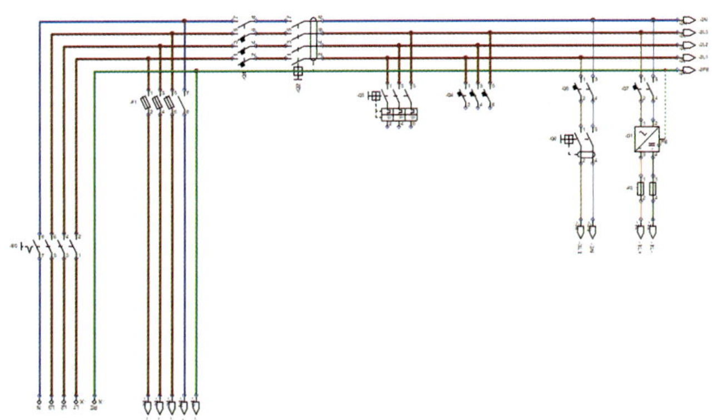

Figura 4.19. Colocación y cableado de símbolos de componentes.

En este punto, se puede realizar una **prueba de simulación** para ver si el cableado de todos los símbolos de los elementos es correcto procediendo a armar (posición ON) las diferentes protecciones. Basta utilizar el botón verde Run de la barra correspondiente y comprobar si los símbolos de la aparamenta permiten pasar las alimentaciones AC y DC en el circuito diseñado. La simulación se puede parar actuando sobre el botón rojo de Stop. Es recomendable realizarla siempre al final del cableado del automatismo para verificar el correcto diseño.

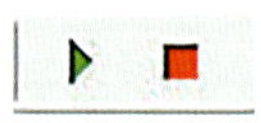

Figura 4.20. Barra de herramientas Simulación.

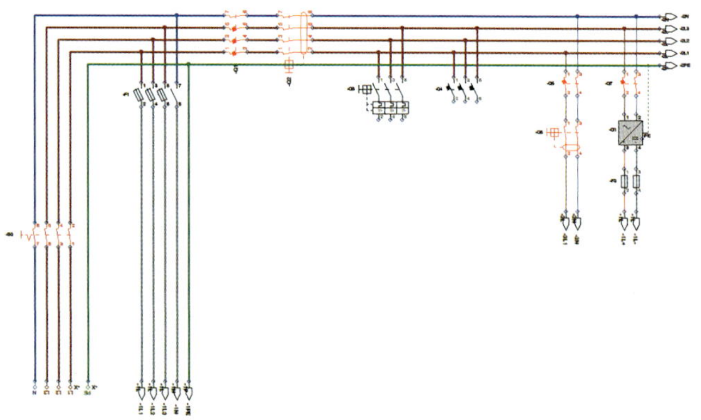

Figura 4.21. Simulación para comprobar el correcto cableado.

En el caso de utilizar nuevos archivos con extensión .CAD para diseñar en ellos los circuitos de maniobra en AC y en DC del automatismo (opción de **Simular todos los documentos**), es conveniente añadir conexiones de salida para cada potencial necesario (**Cables y conexiones**). También se deberían añadir en el caso que se necesiten más hojas de trabajo (Planos) para completar el esquema de potencia.

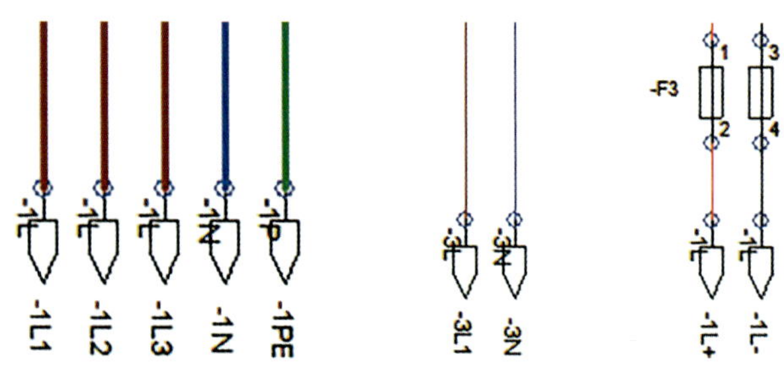

Figura 4.22. Conexiones de salida para alimentar otros Planos.

Para completar el circuito de potencia del ejemplo bastará introducir nuevos símbolos de los **contactos principales de un contactor** (barra de herramientas **Contactores, Interruptores**), de un **relé térmico** para protección de sobrecargas en un motor (ya comentado) y de los **motores trifásicos** (barra de herramientas Motores).

La **barra de herramientas Motores** permite insertar en un esquema motores trifásicos de jaula de ardilla (tres o seis conexiones para el devanado estatórico, según se defina el tipo de conexión del devanado en la placa de bornes o se utilice para un arranque Y-D), motores trifásicos Dahlander y de rotor bobinado, motores monofásicos, motores de CC, de imanes permanentes y de excitación independiente, motores paso a paso bipolares, frenos y actuadores lineales eléctricos.

Figura 4.23. Barra de herramientas Motores.

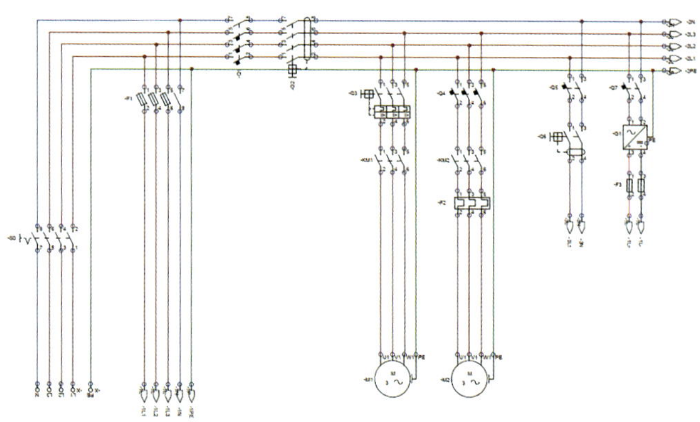

Figura 4.24. Esquema completo de potencia y alimentaciones AC-DC.

Los elementos representados en el esquema completo de potencia y alimentaciones AC-DC son:

- **S0:** Interruptor-seccionador tetrapolar.
- **F1:** Fusible-seccionador tetrapolar.
- **F2:** Relé térmico tripolar protección motor.
- **F3:** Fusible continua (positivo-negativo).
- **Q1:** Interruptor automático (magnetotérmico) tetrapolar.
- **Q2:** Interruptor diferencial tetrapolar.
- **Q3:** Disyuntor tripolar.
- **Q4:** Interruptor automático (magnetotérmico) tripolar.
- **Q5:** Interruptor magnetotérmico fase+neutro (maniobra 230 V AC).
- **Q6:** Interruptor diferencial fase+neutro (maniobra 230 V AC).
- **Q7:** Interruptor magnetotérmico fase+neutro (maniobra 24 V DC).
- **G1:** Fuente de alimentación 230 V AC-24 V DC.

- **KM1:** Contactor tripolar (motor 1).
- **KM2:** Contactor tripolar (motor 2).

Nota: hay que recordar que el sentido de giro del motor es directo (a derechas) con un orden de fases L1-L2-L3-L1-L2-L3 y que el sentido de giro del motor es inverso (a izquierdas) con un orden de fases L1-L3-L2-L1-L3-L2, por ejemplo.

El programa CADeSIMU también dispone de un botón Texto para insertar comentarios, referencias de columnas, número de conductores o tensiones del esquema (3x400 V AC) dentro de un Plano (por ejemplo, CINTA1). Permite escribir un texto modificando la fuente y su tamaño.

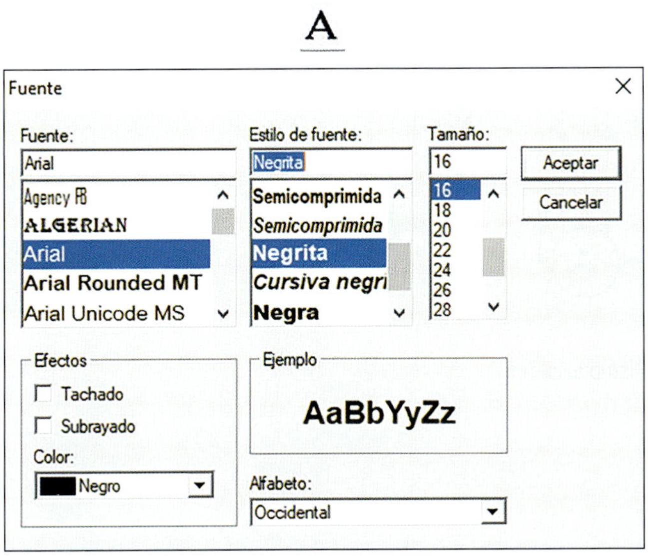

Figura 4.25. Botón Texto y selección de Fuente.

En el caso de que se deseen **importar imágenes** dentro del Plano se debe ir al **menú Archivo/Importar imagen.** En este caso, la importación está limitada a una imagen con formato de bits (archivos de extensión .BMP) situadas en la misma carpeta que el archivo de dibujo CADeSIMU realizado.

Para completar el circuito de potencia y alimentaciones se puede realizar automáticamente con el programa, la **numeración de conductores por potencial.** Para ello bastará ir al menú Configuración y, en Opciones de visualización, marcar la visualización del número de cable. La numeración automática se hace en el orden de introducción de cables en el esquema lo que puede generar órdenes de números con poca lógica si hay muchas modificaciones.

Por tanto, es recomendable realizar dicha **numeración de conductores por potencial a mano** empezando por los cables de la red de alimentación (fases L1, L2, L3; neutro N; conductor de protección PE, positivo y negativo L+, L–) y continuando con la numeración, para cada página u hoja, de los cables (desde el número 1) para los componentes situados en sentido horizontal y luego descendiendo en sentido vertical. Se puede utilizar el botón de Texto de CADeSIMU o un programa de edición gráfica (Paint, Adobe Photoshop, etcétera).

El siguiente paso requiere situar, de forma manual, los **bornes de conexión** redondos para marcar qué elementos están situados dentro del cuadro eléctrico (por ejemplo, protecciones, contactores, fuentes de alimentación, etc.) y qué elementos están situados fuera (por ejemplo, la red de alimentación y los motores eléctricos). Se debe utilizar la **barra de herramientas Cables y conexiones**. Es conveniente editarlos fuera de su posición final en el esquema para poner su número y, posteriormente, moverlos a la misma. Es muy recomendable añadir el nombre del bornero (por ejemplo, X1) antes del número del borne de conexión (por ejemplo, X1.1).

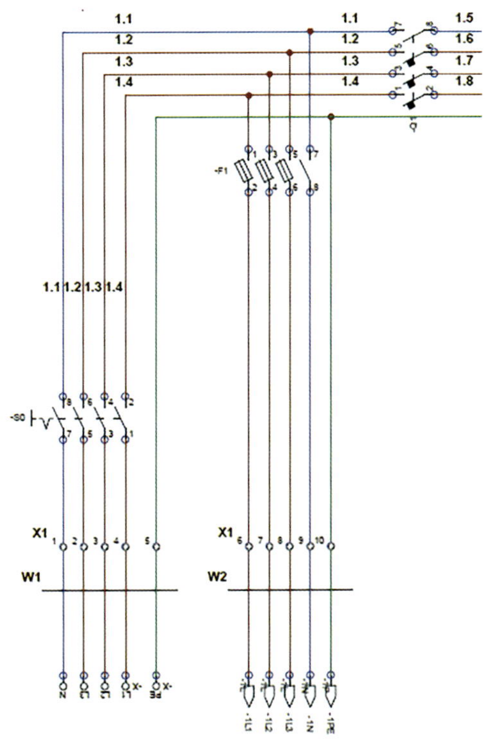

Figura 4.26. Numeración a mano de cables por potencial y bornes X1.

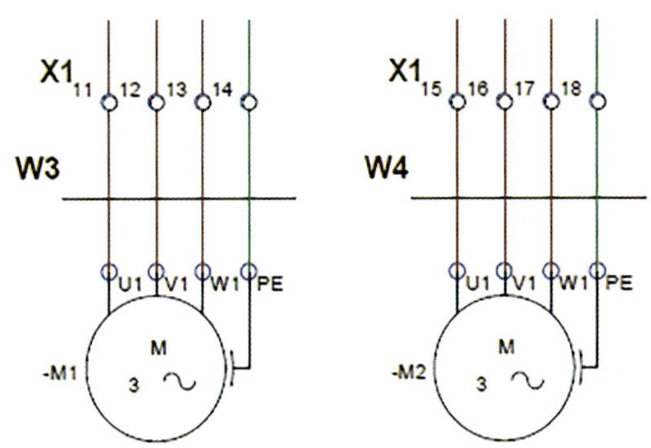

Figura 4.27. Bornes X1 y mangueras de salida de cuadro.

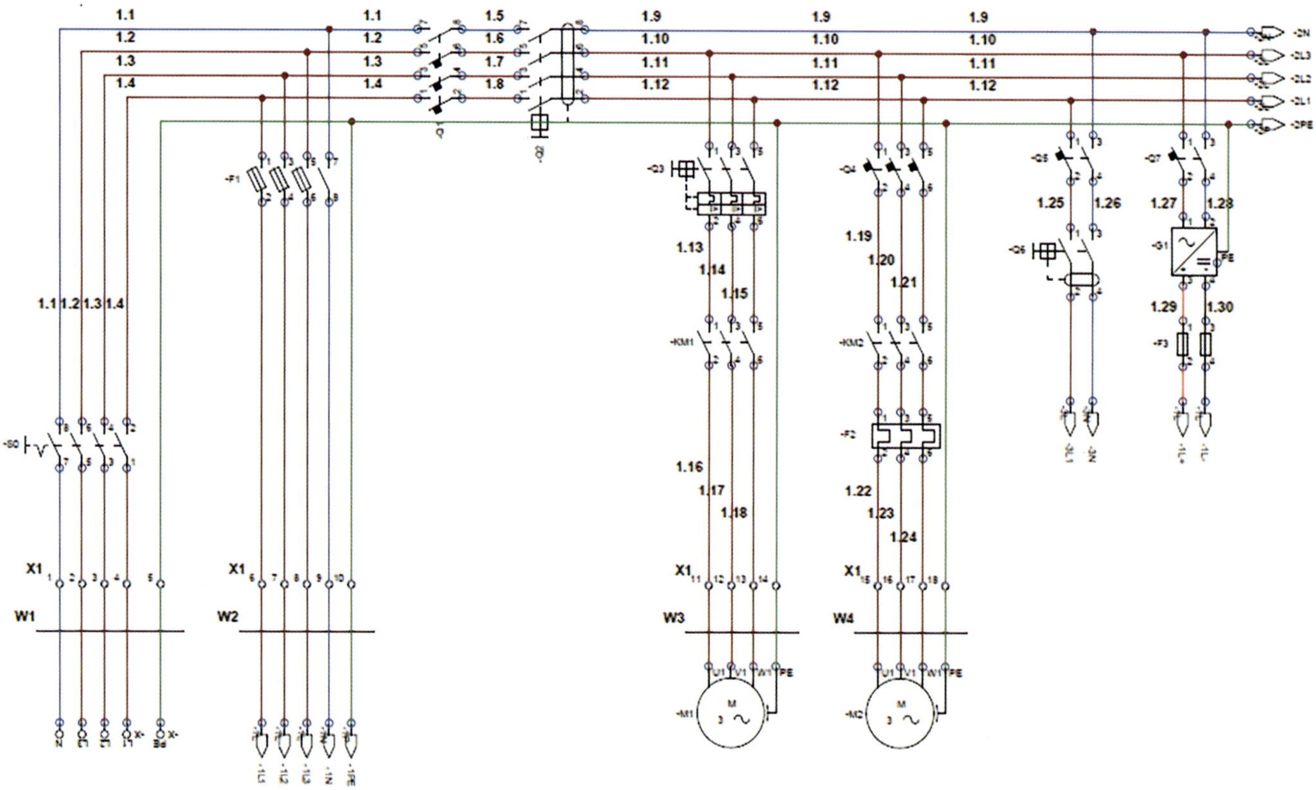

Figura 4.28. Plano del circuito de potencia y alimentaciones de un automatismo eléctrico.

También se pueden añadir, en su caso, las mangueras (cables multiconductores) de salida del cuadro eléctrico a los motores de las cintas mediante el botón de línea y el nombre con el botón Texto (por ejemplo, –W3).

4.3. Diseño del circuito de maniobra de un automatismo cableado

Para diseñar un **circuito de maniobra con alimentación en AC o en DC** se debe **abrir un nuevo fichero .CAD** (menú Archivo/Nuevo). En este fichero, junto con el archivo .CAD existente del esquema de potencia y alimentaciones, se puede activar el botón Simular todos los documentos.

Inicialmente, en el circuito de maniobra en AC que se desea diseñar y simular, se deben **insertar conexiones de entrada** (barra de herramientas Cables y conexiones) con la misma designación (por ejemplo, –3L1 y –3N) que las conexiones de salida existentes en el circuito de potencia y alimentaciones. Se deberá proceder, de forma análoga, en el caso de necesitar diseñar un circuito de maniobra en DC (–1L+ y 1L–, por ejemplo).

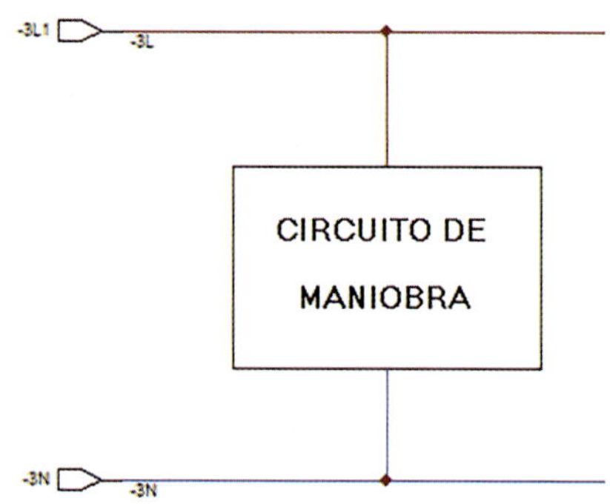

Figura 4.29. Conexiones de entrada para el circuito de maniobra en AC.

El **diseño del circuito de maniobra** requiere ir creando las columnas necesarias en las que cablear los diferentes elementos de mando y control requeridos situados en las barras de herramientas correspondientes. Estos son los contactos auxiliares de los disyuntores –Q o relés térmicos –F, contactos de pulsadores –S (de emergencia, de paro o de marcha), contactos auxiliares de contactores existentes –KM (por ejemplo, para hacer realimentaciones o enclavamientos), contactos de detectores –B o finales de carrera –S, bobinas de contactores –KM, bobinas de temporizadores –KT, bobinas de relés auxiliares –KA, pilotos de señalizaciones acústicas u ópticas –H, bornero de control de un variador, etcétera).

La **barra de herramientas Contactos** permite utilizar contactos auxiliares NO/NC instantáneos (por ejemplo, disyuntores, temporizadores, contactores y relés auxiliares), así como contactos temporizados NO/NC a la conexión, a la desconexión y a la conexión/desconexión de temporizadores neumáticos y electrónicos.

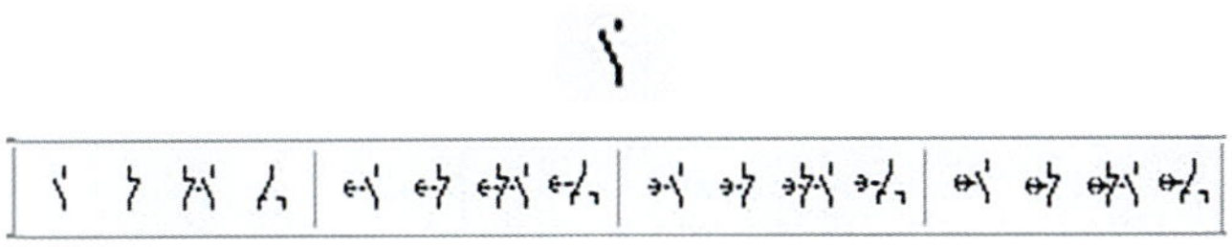

Figura 4.30. Barra de herramientas Contactos.

La **barra de herramientas Accionamientos** permite insertar un botón pulsador, pulsadores normales y pulsadores de seta con contactos auxiliares NO/NC, interruptores con contactos auxiliares NO/NC, conmutadores de varias posiciones, finales de carrera con contactos auxiliares NO/NC y contactos retardados NO/NC de relés térmicos de protección por sobrecarga de motores eléctricos.

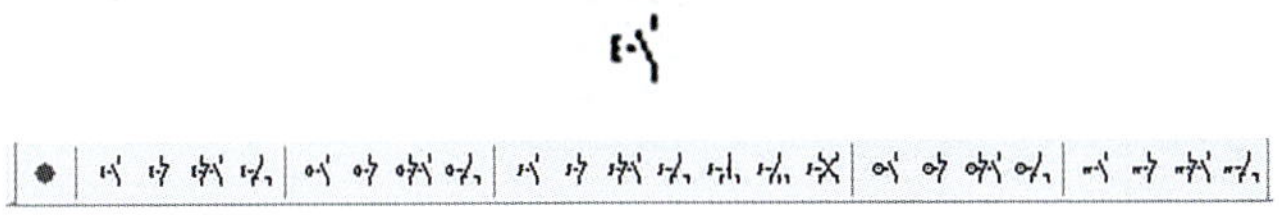

Figura 4.31. Barra de herramientas Accionamientos.

Para representar en el esquema de maniobra las bobinas de los contactores, relés auxiliares, biestables, telerruptores, temporizadores a la conexión/desconexión, relés intermitentes, generador de pulsos, interruptores horarios, contadores de pulsos y los elementos de señalización ópticos (pilotos fijos o intermitentes) y acústicos (timbre, zumbador, sirena y bocina) se debe utilizar la **barra de herramientas Bobinas, Señalizaciones.**

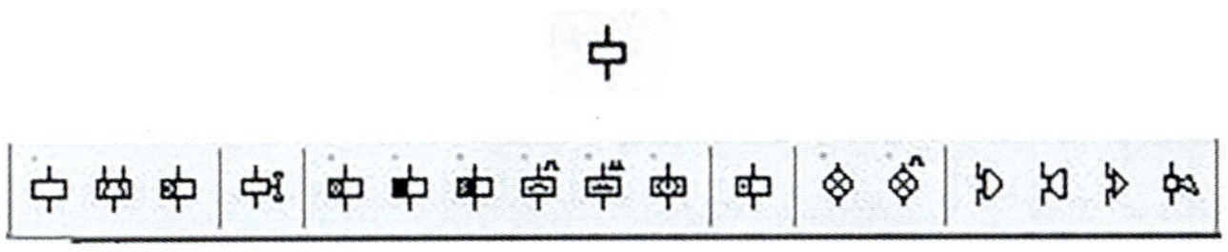

Figura 4.32. Barra de herramientas Bobinas, Señalizaciones.

En el Plano del circuito de maniobra con tensión de alimentación AC también se pueden situar **elementos de posición (detectores),** con mando directo en el esquema o indirecto a través de un relé auxiliar –KA. En el programa CADeSIMU se dispone para tal fin de una **barra de herramientas Detectores**.

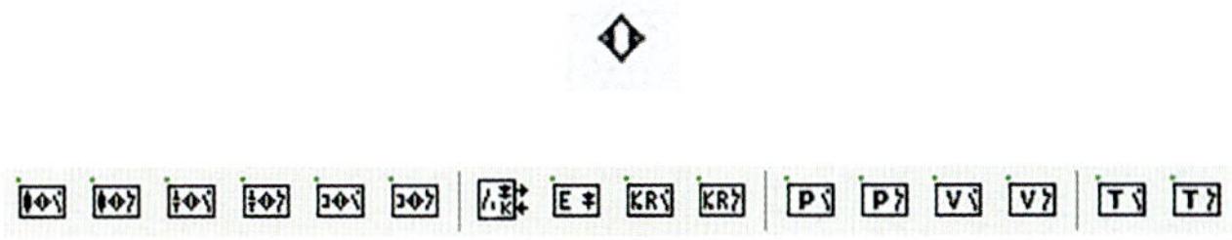

Figura 4.33. Barra de herramientas Detectores.

Esta barra de herramientas es particularmente útil pues permite definir detectores inductivos, capacitivos y magnéticos a 2 hilos (alterna AC, continua DC) o a 3 hilos (PNP o NPN, en continua DC, con o sin conexiones laterales) con un contacto auxiliar NO/NC, según interese.

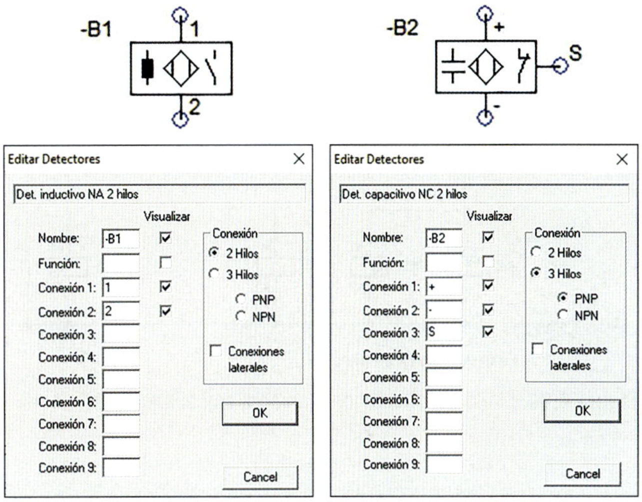

Figura 4.34. Edición de símbolos de detectores a 2/3 hilos.

También permite introducir barreras fotoeléctricas réflex a 5 hilos (alterna AC, continua DC) con un contacto conmutado (COM-NC-NO) y barreras fotoeléctricas (continua DC) con emisor y receptor con un contacto NO o NC (2 o 3 hilos PNP/NPN).

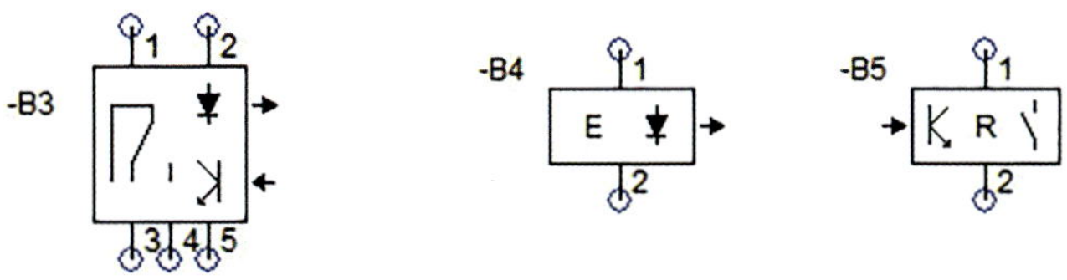

Figura 4.35. Símbolos de barreras fotoeléctricas.

Para completar el esquema de maniobra realizado con CADeSIMU (Figura 4.36) se debe realizar la **numeración de conductores por potencial.** Para ello bastará ir al menú Configuración y, en Opciones de visualización, marcar la visualización del número de cable. Como ya se ha indicado antes, es mejor modificar la numeración de forma manual para que luego sea más lógica la definición de los diferentes elementos del Plano de borneros y del esquema de terminales.

Tras completar el circuito de maniobra del automatismo (Figura 4.37), hay que situar en el Plano los bornes de conexión (bornero de maniobra X2). Se pondrán bornes en

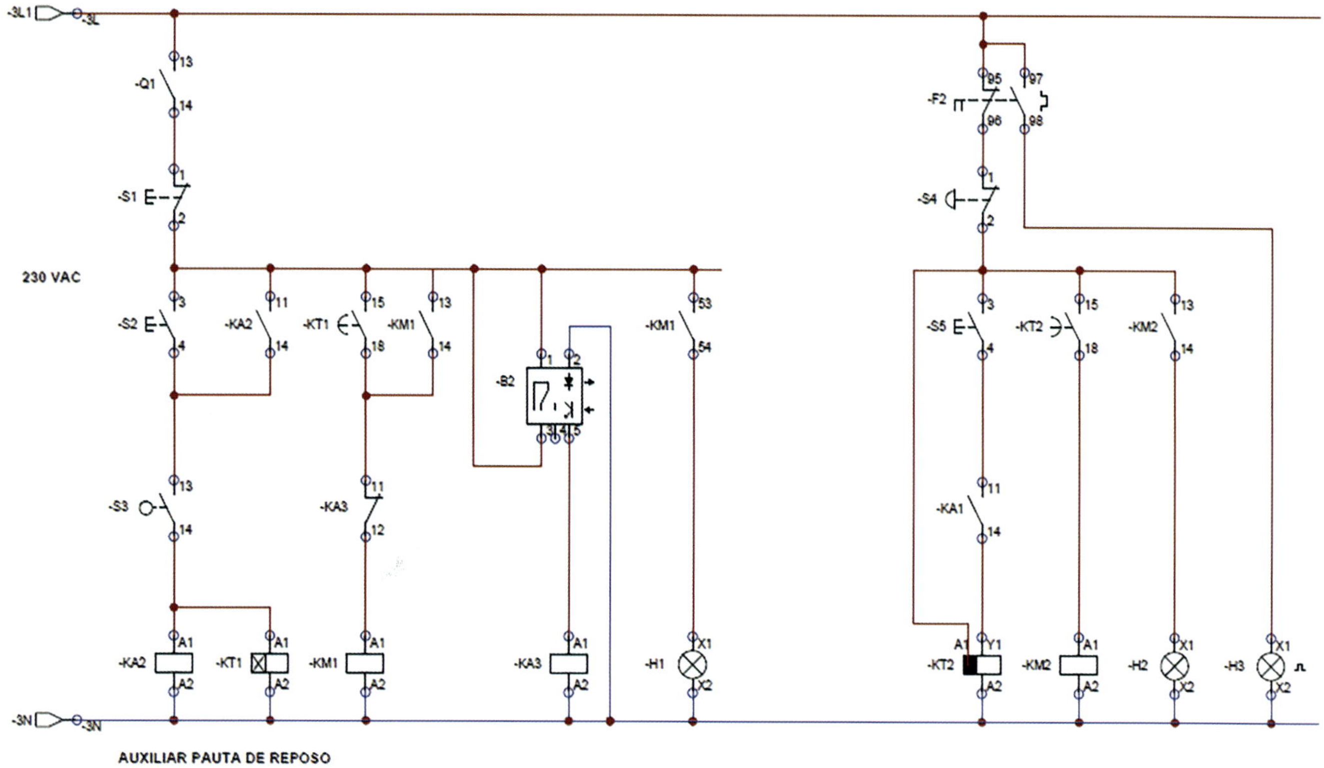

Figura 4.36. Plano del circuito de maniobra con alimentación en AC.

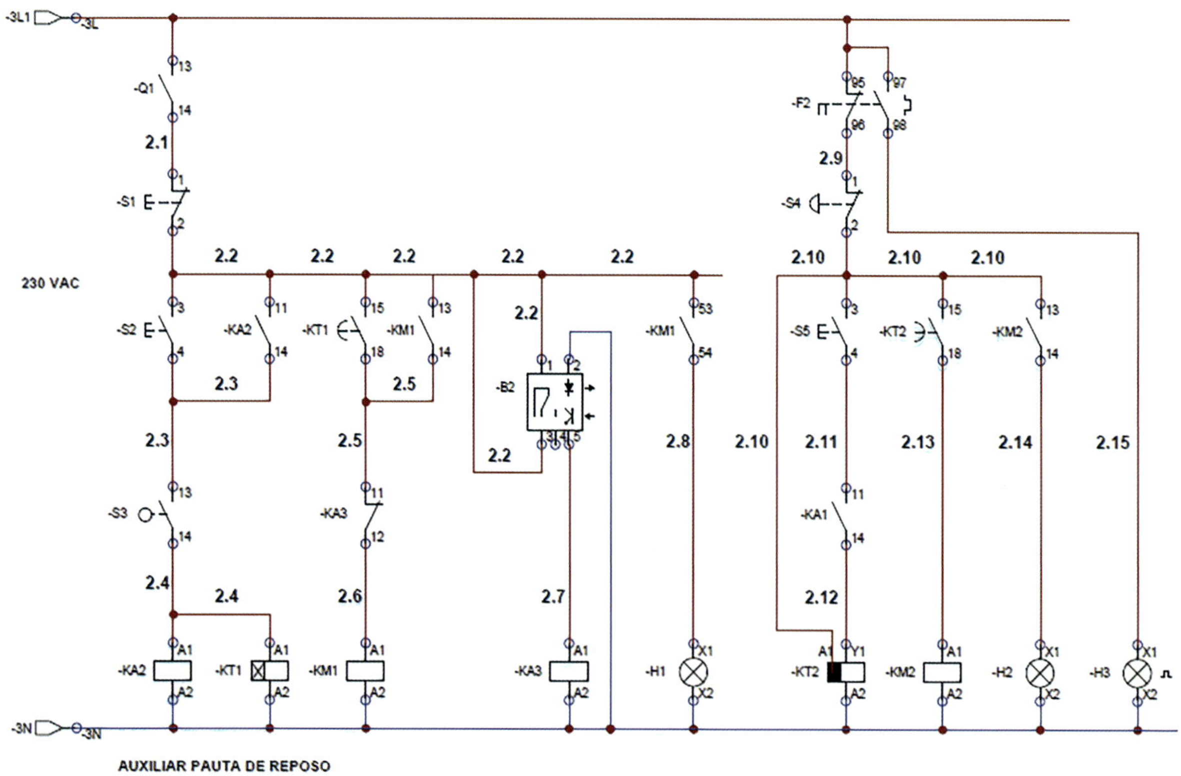

Figura 4.37. Numeración manual de conductores (circuito de maniobra AC).

aquellos puntos del circuito de maniobra donde haya transición entre elementos situados dentro y fuera del propio cuadro eléctrico. Los bornes de conexión se agruparán en tres bloques que pueden ser, por ejemplo, pulsadores, elementos de posición (finales de carrera y detectores) y elementos de señalización (Figura 4.38).

Además, considerando la **posición de cada elemento en el formato del Plano** (columna con letra y fila con número), se pueden añadir las **referencias cruzadas en forma de tablas** debajo de las bobinas de contactores, temporizadores y relés auxiliares en las hojas con esquemas de maniobra.

Esta referencia constará del **número de página, letra de columna y número de fila** donde esté la parte indicada del mismo elemento técnico. Para ello se debe utilizar el botón Texto del programa CADeSIMU y líneas para crear las diferentes tablas.

Para diseñar un **circuito de maniobra con alimentación en DC** se debe **abrir un nuevo fichero .CAD** (menú Archivo/Nuevo), junto con los archivos .CAD existentes del circuito de potencia y del circuito de maniobra con alimentación en AC, y activar el botón Simular todos los documentos (Figura 4.39). Es posible copiar y pegar elementos entre todos los ficheros de extensión .CAD abiertos.

En este caso, el circuito de maniobra en DC consta de las conexiones de entradas (–1L+, –1L–), un detector inductivo NO 3 hilos PNP y el correspondiente relé auxiliar –KA1. Como en el circuito anterior se puede añadir la numeración de conductores realizada manualmente y, con el criterio indicado antes, los bornes necesarios para completar el bornero de maniobra X2 (parte de detectores). El Plano de alimentación DC se completará con las referencias cruzadas en forma de tabla (Figura 4.40).

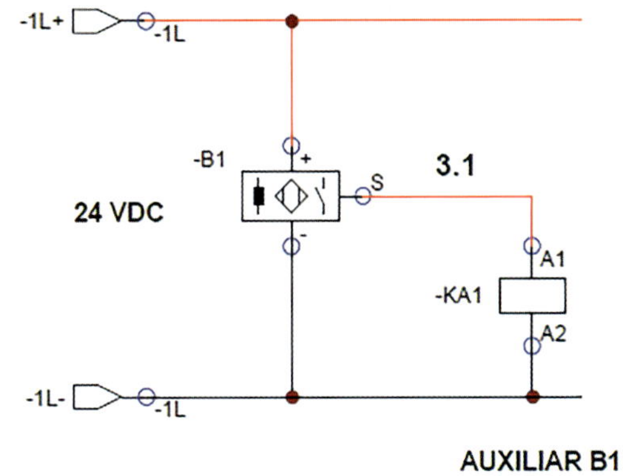

Figura 4.39. Numeración manual de conductores (circuito de maniobra DC).

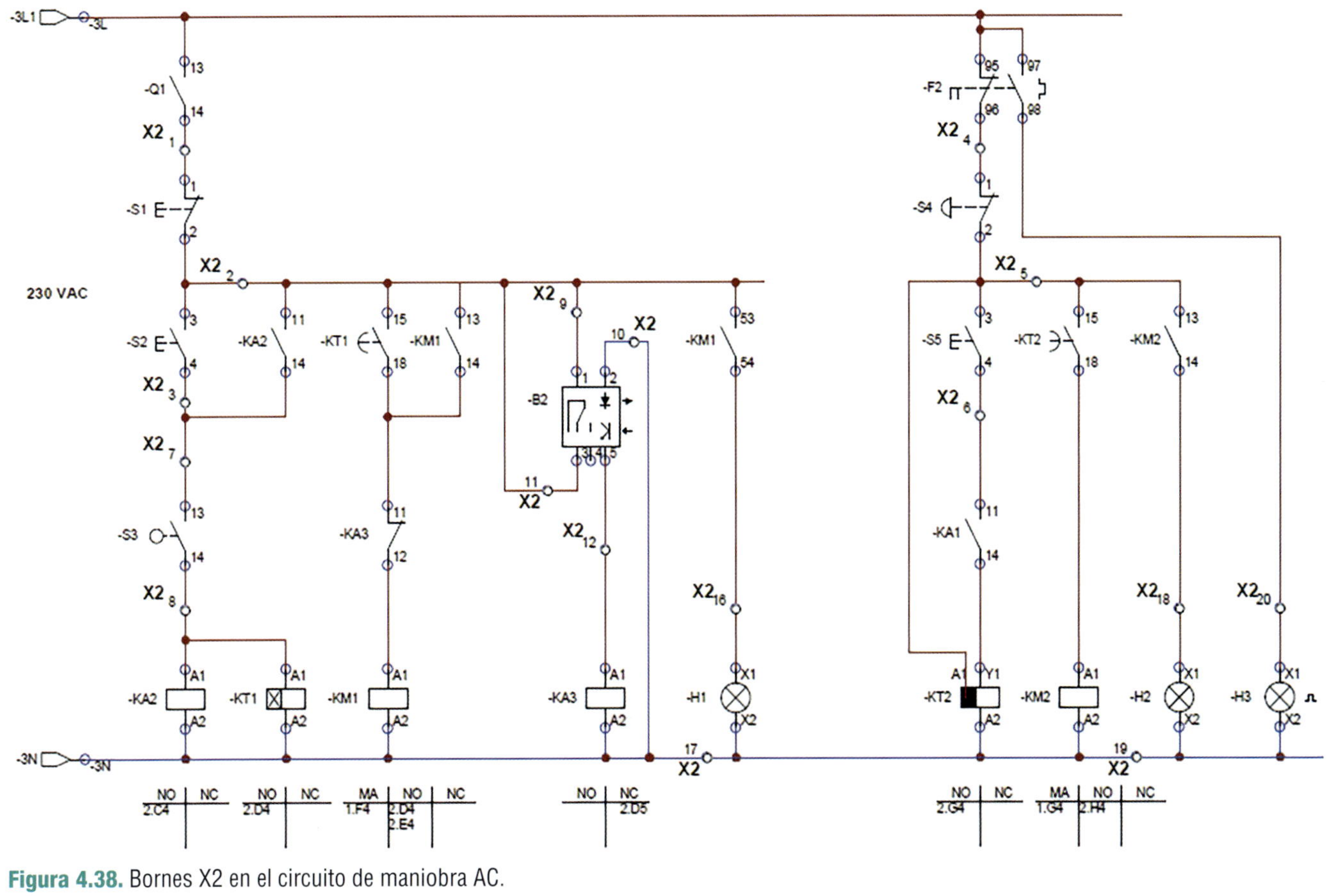

Figura 4.38. Bornes X2 en el circuito de maniobra AC.

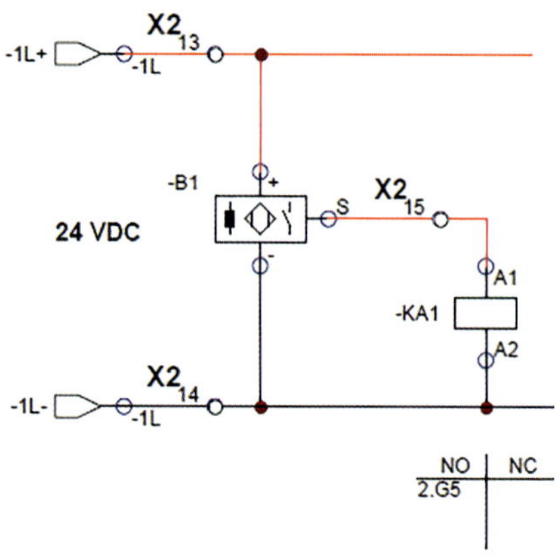

Figura 4.40. Bornes X2 en el circuito de maniobra DC.

Una vez acabado el diseño de todos los archivos de los que consta la automatización es recomendable realizar la **comprobación mediante la simulación** de todos los archivos abiertos con el botón activado de Simular todos los archivos abiertos.

4.4. Borneros, esquemas de terminales, esquema de mangueras y referencias cruzadas

El programa CADeSIMU **no realiza automáticamente** ningún **Plano de borneros**, **esquema de terminales** y **referencias cruzadas** de los distintos archivos que estén abiertos en un Proyecto.

Es interesante disponer de una **plantilla para borneros** hecha, por ejemplo, con un procesador de texto o una hoja de cálculo, en donde rellenar a mano los borneros de alimentación X1 y de maniobra X2.

En estas tablas se pueden añadir la información de las **mangueras** y de los **conductores numerados de forma consecutiva por potencial**, así como las indicaciones de las partes de los **elementos situados fuera del cuadro** (Destino 1) **o dentro del cuadro** (Destino 2). En el caso de querer utilizar referencias cruzadas se pueden indicar la página y la columna en la que se encuentran dichos símbolos.

Con un procedimiento parecido se puede generar una **plantilla** con la que realizar **esquemas de terminales** para los borneros anteriores.

En este caso se debe sustituir las casillas de los elementos situados fuera del cuadro (en este ejemplo, Destino 1) por el correspondiente símbolo (por ejemplo, en el circuito de potencia se debe añadir la red de alimentación y los motores eléctricos mientras que en los circuitos de maniobra se deben añadir los símbolos de pulsadores, finales de carrera, detectores y elementos de señalización, etcétera).

	Columna																		
	Página																		
Conductores																			
Regletero X1	Destino 2																		
	Nº	1	2	3	4	5	6	7	8	9	10	11	12	13	14	15	16	17	18
		o	o	o	o	o	o	o	o	o	o	o	o	o	o	o	o	o	o
	Destino 1																		
Conductores																			
Mangueras	W1																		
	W2																		
	W3																		
	W4																		

Figura 4.41. Plantilla para completar regleteros o borneros X1/X2.

	Columna																		
	Página																		
Conductores																			
Regletero X1	Destino 2																		
	Nº	1	2	3	4	5	6	7	8	9	10	11	12	13	14	15	16	17	18
		o	o	o	o	o	o	o	o	o	o	o	o	o	o	o	o	o	o

Figura 4.42. Plantilla para completar esquemas de terminales para borneros X1/X2.

Actividad resuelta 4.1

Con las plantillas suministradas, realiza los Planos de bornes y los Planos con esquemas de terminales (borneros X1 y X2) del ejemplo desarrollado en el tema.

Cinta transportadora 1:

Al accionar el pulsador de marcha S2_NO, con presencia de objeto en la posición marcada por el detector inductivo B1 a 2 hilos 24 V DC, se debe activar un relé auxiliar KA1 para realizar una pauta de reposo inicial de 5 segundos (temporizador a la conexión KT1). Transcurrido dicho tiempo, se debe poner en marcha el motor asíncrono trifásico M1 accionado a través de un contactor KM1 (arranque directo). La cinta 1 se debe detener al alcanzar el objeto la posición definida por un final de carrera S5_NC. La activación de la cinta está señalizada con un piloto verde de señalización H1.

Cinta transportadora 2:

Al accionar el pulsador de marcha S4_NO, mediante el uso de un temporizador a la desconexión KT2, se debe activar instantáneamente el motor trifásico M2 durante los 10 segundos definidos en dicho temporizador. La cinta 2 también se debe detener si el objeto alcanza, antes de los 10 segundos, la posición definida por una barrera réflex B2 a 5 hilos alimentada en continua 24 V DC. La activación de la cinta está señalizada con un piloto verde de señalización H2.

El disparo por sobrecarga en cualquier protección de un motor (contacto NO del disyuntor Q3 y contacto NC del relé térmico F2) provocará la parada instantánea de toda la instalación.

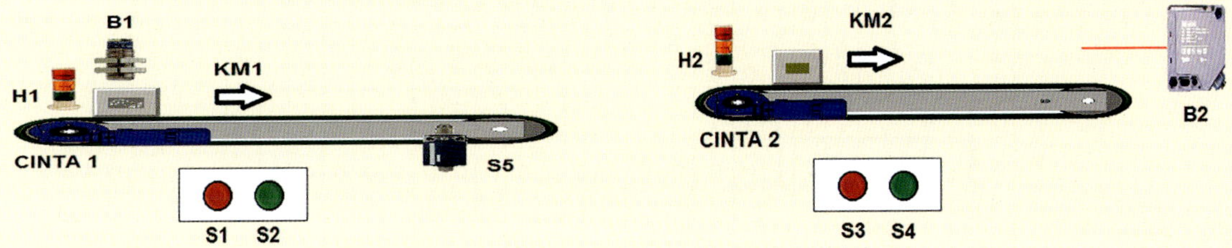

Figura 4.43. Automatización de 2 cintas transportadoras con temporizadores y detectores.

Solución:

	Columna	B6	B6	B6	B6	B6	C6	C6	C6	C6	C6	F6	F6	F6	F6	G6	G6	G6	G6
	Página	1	1	1	1	1	1	1	1	1	1	1	1	1	1	1	1	1	1
Conductores		N	L3	L2	L1	PE	1L1	1L2	1L3	1N	PE	16	17	18	PE	22	23	24	PE
Regletero X1	Destino 2	S0:7	S0:5	S0:3	S0:1	PE	F1:2	F1:4	F1:6	F1:8	PE	KM1:2	KM1:4	KM1:6	PE	F2:2	F2:4	F2:6	PE
	Nº	1	2	3	4	5	6	7	8	9	10	11	12	13	14	15	16	17	18
		O	O	O	O	O	O	O	O	O	O	O	O	O	O	O	O	O	O
	Destino 1	N	L3	L2	L1	PE	1L1	1L2	1L3	1N	1PE	M1:U1	M1:V1	M1:W1	M1:PE	M2:U1	M2:V1	M2:W1	M2:PE
Conductores																			
Mangueras	W1	1	2	3	4	5													
	W2						1	2	3	4	5								
	W3											1	2	3	4				
	W4															1	2	3	4

Figura 4.44. Plano del bornero X1.

	Columna	B6	B6	B6	B6	B6	C6	C6	C6	C6	C6	F6	F6	F6	F6	G6	G6	G6	G6
	Página	1	1	1	1	1	1	1	1	1	1	1	1	1	1	1	1	1	1
Conductores		N	L3	L2	L1	PE	1L1	1L2	1L3	1N	PE	16	17	18	PE	22	23	24	PE
Regletero X1	Destino 2	S0:7	S0:5	S0:3	S0:1	PE	F1:2	F1:4	F1:6	F1:8	PE	KM1:2	KM1:4	KM1:6	PE	F2:2	F2:4	F2:6	PE
	Nº	1	2	3	4	5	6	7	8	9	10	11	12	13	14	15	16	17	18
		O	O	O	O	O	O	O	O	O	O	O	O	O	O	O	O	O	O

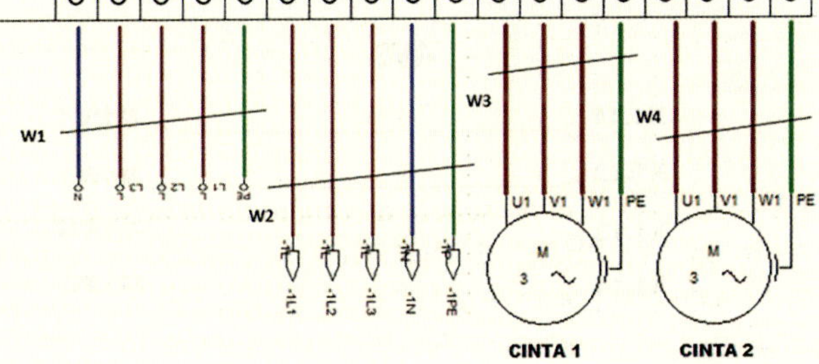

Figura 4.45. Plano con esquema de conexiones del bornero X1.

Regletero X2																					
	Columna	C3	C4	C4	G3	G4	G4	C5	C5	E4	E4	D5	E5	C2	C3	D3	E5	E6	H5	G6	H5
	Página	2	2	2	2	2	2	2	2	2	2	2	2	3	3	3	2	2	2	2	2
Conductores		1	2	3	9	10	11	3	4	2	3N	2	7	1L+	1L-	1	8	3N	14	3N	15
	Destino 2	Q1:14	KA2:11-KT1:15-KM1:13-KM1:53	KA2:14	F2:96	KT2:15-KM2:13-KT2:A1	KA1:11	|	KA2:A1-KT1:A1	|	Q6:4	|	KA3:A1	F3:2	F3:4	KA1:A1	KM1:54	|	KM2:14	|	F2:98
	Nº	1	2	3	4	5	6	7	8	9	10	11	12	13	14	15	16	17	18	19	20
	Destino 1	S1:1	S1:2-S2:3	S2:4	S4:1	S4:2-S5:3	S5:4	S3:13	S3:14	B2:1	B2:2	B2:3	B2:5	B1:+	B1:-	B1:S	H1:X1	H1:X2	H2:X1	H2:X2-H3:X2	H3:X1
Conductores		1	2	3	9	10	11	3	4	2	3N	2	7	1L+	1L-	1	8	3N	14	3N	15

Figura 4.46. Plano del bornero X2.

Nota: los terminales del detector a 3 hilos también se pueden iniciar como BN (+), BU (–) y BK (salida +).

Regletero X2																					
	Columna	C3	C4	C4	G3	G4	G4	C5	C5	E4	E4	D5	E5	C2	C3	D3	E5	E6	H5	G6	H5
	Página	2	2	2	2	2	2	2	2	2	2	2	2	3	3	3	2	2	2	2	2
Conductores		1	2	3	9	10	11	3	4	2	3N	2	7	1L+	1L-	1	8	3N	14	3N	15
	Destino 2	Q1:14	KA2:11-KT1:15-KM1:13-KM1:53	KA2:14	F2:96	KT2:15-KM2:13-KT2:A1	KA1:11	...	KA2:A1-KT1:A1	...	Q6:4	...	KA3:A1	F3:2	F3:4	KA1:A1	KM1:54	...	KM2:14	...	F2:98
	Nº	1	2	3	4	5	6	7	8	9	10	11	12	13	14	15	16	17	18	19	20

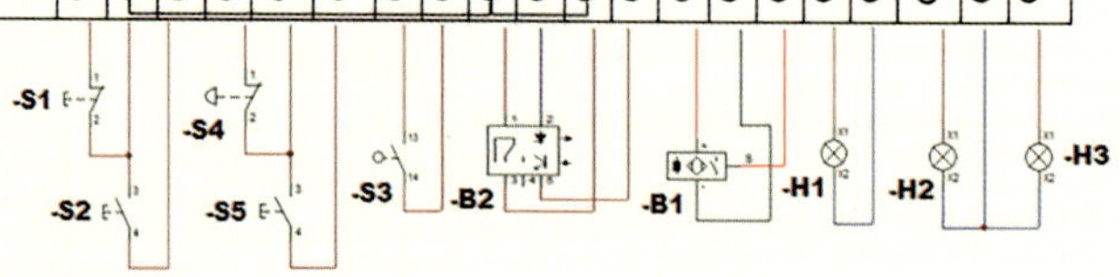

Figura 4.47. Plano con esquema de conexiones del bornero X2.

Para llevar a cabo el esquema de mangueras conviene fijarse en las bornas de salida del bornero X1 y en la numeración de cables dentro de la manguera.

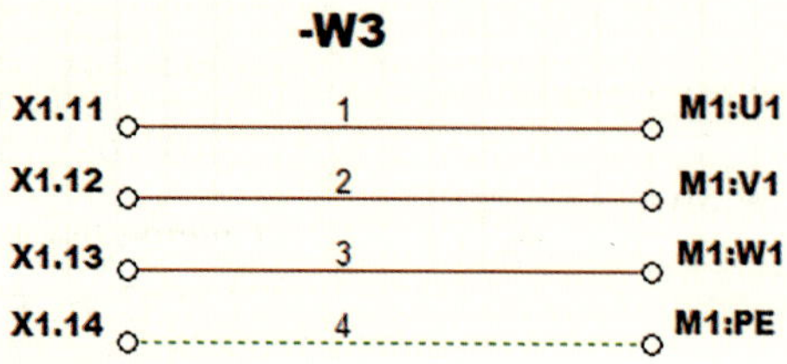

Figura 4.48. Ejemplo con esquema de mangueras.

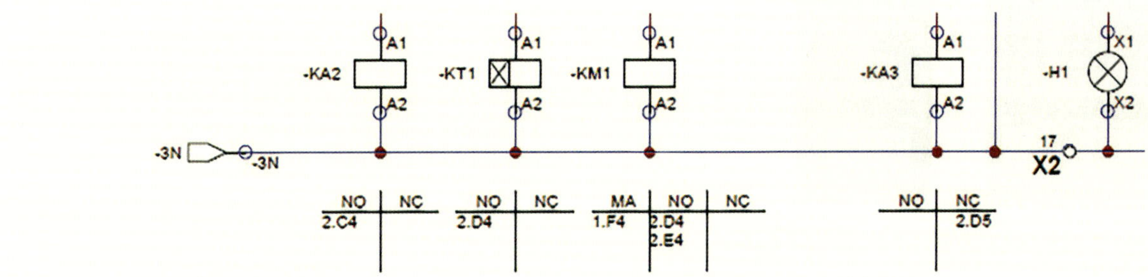

Figura 4.49. Ejemplo con referencias cruzadas en forma de tabla.

4.5. Arrancadores estáticos y variador de velocidad

En este apartado se comentan las características más importantes de 2 tipos de **arrancadores estáticos** (SIRIUS 3RW30/40 Siemens y Altistar Schneider Electric) y un variador de velocidad (Altivar 31/312 Schneider Electric). Están pensados para su uso en aplicaciones sencillas como cintas transportadoras, transportadoras de rodillos, bombas, ventiladores, compresores, agitadores, tornos, fresadoras, etcétera.

4.5.1. Arrancador electrónico SIRIUS 3RW30 Siemens

Los arrancadores suaves SIRIUS 3RW30 disponen de 2 **tiristores conectados en antiparalelo** en dos de las tres fases. Variando el ángulo de recorte o disparo de cada fase, el valor eficaz de la tensión del motor aumentará en el tiempo (rampa de aceleración) durante el arranque, desde un valor de tensión inicial ajustable hasta la tensión asignada o nominal del motor. Tras el arranque, los tiristores se puentean (modo de baipás) mediante contactos integrados en el interior.

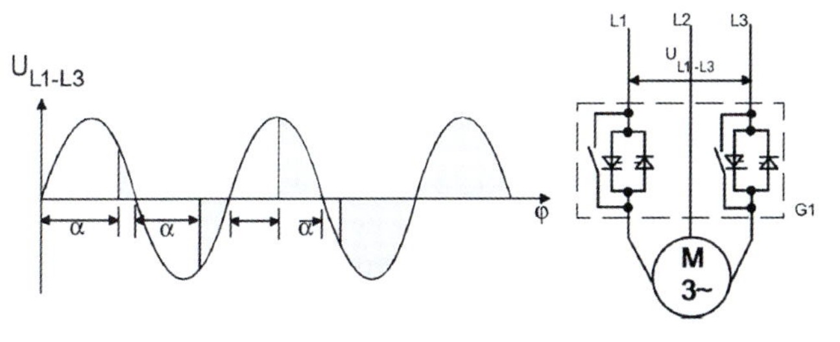

Figura 4.50. Control por recorte de fase y esquema del arrancador.

Los **arrancadores 3RW30** están disponibles en 4 tamaños, en función de la potencia del motor y su intensidad nominal (tensión nominal 400 V).

Los arrancadores suaves 3RW30 disponen de una **rampa de tensión de inicio** ajustable (del 40 al 100 % de la tensión nominal), una **rampa ascendente para el arranque** suave ajustable (0-20), una **rampa descendente para la parada** suave ajustable (0-20), **entrada de arranque 1** y **contactos auxiliares** integrados de realimentación automática.

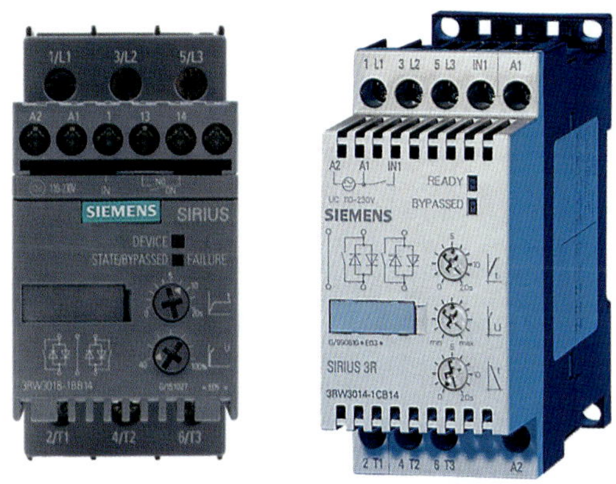

Figura 4.51. Arrancador estático SIRIUS 3RW30.

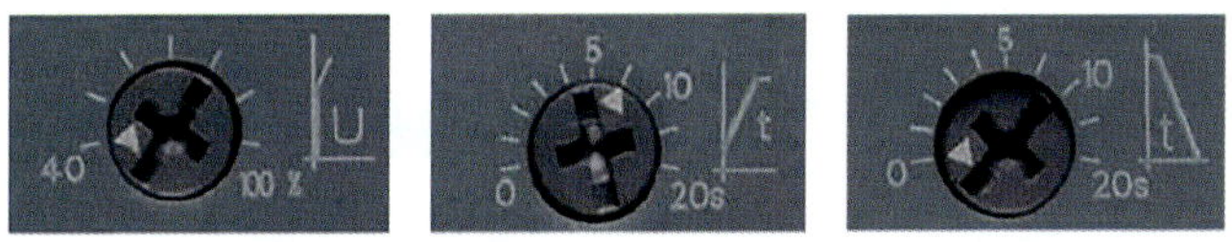

Figura 4.52. Rampas regulables de tensión inicial, tiempo de arranque y tiempo de frenado.

- **Entrada de arranque 1 (IN1)**

  La tensión de control asignada se aplica al borne A1/A2 (por ejemplo, 230 V AC). Cuando hay una señal presente en el borne 1 (IN1), el arrancador suave comienza su proceso de arranque y permanece en funcionamiento hasta que la señal se retira.

- **Contacto de realimentación 13/14 ON**

  Cuando hay una señal presente en el borne 1 (IN1), se cierra el contacto de salida libre de potencial en los bornes 13/14 (ON) y permanece cerrado mientras está en marcha el arrancador. La salida puede utilizarse para efectuar la realimentación de un contactor –KM en caso de mando por pulsadores.

Figura 4.53. Entrada de arranque y contacto de realimentación.

4.5.2. Arrancador electrónico Altistar 01 Schneider Electric

El modelo ATS01 N1 dispone de una **rampa regulable de tiempo para el arranque y otra rampa regulable para definir la tensión inicial** en el arranque. El modelo ATS01 N2 añade una **rampa de tiempo para el frenado**. La maniobra viene indicada en alterna 230 V AC por los bornes CL1 y CL2. También se puede alimentar con tensión 24 V DC entre CL1/0 y 24 V.

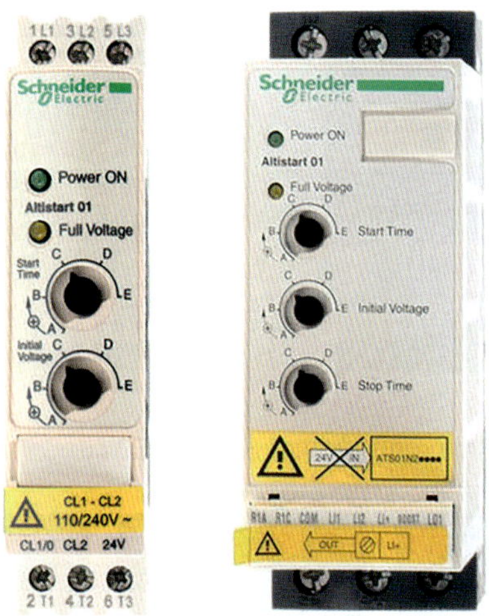

Figura 4.54. Arrancador estático Altistar ATS01 N1 y N2.

La **barra de herramientas Potencia** permite insertar en un circuito de potencia resistencias trifásicas, autotransformadores trifásicos, arrancadores electrónicos AC, variadores de velocidad AC y variadores de velocidad DC. También permite insertar el control de un arrancador AC, de un variador de velocidad AC/DC y de un motor paso a paso en el circuito de maniobra.

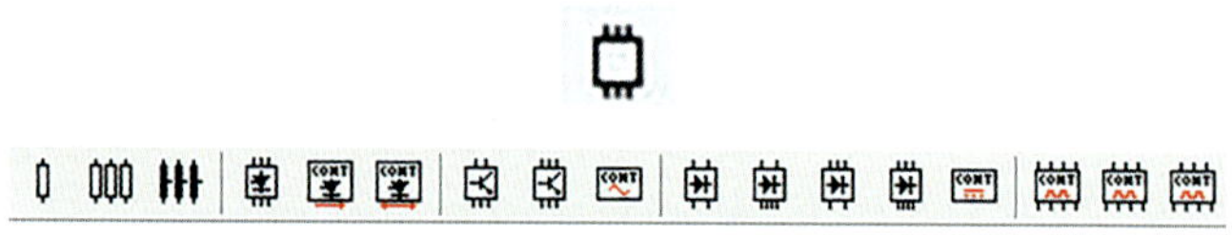

Figura 4.55. Barra de herramientas Potencia.

El símbolo de **control del arrancador AC** tiene, cuando se ejecuta la simulación, el led Ready fijo en verde al estar alimentado permanentemente desde la red y el led Run parpadeando durante el tiempo marcado de rampa de arranque definida (tensión inicial). Una vez que el arrancador ha llegado al 100 % de la tensión de red, el led Run quedará fijo en verde.

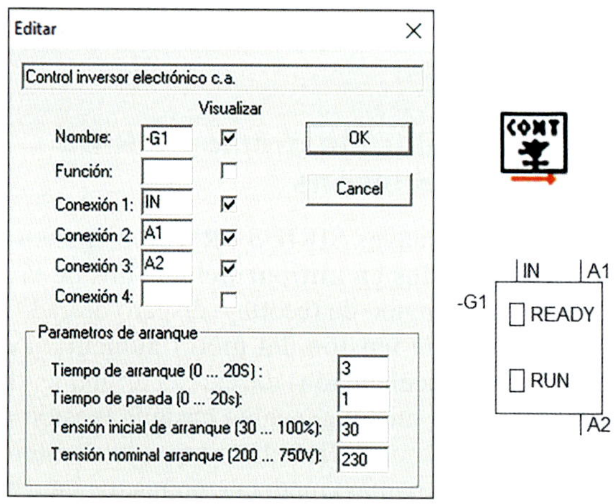

Figura 4.56. Control del arrancador electrónico AC.

Actividad resuelta 4.2

Se desea realizar el automatismo cableado para el arranque mediante un arrancador SIRIUS 3RW30 de un motor asíncrono trifásico M1 que acciona una cinta transportadora sobre la que se mueve un objeto (pulsador de marcha S2_NO). Al alcanzar el final de carrera S3_NO, se realiza una pauta de reposo temporizada de 5 s con un temporizador a la conexión KT1. La cinta debe reemprender marcha y detenerse al alcanzar el detector B1_NO inductivo a 3 hilos, PNP, 24 V DC. Como seguridades se debe considerar un pulsador de paro S1_NC y un disyuntor Q2 con sus contactos auxiliares.

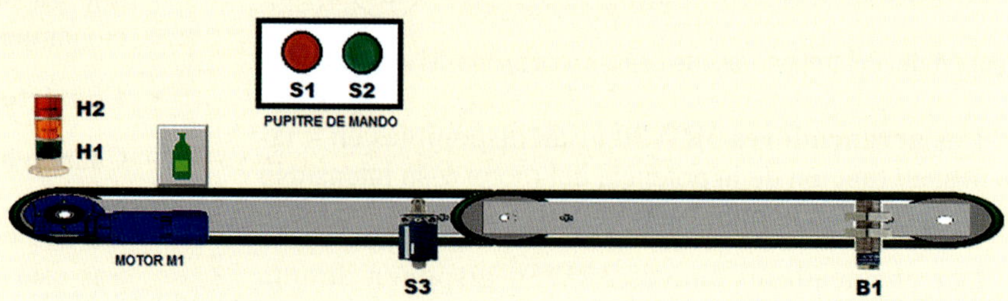

Figura 4.57. Cinta transportadora accionada mediante arrancador electrónico.

Solución:

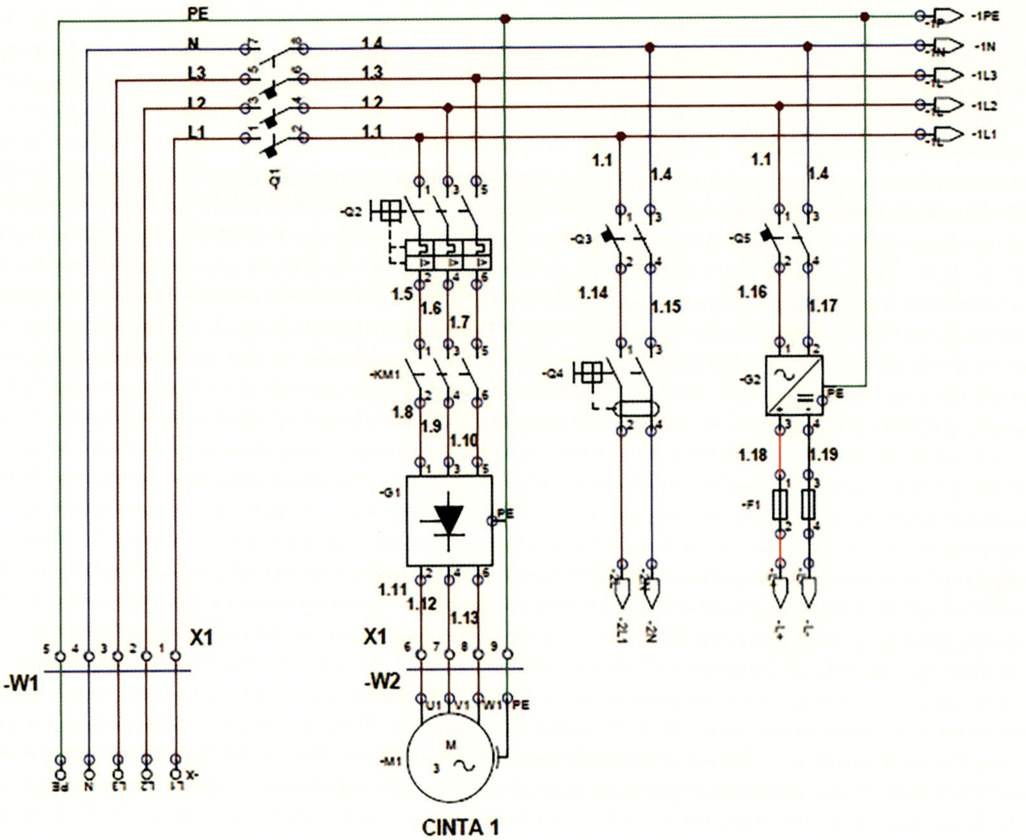

Figura 4.58. Plano del circuito de potencia con arrancador estático.

	Columna	**C4**	**C4**	**B4**	**B4**	**B4**	**D4**	**D4**	**D4**	**D4**
	Página	**1**	**1**	**1**	**1**	**1**	**1**	**1**	**1**	**1**
Conductores		**L1**	**L2**	**L3**	**N**	**PE**	**11**	**12**	**13**	**PE**
Regletero X1	**Destino 2**	**Q1:1**	**Q1:3**	**Q1:5**	**Q1:7**	**PE**	**G1:2**	**G1:4**	**G1:6**	**PE**
	N.º	**1**	**2**	**3**	**4**	**5**	**6**	**7**	**8**	**9**
		O	O	O	O	O	O	O	O	O
	Destino 1	**L1**	**L2**	**L3**	**N**	**PE**	**M1:U1**	**M1:V1**	**M1:W1**	**M1:PE**
Conductores		**L1**	**L2**	**L3**	**N**	**PE**	**11**	**12**	**13**	**PE**
Mangueras	**W1**	**1**	**2**	**3**	**4**	**5**				
	W2						**1**	**2**	**3**	**4**
	W3									

Figura 4.59. Plano del bornero X1 (arrancador estático).

	Columna	C4	C4	B4	B4	B4	D4	D4	D4	D4
	Página	1	1	1	1	1	1	1	1	1
Conductores		L1	L2	L3	N	PE	11	12	13	PE
Regletero X1	Destino 2	Q1:1	Q1:3	Q1:5	Q1:7	PE	G1:2	G1:4	G1:6	PE
	N.º	1	2	3	4	5	6	7	8	9

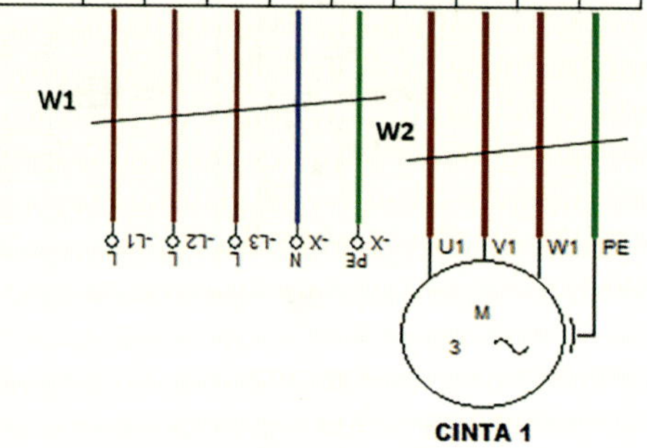

Figura 4.60. Plano con esquema de conexiones del bornero X1 (arrancador estático).

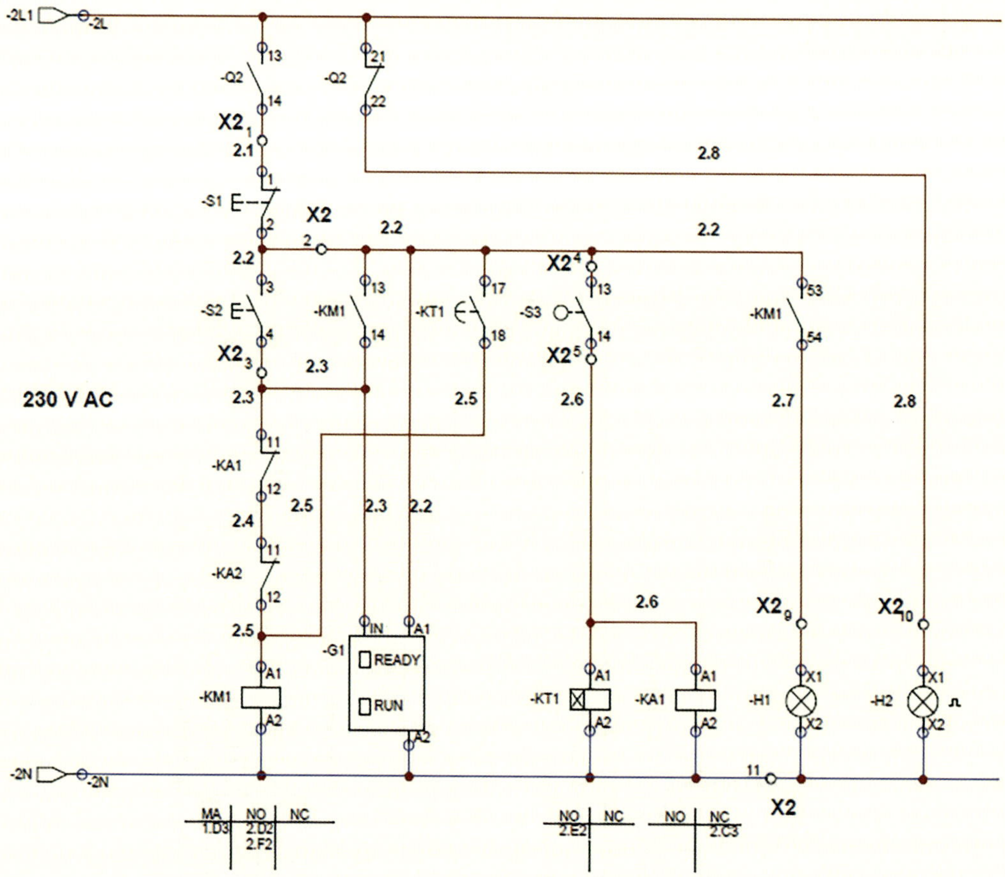

Figura 4.61. Plano del circuito de maniobra en AC (arrancador estático).

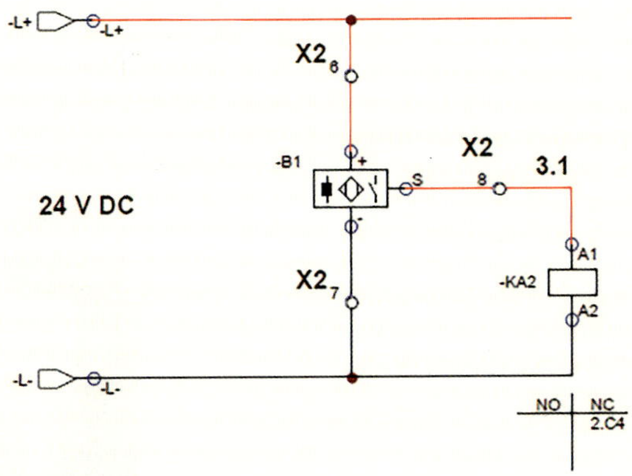

Figura 4.62. Plano del circuito de maniobra en DC (arrancador estático).

Regletero X2												
	Columna	C1	C2	C3	E2	E3	D2	D3	E3	F4	F4	F4
	Página	2	2	2	2	2	3	3	3	2	2	2
Conductores		1	2	3	2	6	L+	L-	1	7	8	2N
	Destino 2	Q2:14	KM1:13-G1:A1-KT1:17-KM1:53	KA1:11-KM1:14-G1:IN	-----	KT1:A1-KA1:A1	F1:2	F1:4	KA2:A1	KM1:54	Q2:22	Q4:4
	Nº	1	2	3	4	5	6	7	8	9	10	11
		o	o	o	o	o	o	o	o	o	o	o
	Destino 1	S1:1	S1:2-S2:3	S2:4	S3:13	S3:14	B1:BN	B1:BU	B1:BK	H1:X1	H2:X1	H1:X2-H2:X2
Conductores		1	2	3	2	6	L+	L-	1	7	8	2N

Figura 4.63. Plano del bornero X2 (arrancador estático).

Regletero X2												
	Columna	C1	C2	C3	E2	E3	D2	D3	E3	F4	F4	F4
	Página	2	2	2	2	2	3	3	3	2	2	2
Conductores		1	2	3	2	6	L+	L-	1	7	8	2N
	Destino 2	Q2:14	KM1:13-G1:A1-KT1:17-KM1:53	KA1:11-KM1:14-G1:IN	-----	KT1:A1-KA1:A1	F1:2	F1:4	KA2:A1	KM1:54	Q2:22	Q4:4
	Nº	1	2	3	4	5	6	7	8	9	10	11
		o	o	o	o	o	o	o	o	o	o	o

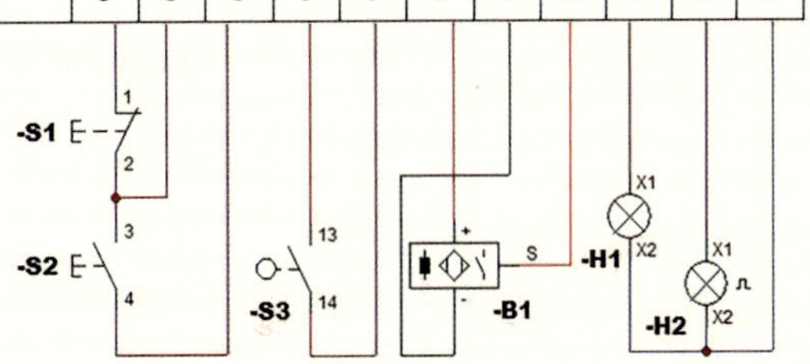

Figura 4.64. Plano con esquema de conexiones del bornero X2 (arrancador estático).

4.5.3. Variador de velocidad Altivar 31/312 Schneider Electric

Un variador de velocidad es un **dispositivo electrónico** que permite realizar la **variación de la frecuencia de alimentación** a un motor eléctrico, de forma que se consigue modificar de manera directa la velocidad de giro de motor **n,** ya que esta velocidad depende directamente del valor de frecuencia **f** de la tensión de alimentación. Los variadores de frecuencia están compuestos por **varias etapas** (etapa de rectificación, etapa de filtrado, etapa inversora y etapa de control).

Como ejemplo de equipo se utiliza un variador de frecuencia ATV 31/312, pues su estructura es muy sencilla y coincide en parte con las posibilidades de **representación y simulación** que en este campo ofrece el **programa CADeSIMU.**

Este variador dispone de un **bornero de potencia** donde conectar la alimentación monofásica o trifásica, la masa, la salida trifásica al motor y, opcionalmente, la resistencia de frenado y el bus de corriente. Nunca se debe retirar la barra de unión entre PO y PA/+.

Bornas	Función
PE	Conductor de protección.
R/L1 S/L2	Alimentación de potencia monofásica.
R/L1 S/L2 T/L3	Alimentación de potencia trifásica.
PO	Polaridad + del bus de corriente continua.
PA/+	Salida hacia la resistencia de frenado (polaridad +).
PB	Salida hacia la resistencia de frenado.
PC/–	Polaridad – del bus de corriente continua.
U/T1 V/T2 W/T3	Salidas hacia el motor.

Figura 4.65. Bornero de potencia de un variador de velocidad ATV31/312.

Este variador dispone de varios **borneros de control**. El **primer bornero**, situado en la parte inferior derecha, consta de 6 entradas lógicas digitales (LI1 hasta LI6) con las que se puede definir el sentido de giro del motor, la referencia de hasta 16 frecuencias en un control digital de velocidad, el frenado por inyección de corriente continua, el acuse de fallos, etc. En este bornero de control también se encuentra la tensión 24 V DC de la fuente interna del variador y el común de las entradas lógicas CLI.

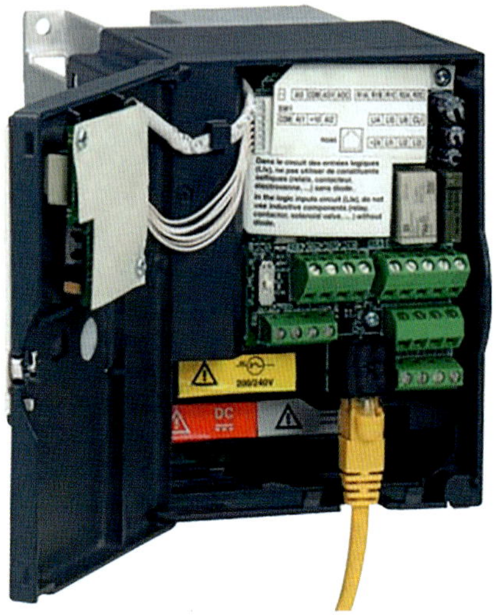

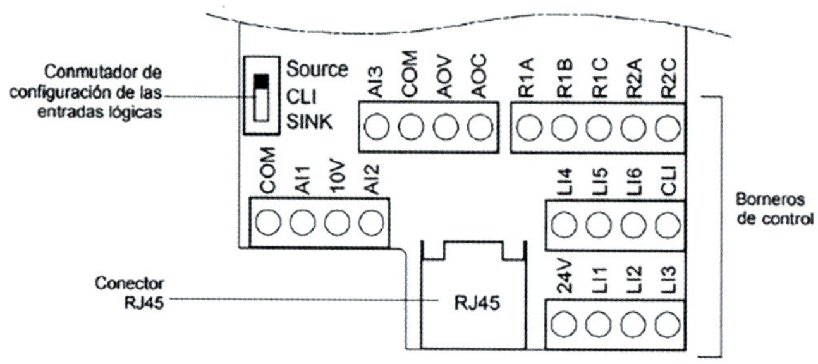

Figura 4.66. Borneros de control de un variador de velocidad ATV31/312.

El **segundo bornero**, situado en la parte inferior izquierda, consta del común de negativos COM, de la tensión 10 V DC de la fuente interna y de 2 entradas analógicas (AI1, AI2) en tensión con las que realizar un control analógico de velocidad, conectar un potenciómetro de 10 kW como referencia de frecuencia, realizar un control PID, etcétera.

El **tercer bornero**, situado en la parte superior izquierda, consta del común de negativos COM, de una entrada analógica en intensidad de corriente AI3 y de 2 salidas analógicas en tensión AOV o en intensidad de corriente AOC.

El **cuarto bornero**, situado en la parte superior derecha, consta de 2 salidas digitales que son los contactos conmutados (R1A, R1B, R1C) del relé programable R1 y el contacto de cierre (R2A, R2C) del relé programable R2.

El fabricante proporciona un esquema de cableado general, para lógica cableada, en la que se muestra las conexiones básicas para la parte de potencia y para la parte de control.

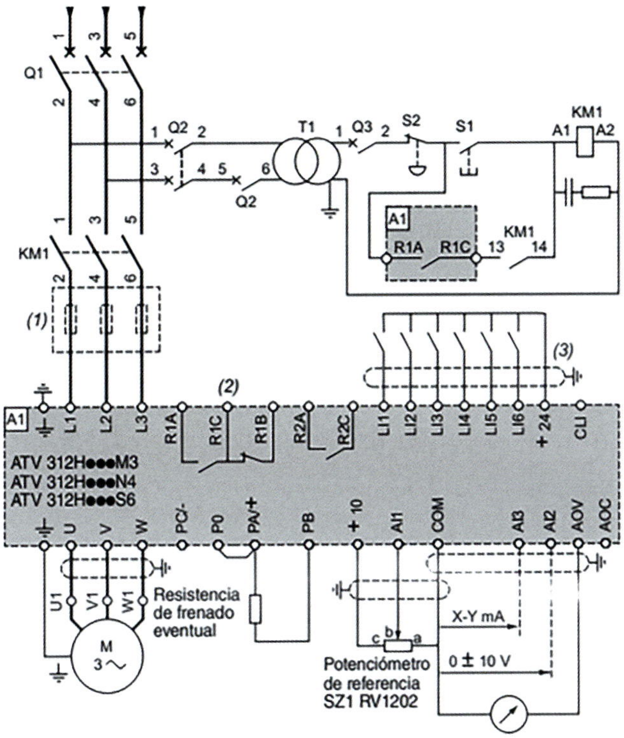

Figura 4.67. Esquema de cableado para un variador ATV31/312.

A modo de resumen, los preajustes de fábrica con los que viene por defecto el variador de velocidad ATV31/312 son:

- Frecuencia del motor (bFr): 50 Hz.
- Aplicación de par constante, con control vectorial de flujo (UFt=n).
- Modo de paro normal en rampa de deceleración, por fallo en rueda libre.
- Tiempos de rampas lineales de aceleración y deceleración (ACC, dEC): 3 s.
- Mínima velocidad (LSP): 0 Hz. Máxima velocidad (HSP): 50 Hz.
- Entradas lógicas (control a 2 hilos por transición):

  LI1 = Marcha adelante; LI2 = Marcha atrás.

  LI3, LI4 = 4 velocidades preseleccionadas.

  (velocidad 1 = consigna de velocidad o LSP, velocidad 2 = 10 Hz, velocidad 3 = 15 Hz, velocidad 4 = 20 Hz).

  LI5, LI6 = Inactivas.
- Entradas analógicas:

  AI1 = Consigna de velocidad 0-10 V.

  AI2 = Consigna sumatoria de velocidad 0±10V.

  AI3 = 4-20 mA inactiva.
- Relé R1: El contacto se abre en caso de fallo o si no hay tensión.
- Relé R2: Inactivo.
- Salida analógica AOC: 0-20 mA inactiva.

Actividad resuelta 4.3

Se desea realizar el arranque de un motor asíncrono trifásico M1 mediante un variador de velocidad ATV31/312 (alimentación trifásica, salida trifásica 400 V) con sentido de giro a derechas (entrada LI1 puenteada). Al actuar sobre el pulsador de marcha S2_NO, se realiza una pauta de reposo de 5 segundos (relé auxiliar KA1 y temporizador KT1) para arrancar la cinta transportadora y desplazar un objeto a una frecuencia preseleccionada de 18 Hz hasta que dicho objeto alcanza la posición del detector inductivo B1_NO a 3 hilos NPN 24 V DC (control digital). Desde dicha posición hasta que se realice el paro manual de la cinta actuando sobre el pulsador S1_NC, el variador de velocidad debe tener activa una frecuencia preseleccionada de 35 Hz.

Considera por defecto los valores de preajustes de fábrica para los parámetros del variador de velocidad (tiempos de rampas lineales de aceleración y deceleración de 3 segundos, control a 2 hilos en entradas lógicas, par constante, etcétera).

Se deben utilizar contactos auxiliares de relés auxiliares KA1 y KA3 para realizar la combinación adecuada de tensiones (0 = 0 V; 1 = +24 V) en las entradas lógicas LI3 y LI4. El funcionamiento del variador a cada frecuencia se debe indicar mediante pilotos de señalización 24 V DC, así como el no armado o el disparo del disyuntor guardamotor de protección del motor.

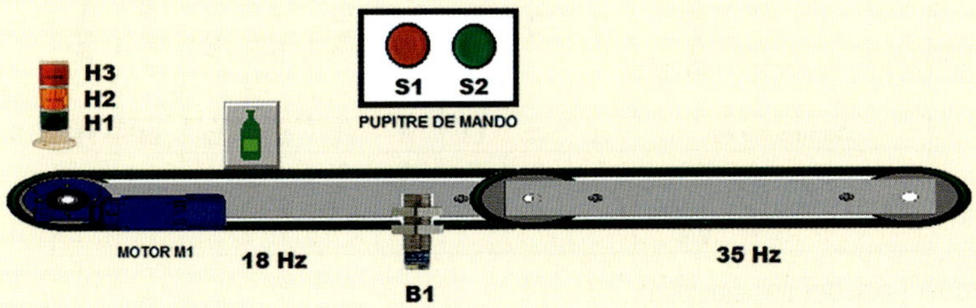

Figura 4.68. Esquema con variación de velocidad en una cinta.

Solución:

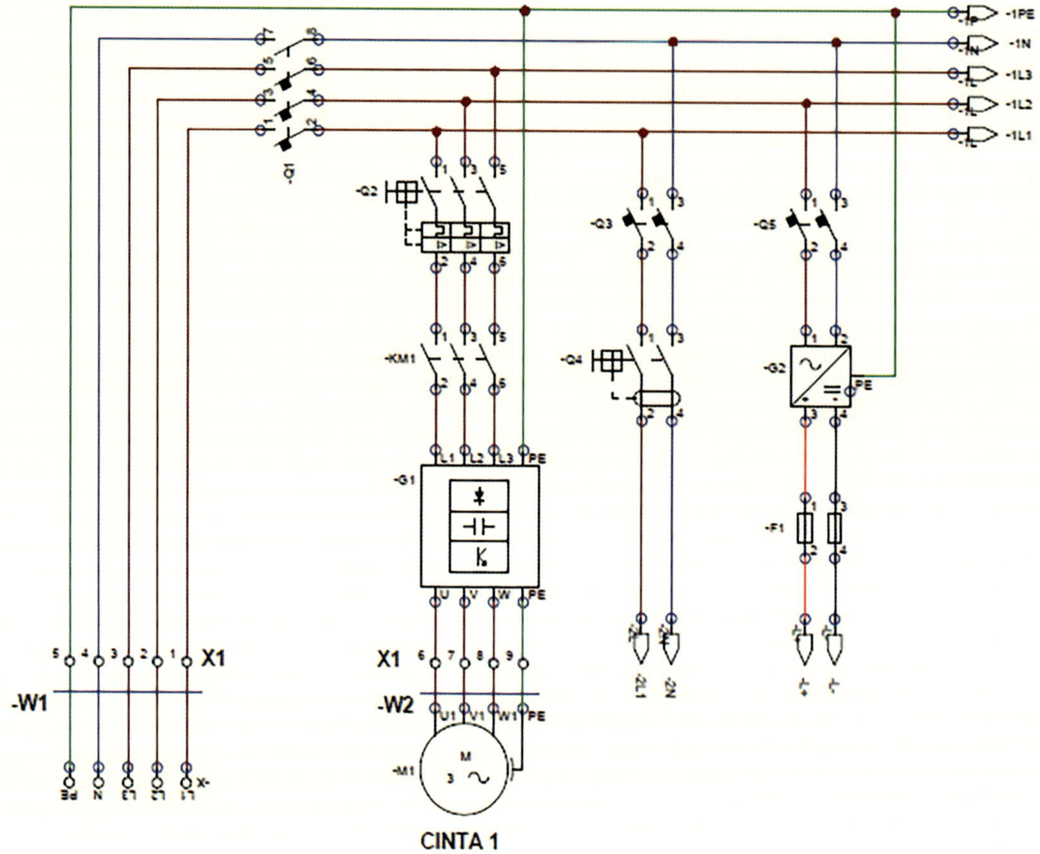

Figura 4.69. Plano del circuito de potencia con variador de velocidad.

	Columna	C4	C4	B4	B4	B4	D4	D4	D4	D4
	Página	1	1	1	1	1	1	1	1	1
Conductores		L1	L2	L3	N	PE	11	12	13	PE
Regletero X1	Destino 2	Q1:1	Q1:3	Q1:5	Q1:7	PE	G1:U	G1:V	G1:W	PE
	Nº	1	2	3	4	5	6	7	8	9
		O	O	O	O	O	O	O	O	O
	Destino 1	L1	L2	L3	N	PE	M1:U1	M1:V1	M1:W1	M1:PE
Conductores		L1	L2	L3	N	PE	11	12	13	PE
Mangueras	W1	1	2	3	4	5				
	W2						1	2	3	4
	W3									

Figura 4.70. Plano del bornero X1 (variador de velocidad).

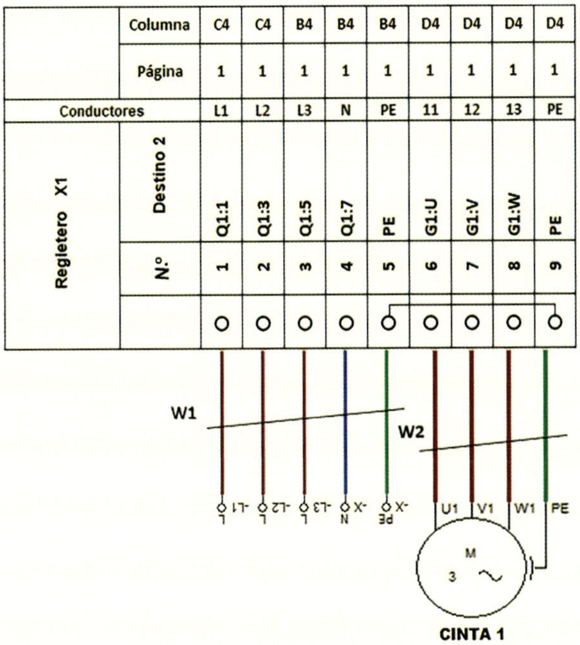

Figura 4.71. Plano con esquema de conexiones del bornero X1 (variador de velocidad).

El Plano del circuito de maniobra con alimentación en AC debe incluir el bornero de maniobra del variador (barra de herramientas de **Potencia/Control variación de velocidad AC**). Al editar el control se puede definir la **velocidad del motor,** el tipo de **entradas digitales** utilizadas (2 hilos, por ejemplo), la **frecuencia mínima y frecuencia máxima** del variador, las **velocidades preseleccionadas** en un control digital, los tiempos de las **rampas de aceleración y deceleración** y el tiempo de **frenado por inyección de corriente continua.**

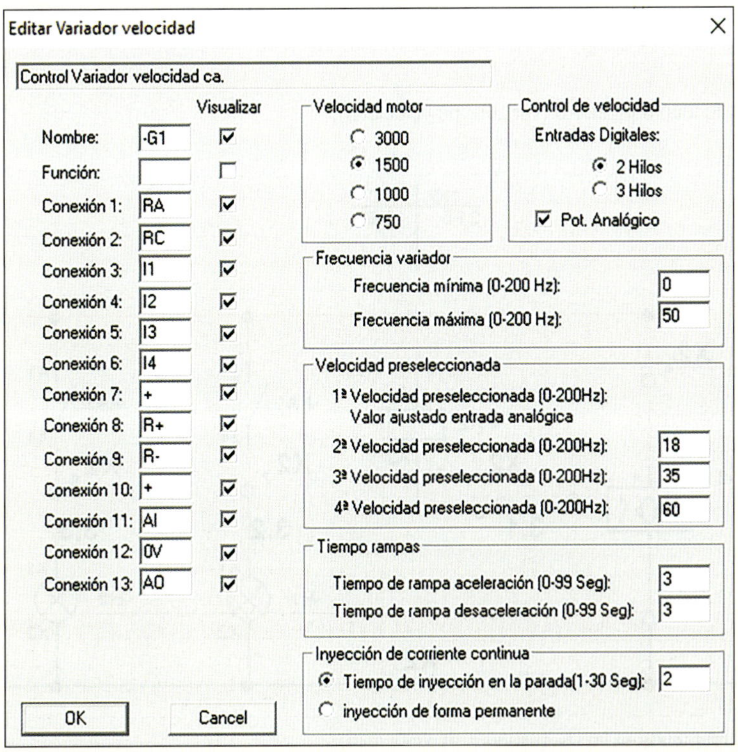

Figura 4.72. Control de variación de velocidad AC.

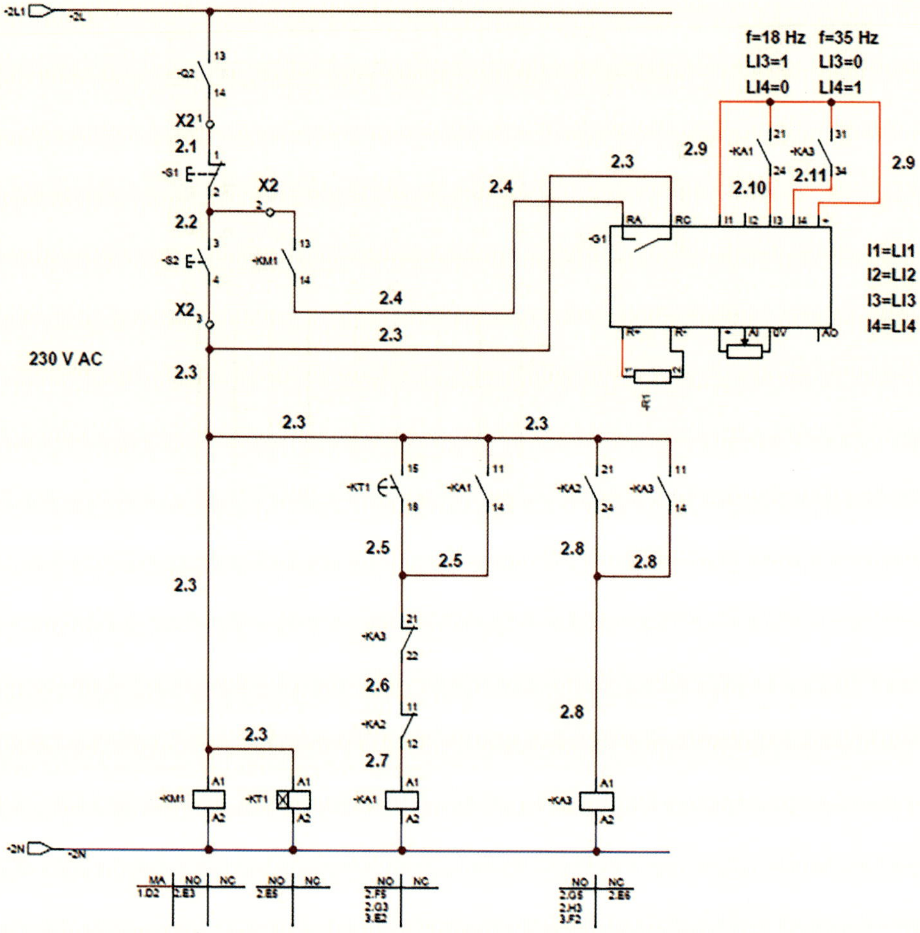

Figura 4.73. Plano del circuito de maniobra en AC (variador de velocidad).

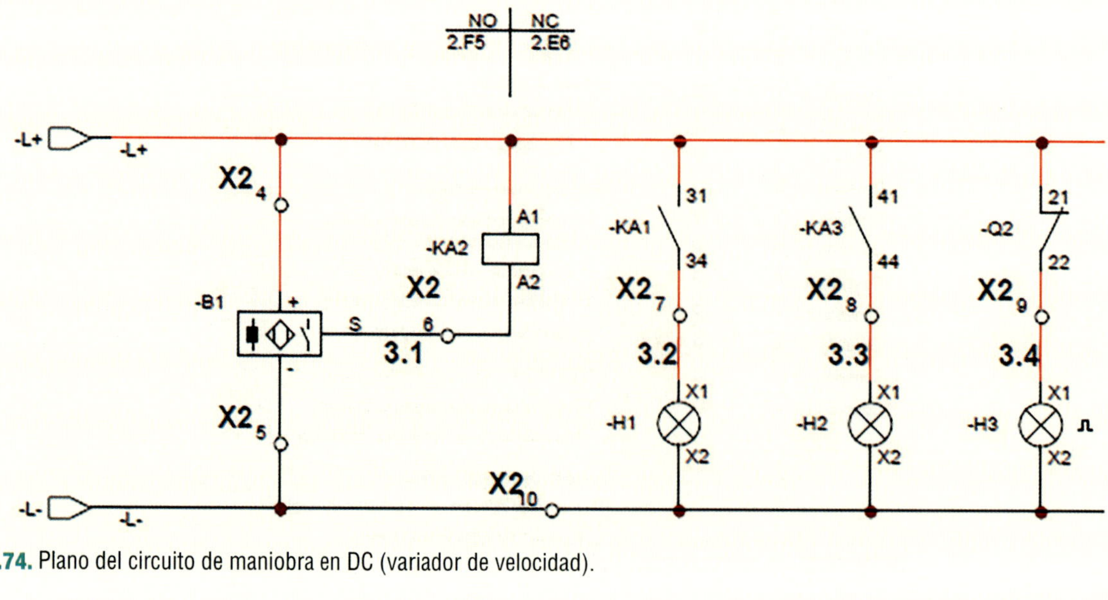

Figura 4.74. Plano del circuito de maniobra en DC (variador de velocidad).

Regletero X2

Nº	Columna	Página	Conductores	Destino 1	Destino 2
1	D2	2	1	S1:1	Q2:14
2	E3	2	2	S1:2-S2:3	KM1:13
3	D4	2	3	S2:4	KM1:A1-KT1:A1-KT1:15-KA1:11-KA2:21-KA3:11-G1:RC
4	C2	3	L+	B1:BN	F1:2
5	C3	3	L-	B1:BU	F1:4
6	D3	3	1	B1:BK	KA2:A2
7	E3	3	2	H1:X1	KA1:34
8	F3	3	3	H2:X1	KA3:44
9	F3	3	4	H3:X1	Q2:22
10	D3	3	L-	H1:X2-H2:X2-H3:X2	----

Figura 4.75. Plano del bornero X2 (variador de velocidad).

Regletero X2

Nº	Columna	Página	Conductores	Destino 2
1	D2	2	1	Q2:14
2	E3	2	2	KM1:13
3	D4	2	3	KM1:A1-KT1:A1-KT1:15-KA1:11-KA2:21-KA3:11-G1:RC
4	C2	3	L+	F1:2
5	C3	3	L-	F1:4
6	D3	3	1	KA2:A2
7	E3	3	2	KA1:34
8	F3	3	3	KA3:44
9	F3	3	4	Q2:22
10	D3	3	L-	—

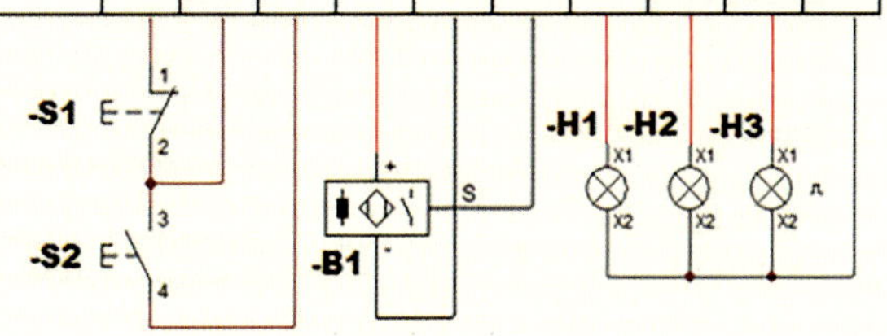

Figura 4.76. Plano con esquema de conexiones del bornero X2 (variador de velocidad).

4.6. Diseño de circuitos electroneumáticos

El programa de diseño y simulación CADeSIMU tiene una **barra de herramientas Actuadores neumáticos** que permite integran diferentes elementos neumáticos como actuadores de simple efecto, actuadores de doble efecto, actuadores sin vástago, actuadores sin vástago magnético, actuador de giro, pinzas de simple y doble efecto, ventosas y motores neumáticos.

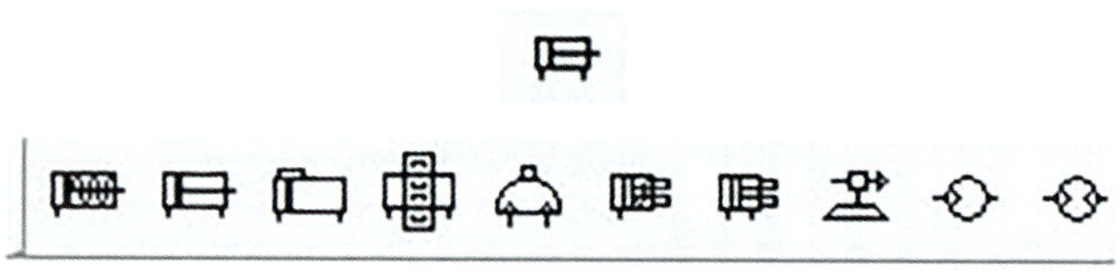

Figura 4.77. Barra de herramientas Actuadores neumáticos.

4.6.1. Actuadores y pinzas de simple efecto

Los **actuadores o cilindros de simple efecto** disponen de un menú Editar (doble clic sobre ellos), donde se pueden seleccionar entre 3 electroválvulas (por ejemplo, una **3/2 NC monoestable con retorno por muelle**), dos reguladores unidireccionales de velocidad para definir el porcentaje de velocidad para expandir y para contraer el vástago del cilindro (por defecto, ambas son del 50 %) y detectores magnéticos o finales de carrera para conocer la posición del pistón contraído, del pistón expandido y del pistón a mitad de recorrido.

De igual forma, se puede utilizar una **pinza neumática de simple efecto** con un menú Editar similar en número y tipos de electroválvulas (por ejemplo, una **3/2 biestable**), dos reguladores unidireccionales de velocidad para definir el porcentaje de velocidad para abrir o cerrar pinza y detectores magnéticos o finales de carrera para conocer si la pinza está abierta o cerrada.

Para gobernar las electroválvulas utilizadas en los **actuadores y pinzas de simple efecto** se requiere el diseño de un circuito cableado con relés auxiliares y detectores con alimentación en DC/AC. El ejemplo más sencillo sería el **mando directo de un actuador o cilindro de simple efecto** mediante una electroválvula 3/2 NC monoestable, de forma que al accionar el pulsador de mando S1_NO el vástago del cilindro sale rápidamente (velocidad de avance del

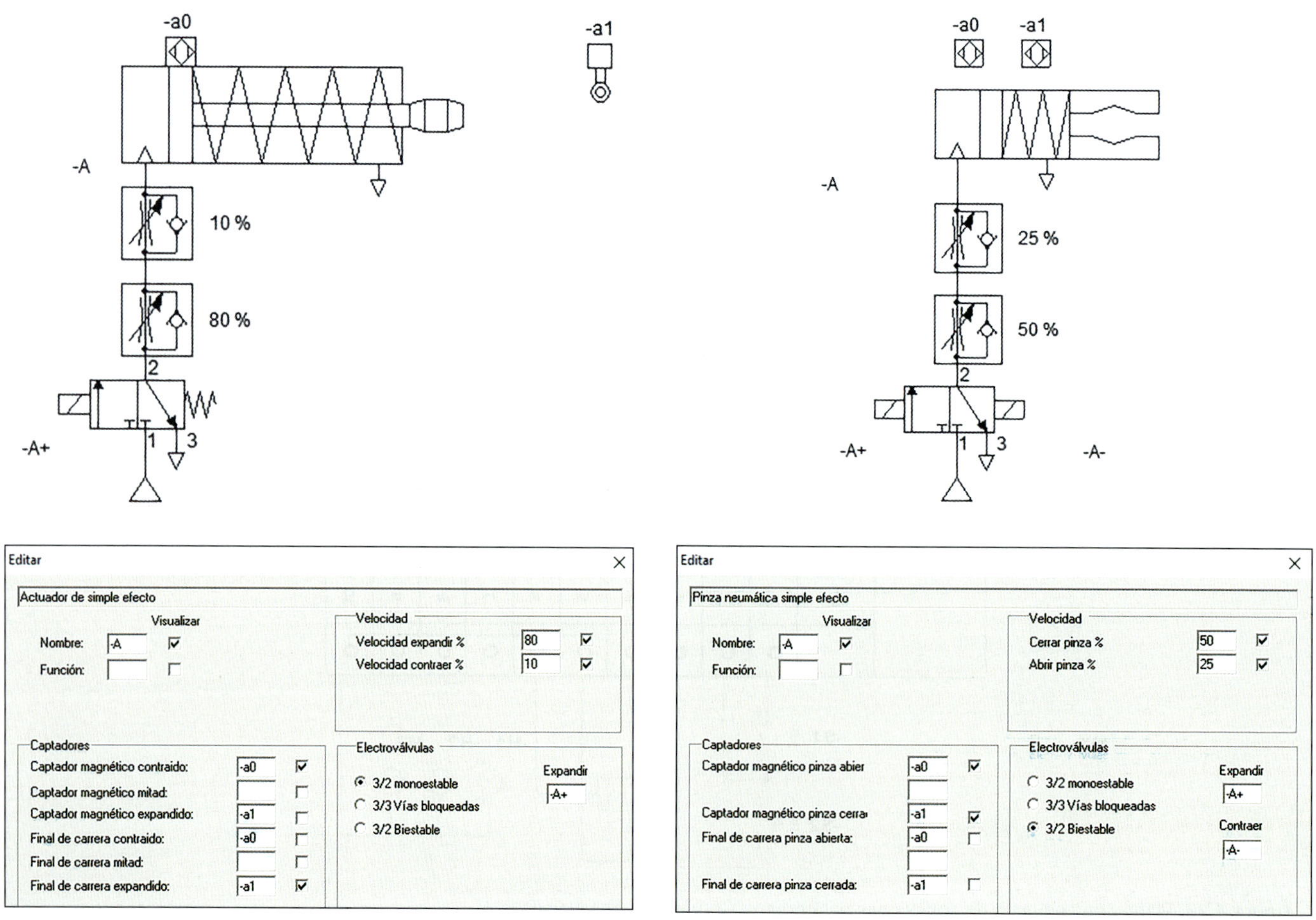

Figura 4.78. Edición de un actuador/pinza neumática de simple efecto.

80 %) y expulsa, por ejemplo, piezas defectuosas de una cinta transportadora. Cuando se suelte el pulsador de mando S1_NO, el cilindro deberá retroceder lentamente (velocidad de avance del 10 %). El esquema se puede modificar añadiendo un relé auxiliar KA1 (bobina y contacto auxiliar NO) para realizar el **mando indirecto**.

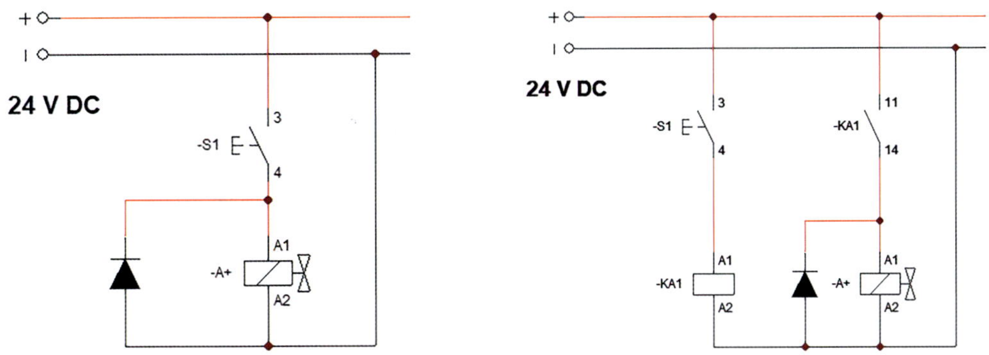

Figura 4.79. Mando directo/indirecto de un actuador de simple efecto por pulsador.

Actividad resuelta 4.4

Se desea realizar el esquema de **mando semiautomático**, mediante un pulsador S1_NO, de un actuador de simple efecto gobernado por una electroválvula 3/2 monoestable, realimentación y detector magnético a1 2 hilos NC (vástago del pistón extendido).

Solución:

En este esquema se realimenta el pulsador S1_NO a través de un contacto auxiliar del relé KA1, de forma que el pistón sigue avanzado al soltar S1_NO (avance de carrera). Cuando el pistón llegue a su posición final (vástago del pistón extendido), el contacto NC del detector magnético a1 cambiará de estado y quitará la alimentación a la bobina del relé KA1. Por tanto, el pistón retrocederá por muelle hasta la posición inicial (vástago del pistón contraído).

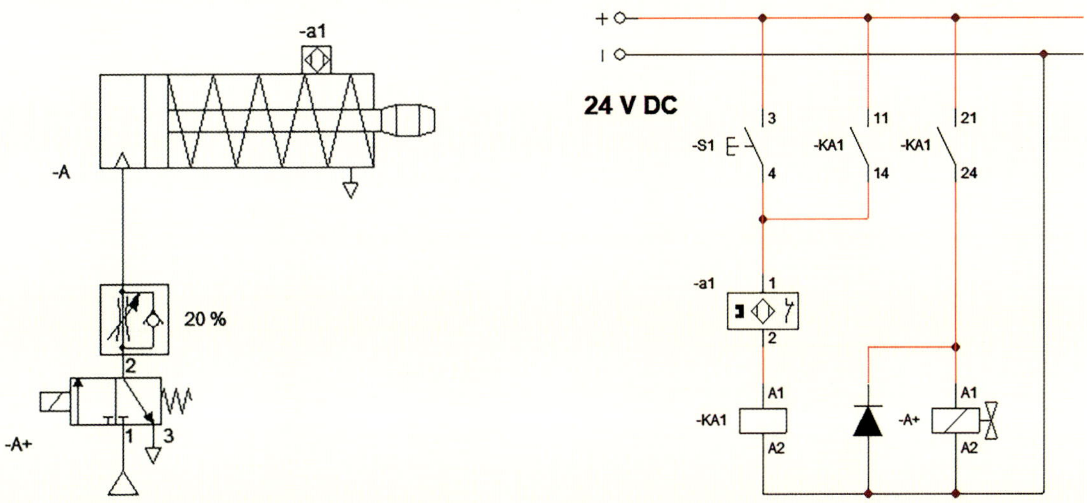

Figura 4.80. Mando semiautomático de un cilindro de simple efecto por pulsador.

Actividad resuelta 4.5

Se desea realizar el esquema de **mando indirecto para un ciclo continuo**, mediante un interruptor S1, de un actuador de simple efecto gobernado por una electroválvula 3/2 monoestable con final de carrera a1 NC (vástago del pistón extendido).

Solución:

En este esquema se utiliza el interruptor S1 para realizar el mando indirecto del cilindro de simple efecto (electroválvula). Cuando el pistón llegue a la posición final (vástago extendido), el contacto NC del final de carrera en serie con la bobina KA1 provocará que el pistón retroceda (avance de retroceso) hasta la posición inicial (vástago retraído). El ciclo del cilindro será continuo mientras el interruptor esté cerrado y se detendrá al abrirlo.

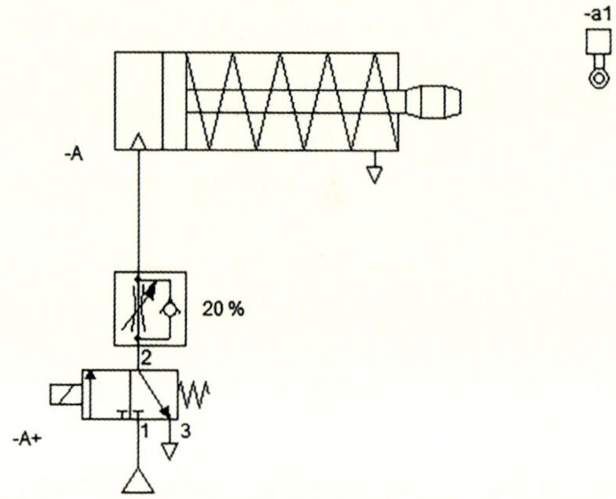

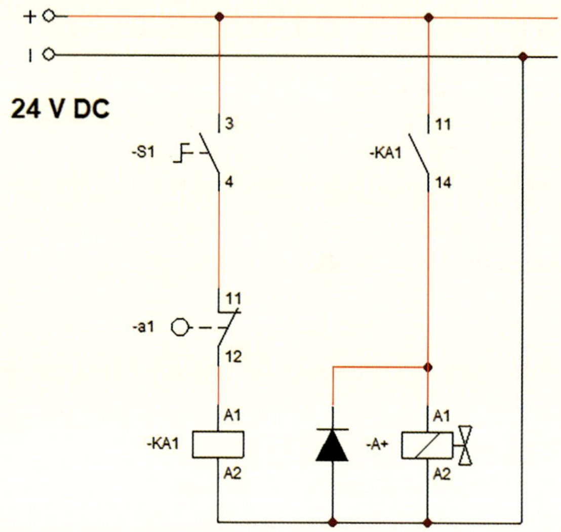

Figura 4.81. Ciclo continuo de un cilindro de simple efecto (interruptor).

Actividad resuelta 4.6

Se desea realizar el esquema de **mando indirecto para un ciclo continuo**, mediante un interruptor S1, de una pinza neumática de simple efecto gobernada por una electroválvula 3/2 monoestable con un detector magnético a1 NO 2 hilos (pinza cerrada de forma muy lenta). La apertura de la pinza se temporizará a la conexión mediante un temporizador KT1 (pauta de reposo de 2 segundos).

Solución:

En este esquema se utiliza el interruptor S1 para realizar el mando indirecto de una pinza neumática de simple efecto (electroválvula A+). Cuando el actuador llegue a la posición final (pinza cerrada), el contacto NO del detector magnético a1 alimentará a la bobina del temporizador KT1 para que, transcurridos 2 segundos, se abra el contacto temporizado 15-16 de KT1 quitándole tensión a la bobina del relé auxiliar KA1 y provocando que comience la apertura de la pinza neumática. El ciclo de la pinza será continuo mientras el interruptor esté cerrado y se detendrá al abrirlo.

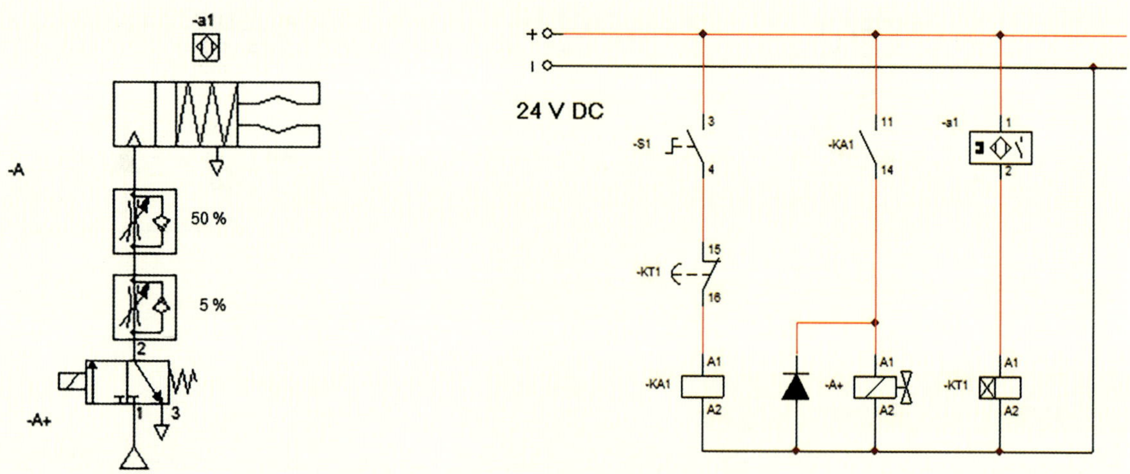

Figura 4.82. Ciclo continuo de una pinza neumática de simple efecto con retroceso temporizado.

4.6.2. Actuadores de doble efecto

Los **actuadores de doble efecto (con vástago, sin vástago, sin vástago magnético)** disponen de un menú Editar donde se puede elegir hasta 7 electroválvulas diferentes (por ejemplo, 5/2 biestable, 4/2 biestable, 5/3 de vías bloqueadas, 5/2 monoestable, etc.), dos reguladores unidireccionales de velocidad y detectores magnéticos o finales de carrera para conocer la posición contraída, expandido y a mitad de recorrido. No se pueden utilizar en el programa electroválvulas 3/2 NC monoestables.

De igual forma, se pueden utilizar **actuadores de giro y pinzas neumáticas de doble efecto** con un menú Editar similar en número y tipos de electroválvulas a los actuadores anteriores.

Para gobernar los diferentes actuadores de doble efecto con las electroválvulas elegidas se requiere el diseño de un circuito cableado con relés auxiliares y detectores con alimentación en DC/AC. El ejemplo más sencillo sería el **mando directo de un actuador con vástago de doble efecto** mediante una **electroválvula 5/2 monoestable**, de forma que al mantener presionado el pulsador de marcha S1_NO el vástago del cilindro salga rápidamente (por ejemplo, con un regulador unidireccional al 80 %) abriendo, por ejemplo, una compuerta de llenado o deslizando

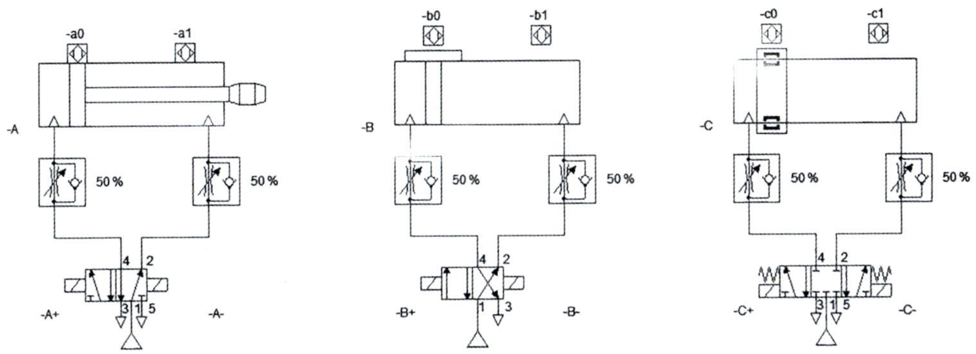

Figura 4.83. Tipos de actuadores de doble efecto.

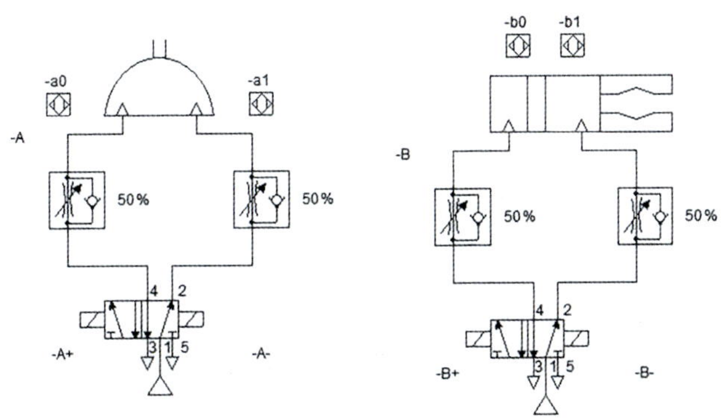

Figura 4.84. Actuador de giro y pinza neumática de doble efecto.

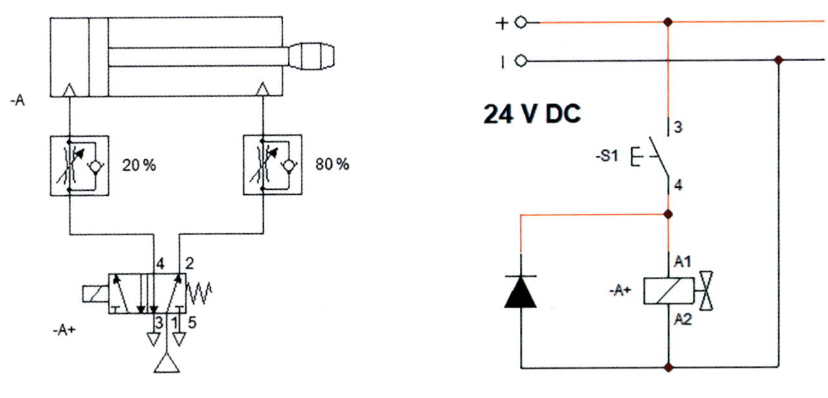

Figura 4.85. Mando directo (actuador con vástago de doble efecto, 5/2 monoestable).

un patín que presione una cinta adhesiva sobre una caja de cartón. Cuando se suelte el pulsador de marcha S1_NO, el actuador con vástago deberá retroceder lentamente (por ejemplo, con un regulador unidireccional al 20 %) hasta su posición inicial (retorno por muelle).

El **mando directo** también se puede realizar mediante una **electroválvula 5/2 biestable** y 2 pulsadores NO (S1 para el avance del actuador sin vástago A+ y S2 para el retroceso del actuador sin vástago A–). Al ser biestable, si se deja de pulsar S1_NO el actuador sin vástago permanece en su posición final hasta que se pulse S2_NO lo que permite llevar al actuador sin vástago hasta la posición inicial.

Como en el apartado anterior, es posible realizar el **mando indirecto** de actuadores de doble efecto mediante relés auxiliares –KA cuyos contactos NO permiten alimentar las electroválvulas biestables A+ y A–.

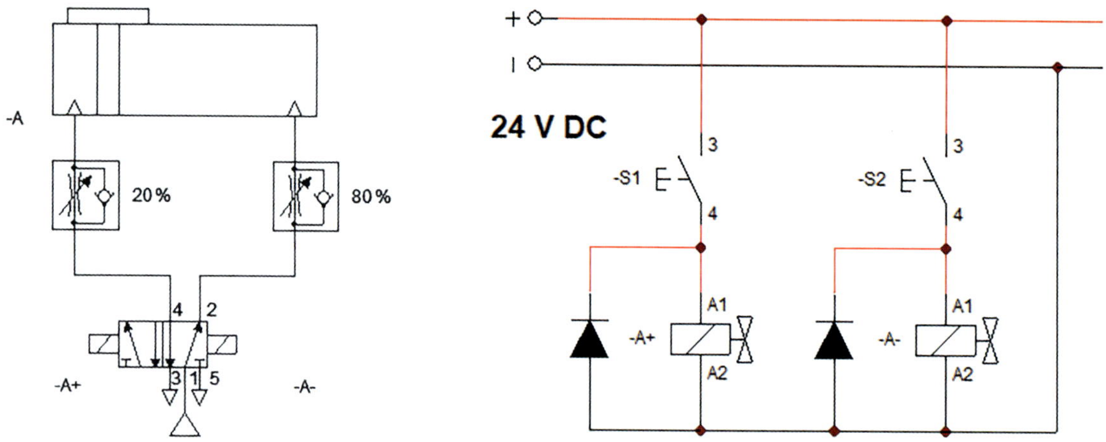

Figura 4.86. Mando directo (actuador sin vástago de doble efecto, 5/2 biestable).

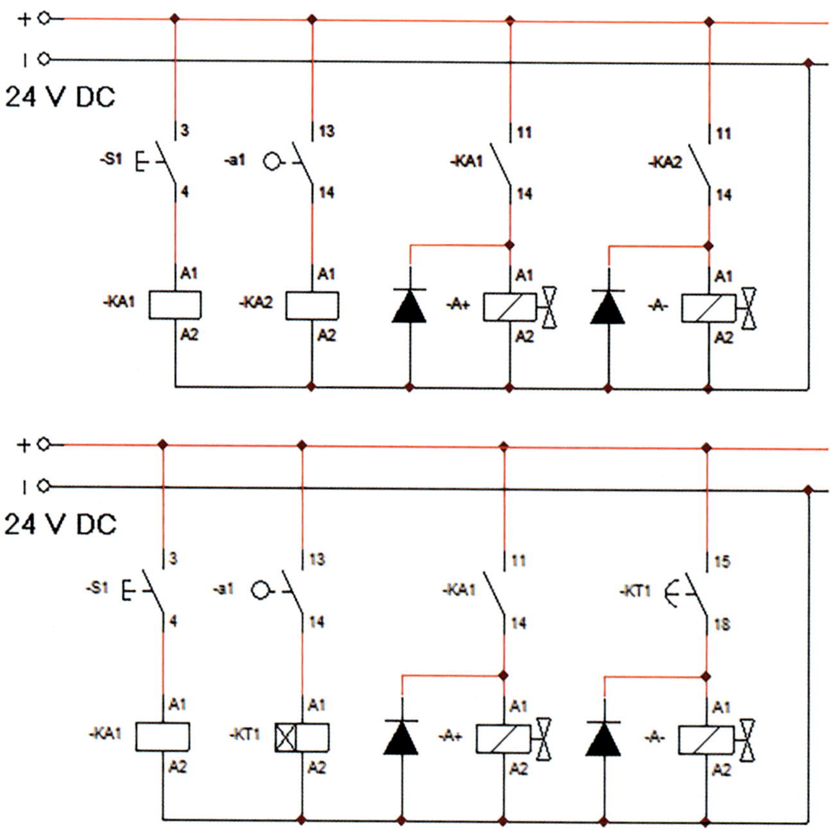

Figura 4.87. Mando indirecto (actuador de doble efecto, 5/2 biestable).

Actividad resuelta 4.7

Se desea realizar el esquema de mando indirecto, mediante un pulsador S1_NO, de un actuador de giro de doble efecto y detectores magnéticos 3 hilos PNP NO, 24 V DC a0 (posición inicial) y a1 (posición final). La vuelta a la posición inicial se debe temporizar a la conexión mediante un temporizador KT1 (pauta de reposo de 2 segundos). Se debe utilizar una electroválvula 5/2 biestable.

Solución:

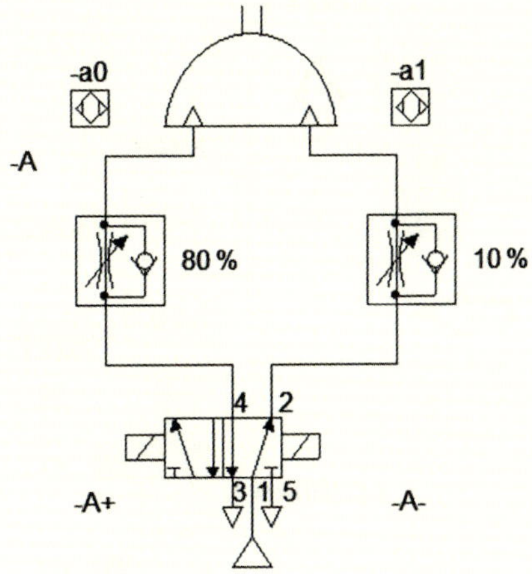

Figura 4.88. Esquema electroneumático.

Con el actuador de giro en posición inicial (detector a0), al presionar el pulsador de marcha S1_NO se activará de forma indirecta la electroválvula A+ mediante el relé auxiliar KA1 y comenzará a girar de forma lenta (velocidad al expandir del 10 %). Cuando el actuador de giro alcance la posición final (detector a1) se alimentará la bobina del temporizador KT1 de forma que, transcurridos 2 segundos, se deberá cerrar el contacto auxiliar NO temporizado para alimentar la electroválvula A– y que el actuador de giro recupere de forma rápida su posición inicial (velocidad al contraer del 80 %).

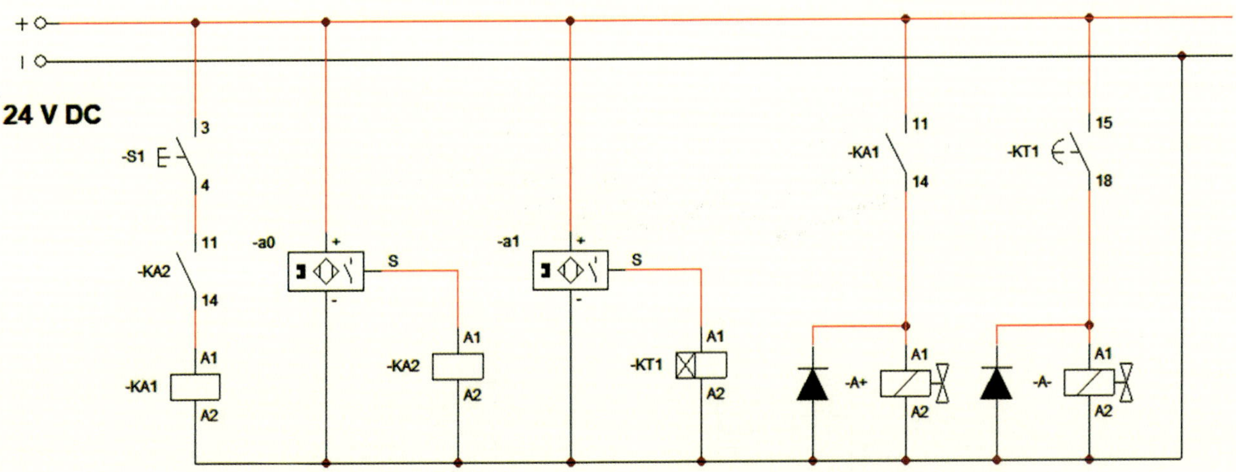

Figura 4.89. Mando indirecto con temporización y detectores (actuador de giro de doble efecto, 5/2 biestable).

Actividad resuelta 4.8

Se desea realizar el esquema de mando electroneumático de un sistema de transvase de cajas desde la cinta transportadora 1 hasta la cinta transportadora 2. Para ello se dispone de un cilindro de doble efecto (cilindro A), con electroválvula 5/2 biestable y detectores magnéticos NO a0 (pistón retraído) y a1 (pistón extendido), y un cilindro de simple efecto (cilindro B) con electroválvula 5/2 monoestable y detectores magnéticos NO b0 (pistón retraído) y b1 (pistón extendido).

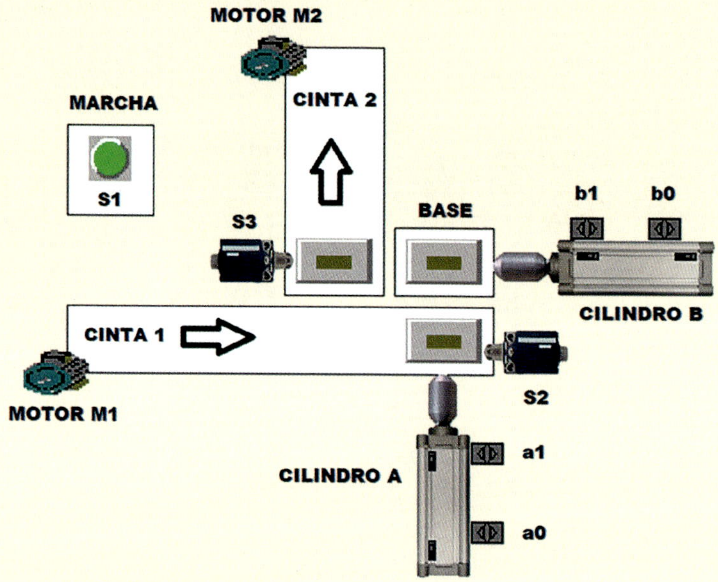

Figura 4.90. Sistema de trasvase de cajas entre cintas transportadoras.

La secuencia se debe iniciar con la caja situada en el final de carrera S2_NO (final de la cinta 1). En esa posición, al actuar sobre el pulsador S1_NO, el cilindro A (en su posición inicial retraído) debe extender su vástago (avance A+) para desplazar la caja a la base. Cuando se alcance la posición de vástago expandido (detector a1), se debe producir el avance del cilindro B (B+) desde su posición inicial (detector b0). Esta acción trasvasará la caja a la cinta 2 y alcanzará la posición marcada por el final de carrera S3_NO. En este momento (detector b1), el cilindro A iniciará su retroceso (A–) hasta alcanzar la posición de inicio. El retroceso del cilindro B (B–) hasta su posición inicial está temporizado con un temporizador a la conexión KT1 (pauta de reposo) y se realizará 2 segundos después.

Secuencia: A+, B+, A– y, tras 2 segundos, B–.

Solución:

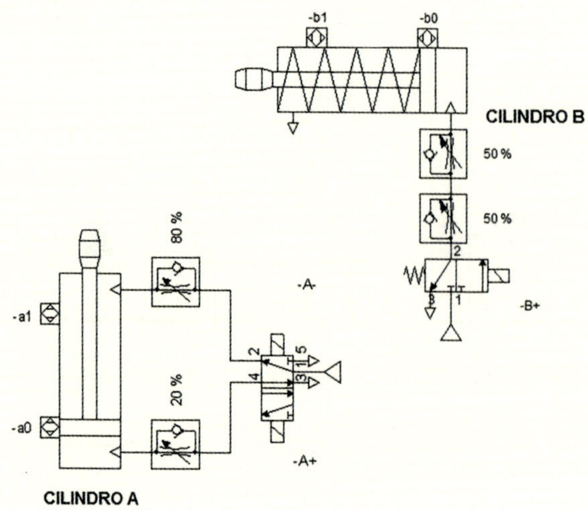

Figura 4.91. Esquema electroneumático para el trasvase de cajas entre cintas.

Con el vástago del cilindro A en posición inicial (detector a0) y la caja en posición (final de carrera S2_NO), al accionar el pulsador de marcha S1_NO se activa indirectamente la electroválvula A+ (relé auxiliar KA1) permitiendo la salida del vástago hasta alcanzar la posición a1 (vástago extendido). En esta posición, con el vástago del cilindro B en posición inicial (detector b0), se activa indirectamente y de forma realimentada la electroválvula B+ (relé auxiliar KA3). Cuando se realiza la carrera de avance en el cilindro B (posición b1 con el vástago extendido) y la caja alcanza la posición del final de carrera S3_NO, se alimenta la bobina del relé auxiliar KA2.

Mediante contactos auxiliares de KA2, se activa la electroválvula A– para que retroceda el vástago del cilindro A y se activa la bobina de un temporizador KT1 a la conexión. Al transcurrir el tiempo marcado por KT1, el contacto NC temporizado de KT1 quitará la tensión a la bobina del relé auxiliar KA3 lo que provocará que se realice el retorno por muelle del cilindro B (retroceso B–).

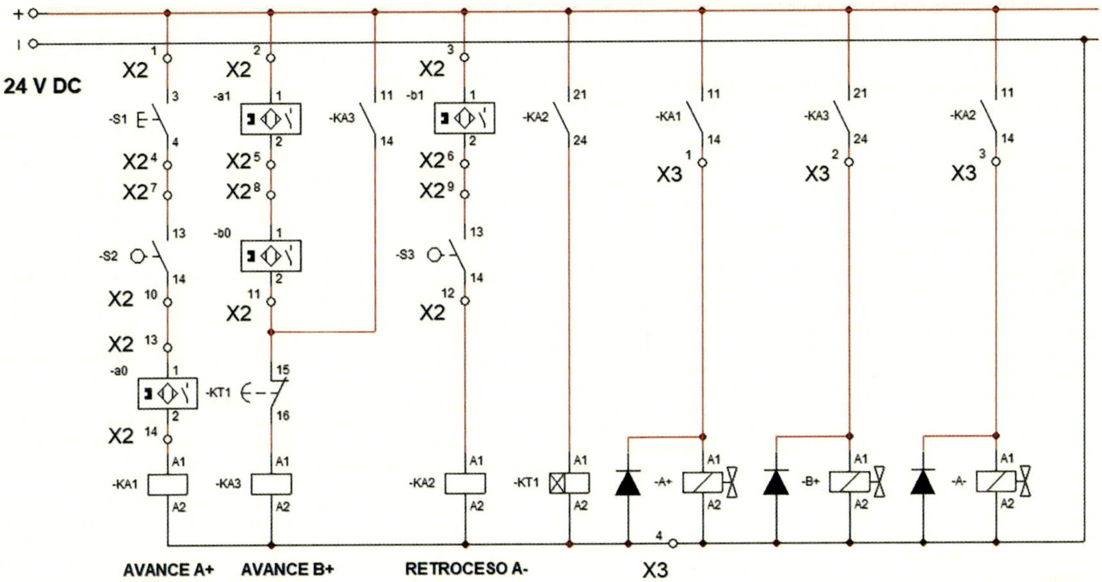

Figura 4.92. Esquema de maniobra para la secuencia indicada con borneros X2 y X3.

4.7. Diseño del esquema de cableado de un autómata

El programa CADeSIMU, en su versión inicial, podía utilizarse para construir **plantillas de cableado** para autómatas convencionales (**formados por la CPU y/o módulos de ampliación de entradas/salidas digitales/analógicas**) en las que representar esquemas de cableados de entradas/salidas de un proceso industrial automatizado con PLC. A modo de ejemplo, se presentan plantillas realizadas para un autómata LOGO! OBA7 24 RCE más módulo de 2 salidas analógicas AM2 AQ (en tensión o en intensidad), un autómata S7-1200 formado por una CPU S7-1214C AC/DC/RLY más un módulo de señal SB 1232 (salida analógica) o para los borneros X11 y X12 de una CPU 314C.

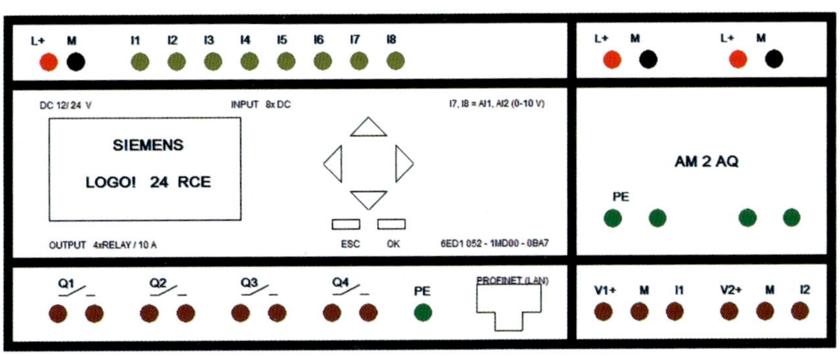

Figura 4.93. Plantilla creada para módulo LOGO! 0BA7 y módulo AM2 AQ.

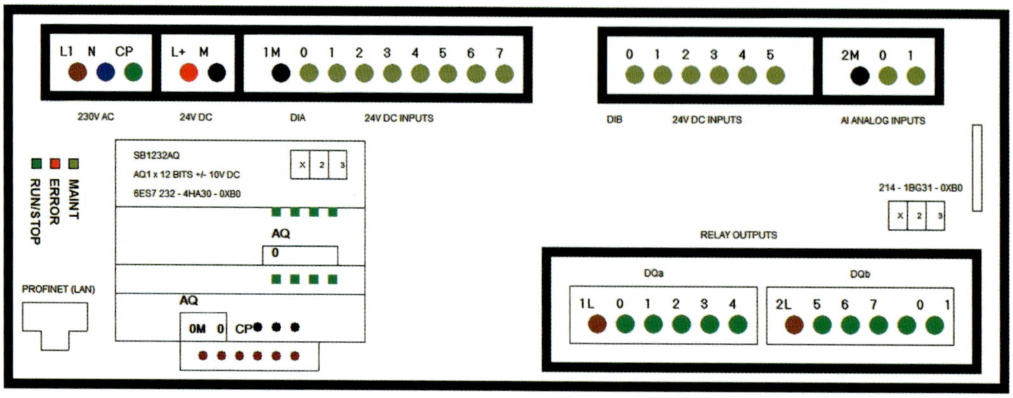

Figura 4.94. Plantilla creada para autómata S7-1200.

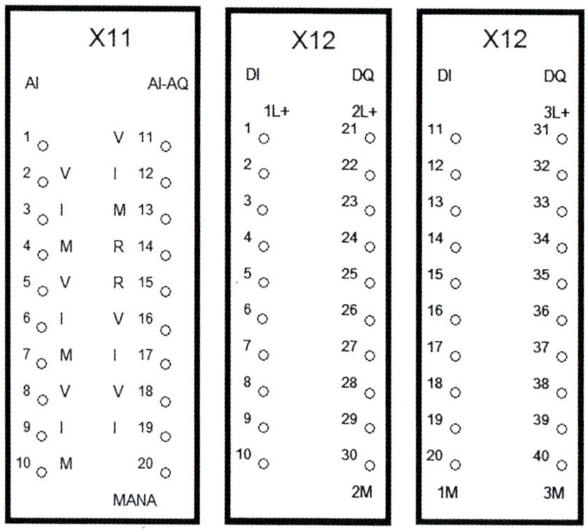

Figura 4.95. Plantilla creada para autómata S7-300 (CPU 314C).

Actividad resuelta 4.9

Se desea automatizar mediante un autómata S7-300 (CPU 314C 2PN-DP) la ampliación de una red de agua para riego. La instalación de bombeo consta de 3 bombas en paralelo de diferente caudal nominal e idéntica altura manométrica. Las bombas B1 y B2 tienen un caudal nominal Q1 de 100 l/min, que es la mitad del caudal nominal Q2 de 200 l/min de la bomba B3.

Para llevar a cabo la regulación del caudal demandado en cada instante por los regantes, las bombas B1 y B2 son de velocidad variable y están accionadas mediante el correspondiente variador de frecuencia. La regulación de la velocidad se realiza mediante la entrada analógica en tensión 0-10 V de cada variador. La bomba B3, de velocidad fija, se debe accionar mediante un arrancador electrónico.

La aspiración del sistema de bombeo se realiza desde un depósito, cuyo nivel está controlado por un transductor de nivel por ultrasonidos con entrada analógica en intensidad 4-20 mA. El rango de medida de nivel es de 100 a 1600 mm. El sistema de bombeo funciona normalmente mientras el nivel medido en el depósito de aspiración sea mayor de 500 mm. Si el nivel medido está entre 500 y 300 mm, solo se puede poner en marcha la bomba B1. El sistema de bombeo no funciona si el nivel medido es inferior a 300 mm.

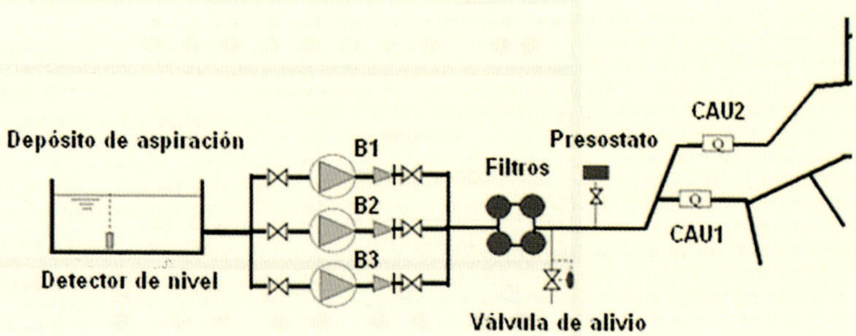

Figura 4.96. Estación de bombeo para una red de agua de riego.

La medida del caudal necesario se realiza en 2 puntos de la red mediante caudalímetros de turbina. El caudalímetro 1 (CAU1) controla el caudal demandado en el tramo original (de 0 a 180 l/min) y el caudalímetro 2 (CAU2) el caudal demandado en el tramo ampliado (de 0 a 180 l/min). Son caudalímetros con entrada analógica en el PLC de valor 4-20 mA y tiempo de respuesta de 3-4 ms.

En modo manual, al accionar el pulsador de marcha S1_NO, se debe activar la bomba B1 a través del variador de velocidad 1 y el contactor KM1 (sentido de giro a derechas en el bornero de control). Mientras el caudal necesario sea inferior a 100 l/min, solo bombea la bomba de velocidad variable B1. Al superar el caudal de 100 l/min, conectada la bomba B1 a frecuencia máxima, se debe activar la bomba B2 a través del variador de velocidad 2 y el contactor KM2 (sentido de giro a derechas en el bornero de control). Al superar el caudal de 200 l/min, se debe activar la bomba B3 a través del arrancador electrónico (bomba de velocidad fija) y el contactor KM3. Se deberá desactivar la bomba de velocidad variable B2 y activar, empezando desde la mínima frecuencia, la bomba de velocidad variable B1. Al superar el caudal de 300 l/min, conectadas la bomba B3 y la bomba B1 a frecuencia máxima, se debe activar la bomba de velocidad variable B2. Existe un pulsador de emergencia S2_NC en el cuadro eléctrico.

Se debe señalizar la marcha de cada bomba con un piloto de señalización. El disparo del relé de falta NC en la bomba B1 y en la bomba B2 y el disparo del relé térmico NC en la bomba B3 se deben señalizar con el mismo piloto de defecto parpadeando de forma intermitente.

El sistema de bombeo debe funcionar en automático para poder regar solo en los siguientes periodos de tiempo:

- De lunes a viernes: de 6:30 horas a 7:30 horas.
- Sábados y domingos: de 7:00 horas a 8:00 horas.

Solución:

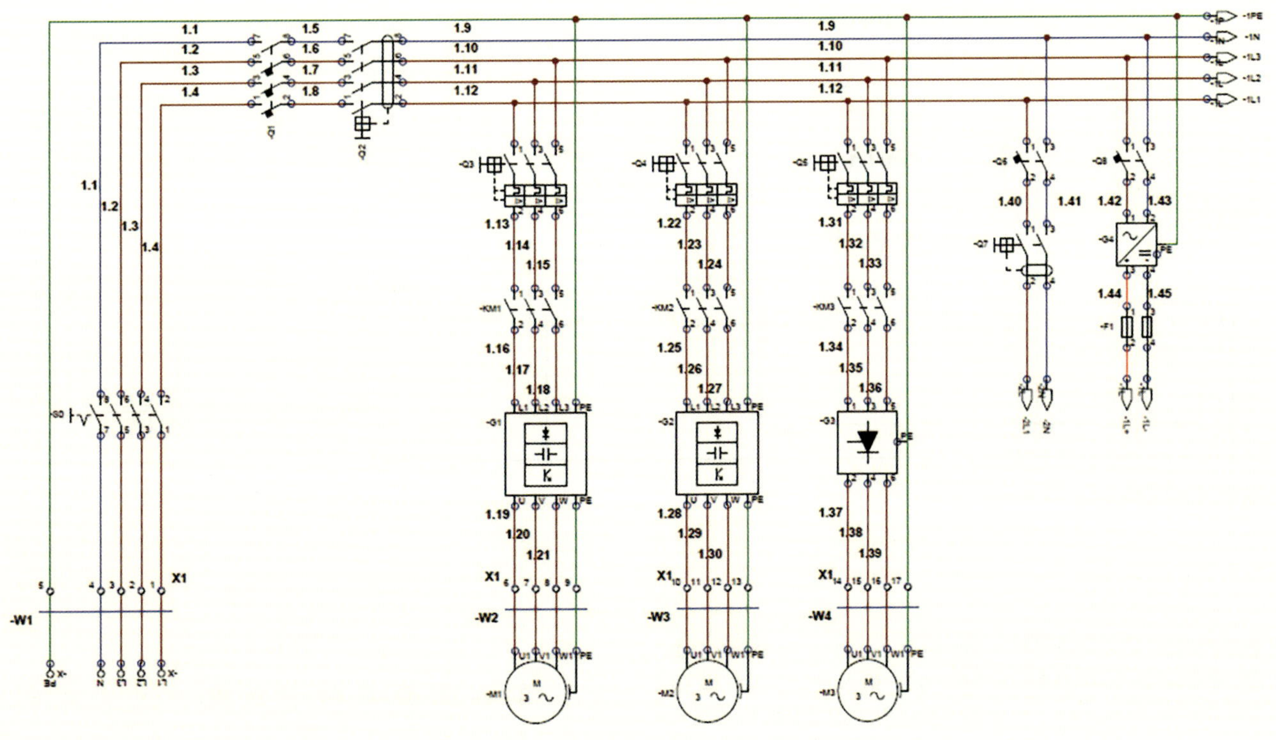

Figura 4.97. Circuito de potencia de una instalación automatizada de riego.

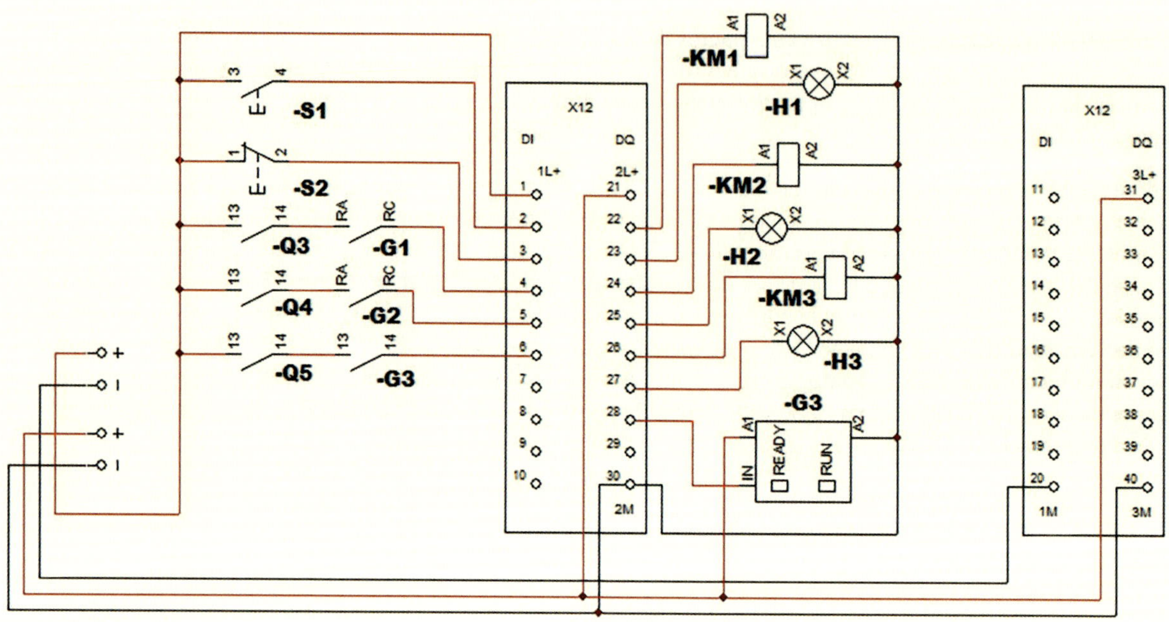

Figura 4.98. Esquema de entradas/salidas digitales (bornero X12) de una instalación automatizada de riego.

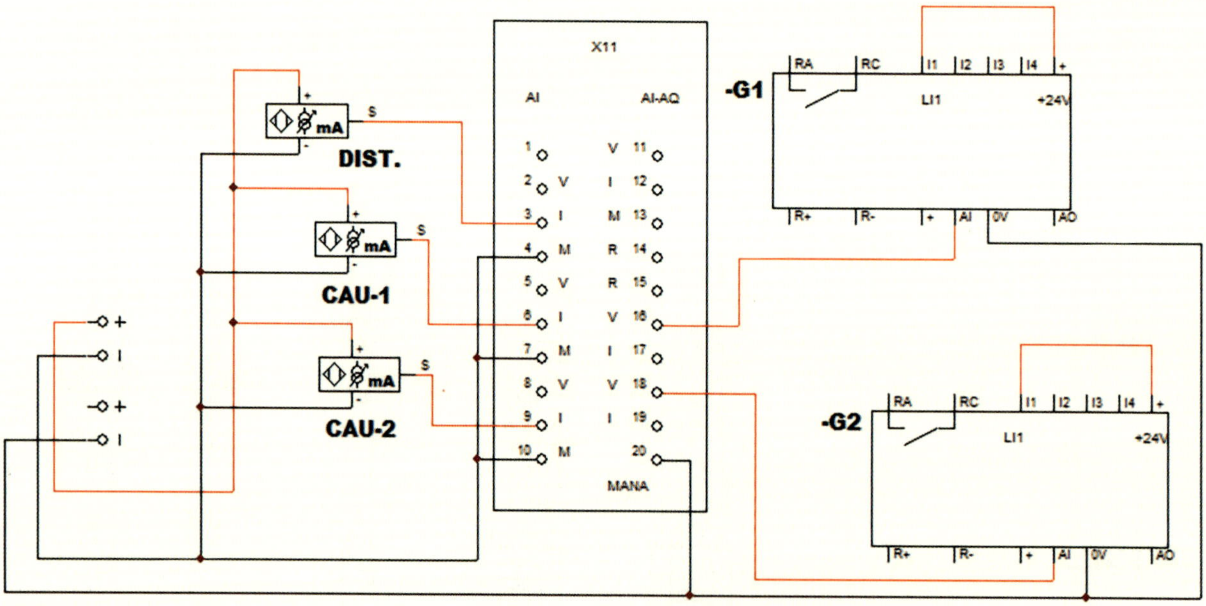

Figura 4.99. Esquema de entradas/salidas analógicas (bornero X11) de una instalación automatizada de riego.

El programa CADeSIMU también incluye la **barra de herramientas Entrada/Salida** que permite realizar intercambio de entradas y salidas con otros programas de simulación como PC_SIMU.

También tiene botones que permiten insertar una imagen del **módulo lógico LOGO! OBA8 24RCE** y del **módulo de ampliación 4DI/DO** donde realizar el cableado de entradas/salidas digitales y entradas analógicas.

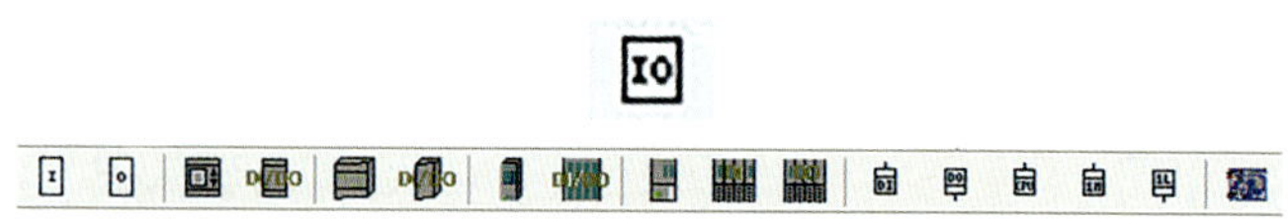

Figura 4.100. Barra de herramientas Entrada/Salida.

En el caso del **módulo base LOGO!,** se puede elegir entre insertar una imagen 2D (versión 24 RCE), un símbolo DXF en blanco y negro (versión 230 RCE) o una imagen 3D (versión 230 RCE).

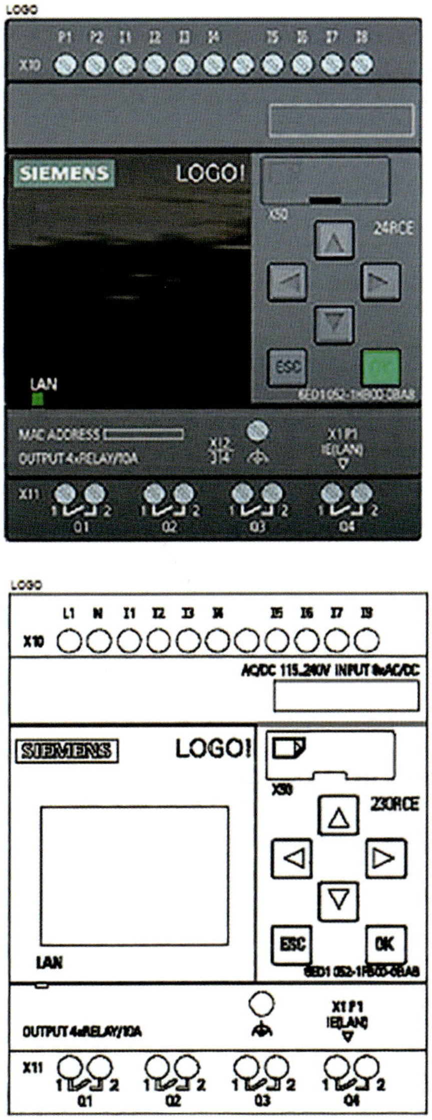

Figura 4.101. Versiones del módulo lógico LOGO! OBA8.

Además, dispone de otros botones que permiten insertar una imagen de un **autómata S7-1200** con **CPU S7-1214C AC/DC/RLY** y **módulo de señal SM 1223 8DI/8DO,** donde cablear entradas/salidas digitales y entradas analógicas, junto con un módulo de señal **SB 1232** (salida analógica). Se puede elegir entre insertar una imagen 2D, un símbolo DXF en blanco y negro o una imagen 3D.

Esta barra de herramientas también permite, de igual forma, insertar un **autómata S7-1500** formado por una CPU 1511 y por módulos de señales mixtos SM523 de 16 DI/16 DO.

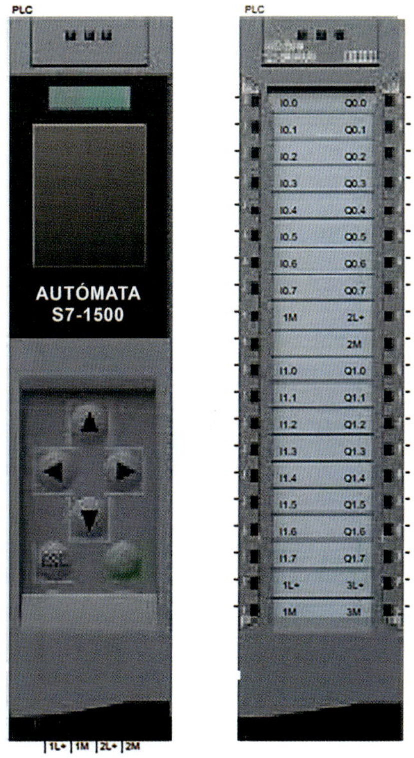

Figura 4.103. Autómata S7-1500 con CPU 1511 y SM 523.

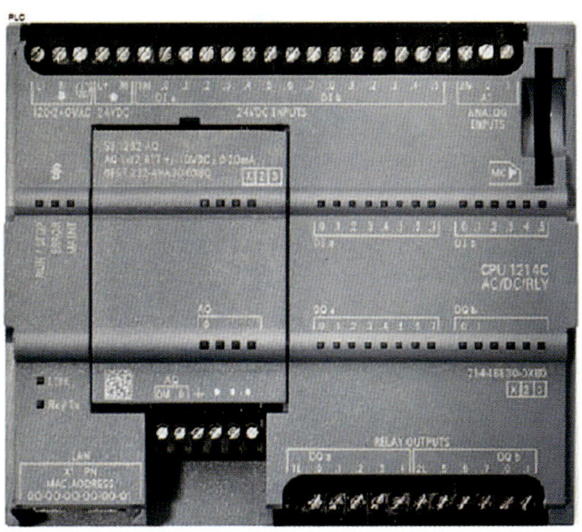

Figura 4.102. CPU 1214C para un autómata S7-1200.

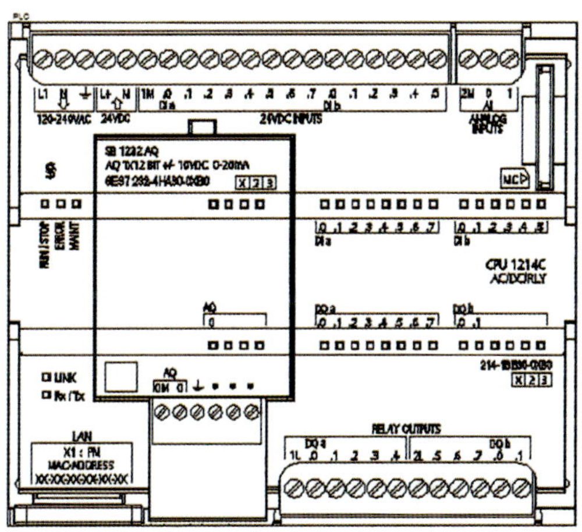

Actividad resuelta 4.10

Realiza el esquema de cableado de entradas/salidas en un autómata S7-1200 para el automatismo de arranque secuencial de 2 cintas transportadoras con CADeSIMU. Mediante un pulsador de marcha S1_NO se pone en marcha la cinta transportadora 1 (contactor KM1) que desplaza un objeto hasta la posición definida por el final de carrera S3_NC. Dicho objeto pasará a una segunda cinta transportadora (contactor KM2) que se acciona cuando el objeto es detectado por el detector inductivo B1_NO (3 hilos PNP 24 V DC). La instalación se debe parar actuando sobre el pulsador de paro S2_NC o por disparo de los relés térmicos de ambos motores, enseriados en una única entrada digital F1_NC. Se debe señalizar la marcha de cada cinta con un piloto de señalización (H1, H2) y el disparo por sobrecarga en cualquier motor eléctrico (piloto H3).

Solución:

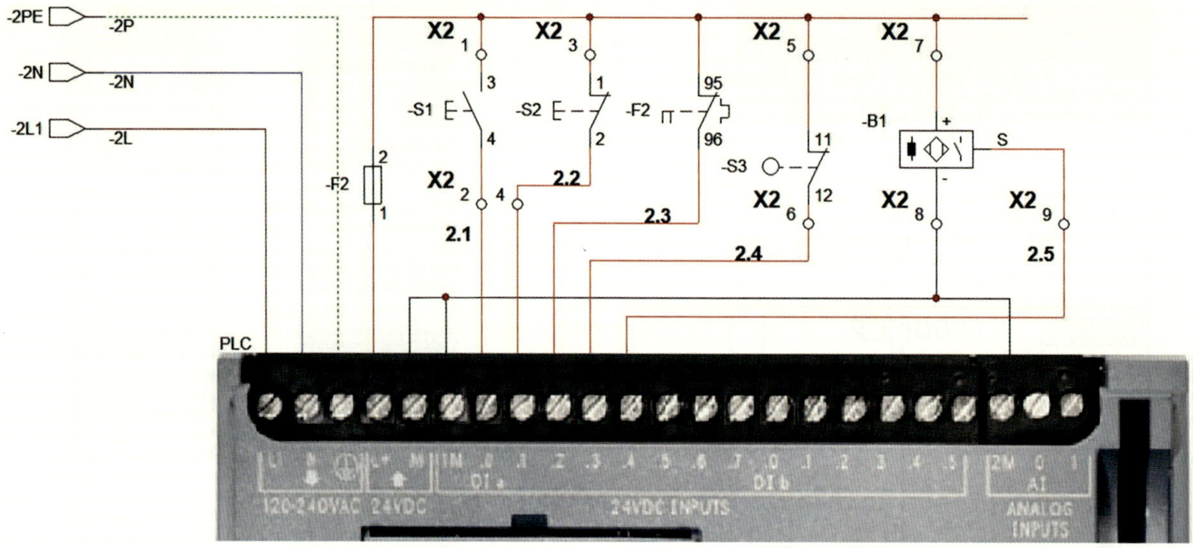

Figura 4.104. Conexiones de entradas digitales al autómata S7-1214C.

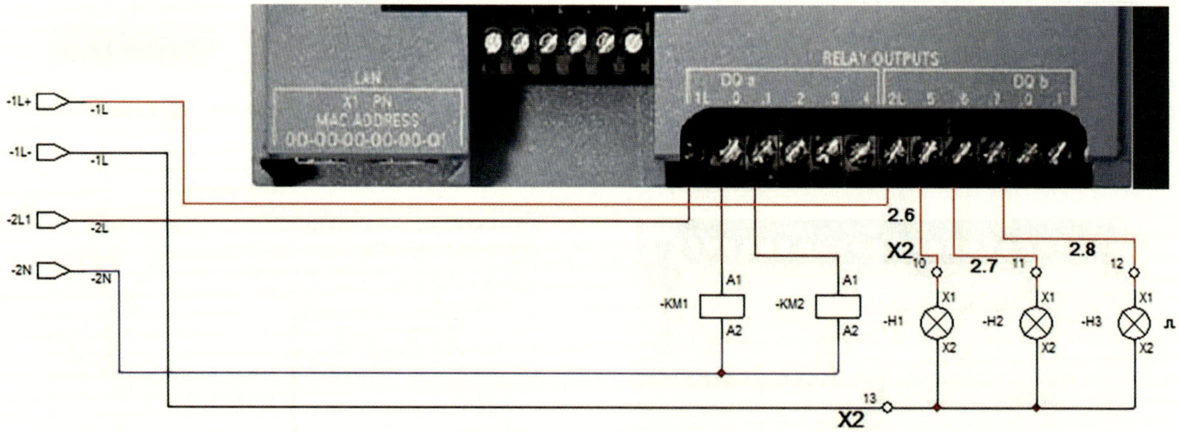

Figura 4.105. Conexiones de salidas digitales al autómata S7-1214C.

El programa CADeSIMU también permite **introducir imágenes con extensión .BMP**. Esta opción es útil para realizar esquemas de cableados de entradas/salidas de otros fabricantes introduciendo la imagen del autómata en el mismo directorio que el archivo de extensión .CAD.

Actividad resuelta 4.11

Realiza el esquema de cableado con CADeSIMU de entradas/salidas en un **autómata Zelio** de una inversión de giro de una cinta transportadora accionada mediante un motor trifásico con detectores/finales de carrera.

Al accionar el pulsador de marcha S1_NO se pone en marcha el motor asíncrono trifásico M1 mediante el contactor KM1 girando a derechas. Tras accionar el pulsador de paro S2_NC, con el motor M1 detenido, si se acciona el pulsador de marcha S3_NO se pone en marcha el motor M1 mediante el contactor KM2 girando a izquierdas. Se deben enclavar, mediante contactos auxiliares, los contactores KM1 y KM2. El motor M1 detiene la marcha a derechas cuando se detecta un objeto con el final de carrera S4_NO. El motor M1 detiene la marcha a izquierdas cuando se detecta un objeto por un detector capacitivo B1_NO, 3 hilos 24 V DC, PNP. La activación del pulsador de paro S2_NC o del relé térmico F1_NC por sobrecarga provocará la parada instantánea de la instalación.

Se debe señalizar el giro del motor M1 a derechas con un piloto de señalización verde H1, el giro a izquierdas con un piloto de señalización verde H2 y el disparo del relé térmico con un piloto de señalización rojo H3 intermitente.

Solución:

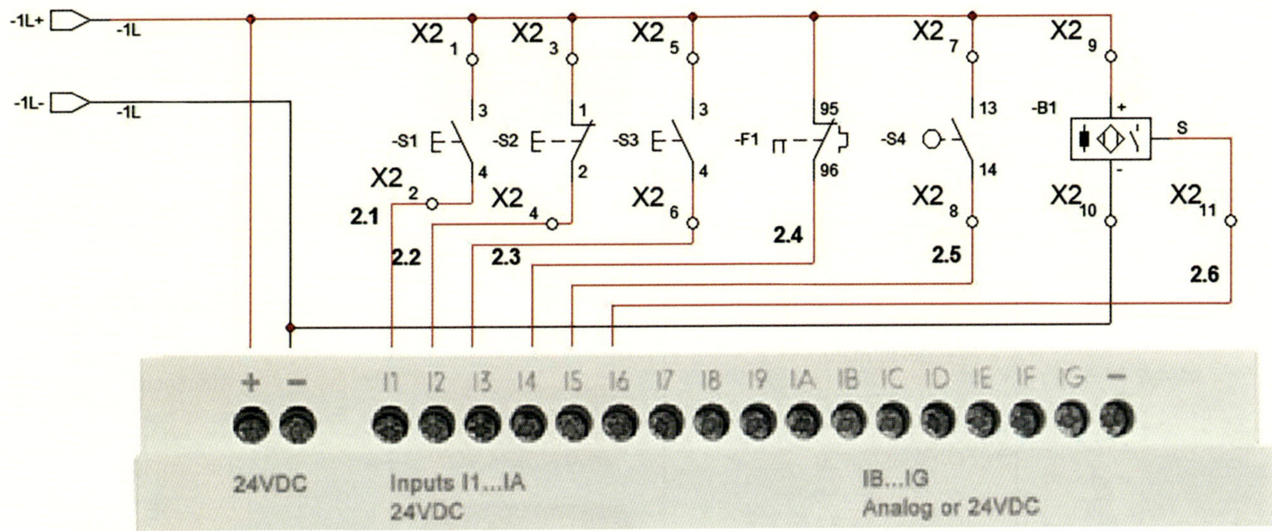

Figura 4.106. Conexiones de entradas digitales al autómata Zelio.

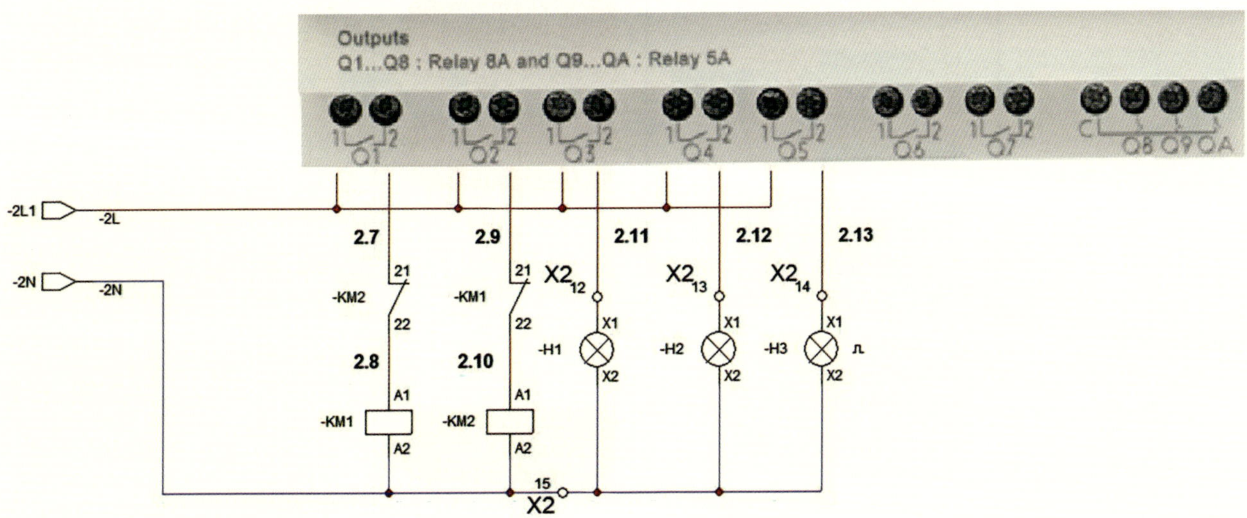

Figura 4.107. Conexiones de salidas digitales al autómata Zelio.

Mapa conceptual

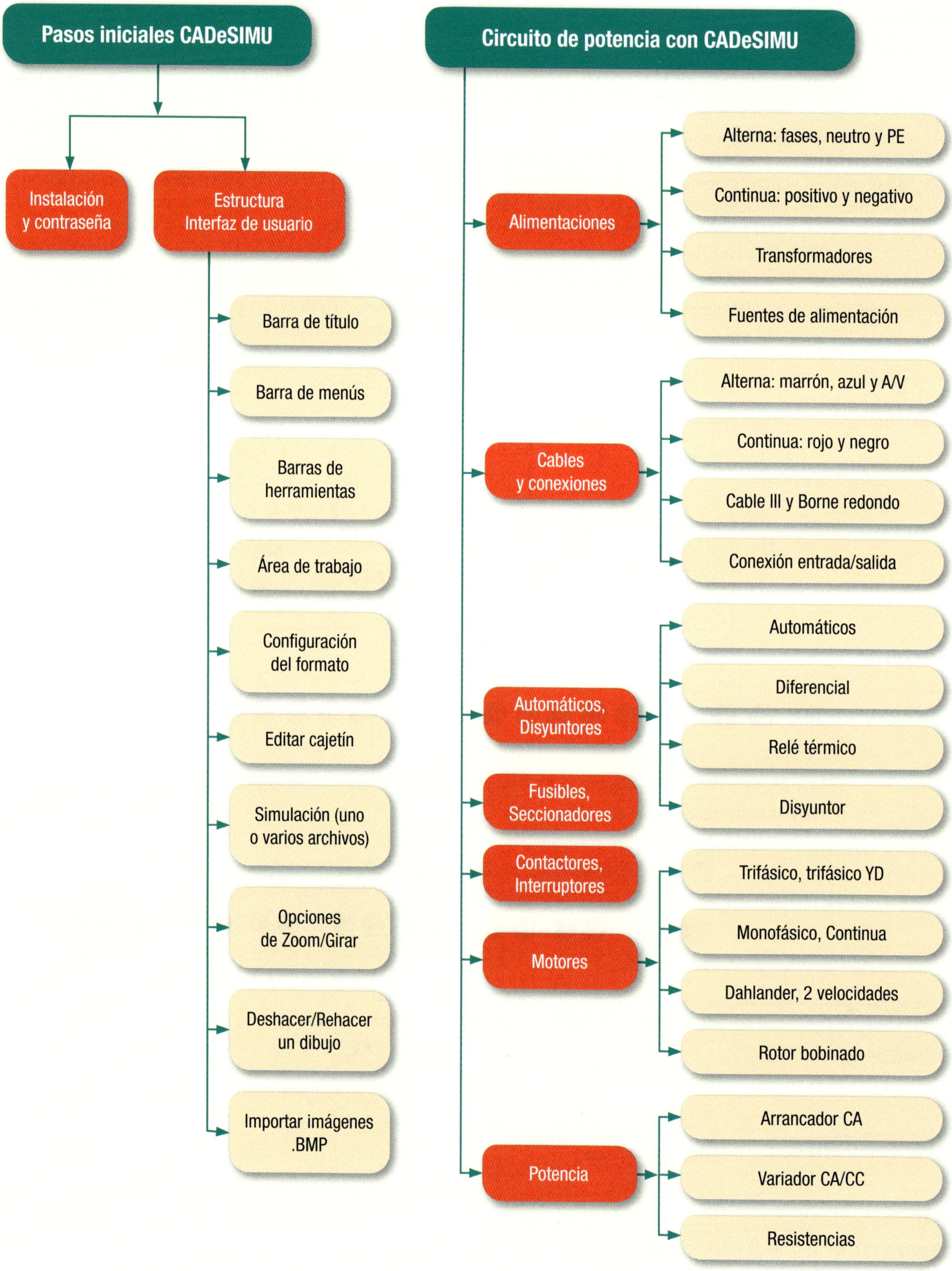

Mapa conceptual

Circuito de maniobra AC/DC con CADeSIMU

- **Alimentaciones**
  - Alterna: fases y neutro
  - Continua: positivo y negativo
- **Contactos**
  - Instantáneos NC/NO
  - Temp. Conexión NC/NO
  - Temp. Desconexión NC/NO
- **Accionamientos**
  - Pulsador/pulsador de seta NC/NO
  - Interruptor NC/NO
  - Final de carrera NC/NO
  - Térmico NC/NO
- **Bobinas, Señalizaciones**
  - Bobina contactor, relé, EV
  - Temp. Conexión/Desconex.
  - Biestable, telerruptor
  - Pilotos, Señales acústicas
- **Cables y conexiones**
- **Potencia**
  - Control arrancador CA
  - Control variador CA/CC
- **Detectores**
  - Inductivo/Capacitivo/Magn.
  - 2 hilos/3 hilos PNP o NPN
  - Barrera fotoeléctrica, E/R

De comprobación

4.1. El formato de dibujo con cajetín que utiliza por defecto CADeSIMU tiene:

a) Color rojo con columnas repartidas con letras y filas repartidas con números.

b) Color verde con columnas repartidas con letras y filas repartidas con números.

c) Color rojo con columnas repartidas con números y filas repartidas con letras.

d) Color verde con columnas repartidas con números y filas repartidas con letras.

4.2. Desde la barra de herramientas de Alimentaciones de CADeSIMU se pueden definir:

a) Puntos de potencial para las fases L1, L2 y L3, el neutro N y el PE.

b) Puntos de potencial de positivo y negativo (L+, L–).

c) Las dos respuestas anteriores son correctas.

d) Ninguna de las respuestas anteriores es correcta.

4.3. Desde la barra de herramientas de Automáticos, Disyuntores de CADeSIMU se puede insertar:

a) Simbología de relés térmicos para el circuito de potencia.

b) Simbología de fuentes de alimentación AC/DC para el circuito de mando.

c) Bornes de conexión redondos para los circuitos de un automatismo.

d) Ninguna de las respuestas anteriores es correcta.

4.4. Desde la barra de herramientas de Automáticos, Disyuntores de CADeSIMU se puede insertar:

a) Puntos de conexiones de entrada/salida entre circuitos de un automatismo.

b) Simbología de fusibles de protección para los circuitos de un automatismo.

c) Simbología de contactos principales de un contactor para el circuito de potencia.

d) Ninguna de las respuestas anteriores es correcta.

4.5. Desde la barra de herramientas de Accionamientos de CADeSIMU se puede insertar:

a) Simbología de finales de carrera NO/NC para el circuito de potencia.

b) Simbología de relés térmicos de protección NO/NC para el circuito de potencia.

c) Simbología de pulsadores NO/NC para el circuito de potencia.

d) Ninguna de las respuestas anteriores es correcta.

4.6. Desde la barra de herramientas de Detectores de CADeSIMU se puede insertar:

a) Simbología de detectores a 2 y 3 hilos PNP/NPN para el circuito de mando.

b) Simbología de finales de carrera a 2 hilos NO/NC para el circuito de mando.

c) Simbología de pulsadores NO/NC para el circuito de mando.

d) Ninguna de las respuestas anteriores es correcta.

4.7. Desde la barra de herramientas de Potencia de CADeSIMU se puede insertar:

a) Simbología de control de un arrancador electrónico AC.

b) Simbología de potencia de un variador de velocidad AC/DC.

c) Las dos respuestas anteriores son correctas.

d) Ninguna de las respuestas anteriores es correcta.

4.8. El botón de Texto de CADeSIMU se encuentra situado en:

a) Barra de menús en la ventana principal.

b) Barra de herramientas Alimentaciones en la ventana principal.

c) Barra de herramientas Potencia en la ventana principal.

d) Ninguna de las respuestas anteriores es correcta.

4.9. Desde la barra de herramientas de Motores de CADeSIMU se pueden insertar:

a) Simbología de motores paso a paso para el circuito de potencia.

b) Simbología de motores trifásicos de jaula de ardilla para el circuito de potencia.

c) Simbología de servomotores AC/DC para el circuito de potencia.

d) Ninguna de las respuestas anteriores es correcta.

4.10. La simbología de un arrancador electrónico en CADeSIMU dispone de:

a) Un tiempo de inicio ajustable entre 0 y 20 segundos.

b) Una tensión de inicio ajustable (del 30 al 100 % de la tensión nominal).

c) Un tiempo de parada ajustable entre 0 y 20 segundos.

d) Todas las respuestas anteriores son correctas.

De aplicación

Realiza los Planos de un sistema automatizado cableado con el programa de representación CADeSIMU. Cada Proyecto debe incluir, al menos, el esquema de potencia o electroneumático, esquemas de maniobra AC y DC con borneros (X1, X2), mangueras y numeración de conductores.

4.1. Se desea realizar el automatismo cableado del funcionamiento de dos cintas transportadoras.

Cinta transportadora 1:

Al accionar el pulsador de marcha S3_NO, con presencia de objeto en la posición marcada por el detector inductivo B1 a 3 hilos NPN 24 V DC, se debe activar un relé auxiliar KA2 para realizar una pauta de reposo inicial de tres segundos (temporizador a la conexión KT1). Transcurrido dicho tiempo, se debe poner en marcha el motor asíncrono trifásico M1 accionado a través de un contactor KM1 (arranque directo a derechas). La cinta 1 se debe detener al alcanzar el objeto la posición marcada por el detector inductivo B2 a 3 hilos NPN 24 V DC. La activación de la cinta está señalizada con un piloto verde de señalización H1, mientras que el piloto rojo H2 marca la situación de disyuntor de potencia no accionado.

Cinta transportadora 2:

Con el objeto en la posición marcada por el detector B2, después de una pauta de reposo de tres segundos definida mediante un temporizador a la conexión KT2, se debe activar instantáneamente el motor trifásico M2 accionado a través de un contactor KM2 (arranque directo a derechas). La cinta 2 se debe detener al alcanzar el objeto la posición definida por un final de carrera S4. La activación de la cinta está señalizada con un piloto verde de señalización H3, mientras que el piloto rojo H4 marca la situación de disyuntor de potencia no accionado.

La instalación debe detenerse completamente por seguridad al presionar la seta de emergencia S1 o el pulsador de paro S2 (contactos NC), así como por disparo por sobrecarga térmica en cualquiera de los disyuntores que protegen a los motores M1 y M2 de las cintas transportadoras.

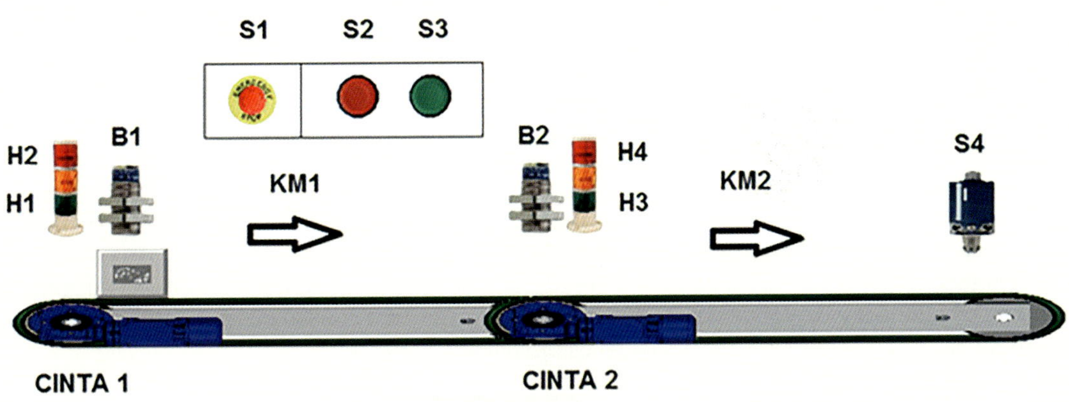

4.2. Se desea realizar el automatismo cableado del funcionamiento de dos cintas transportadoras.

Al accionar el pulsador de marcha S3_NO, con presencia de objeto en la posición marcada por el detector inductivo B1 a 3 hilos NPN 24 V DC, se debe poner en marcha el **motor asíncrono trifásico M1 accionado a través de un contactor KM1** (arranque directo a derechas). La cinta 1 se debe detener al alcanzar el objeto la posición marcada por el detector inductivo B2 a 3 hilos NPN 24 V DC. La activación de la cinta 1 a derechas está señalizada con un piloto verde de señalización H1, mientras que el piloto rojo H5 marca la situación de disyuntor de potencia no accionado.

Con el objeto en la posición marcada por el detector B2, se debe poner en marcha el **motor asíncrono trifásico M2 accionado a través de un contactor KM2** (arranque directo a derechas). La cinta 2 se debe detener al alcanzar el objeto

Actividades finales

la posición definida por un final de carrera S4. La activación de la cinta 2 a derechas está señalizada con un piloto verde de señalización H2, mientras que el piloto rojo H4 marca la situación de disyuntor de potencia no accionado.

En dicha posición, se debe realizar una pauta de reposo de cinco segundos (temporizador a la conexión KT1) para, a continuación, poner en marcha el **motor asíncrono trifásico M2 accionado a través de un contactor KM3** (arranque directo a izquierdas). La activación de la cinta 2 a izquierdas está señalizada con un piloto naranja de señalización H3. Una vez arrancado el motor M2, tras un tiempo de dos segundos (temporizador a la conexión KT2), se debe poner en marcha el **motor asíncrono trifásico M1 accionado a través de un contactor KM4** (arranque directo a izquierdas). La activación de la cinta 1 a izquierdas está señalizada con un piloto naranja de señalización H4.

Por último, cuando el objeto alcance nuevamente la posición definida por el detector B1, se deberán detener instantáneamente ambas cintas transportadoras. Es necesario realizar el enclavamiento eléctrico entre los 2 contactores presentes en la inversión de giro de cada cinta transportadora.

La instalación debe detenerse completamente por seguridad al presionar la seta de emergencia S1 o el pulsador de paro S2 (contacto NC), así como por disparo por sobrecarga térmica en cualquiera de los disyuntores que protegen a los motores M1 y M2 de las cintas transportadoras.

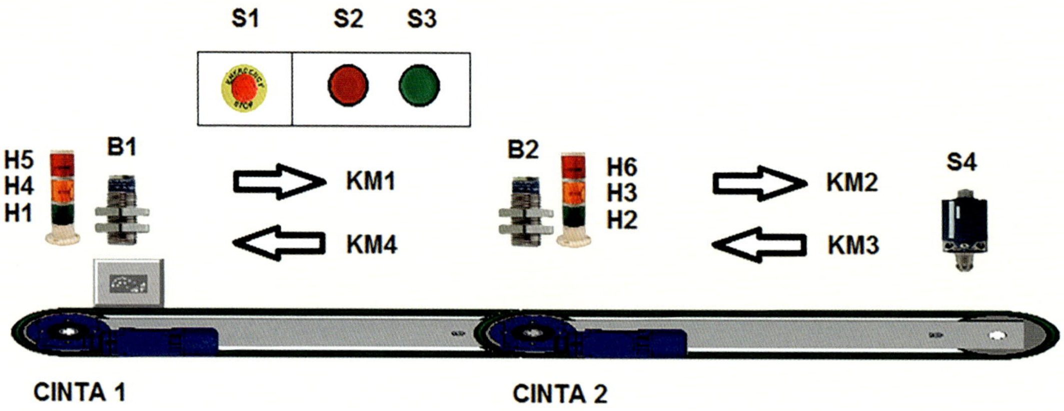

4.3. Se desea realizar el automatismo cableado para el arranque con arrancadores estáticos SIRIUS 3RW30 de dos cintas transportadoras (G1, G2 para los motores trifásicos M1 y M2). La cinta 1 solo debe arrancar (pulsador de marcha S1_NO) con un objeto situado en el inicio (final de carrera S3_NO) y debe parar al llegar al final de la misma donde está situado el detector B1_NO (inductivo, 3 hilos PNP, 24 V DC). Tras una temporización a la conexión, se arranca la cinta transportadora 2 situada a continuación de la cinta 1. Esta se debe parar cuando el objeto alcance su posición final marcada por el detector B2_NC (capacitivo, 2 hilos, 230 V AC), junto con las correspondientes seguridades (pulsador de paro S2_NC y contactos auxiliares 13-14 de los disyuntores Q3 y Q4).

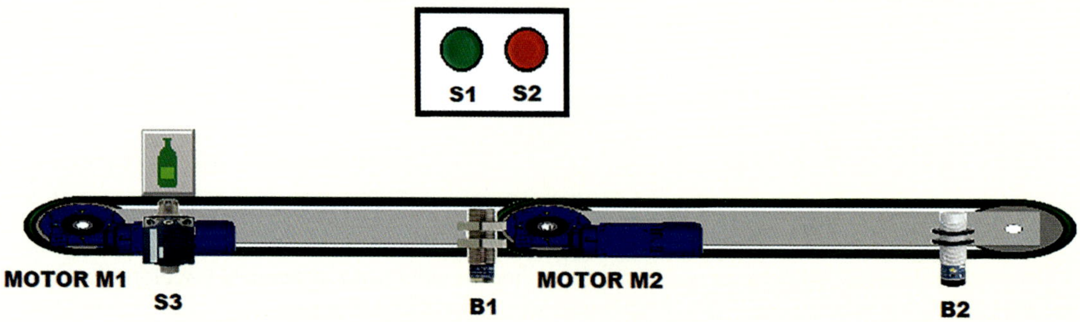

Nota: repetir la actividad considerando que ambas cintas transportadoras están accionadas por sendos variadores de velocidad ATV31/312 (LSP = 0 Hz; HSP = 50 Hz). La cinta 1 debe funcionar a 15 Hz y la cinta 2 a 28 Hz de frecuencia.

4.4. Se desea diseñar el automatismo cableado (arranque directo) de una cinta transportadora clasificadora de piezas.

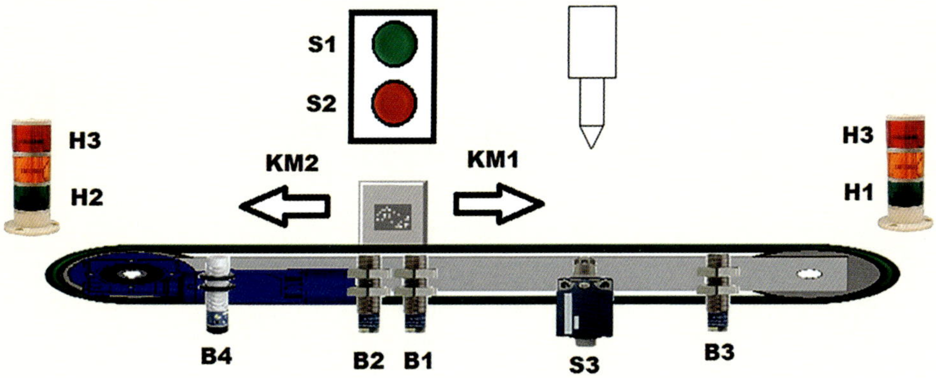

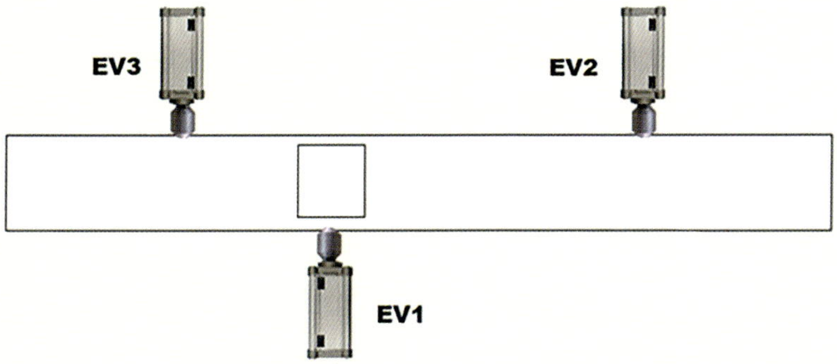

Al accionar el pulsador de marcha S1_NO, mediante un cilindro de simple efecto con una electroválvula EV1 3/2 monoestable, se introduce una pieza desde el alimentador en la cinta transportadora. Se utiliza un relé auxiliar KA1 para marcar la marcha de la instalación. El pulsador de marcha S1_NO también actúa sobre un temporizador electrónico a la conexión KT1 que, transcurridos cinco segundos, debe poner en marcha la cinta transportadora en el sentido necesario según el tipo de pieza introducido:

- Mediante un detector magnético B2 a 2 hilos se detectan las piezas magnéticas. En ese caso, la cinta debe arrancar a izquierdas (KM2) para llevar la pieza hasta la posición final marcada por el detector capacitivo B4 a 3 hilos, donde será retirada de la cinta mediante un actuador neumático controlado por la electroválvula EV3 3/2 monoestable.
- Mediante un detector inductivo B1 a 3 hilos se detectan las piezas metálicas. En ese caso, la cinta debe arrancar a derechas (KM1) para llevar la pieza hasta la posición intermedia marcada por el final de carrera S3_NO. Se debe realizar una pauta de reposo de diez segundos, controlados por un temporizador electrónico a la conexión KT2, para el mecanizado de la pieza. Transcurrido dicho tiempo, mediante un relé auxiliar KA4, se debe reemprender la marcha a derechas hasta alcanzar la posición final marcada por el detector inductivo B3 a 3 hilos, donde será retirada de la cinta mediante un actuador neumático controlado por la electroválvula EV2 3/2 monoestable.

Se debe utilizar un pulsador de paro S2_NC, así como señalizar la marcha de la cinta a derechas (H1 verde), la marcha de la cinta a izquierdas (H2 verde) y la parada o la avería de la instalación (H3 rojo).

4.5. Se desea realizar el diseño y simulación de una instalación electroneumática con tres cilindros de doble efecto (A, B y C) con electroválvulas 5/2 biestables. Todos los tiempos t (temporizadores a la conexión) son de tres segundos. La instalación dispone de un pulsador de paro S1_NC y de dos pulsadores de marcha (S2_NO y S3_NO) para realizar un ciclo único (a través de S2_NO) o un ciclo continuo (a través de S3_NO). La secuencia de avances/retrocesos de los vástagos de los cilindros es:

S2: A+, temp1, B+, temp2, C+ , temp3, A–, temp4,
B–, temp5, C–, FIN CICLO

S3: A+, temp1, B+, temp2, C+ , temp3, A–, temp4,
B–, temp5, C–, temp6, CICLO CONTINUO

Actividades finales

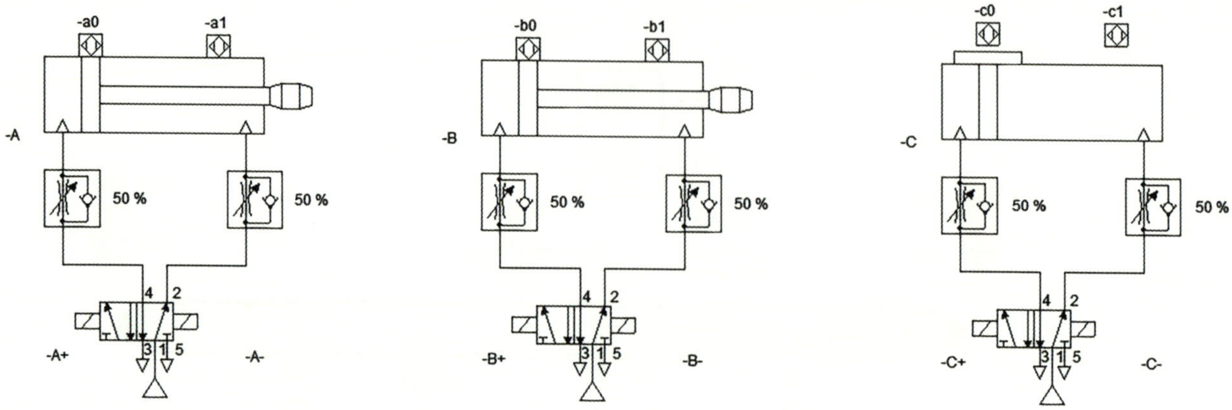

Realiza los Planos de un sistema automatizado programado con el programa de representación CADeSIMU. Cada Proyecto debe incluir, al menos, el esquema de potencia o electroneumático y el esquema de cableado de entradas/salidas con el autómata indicado.

4.6. Se desea diseñar el automatismo programado con arranque por inversión estrella-triángulo temporizado de una cinta transportadora clasificadora de piezas con un autómata S7-1214C. El esquema y funcionamiento de la instalación es el mismo que en la Actividad de aplicación 4.4, no siendo necesario en este caso utilizar ni relés auxiliares ni temporizadores electrónicos a la conexión (definidos en la programación).

El arranque estrella-triángulo se debe programar para el arranque de la cinta a derechas (contactor KM1) y a izquierdas (contactor KM2). Se deberá añadir un contactor KM4 (estrella), un contactor KM3 (triángulo) y considerar en la programación un temporizador a la conexión para que, pasados dos segundos del arranque del motor trifásico, se realice la conmutación de estrella a triángulo. Recuerda revisar la placa de características del motor para adecuar la tensión de la red a la tensión del motor en triángulo.

4.7. Se desea automatizar una instalación de llenado de contenedores mediante un autómata S7-1214C. Al activar el pulsador de marcha S1_NO se pone en marcha la instalación y se abren las electroválvulas EV1 y EV3 con los depósitos inicialmente vacíos (distancia de detección mayor de 300 cm). Las electroválvulas de llenado se deben cerrar al tener el depósito lleno (distancia de detección menor de 80 cm, marca MAX).

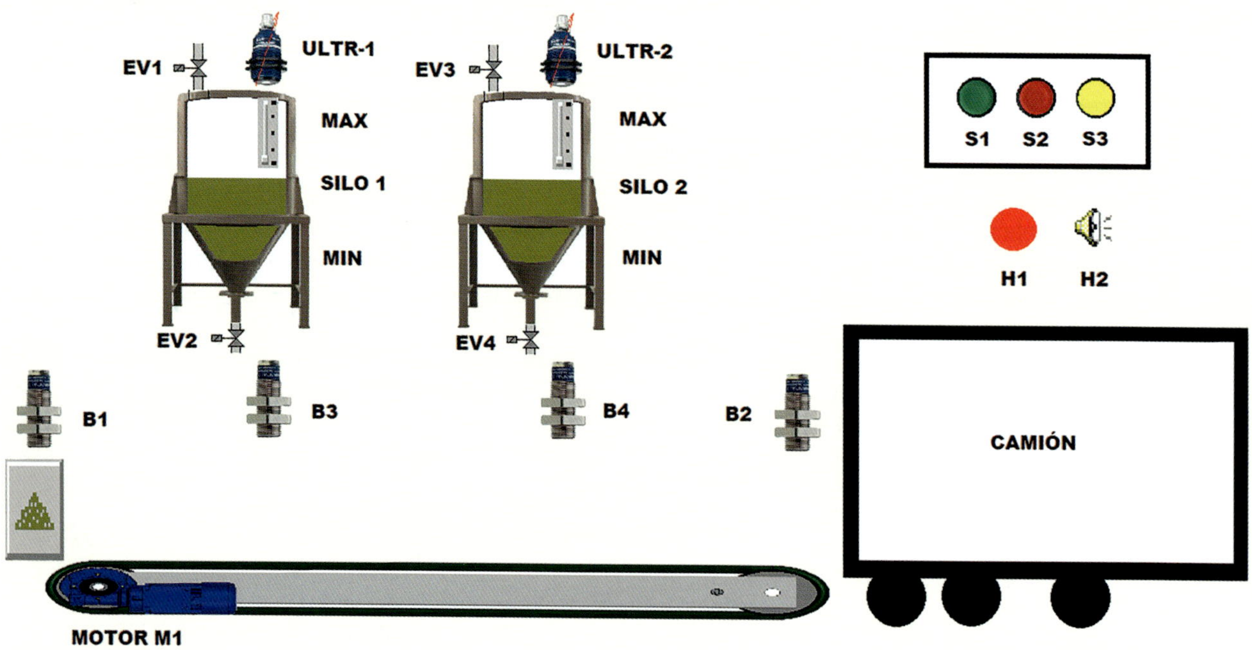

Si se detecta presencia de un contenedor vacío en el detector B1_NO, inductivo a 3 hilos PNP 24 V DC, debe arrancar la cinta transportadora 1 (motor M1) para desplazarlo hasta la posición de llenado inicial (detector B3_NO inductivo a 3 hilos PNP, 24 V DC). El proceso de llenado del contenedor se realiza en 2 etapas (depósito 1 y depósito 2) de forma consecutiva y, finalmente, es expulsado de la cinta tras ser contado por el detector B2 (barrera réflex a 5 hilos). En ese momento se debe activar la sirena H2 durante dos segundos para que el operario introduzca un nuevo contenedor.

Los dos depósitos funcionan de igual manera. En ambos hay situado un transductor analógico de nivel por ultrasonidos con salida 0-10 V (rango de detección está entre 60 cm y 300 cm). Cuando se detecta contenedor (detector B3) y el depósito está lleno, se debe temporizar cinco segundos para, a continuación, abrir la electroválvula de vaciado hasta que el nivel en el depósito llegue a la marca MIN (distancia de detección mayor de 250 cm). Una vez completado el llenado del contenedor, tras una pauta de reposo de dos segundos, la cinta debe reemprender marcha (**programación con FB**).

El camión se llena con cuatro contenedores, contados mediante el detector B2_NO (inductivo a 3 hilos PNP, 24 V DC). Cuando se ha alcanzado dicho número, se debe encender el piloto rojo intermitente H1 que indica camión lleno. En ese momento se detendrá la instalación hasta que el operario pulse el botón de reset S3_NO que pone el contador a cero y apaga la señalización H1 indicando la presencia de un nuevo camión.

La instalación se puede detener en cualquier momento pulsando S2_NC. Se debe señalizar la marcha y el disparo del relé térmico del motor M1.

4.8. Modifica la representación y la programación de la actividad anterior para poder modificar la velocidad y el par motor en la cinta transportadora a medida que aumenta la carga. Para ello se decide acoplar un variador de velocidad (entrada en tensión 0-10 V) de forma que:

- En el tramo de B1 a B3, la consigna de tensión para el variador de velocidad es de 10 V.
- En el tramo de B3 a B4, la consigna de tensión para el variador de velocidad es de 6 V.
- En el tramo de B4 a B2, la consigna de tensión para el variador de velocidad es de 3 V.

De ampliación

4.1. Busca información en Internet sobre los arrancadores SIRIUS 3RW40 de Siemens y modifica el esquema de cableado del circuito de maniobra de la Actividad resuelta 4.2. ¿Qué nuevos elementos has debido insertar? Razona la respuesta.

4.2. Busca información en Internet sobre el variador de velocidad Micromaster MM420 de Siemens y modifica el esquema de cableado de la Actividad resuelta 4.3.

4.3. Busca información en Internet sobre las electroválvulas 5/3, de centros cerrados y salidas a escape, de forma que se puedan realizar paradas intermedias en el avance o retroceso del vástago de un actuador de doble efecto (mando indirecto con relés auxiliares) con dos pulsadores (S1_NO para el avance del actuador A+ al 20 % de velocidad y S2_NO para el retroceso del actuador A– al 30 % de velocidad).

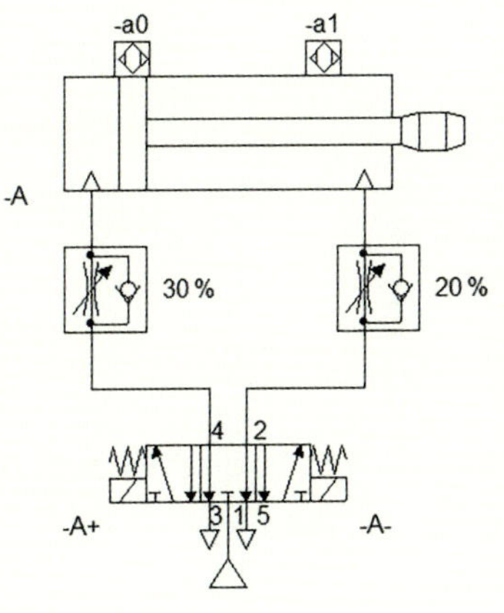

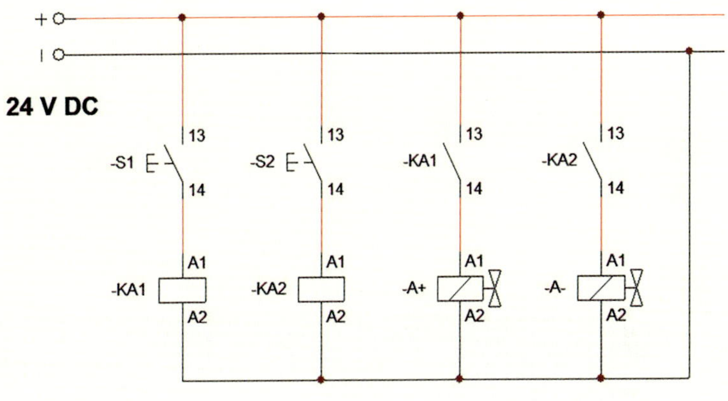

5 Elaboración de la documentación gráfica de Proyectos de instalaciones automáticas con ePLAN Electric

Contenidos

Objetivos

- Identificar la interfaz de usuario del programa ePLAN Electric para elaborar esquemas de instalaciones automatizadas.
- Utilizar menús de herramientas y botones del programa de diseño para elaborar Planos de potencia, de maniobra y de cableado de entradas/salidas en autómatas.
- Insertar bornes de conexión, realizar la numeración de conductores de forma automática y generar evaluaciones básicas.
- Utilizar y crear la simbología normalizada requerida para instalaciones de tipo eléctrico y electroneumático.
- Utilizar y crear macros de símbolos o de ventana propios o proporcionadas por fabricantes.
- Utilizar y crear artículos asociados a los símbolos mediante una base de datos, así como Planos de construcción de armarios.

ePLAN, en su versión educacional, es un potente programa de representación gráfica que permite realizar de forma profesional Planos u hojas de trabajo dentro de un Proyecto de instalaciones automatizadas. Este programa dispone de simbología normalizada (según CEI) y bases de datos asociadas con la información que proporcionan los fabricantes de elementos de uso industrial.

Este programa permite realizar fácilmente esquemas de cableados complejos. Se pueden definir los bornes necesarios, la numeración de conductores, mangueras, etc., así como generar múltiples Planos con evaluaciones básicas (Planos de conexión de bornes, índices de página, listas de artículos, etcétera).

Es posible insertar macros (de ventana o de símbolos) proporcionadas por los fabricantes, a través de Data Portal, para incorporarlas de forma sincronizada con las bases de datos de artículos y crear distribuciones de cuadros eléctricos en 3D.

5.1. Proceso de instalación de la versión educacional

En primer lugar, desde la web del fabricante, se debe descargar en el ordenador el programa **ePLAN Electric en su versión educacional** (ePLAN Educacional 2024 como archivo comprimido .ZIP). Mediante un programa adecuado (por ejemplo, 7-ZIP), se debe descomprimir el archivo que mostrará una estructura con 11 carpetas y el archivo ejecutable «setup.exe».

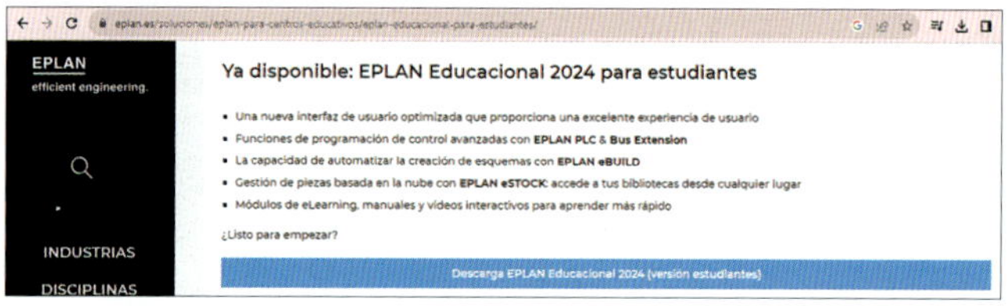

Figura 5.1. Descarga del programa desde la web (versión educacional).

Nombre	Fecha de modificación	Tipo	Tamaño
Download Manager	22/08/2023 6:49	Carpeta de archivos	
Education	22/08/2023 6:46	Carpeta de archivos	
Education Add-on	22/08/2023 6:55	Carpeta de archivos	
ELM	08/08/2023 13:16	Carpeta de archivos	
License Client	08/08/2023 13:16	Carpeta de archivos	
License Client (Win32)	08/08/2023 13:16	Carpeta de archivos	
Platform	22/08/2023 6:55	Carpeta de archivos	
Platform Gui	22/08/2023 6:51	Carpeta de archivos	
Services	22/08/2023 9:01	Carpeta de archivos	
Setup	22/08/2023 8:59	Carpeta de archivos	
Setup Manager	22/08/2023 6:49	Carpeta de archivos	
setup	22/08/2023 6:39	Aplicación	263 KB

Figura 5.2. Estructura del archivo comprimido (ePLAN Educacional 2024).

Al hacer doble clic sobre el archivo «setup.exe» se abre una pantalla que permite seleccionar entre realizar el **registro en línea de la licencia educacional** monopuesto (pantalla central o dirección URL) o hacer clic en Siguiente para realizar la instalación.

Figura 5.3. Archivo ejecutable «setup.exe» (ePLAN Educacional 2024).

Es recomendable gestionar, primero, todo lo relacionado con la **licencia del programa** y dejar, para más tarde, la instalación propiamente dicha en el ordenador. Para ello, se deben rellenar los datos pedidos en el **registro en línea** prestando especial atención a la **dirección de correo electrónico** que es donde se recibe, tras un tiempo breve, el correo para **confirmar la suscripción voluntaria** y el correo con el **número de licencia, el código de validación/EID y el enlace válido para crear la cuenta de ePLAN (ePLAN ID Cloud).**

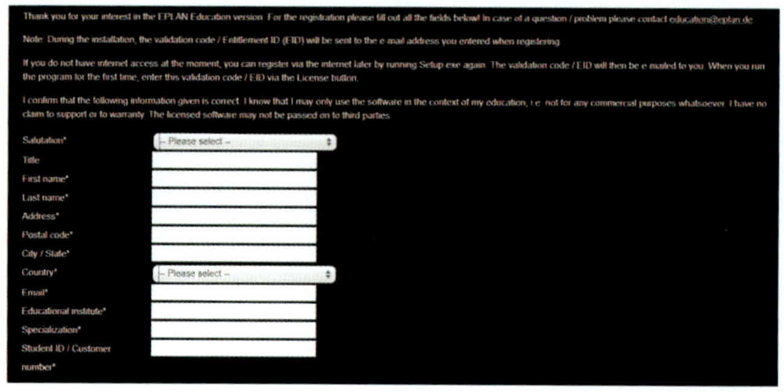

Figura 5.4. Formulario de registro en línea (ePLAN Educacional 2024).

Mediante el enlace válido proporcionado y en cuatro pasos, se puede crear una cuenta ePLAN ID en la nube. El proceso requiere crear el **acceso a la cuenta** asociando el número de serie recibido a la dirección de correo electrónico usada, definir la **contraseña** que se desee utilizar en dicha cuenta, completar el **perfil del usuario** e **iniciar sesión** en la misma. Es interesante marcar Mantener la sesión abierta para que sea válida durante 30 días.

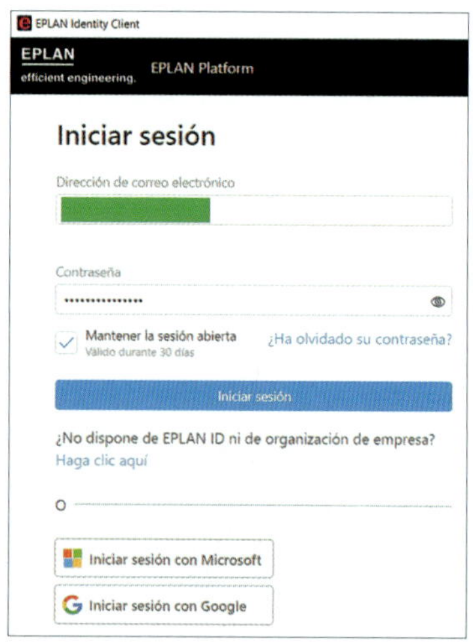

Figura 5.5. Iniciar sesión en la cuenta de usuario ePLAN ID.

Tras entrar en la cuenta creada y comprobar que todo es correcto, se puede salir de ella y pasar a realizar la **instalación del programa en el ordenador** (clic en Siguiente, Figura 5.3). La primera pantalla permite determinar los

directorios de destino para los ficheros de programa, los datos básicos y los ajustes de programa.

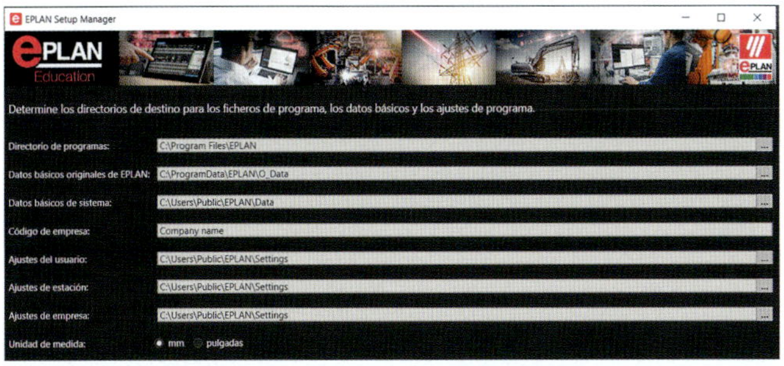

Figura 5.6. Opciones de instalación de ePLAN Educacional.

El paso siguiente permite optar por una **instalación típica o personalizada** de los componentes del programa (ePLAN License Client, ePLAN Education 2024, ePLAN Platform 2024 y ePLAN Education Data 2024), los tipos de datos básicos y el idioma de la interfaz.

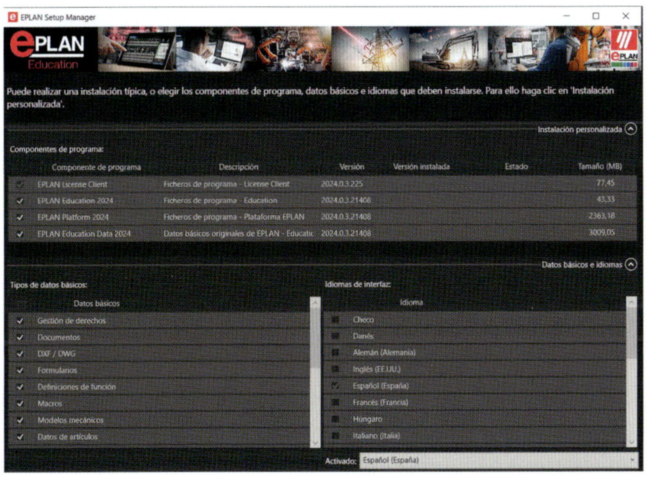

Figura 5.7. Opciones de instalación típica de ePLAN Educacional.

La instalación del programa en el ordenador finaliza con la **información del propio Setup Manager** donde se puede apreciar la versión y el tamaño de cada componente instalado.

Figura 5.8. Resumen de componentes instalados.

Por último, bastará hacer doble clic sobre el icono del programa instalado y realizar la **activación de la licencia.**

Es recomendable usar la opción de activación en línea para indicar, en la siguiente pantalla, el código de activación/EID recibido por correo. Si fuera necesario, se debería iniciar nuevamente sesión en la cuenta de ePLAN ID Cloud.

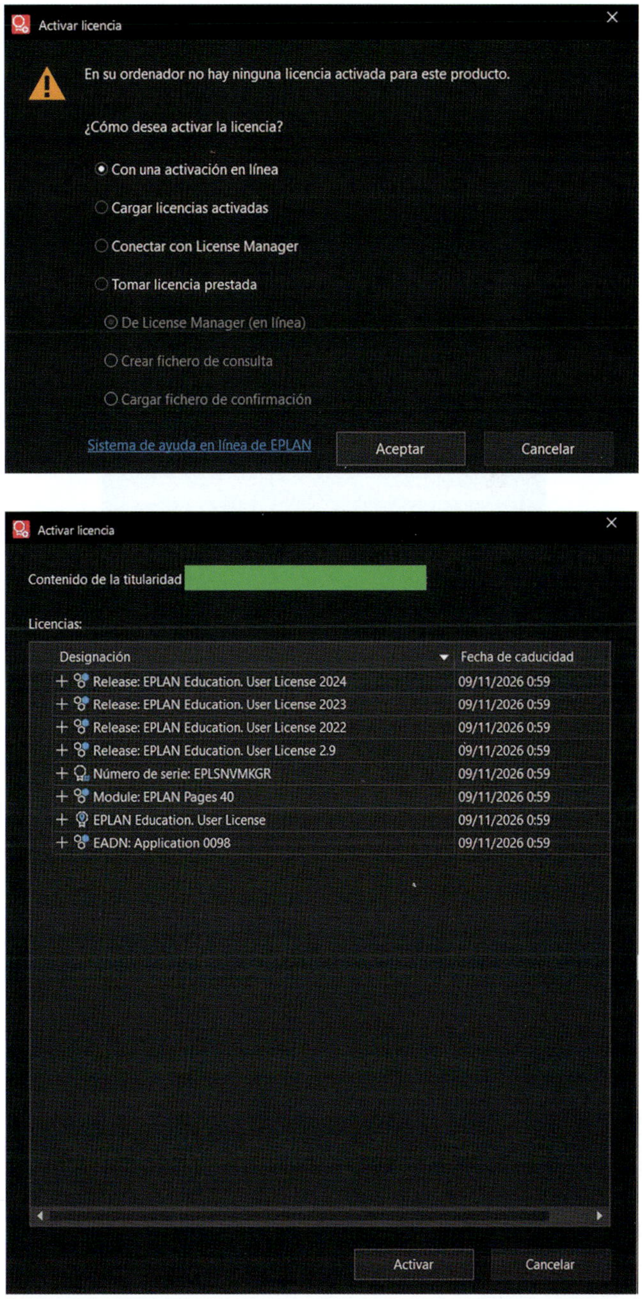

Figura 5.9. Proceso de activación de la licencia de ePLAN Educacional.

Dado que la licencia es válida para un único equipo (el ordenador donde se haya instalado), hay que tener cuidado con actualizaciones del sistema operativo o formateos del ordenador porque se perdería. En estos casos, previamente, se debe **devolver la licencia *online*** al servidor de ePLAN (revocarla) para instalarla en otro ordenador o en el mismo tras las operaciones de mantenimiento.

5.2. Primeros pasos para crear un Proyecto

Al abrir inicialmente el programa, se debe ir al **menú Fichero, Nuevo** para abrir la ventana **Crear Proyecto**. En esta ventana se debe indicar el **nombre dado** al Proyecto, el **lugar de almacenamiento** en el ordenador $(MD_PROJECTS) que corresponde a la carpeta situada en la ruta C:\Usuarios\Acceso público\EPLAN\Data\Proyectos\Company Name, el tipo de archivo o plantilla que utilizar en el **Proyecto básico**, la **fecha de creación** del mismo y el **autor.**

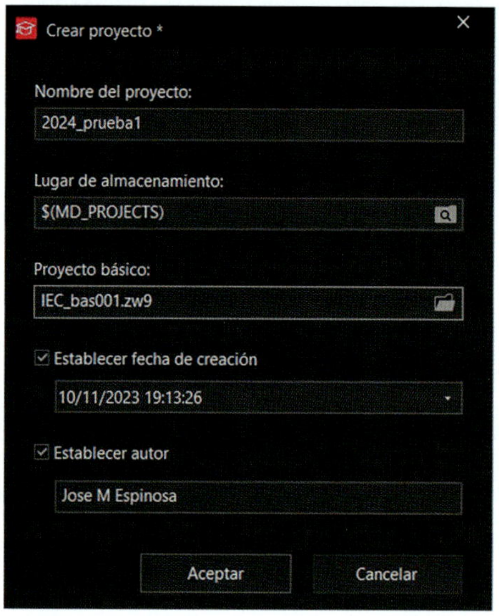

Figura 5.10. Crear un nuevo Proyecto en ePLAN Educacional.

Es necesario, por tanto, seleccionar la primera vez que se crea el Proyecto la **plantilla que usar** en el Proyecto básico entre las que han sido instaladas en el programa ePLAN (C:\Usuarios\Acceso público\EPLAN\Data\Plantillas\Company Name).

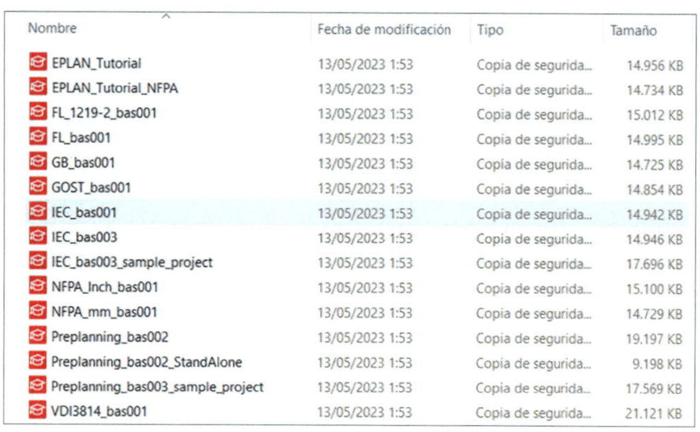

Figura 5.11. Plantillas disponibles en ePLAN Educacional.

En este caso, la **plantilla elegida es la IEC_bas001.zw9** que corresponde a Europa. Por ejemplo, la plantilla GOST_bas001 se utiliza en Rusia, la plantilla GB_bas001 se utiliza en China y la plantilla NFPA_mm_bas001 se utiliza en EE. UU. Haciendo clic en Aceptar aparecen las **Propiedades de Proyecto** en la siguiente ventana.

Figura 5.12. Propiedades de un nuevo Proyecto.

Como se observa, en la columna **«Nombre de propiedad»** aparecen las casillas que tendrá la plantilla de Proyecto, mientras que en la columna **«Valor»** aparece el texto que tendrá cada casilla. Son editables y permiten cambiar el texto inicial, así como eliminarlas si no interesan (botón «papelera») o añadir nuevas (botón con «+»). Todos estos cambios se verán reflejados en el **cajetín del formato de dibujo.**

También se puede consultar la pestaña **Estructura** de las páginas que, para la plantilla seleccionada IEC_bass001.zw9, no tienen activada la Identificación de referencia ampliada y solo designará la función y la localización de la página.

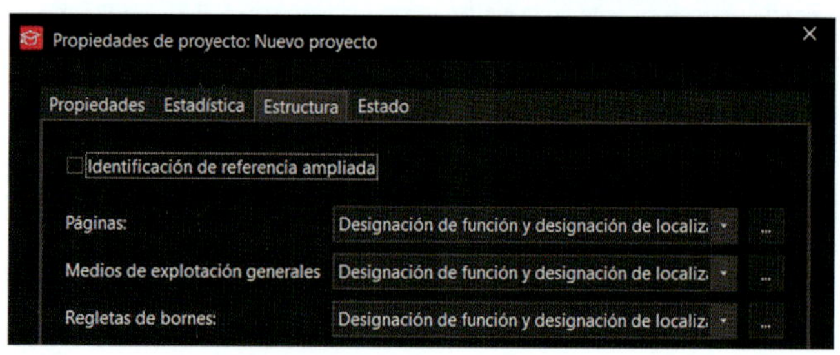

Figura 5.13. Ventana Estructura en el Proyecto.

Haciendo clic en el botón «...» de Páginas se puede abrir la Estructura de página para desplegar el apartado Esquema y cambiar el valor a «Identificativo» (activado) de aquellas partes de la estructura que se deseen (por ejemplo, Tipo de documento).

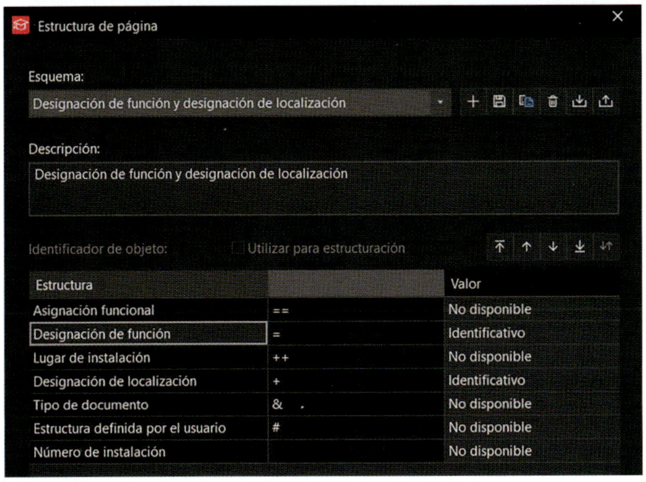

Figura 5.14. Ventana Estructura en el Proyecto.

En caso de querer consultar o modificar las propiedades durante el Proyecto, siempre se puede ir al **menú Fichero, Información, Propiedades.**

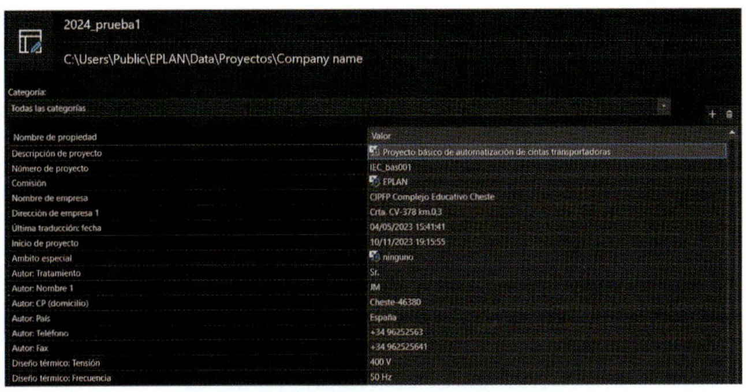

Figura 5.15. Propiedades modificadas de un Proyecto.

Al aceptar las propiedades de Proyecto, se muestra la **interfaz de usuario** del Proyecto formada por varios elementos. En la **parte superior** se sitúa la **barra de título** (nombre dado al archivo abierto con extensión .elk) y la **barra de acceso rápido** (permite ir a la página anterior, a la página siguiente, deshacer, restaurar, rehacer, cerrar Proyecto, etcétera).

Figura 5.16. Barra de acceso rápido.

Por debajo de las barras anteriores se sitúa la **barra de menús** (Fichero, Inicio, Medios de explotación, Conexiones, Herramientas, Planificación previa, Datos básicos, ePLAN Cloud, etc.) (Figura 5.17). Para el menú que se encuentre seleccionado (por ejemplo, Inicio), se mostrarán los **botones o instrucciones disponibles** que pueden utilizarse en el programa.

Es posible **modificar los menús mostrados** o activos en la interfaz de usuario (fichas principales) haciendo clic con el botón derecho del ratón sobre dicha barra y seleccionando la opción **Personalizar cinta.**

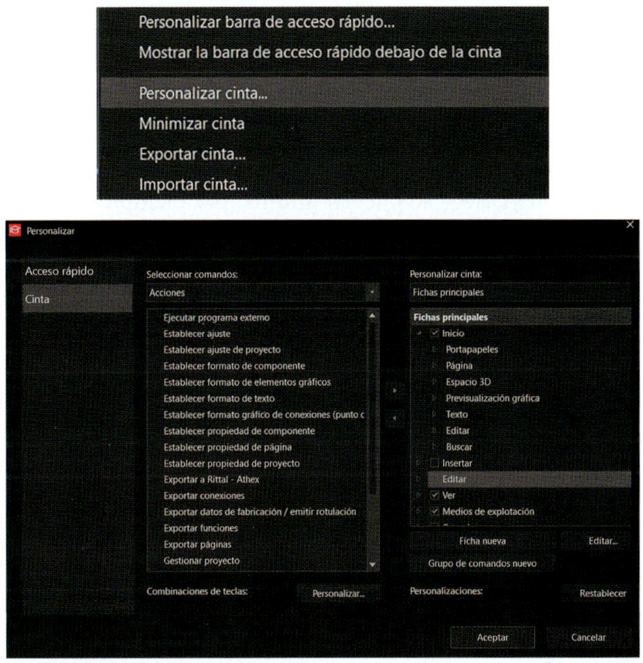

Figura 5.18. Personalizar fichas principales (barra de menús).

En la **parte izquierda de la interfaz de usuario** se muestra la estructura de páginas del Proyecto en forma de árbol (**ventana o cuadro del navegador de Páginas**) y, si estuviera abierta, la **previsualización gráfica** situada debajo del navegador. En el navegador de Páginas, la «Hoja de título» está dentro de la localización «EAA» que cuelga de la función «CA1» para la plantilla elegida **IEC_bas001.zw9**.

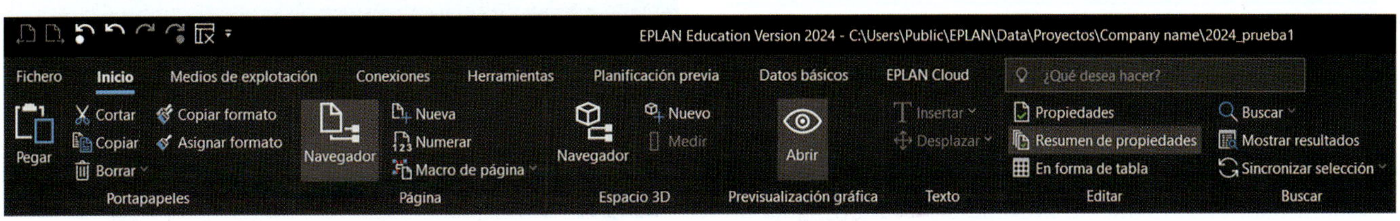

Figura 5.17. Barras de menús disponibles (ePLAN Educacional).

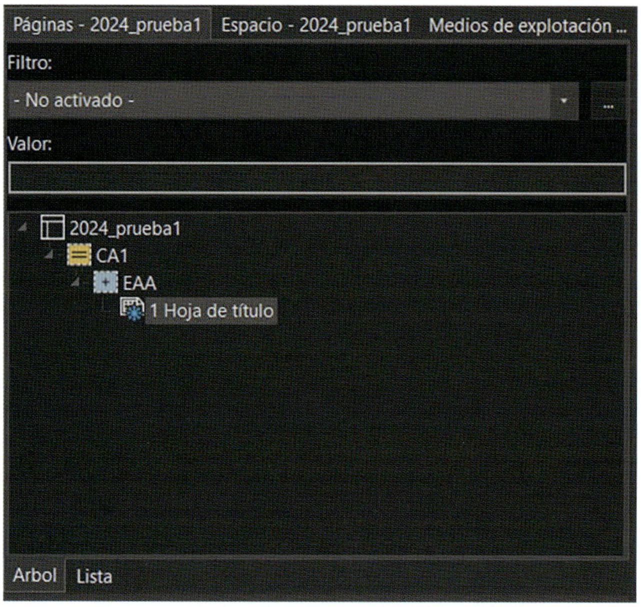

Figura 5.19. Estructura de páginas en forma de árbol de un Proyecto.

Haciendo clic con el botón derecho del ratón sobre la localización «EAA» se pueden **añadir**, por ejemplo, **nuevas páginas** al Proyecto. Como se observa, en la Figura 5.20, tiene un Nombre de página completo con la ruta que resume tanto la función (=CA1) como la localización (+EAA).

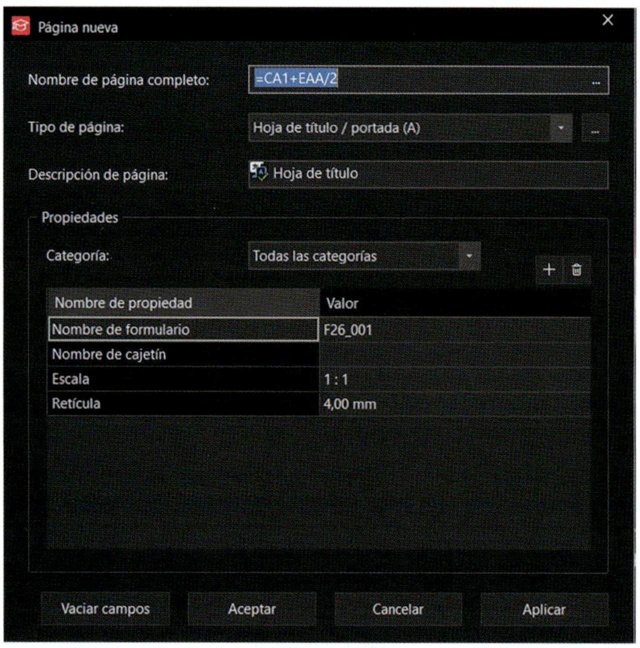

Figura 5.20. Propiedades de una página nueva.

Los **tipos de página nueva** que se pueden añadir en un Proyecto ePLAN desplegando el Tipo de página son muy variados (Construcción de armarios, Esquema fluido, Esquema monopolar, Esquema multipolar, Gráfico, Hoja de título/portada, Resumen, etc.). Haciendo clic en el botón «...» se pueden agregar nuevos tipos de página que no muestren por defecto.

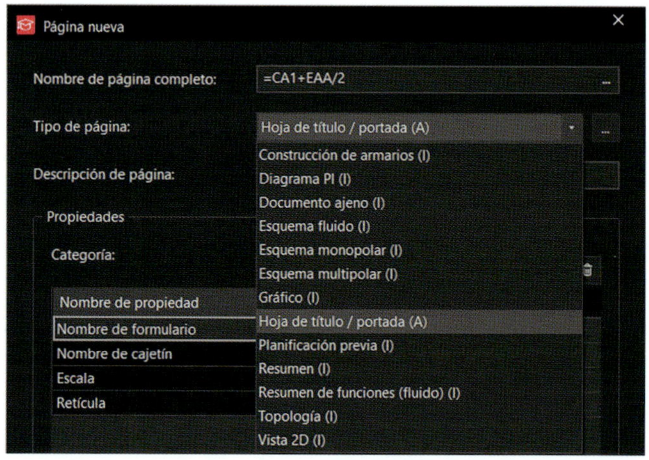

Figura 5.21. Páginas nuevas disponibles en ePLAN Educacional.

Es interesante **numerar las páginas nuevas** que se inserten de 10 en 10, cambiando su número, para que al añadir posteriormente nuevas páginas se tenga sitio para numerarlas fácilmente. Como se observa en la Figura 5.22, cada página nueva tiene **Propiedades** que son el Nombre de formulario (por defecto, F26_001), Nombre de cajetín, Escala (por defecto, 1:1) y Retícula (4 mm).

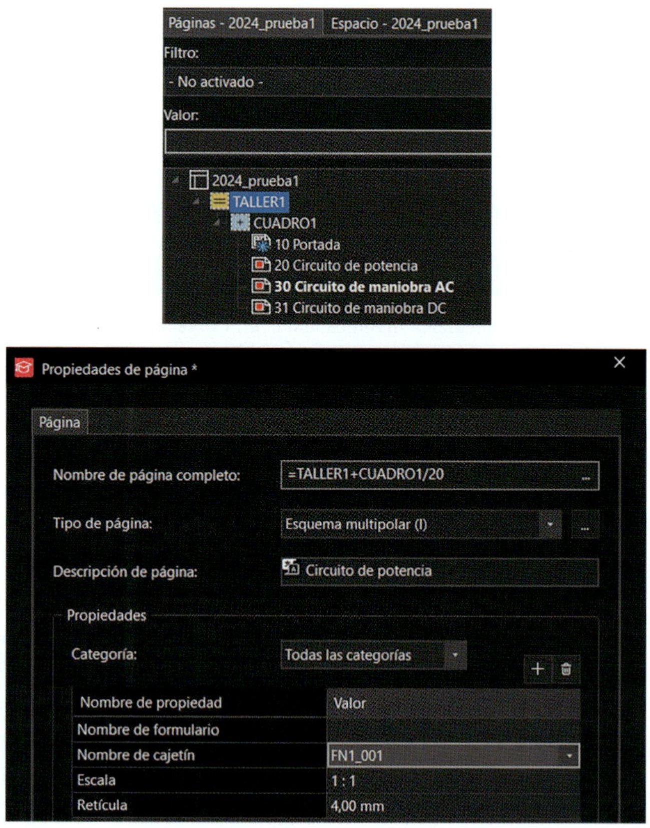

Figura 5.22. Estructura modificada de un Proyecto con páginas nuevas.

Se pueden **cambiar los nombres** de la función y de la localización para asimilarlos a la estructura de la empresa, con Planos en diferentes cuadros eléctricos de un taller o en diferentes zonas de producción de la misma (botón derecho del ratón sobre función o localización). Además, se puede abrir las Propiedades de cada página para modificar el Tipo de página y la Descripción de página. En el apartado Nombre de cajetín se puede seleccionar, por defecto, el archivo FN1_001.fn1. Dicho archivo de cajetín se puede modificar usando su menú desplegable.

Por ejemplo, para **insertar un nuevo «CUADRO2»** (localización) bastaría ir al navegador del árbol del Proyecto y, sobre la función «TALLER1», se debe hacer clic con el botón derecho del ratón, en Nuevo. Se deberán modificar los campos necesarios en la ruta indicada en Nombre de página completo.

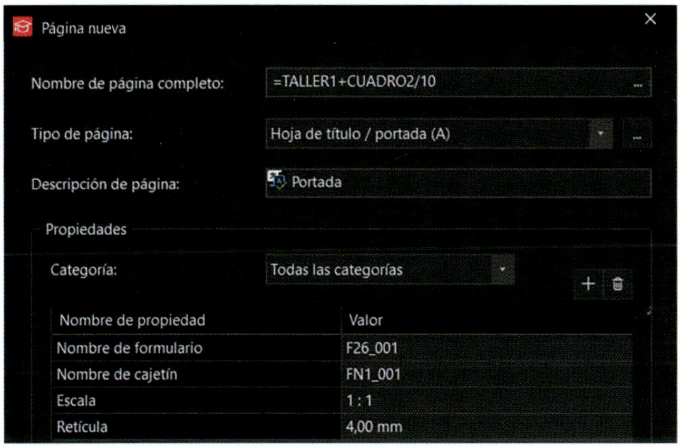

Figura 5.23. Nueva página en una nueva localización.

Además, situándose sobre el **nombre del Proyecto** en el navegador de Páginas y haciendo clic con el botón derecho del ratón, se puede abrir una ventana muy útil que permite crear una nueva página donde se desee, copiar y pegar, etc. Es interesante resaltar que se puede acceder también a las **Propiedades** del Proyecto y, desde el apartado final **Proyecto**, se puede crear un nuevo Proyecto, cerrar el Proyecto actual (desaparece del árbol del navegador) y abrir un Proyecto guardado por defecto en el ordenador en la ruta C:\Usuarios\Acceso público\EPLAN\Data\Proyectos\Company Name.

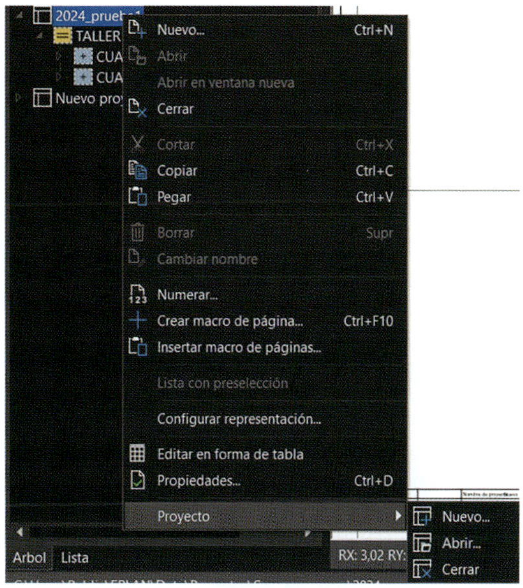

Figura 5.24. Ventana de acceso desde el nombre del Proyecto.

En la **parte central de la interfaz de usuario** se sitúa el **área de trabajo** donde se puede visualizar el tipo de página seleccionado y el **Centro de inserción** activado del programa ePLAN Educacional (parte derecha). Este elemento permite insertar en las páginas Símbolos, Dispositivos, Macros de ventana/símbolos, etcétera.

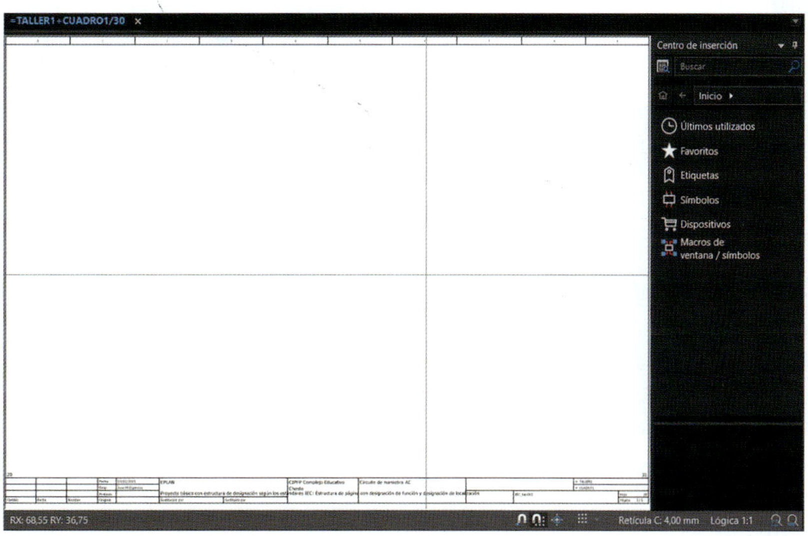

Figura 5.25. Área de trabajo con el Centro de inserción activado.

Por último, en la **parte derecha de la interfaz de usuario** se puede consultar un **Resumen de propiedades.**

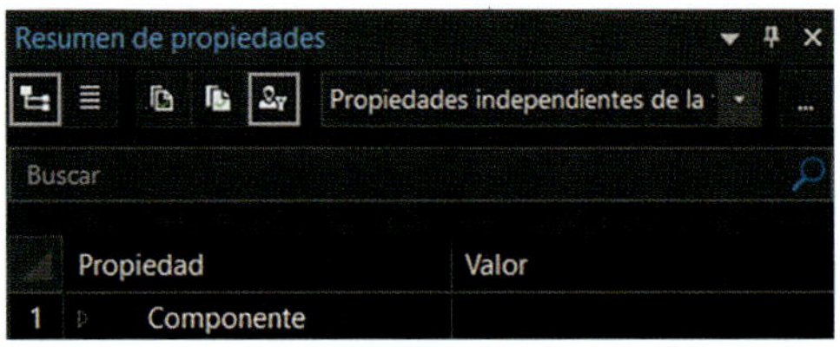

Figura 5.26. Resumen de propiedades.

En caso de **cerrar por error alguna ventana o cuadro de diálogo vertical** de la interfaz de usuario, es posible volver a la **configuración inicial o estándar** desde el **perfil de usuario** (parte superior derecha). También se puede activar desde el mismo sitio las ventanas de Edición de macros, Planificación previa y Propanel. En versiones anteriores de ePLAN Educacional también era posible **mostrar la barra de menú antigua** como Ayuda de transferencia.

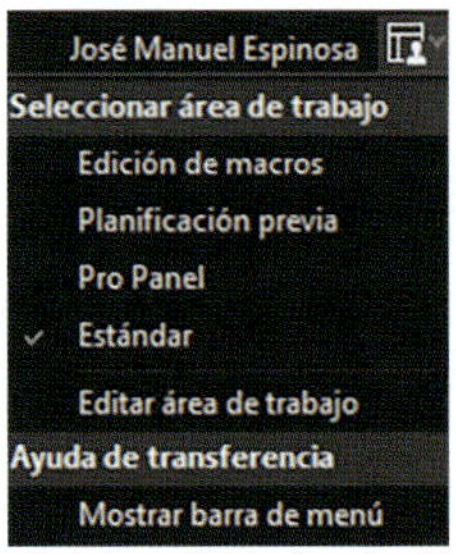

Figura 5.27. Opciones del perfil de usuario.

Es interesante comentar que, desde el **menú Fichero**, también se puede acceder a las opciones anteriores y a otras como **Salvaguardar un Proyecto, Borrar un Proyecto, Imprimir, Exportar, Ajustes,** etcétera.

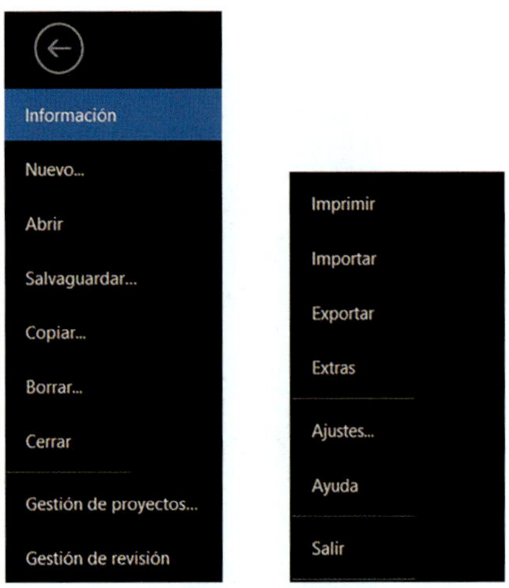

Figura 5.28. Opciones adicionales del menú Fichero.

La opción de **Salvaguardar Proyectos** permite generar una **copia de seguridad del Proyecto**. En la ventana abierta se puede añadir una descripción del mismo, el nombre del fichero de copia de seguridad con extensión .zw1 y el directorio de seguridad definido.

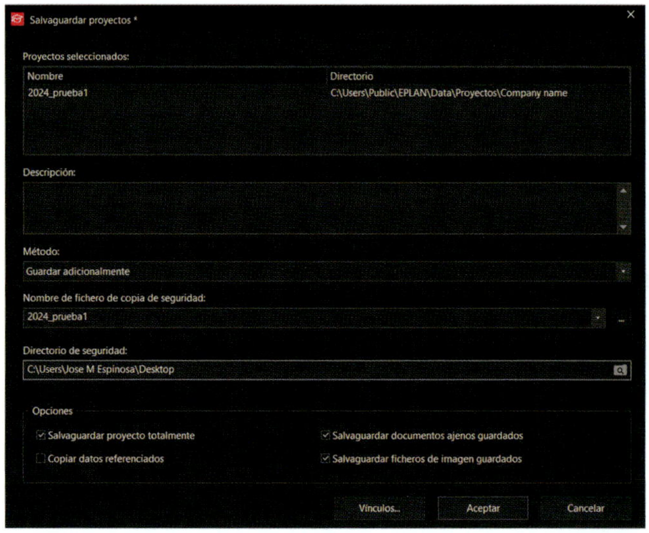

Figura 5.29. Salvaguardar un Proyecto.

Los ficheros de ePLAN presentan **diferentes extensiones** según el uso del mismo (Proyectos: *.zw1; Bibliotecas de símbolos: *.zw2; Hojas de especificaciones: *.zw3; Formularios: *.zw4; Macros: *.zw5; Datos de artículos: *.zw6; Diccionarios: *.zw7; Datos de usuario y estaciones: *.zw8; Proyectos básicos con datos básicos: *.zw9).

Otra opción muy útil es la posibilidad de **importar páginas** en formato DXF/DWG, en formato texto, datos o listas de asignación de un PLC, listas de materiales o de dispositivos, etcétera.

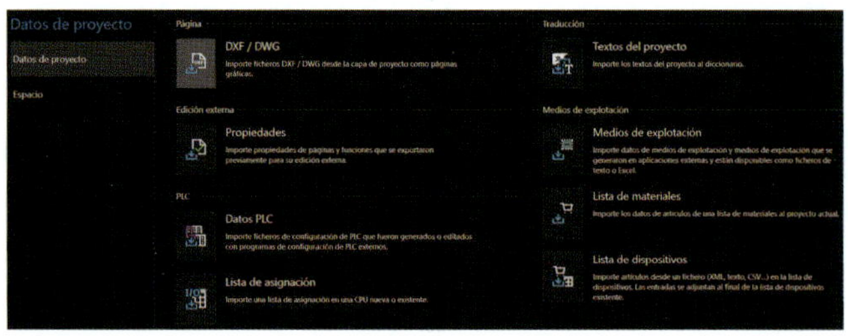

Figura 5.30. Opciones de importación en ePLAN Educacional.

También es posible **Imprimir en formato PDF** todo el Proyecto o las páginas elegidas mediante una impresora virtual instalada en el ordenador (Adobe PDF, Microsoft Print to PDF, etc.). El formato PDF es un formato muy habitual para el intercambio y gestión de la información de los diferentes documentos de un Proyecto y su posterior impresión (en especial para los Planos).

Además, desde el **menú Fichero**, también se puede **Cerrar** un Proyecto, **Borrar** un Proyecto y **Salir** del programa ePLAN Educacional.

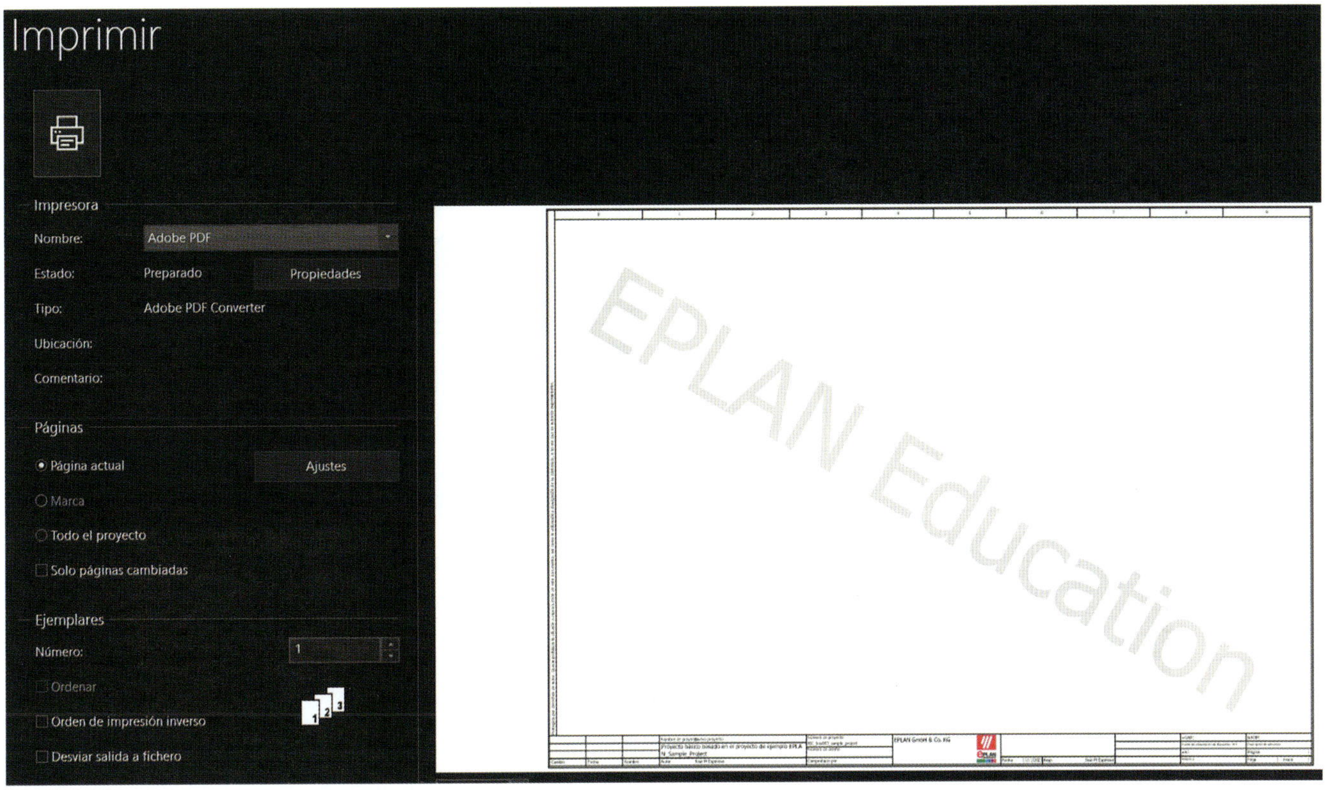

Figura 5.31. Opciones de imprimir en ePLAN Educacional.

5.3. Diseño del circuito de potencia y alimentaciones

En primer lugar, se debe elegir el tipo de hoja de trabajo que utilizar que es **Esquema multipolar**. Las **barras de herramientas de uso general,** situadas en la parte inferior derecha de la interfaz de usuario, son:

- Activar/desactivar la captura de objetos y la captura de retícula.
- Activar/desactivar la captura de lógica.
- Mostrar o no la retícula con separación definida (Retícula A, B, C, D o E).
- Encuadre de ventana.
- Encuadre de toda la página.

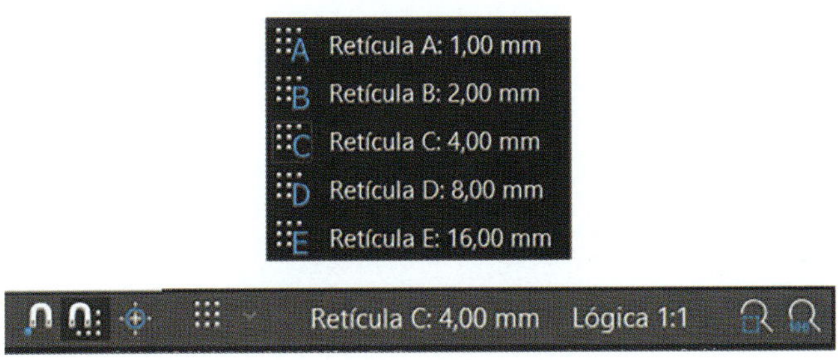

Figura 5.32. Barras de herramientas de uso general (ePLAN Educacional).

Para empezar a dibujar cualquier esquema se debe utilizar la **simbología del programa** a través del **Centro de inserción.** La organización de los diferentes **símbolos** no es muy intuitiva y se hace mediante **cinco carpetas principales** (SPECIAL, IEC_symbol, IEC_single_symbol, GRAPHICS y OS_SYM_ESS). La **barra superior** permite desplegar todas las carpetas de símbolos que cuelgan de una carpeta y moverse a una carpeta anterior dentro de la ruta visible. La flecha, además, permite moverse solo a un nivel atrás.

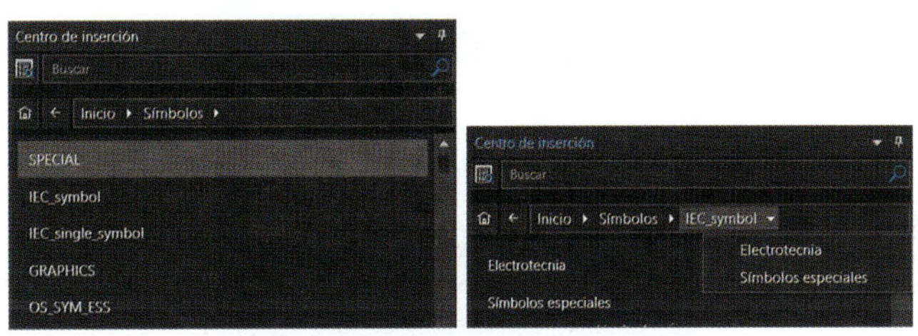

Figura 5.33. Estructura de carpetas (Símbolos/IEC_symbol).

Por ejemplo, la **carpeta IEC_symbol/Electrotecnia** recoge la simbología necesaria para realizar los **circuitos de potencia multifilares** de automatismos y también **circuitos de maniobra AC y DC**. En caso de necesitar realizar **esquemas unifilares** de un cuadro o de una instalación eléctrica, se debería recurrir a los símbolos presentes en la carpeta **IEC_single_symbol**.

Al entrar **dentro de la carpeta Electrotecnia,** se observan hasta trece subcarpetas (Bornes y conectores; Bobinas, contactos y circuitos protectores; PLC/bus; Cable/antena; Dispositivo de protección; Sensor, interruptor y pulsador; etc.) que son las que dan estructura a toda la simbología que, preferentemente, debe utilizarse para realizar los Planos electrotécnicos.

Dentro de cada subcarpeta se pueden **visualizar todos los símbolos directamente o agrupados en sus diferentes tipos.** Resaltar que cada símbolo elegido estará definido unívocamente por un **nombre** (por ejemplo, X1_B), un **número** (por ejemplo, 1411), una **descripción de símbolo** (Borne de un punto de conexión y 2 puntos de conexión de regleta) y una **definición de función** (Borne, general, con regleta, 1 punto de conexión).

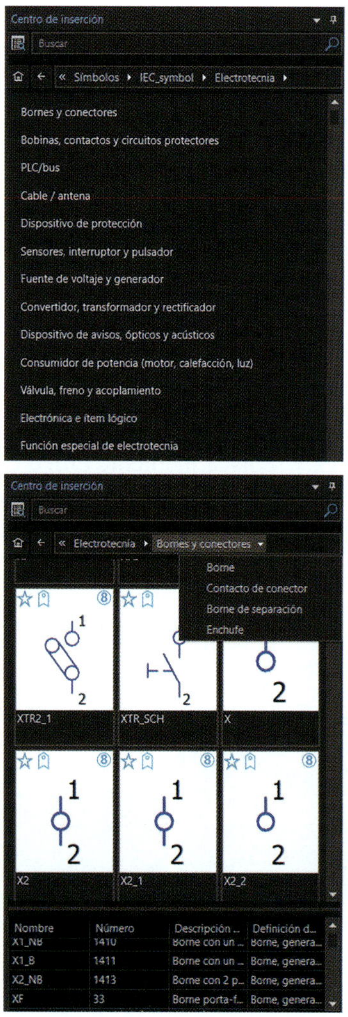

Figura 5.34. Organización de símbolos por tipos en una subcarpeta.

Antes de empezar a dibujar el esquema, es importante saber que, **pulsando la rueda del ratón,** se mueve la hoja o página dentro del área de trabajo y que, **moviendo la rueda del ratón,** se puede hacer más o menos zoom dentro de la página de dibujo.

Para empezar el esquema de potencia y de alimentaciones se deben insertar los **puntos de conexión de potencial.** Si no se conoce la barra de menú o ventana exacta donde se encuentra, se puede hacer uso del cuadro de búsqueda para buscar dicho concepto. En este caso, se sitúan en el **menú Insertar, Cables y conexiones, Conexión.**

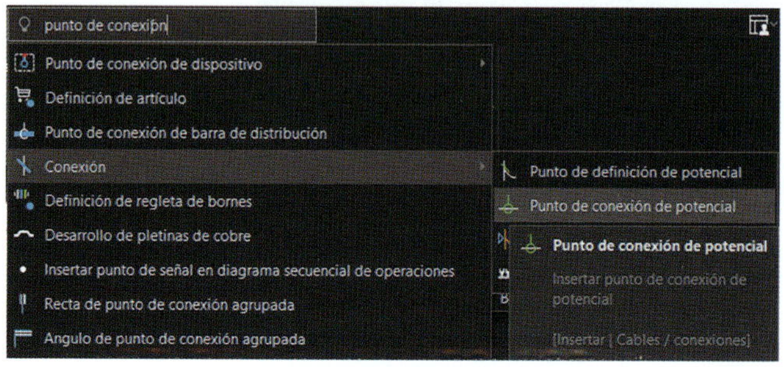

Figura 5.35. Búsqueda de Punto de conexión de potencial.

Una vez insertado en el Plano, se debe hacer **Zoom** para visualizar la variante y **modificarla con el Tabulador** hasta que quede en la posición deseada. En la pantalla de **Propiedades (componentes), Definición de potencial** se debe indicar el nombre de dicho potencial **(L1, L2, L3, N, PE, L+, L–).** Más adelante se puede rellenar en la misma ventana los datos de Sección, Color, Descripción, etcétera.

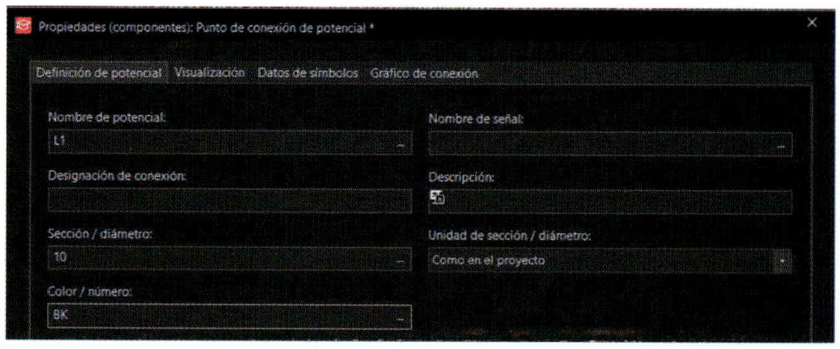

Figura 5.36. Propiedades del Punto de conexión de potencial.

Además, la pantalla de **Propiedades (componentes), Visualización** permite conocer y modificar, si se desea, el formato de dicho punto (fuente, color, alineación, etcétera).

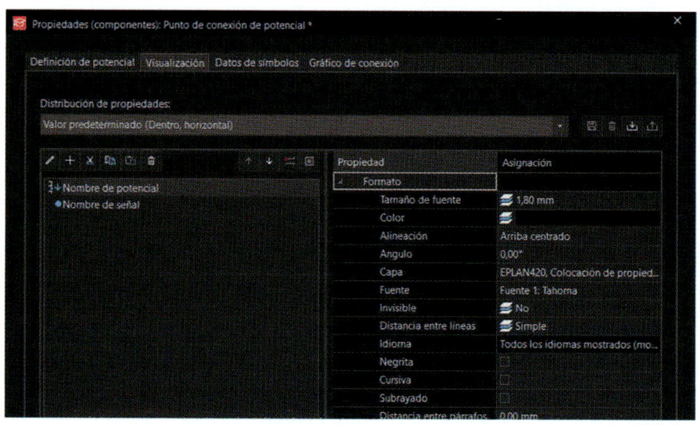

Figura 5.37. Visualización de un Punto de conexión de potencial.

En la pantalla de **Propiedades (componentes), Datos de símbolo** se puede ver la ubicación de la biblioteca del símbolo y su variante.

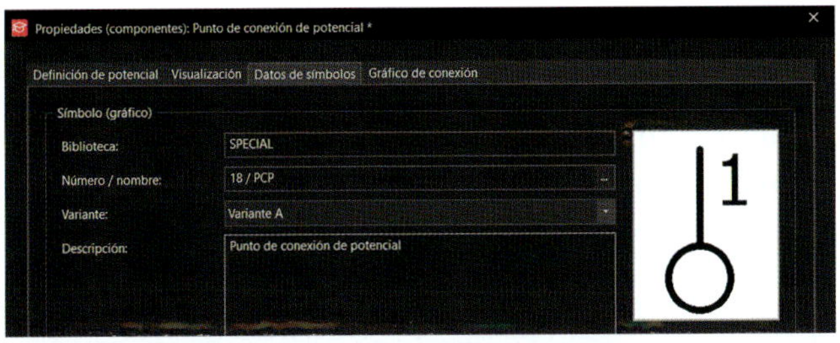

Figura 5.38. Comprobación de la variante (Punto de conexión de potencial).

Por último, la pantalla de **Propiedades (componentes), Gráficos de conexión** permite modificar los datos de Espesor de línea, Color (por ejemplo, verde), Tipo de línea (por ejemplo, discontinua), Longitud de muestra y Capa asignada al componente.

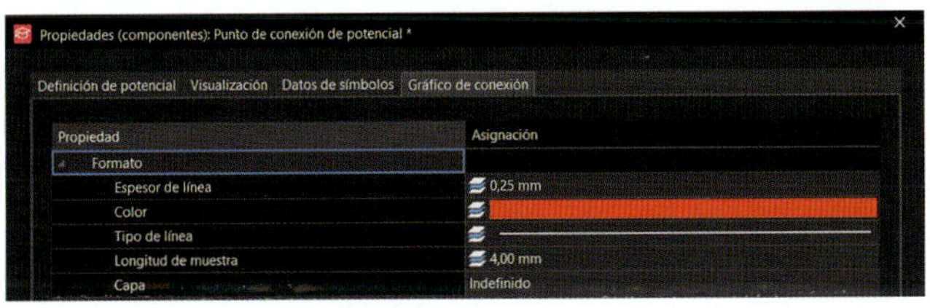

Figura 5.39. Pestaña Gráfico de conexión (Punto de conexión de potencial).

Se deben añadir **nuevos Puntos de conexión de potencia para todas las fases (L1, L2 y L3), neutro N y conductor de protección PE** utilizando la retícula del Plano con referencia de 4 mm (por ejemplo, negro, marrón, gris, azul, amarillo-verde con sección 10 mm²). Cuando se quiera acabar se debe hacer clic en Esc.

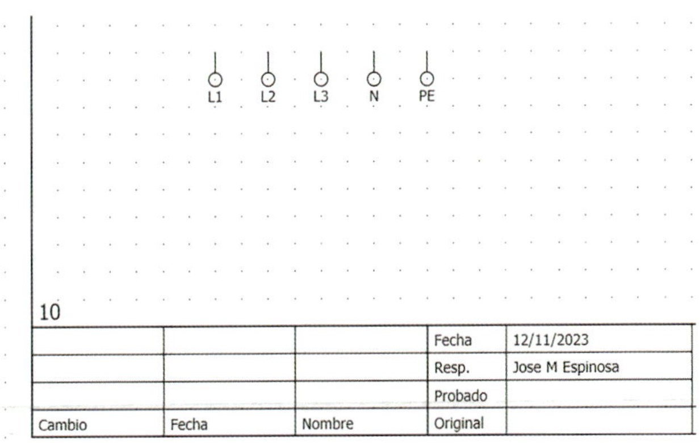

Figura 5.40. Potenciales definidos en un Plano.

A continuación, para tirar un **cable en ángulo recto**, se debe insertar un **Ángulo abajo, a la derecha** que se encuentra situado en el **menú Insertar, Símbolos.** El cableado en rojo se realiza directamente al situar el ángulo en la columna del punto de conexión de potencial y, **presionando el botón izquierdo del ratón y arrastrando**, se puede repetir la instrucción para el resto de puntos de conexión de potencial.

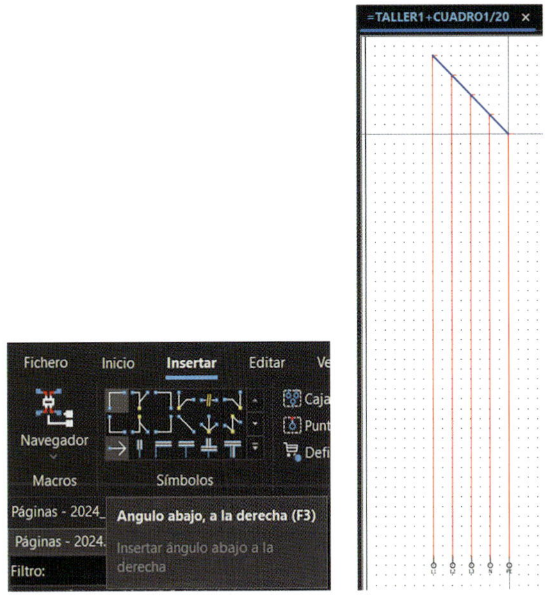

Figura 5.41. Cableado de un ángulo recto de forma repetida.

A continuación se debe insertar el cable horizontal de cada potencial del Plano definiendo un **Punto de interrupción**, que se encuentra situado en el **menú Insertar, Símbolos.** Una vez situado un cable, desde su punta de flecha, es muy útil para repetir la instrucción mantener pulsado el botón izquierdo del ratón y arrastrar el ratón en una dirección (por ejemplo, hacia abajo en vertical). Cuando se quiera acabar basta presionar la tecla Esc.

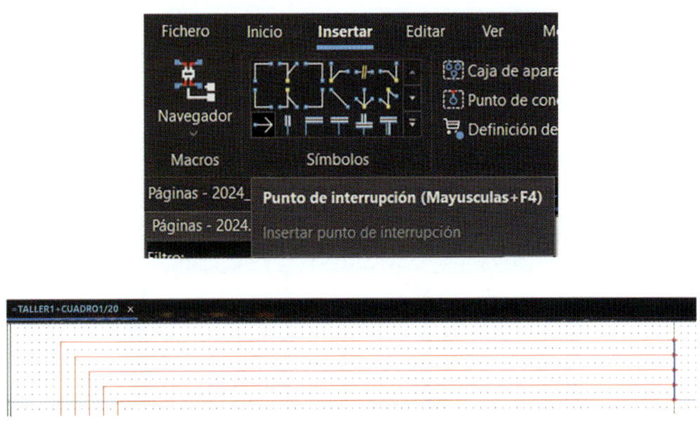

Figura 5.42. Utilización del Punto de interrupción.

En cada línea creada, en la pestaña Propiedades, se debe **insertar el IME visible** con el nombre elegido para distinguir entre los distintos puntos de interrupción del esquema.

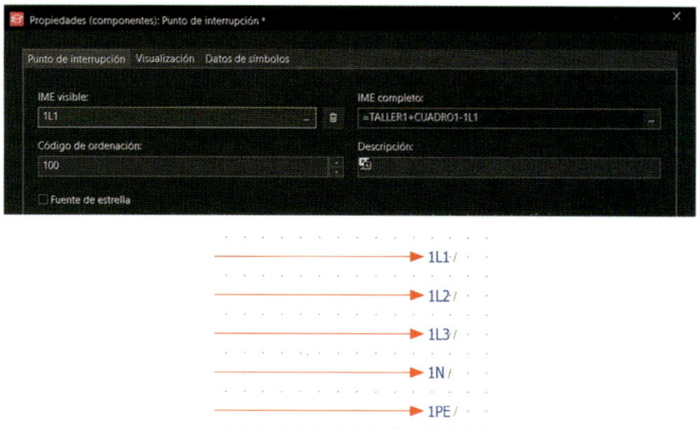

Figura 5.43. Indicación del IME visible en cada punto de interrupción.

Para **desplazar el conjunto** de líneas insertadas basta presionar Esc, hacer Zoom y seleccionarlos todos con una ventana y alargarlos hasta donde se desee.

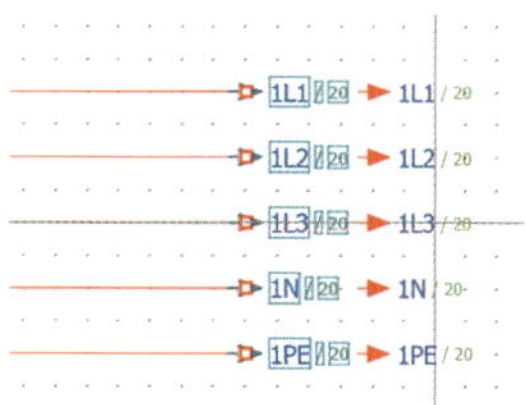

Figura 5.44. Desplazar en conjunto las líneas de alimentación.

Para comenzar a insertar la aparamenta en el circuito de potencia, por ejemplo, un **conmutador en carga tripolar**, se debe ir al **Centro de inserción** y seleccionar la subcarpeta **IEC_symbol/Electrotecnia/Sensores, interruptor y pulsador**. En ella se elige el tipo deseado de **Interruptor/pulsador triple, 6 puntos de conexión** (nombre Q3, número 128).

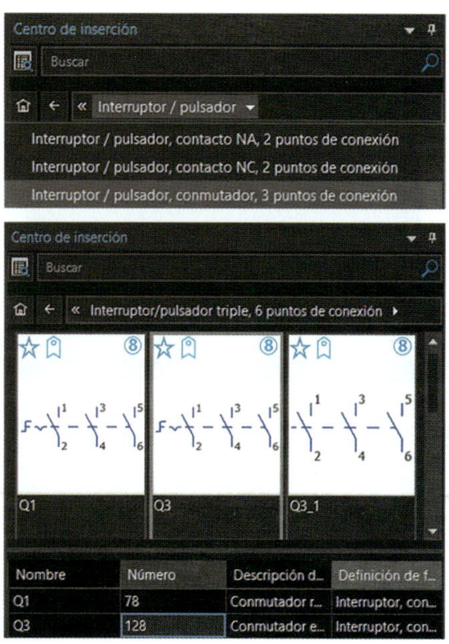

Figura 5.45. Inserción de un conmutador rotativo.

Basta **llevar el símbolo elegido** sobre las líneas de alimentación del circuito para que las interrumpa y lo sitúe adecuadamente en la posición elegida. Como antes, para **modificar Variante,** se puede hacer clic en el Tabulador del teclado las veces que haga falta de forma que la numeración de bornes del elemento sea la correcta. También se puede hacer de forma posterior en **Propiedades, Datos de símbolo/función**. En la pestaña **Propiedades, Interruptor/pulsador** se puede **modificar el IME visible** para ajustarlo a la designación y numeración empleada (–Q1).

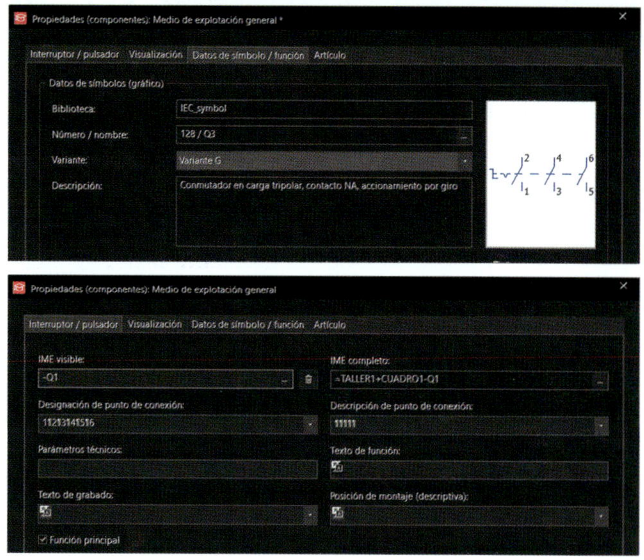

Figura 5.46. Cambio de la variante e IME de un símbolo.

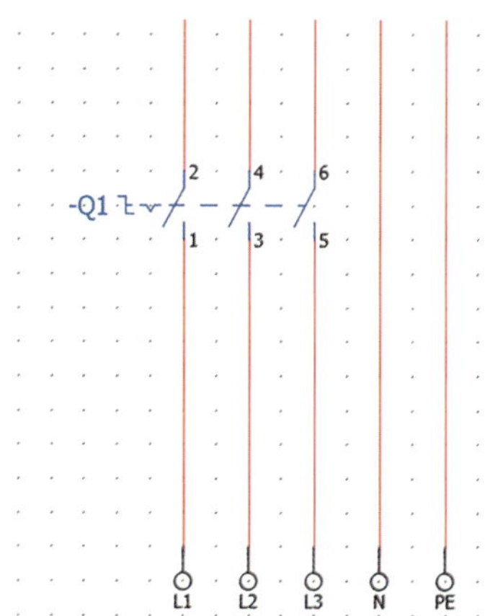

Figura 5.47. Inserción del símbolo conmutador rotativo.

La simbología utilizada para cablear el circuito de potencia del ejemplo es:

- **Carpeta IEC_Symbol, Electrotecnia, Dispositivos de protección, Fusible:** fusible-seccionador tetrapolar (nombre FTR3NTS, número 1620).
- **Carpeta IEC_Symbol, Electrotecnia, Dispositivos de protección, Interruptor de protección:**

interruptor de protección automático tetrapolar (nombre QLS4_1, número 1334).

- **Carpeta IEC_Symbol, Electrotecnia, Dispositivos de protección, Interruptor de protección de fallo de corriente:** interruptor de protección fallo de corriente 4 polos (nombre FI_4_01, número 1142).
- **Carpeta IEC_Symbol, Electrotecnia, Dispositivos de protección, Interruptor guardamotor:** interruptor de potencia/interruptor guardamotor con mecanismo de seguridad de conmutación y línea (nombre QL3_1, número 97).
- **Carpeta IEC_Symbol, Electrotecnia, Bobinas, Contactos y circuitos protectores:** contacto NA, 3 contactos, contactos de potencia de un contactor (nombre SL3, número 1625).
- **Carpeta IEC_Symbol, Electrotecnia, Dispositivos de protección, Relé de protección:** accionamiento electromecánico de un relé térmico tripolar (nombre FT3, número 79).

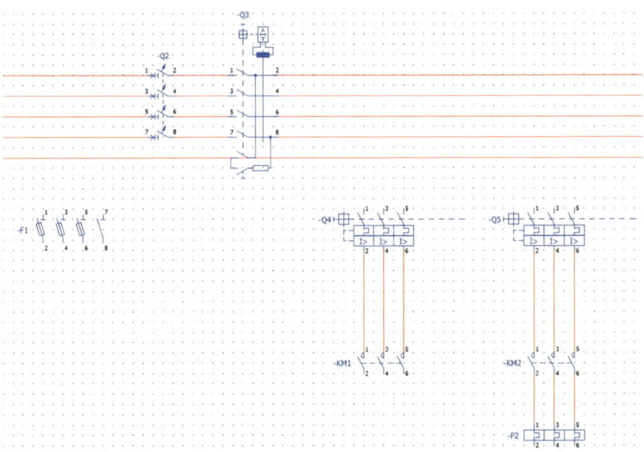

Figura 5.48. Inserción de varios símbolos en el circuito de potencia.

La **derivación de la línea principal** trifásica (L1, L2, L3, PE) a cada línea trifásica de alimentación a motores requiere utilizar una **Pieza T, abajo** situada en el **menú Insertar, Símbolos.** Además, del mismo menú, se puede utilizar **Ángulo abajo/arriba (a la izquierda y a la derecha**) para mejorar el diseño del conductor PE en el paso por el interruptor diferencial.

Como se observa, por defecto, las **derivaciones hechas** se han representado en **forma de puntos.** Suele ser recomendable **modificar la opción de representación** para que aparezca la pieza en forma de T que indica el sentido real en el que se realiza el cableado entre dispositivos en el cuadro.

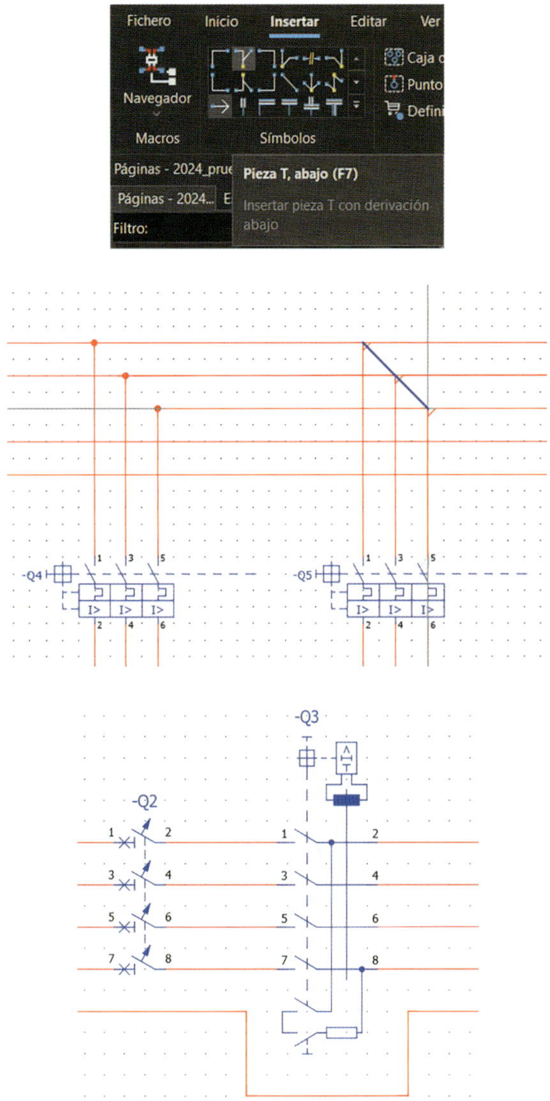

Figura 5.49. Utilización de Piezas T y Ángulos arriba (circuito de potencia).

Para ello se debe ir al **menú Fichero, Ajustes** y entrar en la **carpeta Usuario.** Se debe buscar **Símbolos de conexión** en la carpeta de **Edición gráfica** y activar la determinación de destino. La modificación se activará a partir de aplicarla en el Proyecto o en el perfil de usuario y volverla a utilizar. En este ejemplo, se repite el cableado anterior para ver el cambio.

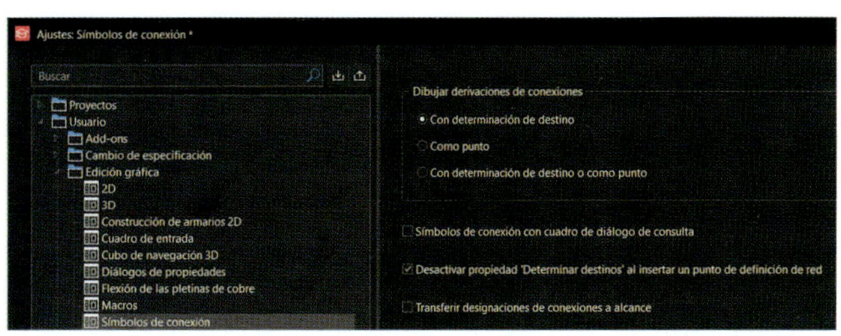

Figura 5.50. Cambio de ajustes para las derivaciones de conexiones.

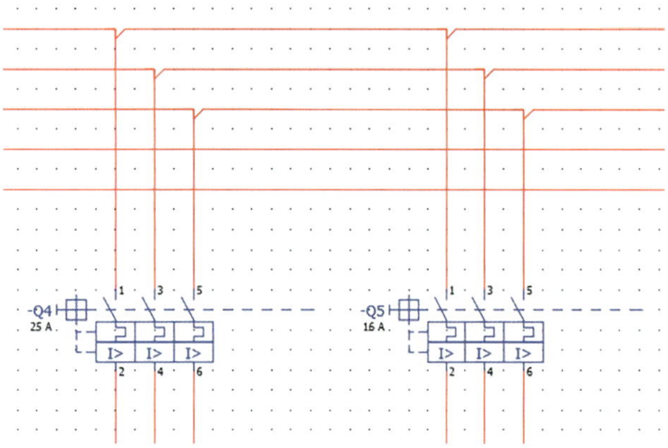

Figura 5.51. Derivaciones de conexiones con piezas T.

Las características o parámetros técnicos de las **protecciones usadas** (intensidad nominal, sensibilidad) pueden introducirse en el circuito editando el símbolo y rellenando el apartado **Parámetros técnicos.**

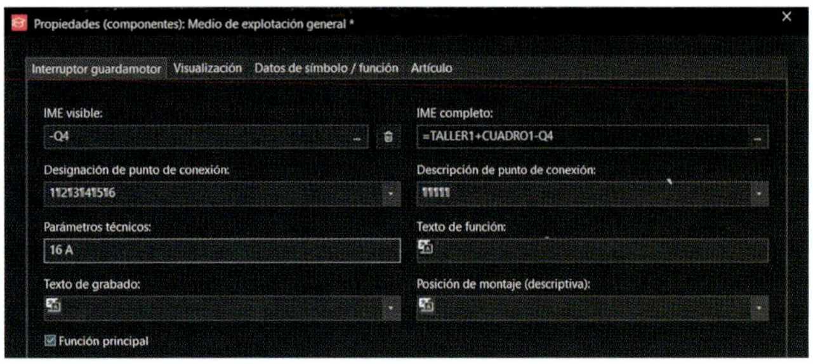

Figura 5.52. Parámetros técnicos de elementos de protección.

- **Carpeta IEC_Symbol, Electrotecnia, Consumidor de potencia:** motor asincrónico de corriente trifásica (nombre M3_1, número 307).

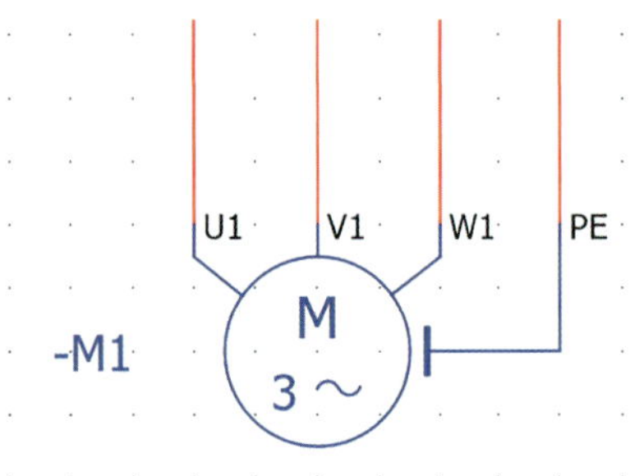

Figura 5.53. Inserción del símbolo motor trifásico.

Para poder **insertar una manguera W** de entrada o de salida del cuadro se debe ir al **menú Insertar, Cable/ conexiones, Cable** para hacer clic en el punto donde se desee insertarla y arrastrarla de izquierda a derecha. Puede ser necesario **reorganizar la designación de colores** de cada cable de la manguera considerada (fases BK, BN, GY; neutro N; PE amarillo-verde GNYE).

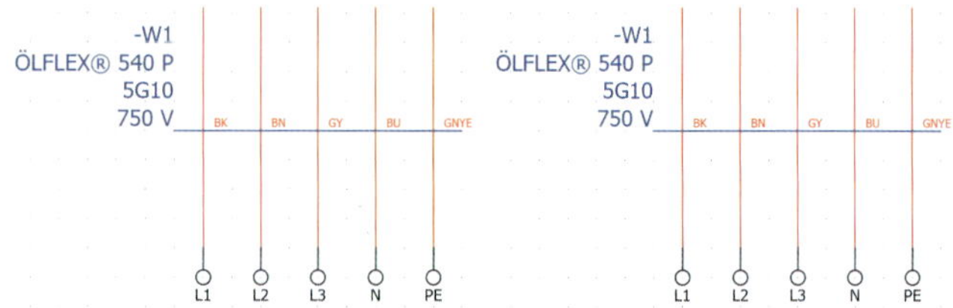

Figura 5.54. Definición de manguera de entrada a cuadro/salida a motor.

Además de definir el **nombre de la manguera** (IME visible), se puede **seleccionar el Tipo** desde el botón «…» para entrar en la base de datos de **Selección de artículos.** En este caso, se mostrarán los artículos de cables que, por defecto, hay disponibles tras la instalación de ePLAN Educacional.

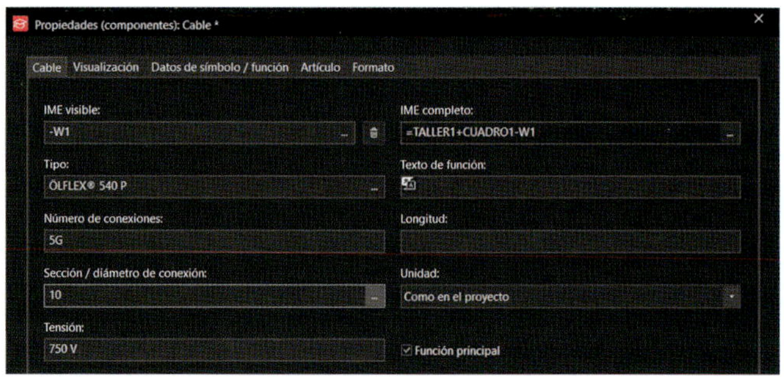

Figura 5.55. Propiedades de una manguera (Cable).

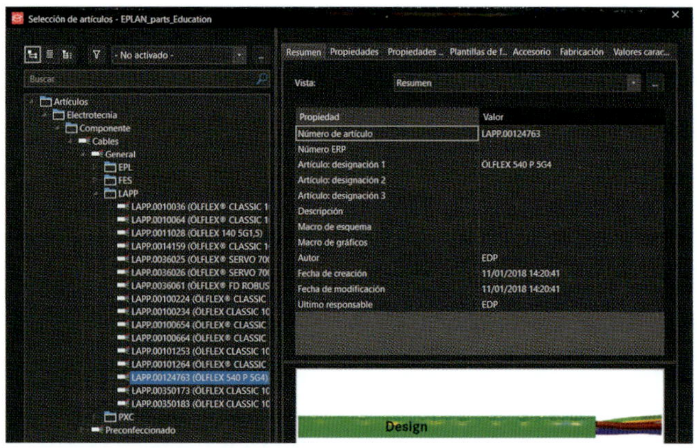

Figura 5.56. Tipo de cable seleccionado para una manguera.

También es posible insertar el texto que se desee (por ejemplo, TRIFÁSICA 400 V) desde el **menú Insertar, Texto** o directamente sobre el circuito haciendo clic sobre el botón derecho del ratón. Es posible ir a la **ventana de Formato** para modificar el tamaño de fuente, color, alineación, capa, negrita, etcétera.

Los interruptores de protección también se utilizan para definir, en el mismo circuito de potencia, las **alimentaciones** a las hojas donde posteriormente se representarán los **circuitos de maniobra AC y DC.**

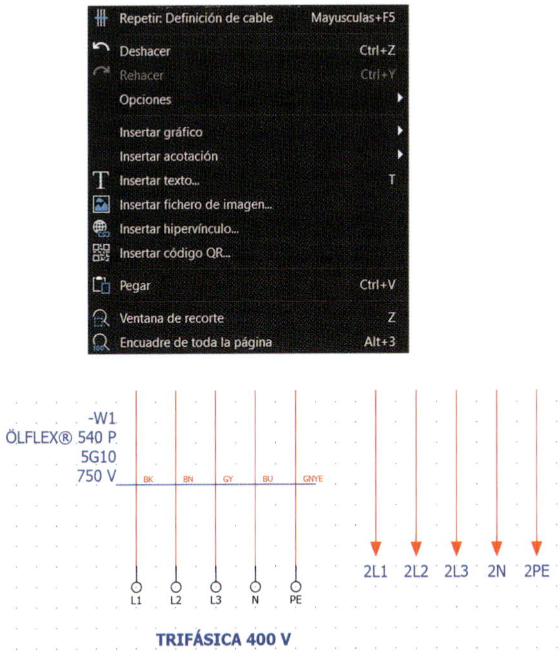

Figura 5.57. Texto introducido en un circuito.

En el ejemplo se considera un interruptor de protección automático bipolar (nombre QSL2_1, número 1332) en serie con un interruptor diferencial de fallo de corriente bipolar (nombre FI_2_01, número 1137) para alimentar la maniobra a 230 V AC y un interruptor de protección automático bipolar en serie con una fuente de tensión G1 AC/DC y fusibles para DC para alimentar la maniobra a 24 V DC.

- **Fuente de tensión AC/DC en la carpeta IEC_ Symbol, Electrotecnia, Convertidor, transformador y rectificador:** rectificador monofásico (nombre G22, número 56).

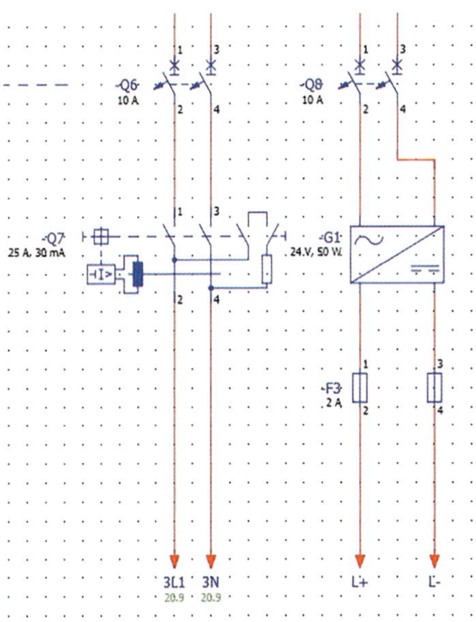

Figura 5.58. Alimentación para circuitos de maniobra.

Desde el **menú Ver, Seguimiento de potencial** se puede comprobar si son correctas las conexiones de cada potencial en el Plano (N, L1, L2, L3, PE). Como se aprecia, el conductor cuyo potencial se revisa pasa a ser de un color naranja.

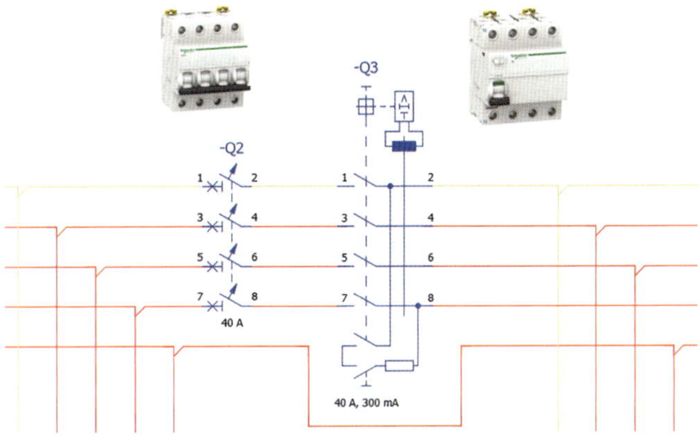

Figura 5.59. Comprobación de potencial.

Una vez completado el circuito de potencia con las protecciones necesarias para cada motor, las mangueras de entrada/salida del cuadro, los contactos principales de los contactores y las alimentaciones para los circuitos de maniobra se deben situar en el Plano u hoja los bornes de conexión para el **bornero de potencia X1.** Se deben situar en la misma línea las bornas para entrada/salida al cuadro de automatización (líneas eléctricas de entrada/salida y motores eléctricos conectados externamente).

- **Bornas de entrada/salida del cuadro en carpeta IEC_Symbol, Electrotecnia, Bornes y conectores:** borne, general, con regleta, 2 puntos de conexión (nombre X2, número 1117).

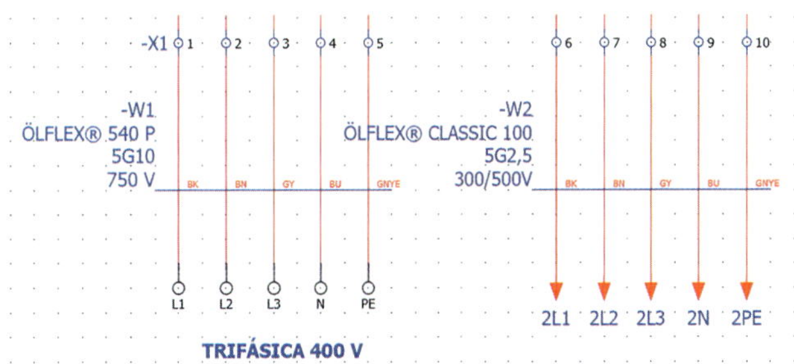

Figura 5.60. Bornero de potencia X1 (entrada/salida de líneas al cuadro).

También es posible usar el **menú Insertar, Bornes, Borne**. Una vez insertado un borne en su posición (por ejemplo, X1:1), conviene **repetir el símbolo** manteniendo pulsado el botón izquierdo del ratón y arrastrando el ratón hacia la derecha en horizontal. Si es necesario, se deberá modificar el IME visible de todas las bornas (por ejemplo, =TALLER1+CUADRO1-X1:1) para que siga la numeración requerida.

La variante elegida, cambiando con el Tabulador, se deberá adecuar en función de dónde se sitúe el **exterior**

de cuadro (2) o el **interior de cuadro (1).** Este punto se puede comprobar posteriormente al generar el Plano de conexión de bornes. También es posible visualizar todas las variantes disponibles del elemento haciendo clic en el botón «...» (Datos de símbolo/función).

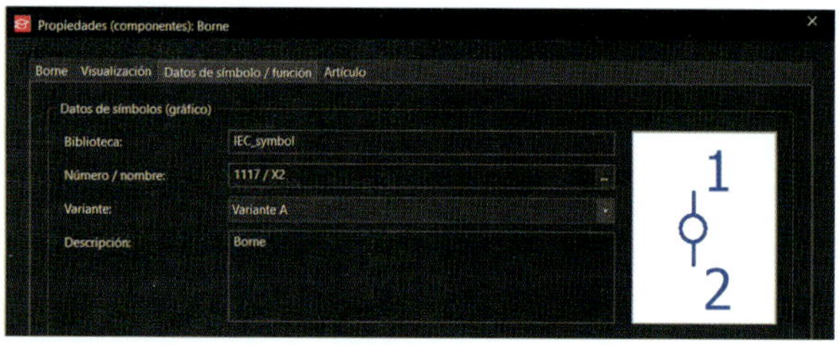

Figura 5.61. Variante elegida para el bornero de potencia X1.

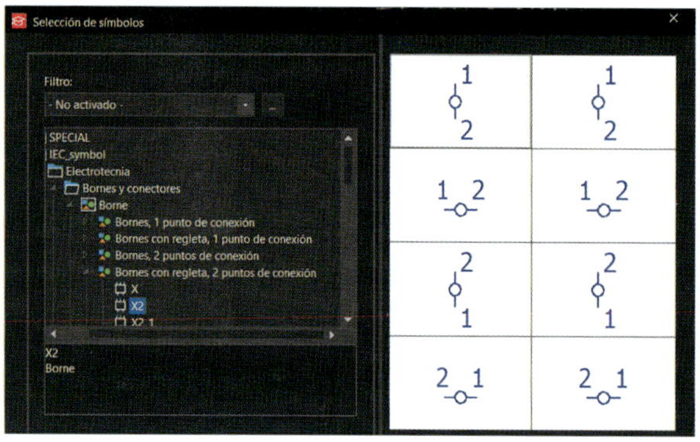

Figura 5.62. Selección de símbolo entre variantes posibles.

Es muy interesante **insertar una imagen** de cada símbolo utilizado en una hoja de trabajo, pues permite **documentar gráficamente** cualquier material técnico, lo que es de gran ayuda para el operario que debe realizar un mantenimiento o sustitución de varios componentes de una instalación.

Se puede utilizar la **imagen de un elemento** vinculado con **cada artículo** presente por defecto tras la instalación del programa ePLAN Educacional (C:\Usuarios\Acceso público\EPLAN\Data\Imágenes\Company name). Para ello basta hacer clic con el botón derecho del ratón en el área de trabajo y seleccionar **Insertar fichero de imagen.**

También se pueden buscar de forma externa (Internet) e insertarlas en la hoja mediante el **menú Insertar, Externo, Fichero de imagen.** Conviene guardarlas en el disco duro en carpetas para formar una pequeña biblioteca de imágenes obtenidas. Por lo general, al insertarla se debería seleccionar la opción de **Copiar en el Proyecto** para tenerlas siempre al realizar la copia de seguridad de datos.

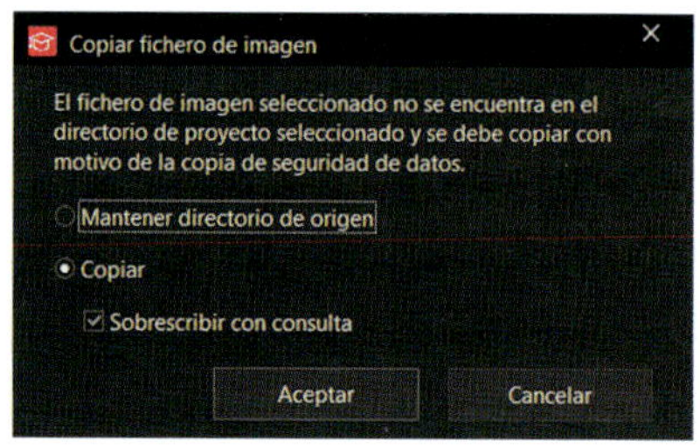

Figura 5.63. Copia de un fichero de imagen.

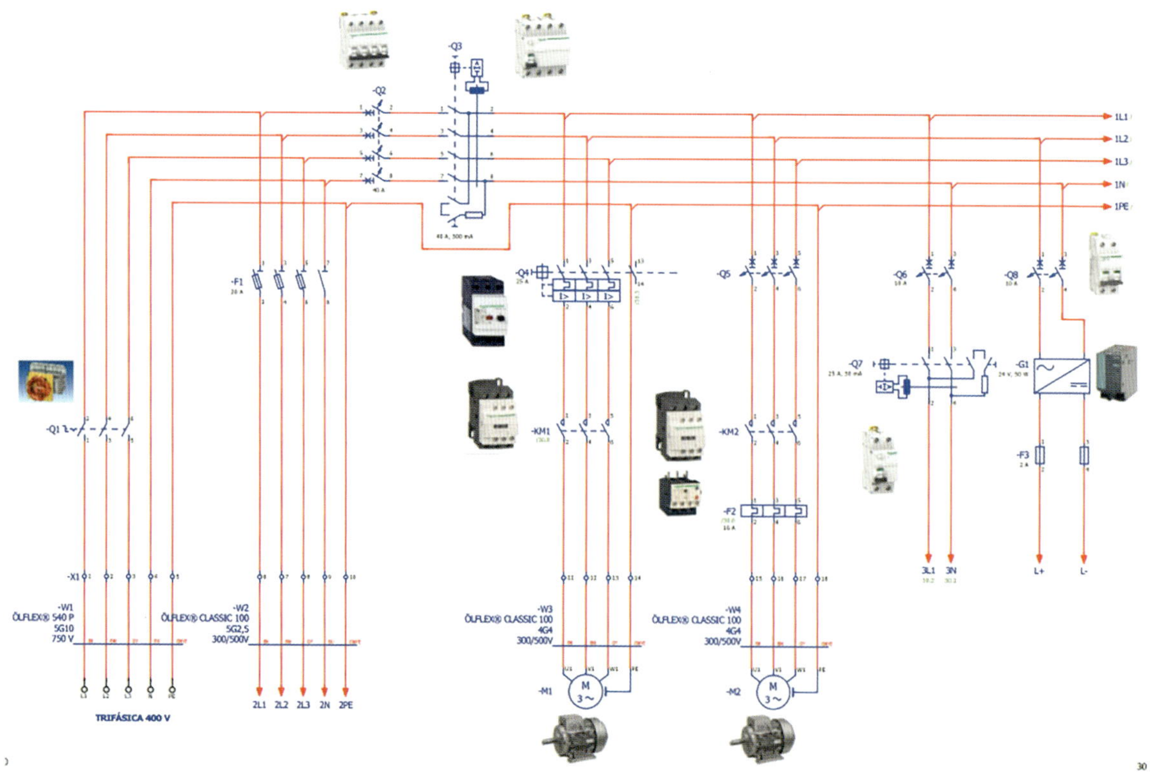

Figura 5.64. Plano del circuito de potencia de un automatismo eléctrico.

5.4. Diseño del circuito de maniobra de un automatismo cableado

En el Plano del **circuito de maniobra con tensión de alimentación AC** se debe elegir inicialmente el **tipo de hoja de trabajo** que utilizar **(Esquema multipolar)**. Para empezar el esquema se requiere insertar un **Punto de interrupción** para la fase (3L1) y otro para el conductor neutro (3N).

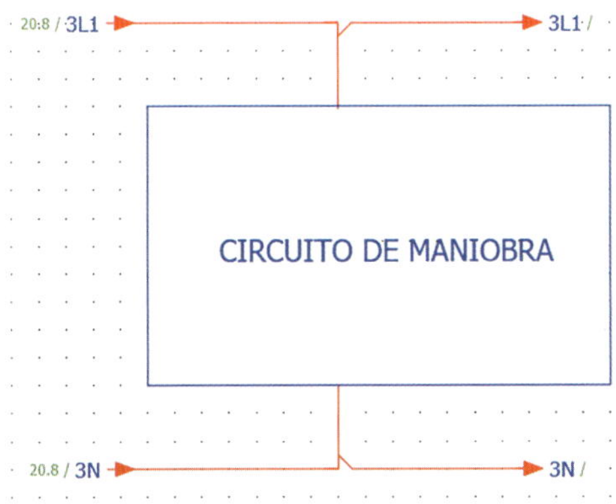

Figura 5.65. Puntos de interrupción con referencias cruzadas.

En ambos casos se debe elegir la **variante adecuada para mostrar el IME visible situado al lado izquierdo.** Como se aprecia, aparece automáticamente la **referencia cruzada** (hoja 20, columna 8) que indica la situación del mismo punto de interrupción en la hoja del circuito de potencia. También se actualizará dicha referencia cruzada en dicho Plano. Se puede **mover de una a otra hoja** mediante la tecla Crtl y haciendo clic en el número de la referencia.

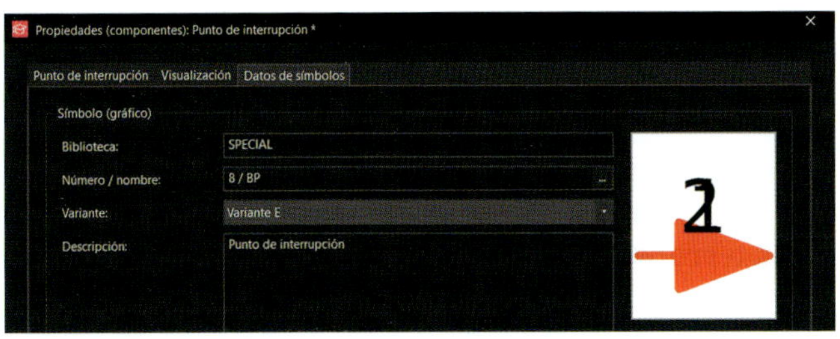

Figura 5.66. Variante elegida para el punto de interrupción.

El **diseño del circuito de maniobra AC** requiere ir creando las columnas necesarias en las que cablear los diferentes elementos requeridos según la automatización que realizar. Estos son los **contactos auxiliares de los disyuntores –Q o relés térmicos –F**, **contactos auxiliares de pulsadores –S** (de emergencia, de paro o de marcha), **contactos auxiliares de contactores de potencia –KM** (por ejemplo, para hacer realimentaciones o enclavamientos), **detectores electrónicos –B o finales de carrera –S**, **bobinas (contactores –KM, temporizadores –KT o relés auxiliares –KA), pilotos de señalizaciones –H, bornero de control de un variador –G,** etcétera).

- **Pulsador de paro/emergencia NC en la carpeta IEC_Symbol, Electrotecnia, Sensores, interruptor y pulsador:** interruptor/pulsador, contacto NC, 2 puntos de conexión (nombres SOD y SONOT2, números 36 y 150).
- **Pulsador de marcha NO en la carpeta IEC_Symbol, Electrotecnia, Sensores, interruptor y pulsador:** interruptor/pulsador, contacto NA, 2 puntos de conexión (nombre SSD, número 35).

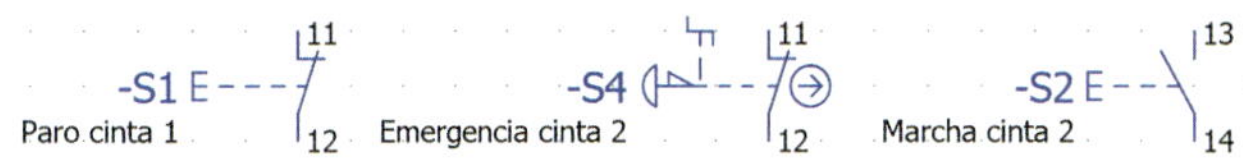

Figura 5.67. Contactos auxiliares de pulsadores.

- **Contacto auxiliar NO en la carpeta IEC_Symbol, Electrotecnia, Bobinas, contactos y circuitos protectores:** contacto NA, contacto auxiliar (nombre S, número 1).
- **Contacto auxiliar NC en la carpeta IEC_Symbol, Electrotecnia, Bobinas, contactos y circuitos protectores:** contacto NC, contacto auxiliar (nombre O, número 2).

Figura 5.68. Utilización de contactos auxiliares.

- **Bobina de contactores/relés auxiliares en la carpeta IEC_Symbol, Electrotecnia, Bobinas, contactos y circuitos protectores:** bobina, 2 puntos de conexión (nombre K, número 20).

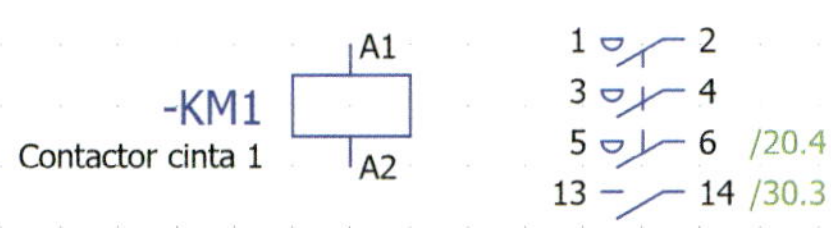

Figura 5.69. Bobina de contactor y representación de referencias cruzadas.

En el caso de la bobina del contactor KM1, para poder **desplazar las referencias cruzadas** en la forma gráfica que aparecen en la parte inferior de la hoja, se debe hacer clic con el botón derecho del ratón sobre la bobina y seleccionar **Texto, Desplazar texto de propiedades.** Se puede restablecer la posición inicial de las referencias cruzadas mediante Texto, Restablecer texto de propiedades desplazado.

Como en muchos otros símbolos, dentro de **Propiedades**, se puede definir el nombre para IME visible (si se desea, se puede seleccionar desde el botón «...»), la designación de sus puntos de conexión, el texto de función, la variante de visualización, etc. Al desplegar la pestaña de **Selección de IME** para el contactor KM1, se puede ver la simbología de sus diferentes partes y en la página u hoja donde se encuentran.

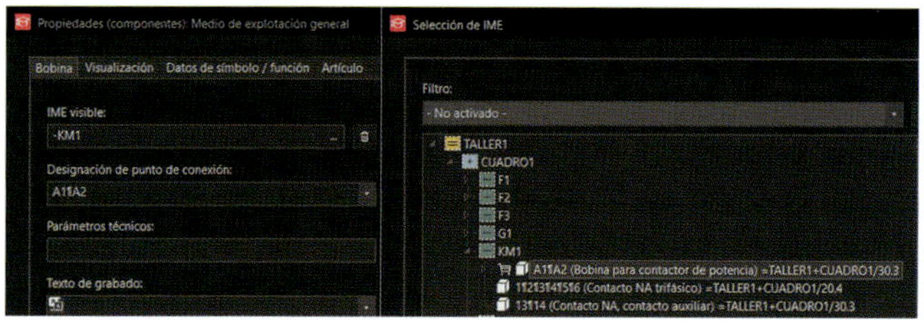

Figura 5.70. Selección de IME para un símbolo.

- **Bobinas de temporizadores a la conexión/desconexión en la carpeta IEC_Symbol, Electrotecnia, Bobinas, contactos y circuitos protectores:** bobina con retardo a la conexión (nombre KA, número 21) y bobina con retardo a la desconexión 3 puntos (nombre KR3, número 1001).

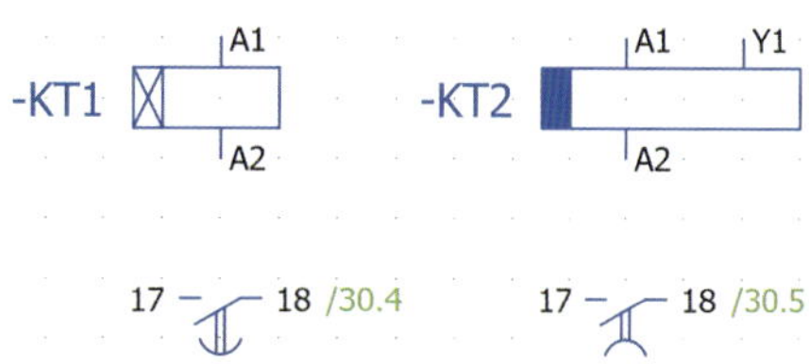

Figura 5.71. Bobinas de temporizadores TON/TOF.

- **Contacto auxiliar temporizado NO a la conexión/desconexión en la carpeta IEC_Symbol, Electrotecnia, Bobinas, contactos y circuitos protectores:** contacto NA, cierre retardado/apertura retardada (nombre SSV, número 3 y nombre SOV, número 5).

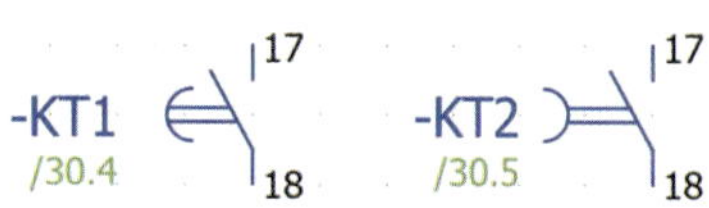

Figura 5.72. Contactos auxiliares de temporizadores TON/TOF.

- **Contacto auxiliar retardado NC de un relé térmico en la carpeta IEC_Symbol, Electrotecnia, Bobinas, contactos y circuitos protectores:** contacto NC, 2 puntos de conexión (nombre FTH, número 96).
- **Contacto auxiliar retardado NO de un relé térmico en la carpeta IEC_Symbol, Electrotecnia, Bobinas, contactos y circuitos protectores:** contacto NA, 2 puntos de conexión (nombre ST, número 13).

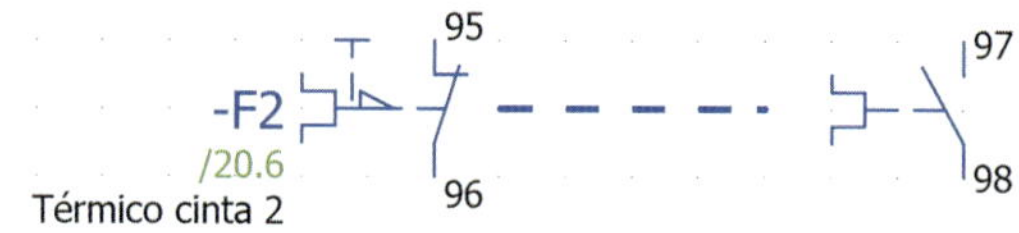

Figura 5.73. Contactos auxiliares retardados de un relé térmico.

En el caso de la representación gráfica de los 2 contactos auxiliares de un relé térmico se puede añadir una línea desde el **menú Insertar, Galería de gráficos, Línea** que una los dos contactos. Se pueden modificar las propiedades de dicha línea como el Color (azul) o el Tipo de línea (discontinua).

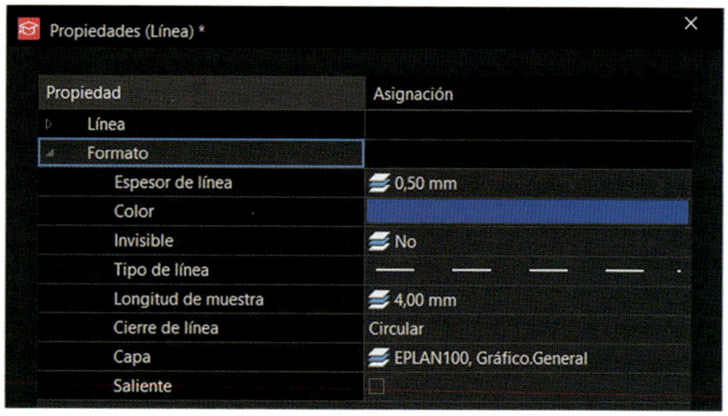

Figura 5.74. Propiedades de una línea (cambio de color y tipo de línea).

- **Piloto de señalización en la carpeta IEC_Symbol, Electrotecnia, Dispositivos de aviso, ópticos y acústicos:** luz de aviso (nombre H, número 46).

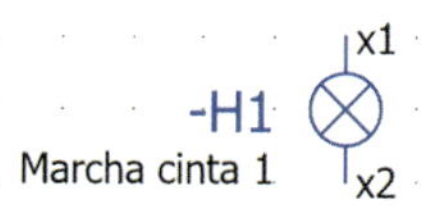

Figura 5.75. Símbolo de luz de aviso.

- **Contacto auxiliar NO de un final de carrera en la carpeta IEC_Symbol, Electrotecnia, Sensores, interruptor y pulsador:** final de carrera, contacto NA (nombre SSEND, número 1219).
- **Detector fotoeléctrico réflex 5 hilos en la carpeta IEC_Symbol, Electrotecnia, Sensores, interruptor y pulsador:** protección fotoeléctrica con interruptor fotoeléctrico (nombre SWLRX_2, número 1452).

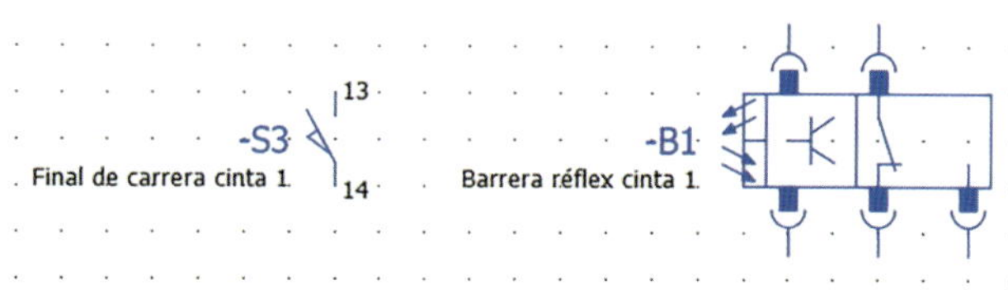

Figura 5.76. Final de carrera y barrera fotoeléctrica réflex.

El **cableado de los elementos del circuito de maniobra en AC,** situados en diferentes columnas, requiere utilizar como antes los elementos del **menú Insertar, Símbolos de conexión** (piezas en T, ángulos, etc.). El proceso de conexión en la parte superior de elementos continuos requiere, inicialmente, añadir el ángulo recto necesario para, posteriormente, la pieza en T a la derecha.

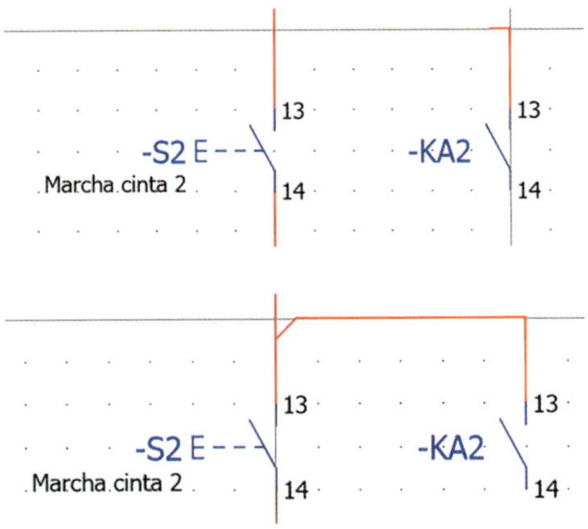

Figura 5.77. Conexión superior (elementos situados en columnas contiguas).

El proceso de conexión en la parte inferior de elementos continuos requiere, inicialmente, añadir el ángulo recto necesario para, posteriormente, la pieza en T a la derecha.

Se debe presionar la tecla del Tabulador para cambiar la variante de la pieza en T (2.º destino).

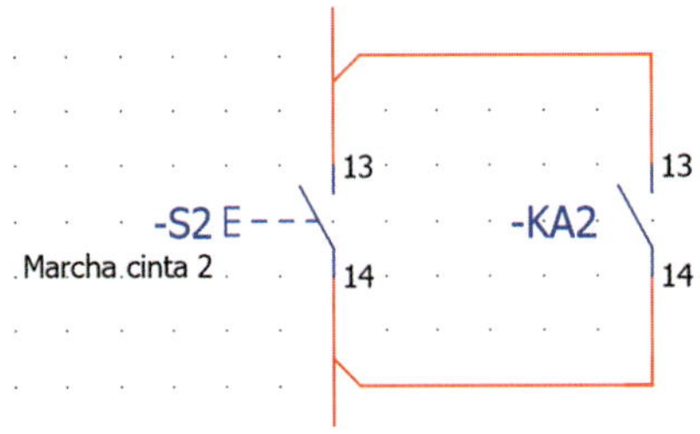

Figura 5.78. Conexión inferior (elementos situados en columnas contiguas).

Una vez completado el circuito de maniobra en AC del automatismo cableado con los elementos necesarios, al igual que antes, se deben situar en el Plano u hoja los bornes de conexión para el **bornero de maniobra X2.**

Se deben situar bornes, general, con regleta 2 puntos de conexión en aquellos puntos del circuito de maniobra donde haya transición entre elementos situados dentro y fuera del propio cuadro eléctrico. Se debe prestar especial atención a la variante elegida [exterior de cuadro (2), interior de cuadro (1)]. Los bornes de conexión se agruparán en 3 bloques (por ejemplo, pulsadores, finales de carrera y detectores y señalizaciones).

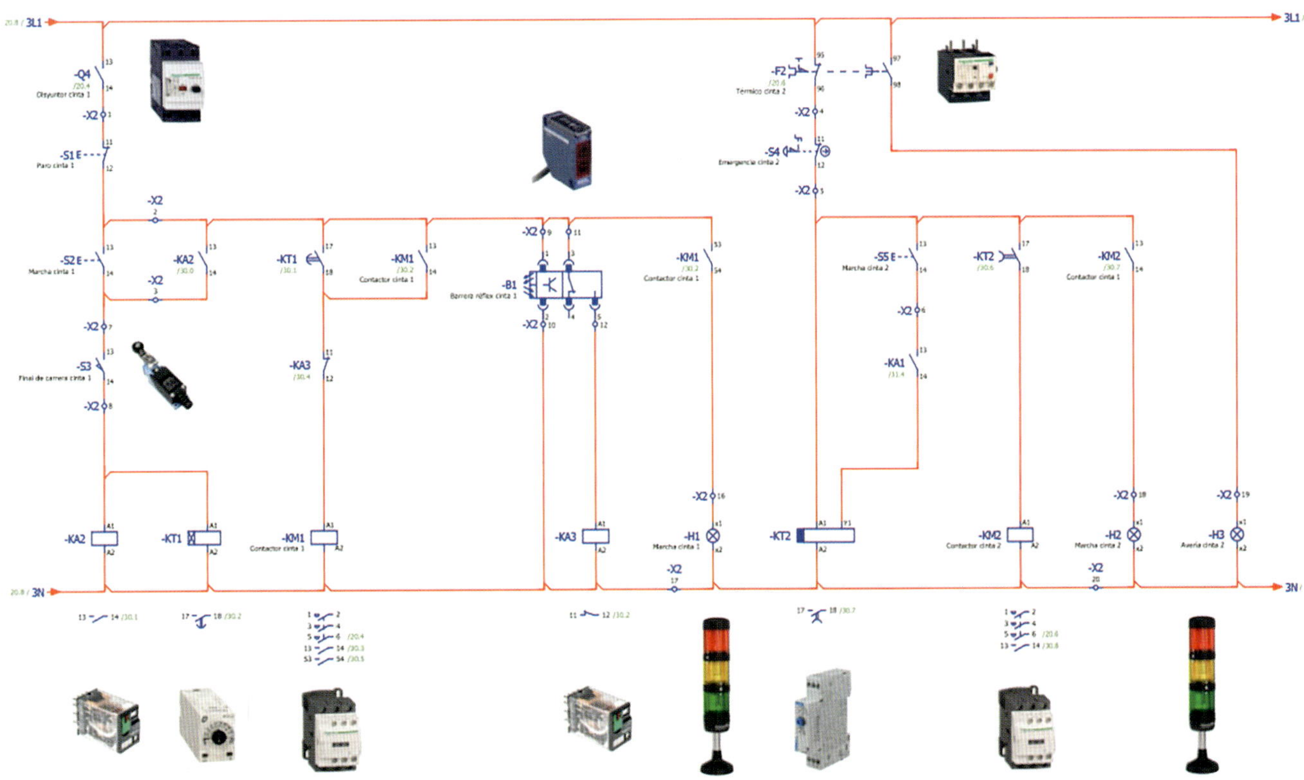

Figura 5.79. Plano del circuito de maniobra con tensión de alimentación AC.

En el Plano del **circuito de maniobra con tensión de alimentación DC** se pueden situar diferentes elementos, siendo los más específicos de este tipo los detectores a 3 hilos PNP o NPN (24 V DC) a través de un relé auxiliar KA y las columnas de señalización H 24 V DC. Es recomendable insertar un texto para indicar el tipo de detector considerado.

Para empezar el esquema se requiere insertar un Punto de interrupción para el positivo y otro para el negativo. En ambos casos se debe elegir la variante adecuada para mostrar el IME visible situado en el lado izquierdo.

- **Detector a 3 hilos NO en la carpeta IEC_Symbol, Electrotecnia, Sensores, interruptor y pulsador:** interruptor de proximidad, contacto NA, 3 puntos de conexión con texto añadido para definir el tipo de detector (nombre SSNS2, número 146).

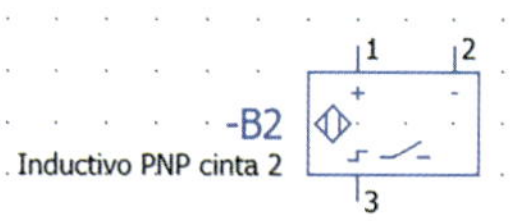

Figura 5.80. Detector inductivo a 3 hilos.

Una vez completado el circuito de maniobra del automatismo cableado con los elementos necesarios, al igual que antes, se deben situar en el Plano u hoja los bornes de conexión que falten del bornero de maniobra X2 (bornes, general, con regleta 2 puntos de conexión).

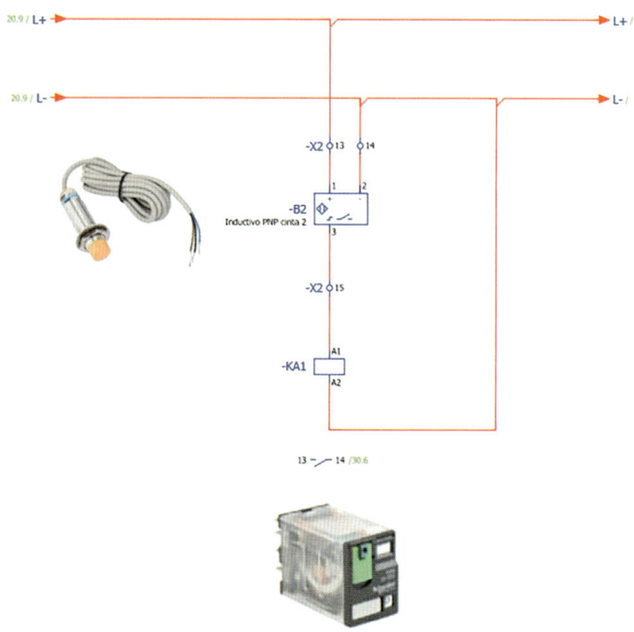

Figura 5.81. Plano del circuito de maniobra con tensión de alimentación DC.

5.5. Numeración de conductores y evaluaciones básicas

En cualquier Plano generado en un Proyecto realizado con ePLAN Educacional es necesario realizar la **numeración de los conductores.**

5.5.1. Numeración de conductores

Esta tarea se realiza fácilmente situando el ratón en el nombre del Proyecto creado, en una función o en una localización en concreto para luego utilizar el **menú Conexiones.**

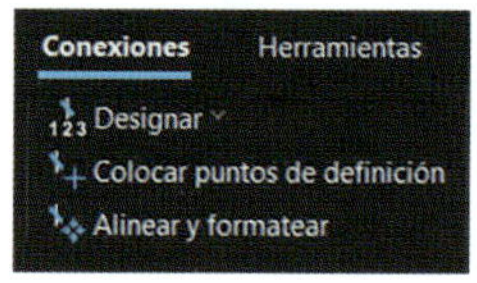

Figura 5.82. Opciones del menú Conexiones.

En primer lugar, se deben **Colocar puntos de definición** sobre los conductores de cada hoja. Es necesario seleccionar el criterio que aplicar en la numeración en el apartado Ajustes. Es recomendable utilizar «Señal por página» o «Estándar». El primer criterio colocará en cada hilo interrogaciones «????» para poder generar el número de página y el número del orden del hilo en la página.

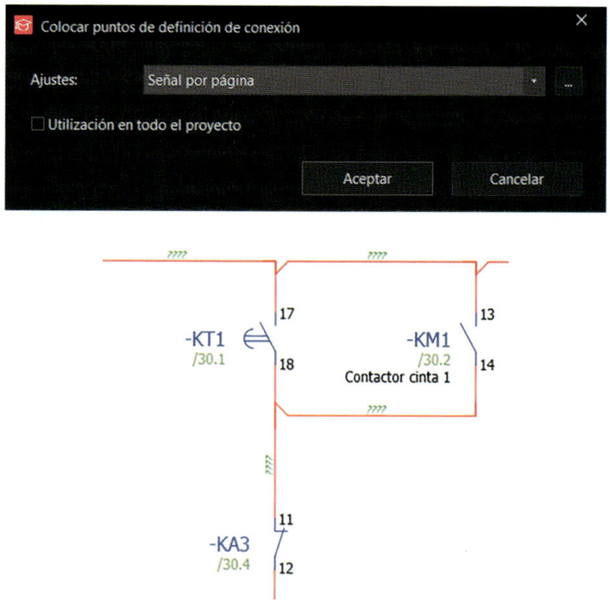

Figura 5.83. Colocar puntos de definición para numerar conductores.

A continuación, se debe hacer clic en **Designar** para abrir la ventana con la que designar las conexiones. Es interesante marcar la utilización en todo el Proyecto del **valor inicial y el ancho de paso** (incremento del número del orden del hilo en la página). Al estar marcada la vista previa de resultados, se mostrará el resultado propuesto de numeración de cada hilo o conductor (origen y destino) en forma de tabla antes de aplicarlo. De esta forma, si todo es correcto o si se requiere, se puede cambiar la numeración de algún hilo por parte del usuario en los diferentes Planos u hojas.

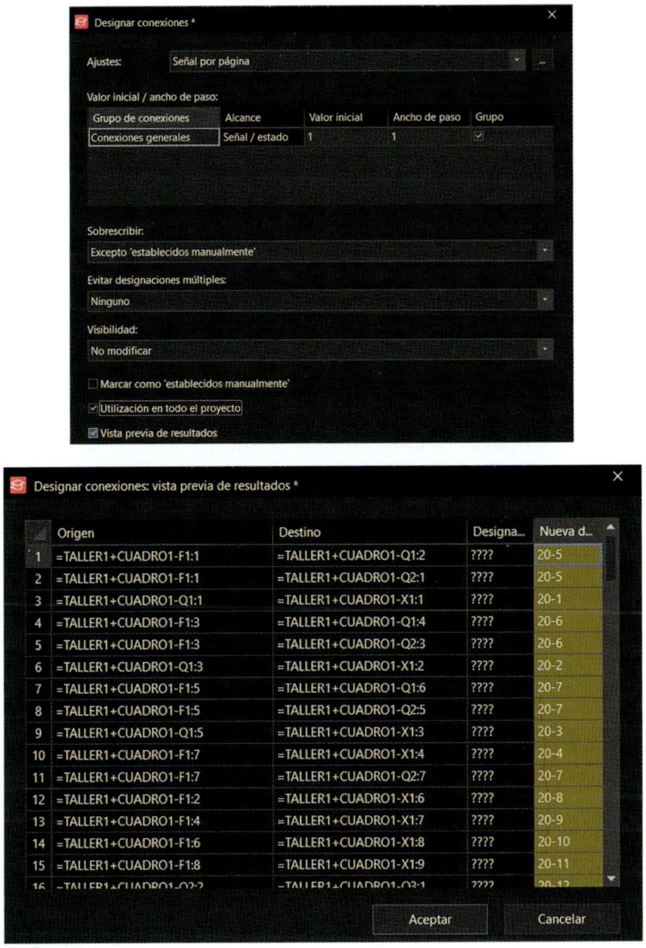

	Origen	Destino	Designa...	Nueva d...
1	=TALLER1+CUADRO1-F1:1	=TALLER1+CUADRO1-Q1:2	????	20-5
2	=TALLER1+CUADRO1-F1:1	=TALLER1+CUADRO1-Q2:1	????	20-5
3	=TALLER1+CUADRO1-Q1:1	=TALLER1+CUADRO1-X1:1	????	20-1
4	=TALLER1+CUADRO1-F1:3	=TALLER1+CUADRO1-Q1:4	????	20-6
5	=TALLER1+CUADRO1-F1:3	=TALLER1+CUADRO1-Q2:3	????	20-6
6	=TALLER1+CUADRO1-Q1:3	=TALLER1+CUADRO1-X1:2	????	20-2
7	=TALLER1+CUADRO1-F1:5	=TALLER1+CUADRO1-Q1:6	????	20-7
8	=TALLER1+CUADRO1-F1:5	=TALLER1+CUADRO1-Q2:5	????	20-7
9	=TALLER1+CUADRO1-Q1:5	=TALLER1+CUADRO1-X1:3	????	20-3
10	=TALLER1+CUADRO1-F1:7	=TALLER1+CUADRO1-X1:4	????	20-4
11	=TALLER1+CUADRO1-F1:7	=TALLER1+CUADRO1-Q2:7	????	20-7
12	=TALLER1+CUADRO1-F1:2	=TALLER1+CUADRO1-X1:6	????	20-8
13	=TALLER1+CUADRO1-F1:4	=TALLER1+CUADRO1-X1:7	????	20-9
14	=TALLER1+CUADRO1-F1:6	=TALLER1+CUADRO1-X1:8	????	20-10
15	=TALLER1+CUADRO1-F1:8	=TALLER1+CUADRO1-X1:9	????	20-11

Figura 5.84. Designar conexiones y numeración propuesta.

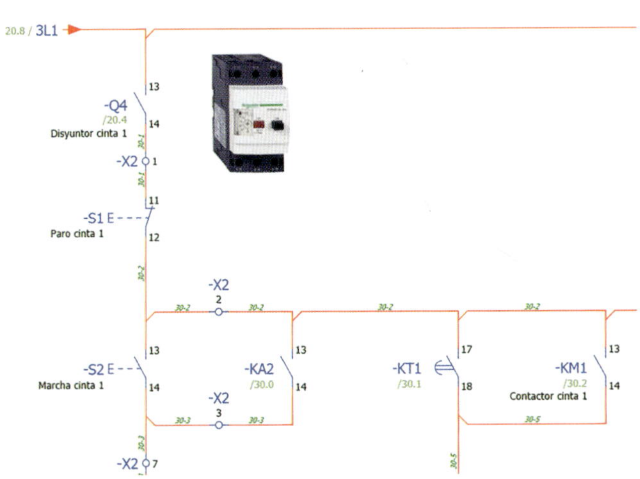

Figura 5.85. Conductores numerados en Plano de maniobra AC.

Una vez realizada la numeración, se debe revisar cada Plano u hoja para ver si todo es correcto o se requiere alguna modificación. Además, una vez hecha la designación, también es posible borrarla desde el propio menú.

5.5.2. Evaluaciones básicas

La documentación de un Proyecto exige generar una serie de Planos importantes, como son los **Planos de bornes, Planos de conexión de bornes,** etc. En el caso de los Planos con bornes, se puede verificar si la variante elegida de bornes es la correcta para que fuera y dentro del cuadro eléctrico se sitúen los elementos requeridos (por ejemplo, en el circuito de potencia fuera estará el sistema eléctrico de alimentación y los motores; en los circuitos de maniobra fuera estarán los pulsadores, señalizaciones ópticas o acústicas y detectores de posición y finales de carrera). Se debe emplear el tipo **borne con regleta, 2 puntos de conexión.**

En el caso que sea necesario **modificar el tipo de borne**, basta seleccionarlo en la hoja o Plano y hacer clic en el botón derecho del ratón para seleccionar Propiedades, Datos de símbolo/función y modificar la **pestaña Definición** en el apartado Datos de función (lógica). También se puede optar por especificar si el borne es general con regleta (para fases L1, L2 y L3), borne N con regleta o borne PE. También es posible trabajar seleccionando varios bornes a la vez y, con el botón derecho del ratón, modificar sus **Propiedades (en conjunto).**

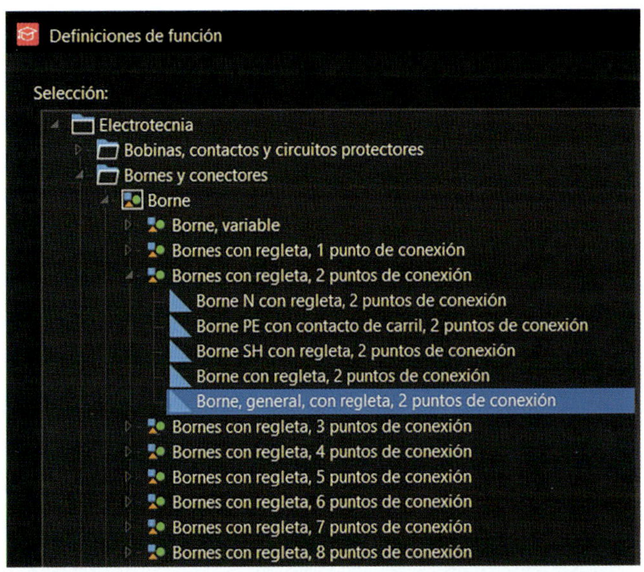

Figura 5.86. Cambio del tipo de borne con regleta en una hoja de trabajo.

Otra opción es utilizar el **navegador de regletas de bornes** situado en el **menú Medios de explotación, Bornes.** Comentar que en este menú están también disponibles el navegador de medios de explotación, el navegador PLC, el navegador de conectores y el navegador de construcción de armarios 2D.

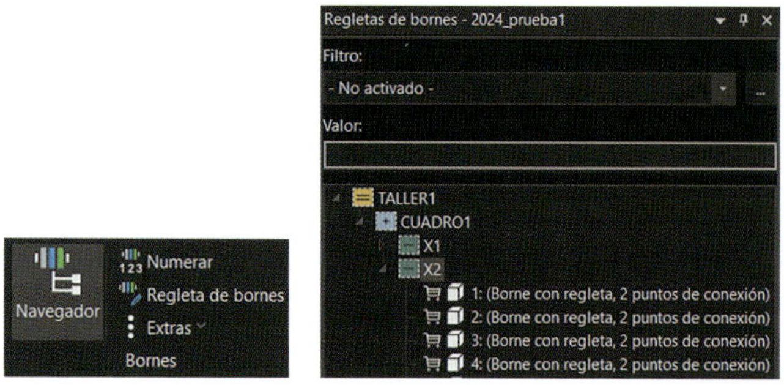

Figura 5.87. Navegador de regletas de borne.

Este navegador se abre como una **ventana vertical independiente** situada en la parte izquierda del área de trabajo. El navegador permite acceder a los **borneros situados en el Proyecto (X1, X2)** y a cada uno de sus bornes, lo que facilita modificar su definición de función de forma individual o en conjunto de manera parecida a lo indicado anteriormente. Si está activa la previsualización en el Plano, haciendo clic en uno o varios bornes desde el navegador de regletas de borne se pueden ver las posiciones de todos ellos en dicho Plano.

Para comprobar la variante del borne, desde el **navegador de regletas de borne,** es interesante situarse sobre el bornero X1 o X2 y, tras hacer clic con el botón derecho del ratón, ir a **Editar.** Si se aprecia que algún borne no tiene la variante adecuada, es posible cambiarlo situándose sobre él y, con el botón derecho del ratón, seleccionar la opción **Borne: Intercambiar interno/externo.** Además, desde Editar también se puede generar los **puentes de regleta manual (internos)** que sean precisos (por ejemplo, entre los bornes X2.3 y X2.7 o entre los bornes X2.2, X2.9 y X2.11).

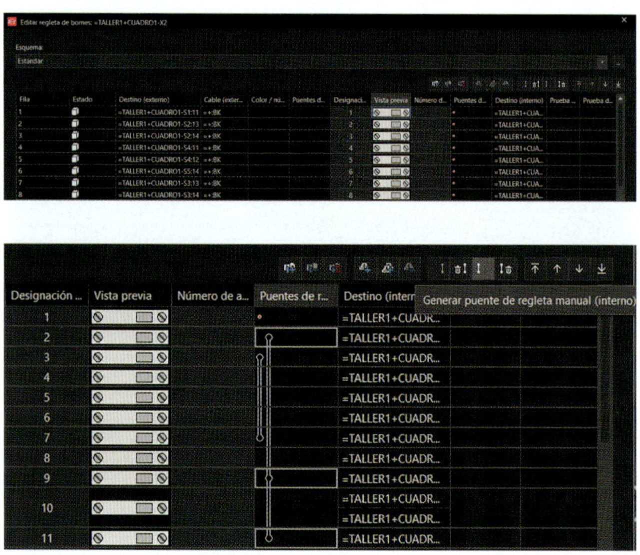

Figura 5.88. Editar regletas de bornes.

Una vez situado donde se desee en el árbol de Proyecto (por ejemplo, en la función TALLER1), se debe ir al **menú Herramientas, Evaluaciones** para generar, por ejemplo, los Planos bornes o de conexión de bornes para el circuito de potencia y de maniobra.

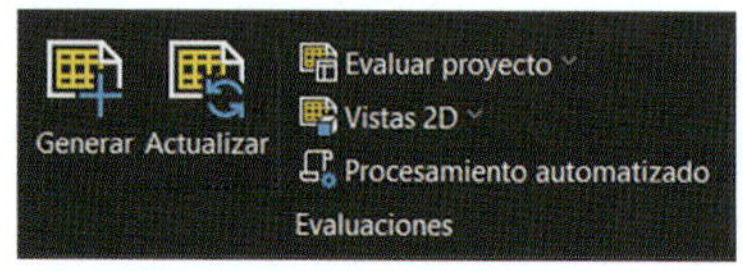

Figura 5.89. Evaluaciones en un Proyecto.

El botón Generar permite abrir la pestaña de **Evaluaciones** para crear una nueva (botón «+») dentro del apartado Páginas. Una vez creada, se debe seleccionar el Proyecto de origen y seleccionar el tipo de evaluación deseada. Como se aprecia, el listado de páginas de evaluación que generar es muy amplio (Figura 5.91). Si se desea, se puede realizar posteriormente la selección manual en el tipo de evaluación deseado.

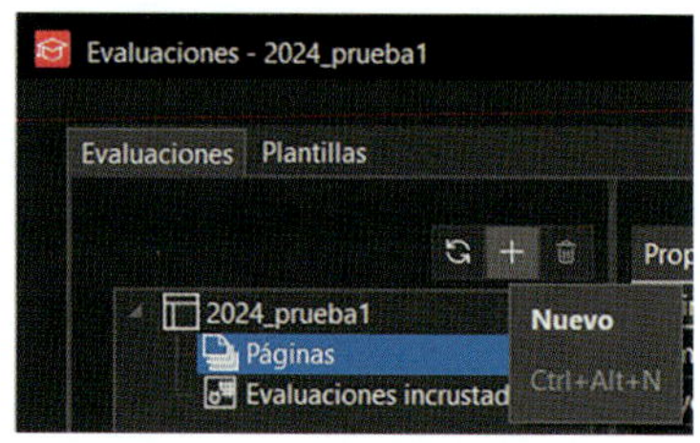

Figura 5.90. Nuevas páginas para generar evaluaciones.

Una vez seleccionado el tipo, en este caso en la pestaña **Plano de conexión de bornes**, se debe seleccionar en la ventana de Ajustes la **plantilla del formulario** (por ejemplo, F11_006.f11) para, en la siguiente ventana, indicar el **número de página** a partir del cual se van a generar dichos Planos para cada uno de los borneros o regleteros existentes (basta con hacer clic en el número anterior en el navegador de páginas para que incremente en uno el número de página).

Una vez generado el Plano inicialmente, se debe repasar para ver si es necesario **modificar la variante** de algún borne de conexión para que quede situado en el lado contrario del bornero o **cambiar el tipo de borne** (por ejemplo, los bornes de tierra o el borne de neutro). Posteriormente, situándose en la hoja de trabajo creada con el Plano de conexión de bornes, se deberá actualizar dicha hoja mediante el botón Actualizar. Para borrar algún Plano de conexión de bornes basta con situarse encima del árbol del Proyecto y presionar la tecla Supr.

Para comparar el resultado, de forma análoga, se añade una nueva página de evaluación (Figura 5.92) para crear el **Plano de bornes** para los borneros X1 y X2 seleccionando como ajuste la plantilla de formulario F13_005.f13.

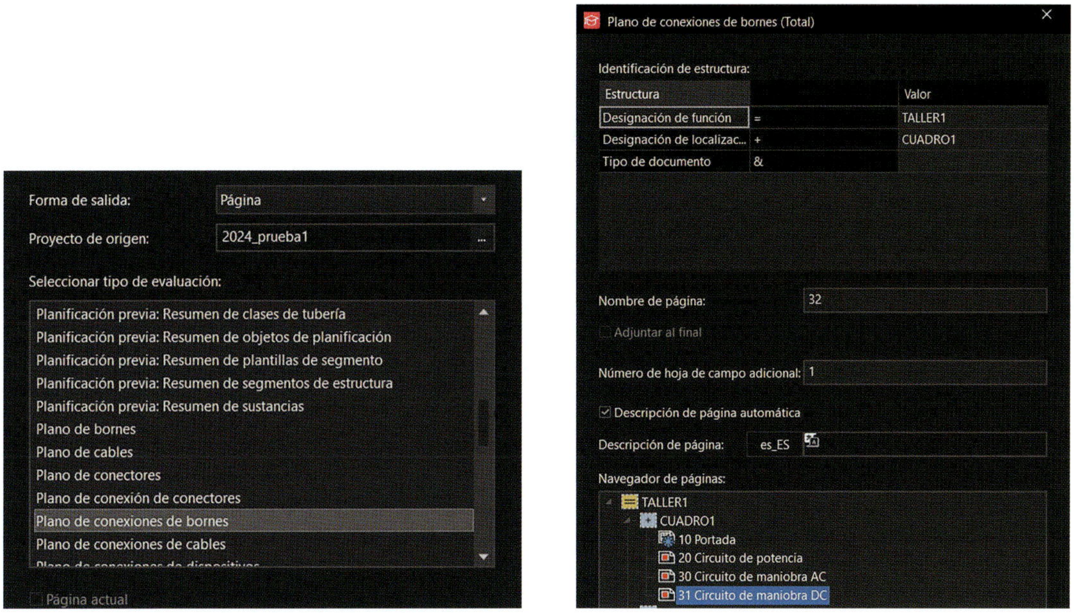

Figura 5.91. Nuevas páginas para generar evaluaciones.

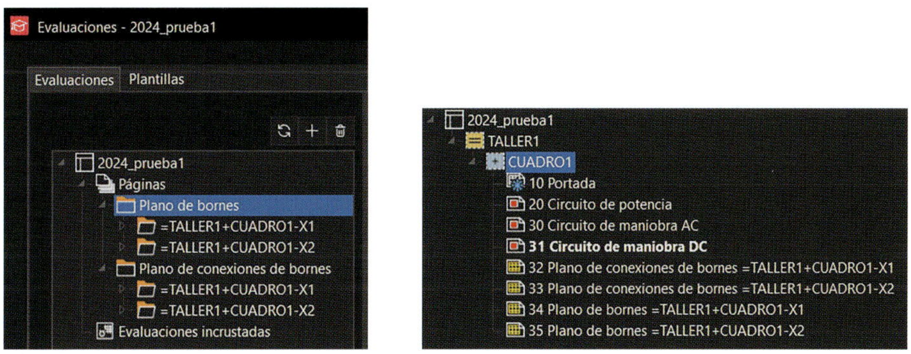

Figura 5.92. Evaluaciones generadas con bornes.

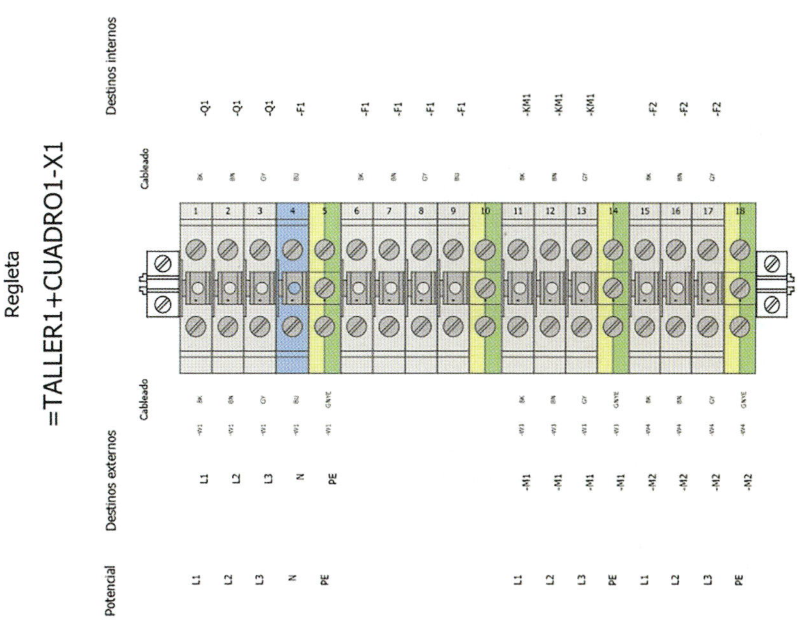

Figura 5.93. Plano de bornes X1 de un circuito de potencia.

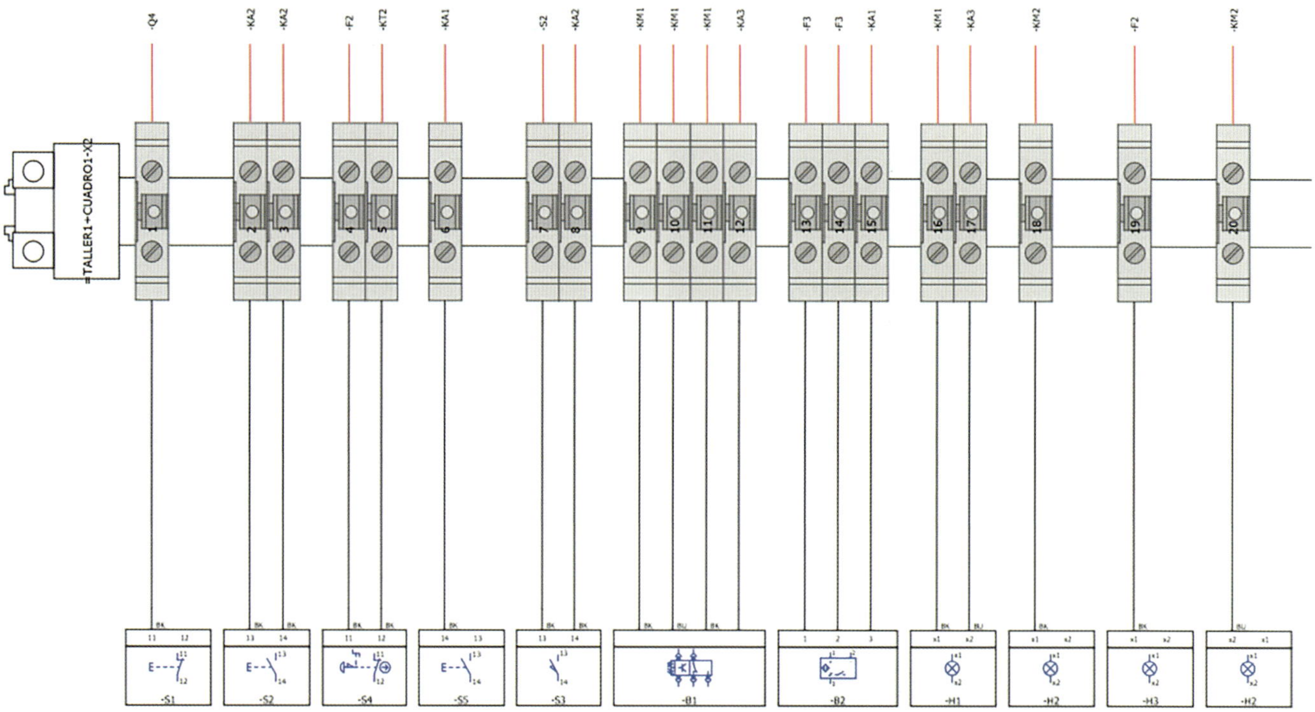

Figura 5.94. Plano de conexión de bornes X2 de un circuito de maniobra.

Otro Plano necesario en todo Proyecto es el índice de páginas del Proyecto. Como en el caso anterior, se debe generar una nueva evaluación y seleccionar en este caso la opción Índice de páginas, con el ajuste de plantilla F06_003.f06. Repitiendo los pasos anteriores bastará definir el número de página asignado (por ejemplo, el número 11 al ser la portada el número 10).

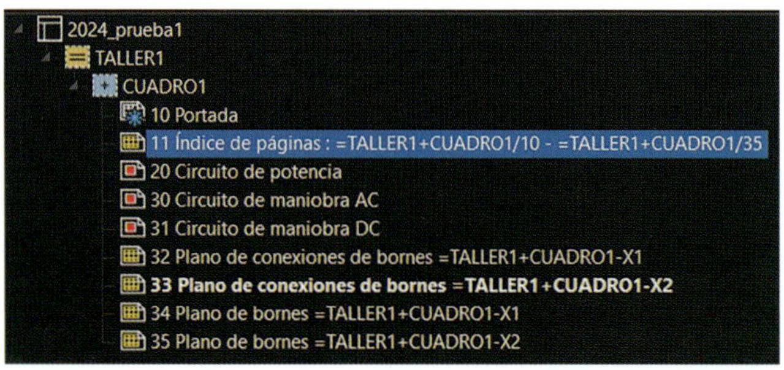

Figura 5.95. Estructura del Proyecto con evaluaciones.

Con el **menú Herramientas, Evaluaciones** es posible generar otras evaluaciones como Diagrama de PLC, Documentación de cajetines, Documentación de formularios, Hoja de título/portada, Leyenda de armarios, Lista de artículos, Lista de conexiones, Lista de fabricantes/proveedores, Lista de medios de explotación, Plano de cables, Plano de conectores, Plano de representación de cables, diversos Planos de resumen, etcétera.

5.6. Creación de nuevos símbolos y uso de macros

El programa ePLAN Educacional dispone de librerías o bibliotecas de símbolos muy completas (**menú Datos básicos, Biblioteca de símbolos**) convenientemente organizadas, así como la opción de añadir en la hoja de trabajo diversas **macros (de página .emp, de ventana .ema o de símbolo .ems)** de un fabricante o propias del Proyecto con diferentes variantes (**Centro de inserción**). No obstante, pueden darse situaciones donde un material o elemento técnico no disponga de su correspondiente símbolo. Las opciones disponibles en este caso son:

- Utilizar un programa externo de dibujo como AutoCAD para crear un **símbolo e importarlo como un fichero** DXF/DWG. Posteriormente, se creará una nueva macro de símbolo/macro de ventana.
- Crear un nuevo símbolo en forma de macro de símbolo/macro de ventana utilizando elementos gráficos y símbolos del propio ePLAN o modificando una variante de un símbolo ya existente.

En el caso de no disponer del símbolo adecuado de un elemento de automatización (por ejemplo, un arrancador electrónico o un variador de velocidad) se puede **crear símbolo mediante el empleo del elemento Caja PLC** desde el **menú Insertar, Medios de explotación.**

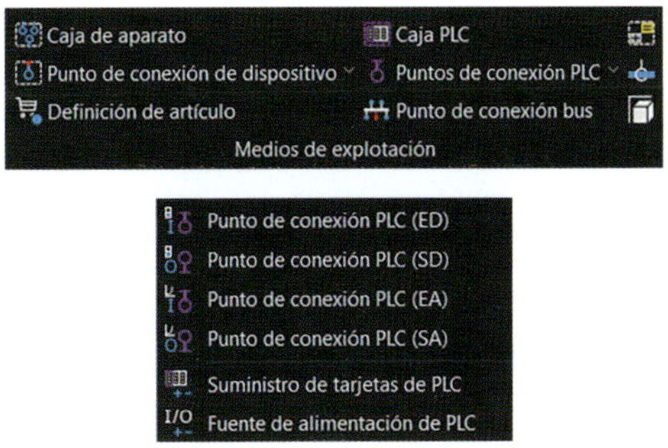

Figura 5.96. Caja PLC y Puntos de conexión PLC.

Al hacer clic sobre el botón Caja PLC se inserta un rectángulo discontinuo en la hoja de trabajo al que se le pueden añadir elementos de entrada digital ED y de salida digital SD **(Puntos de conexión PLC)**. Se deberá definir el IME visible del elemento Caja PLC (por ejemplo, –G1 para la parte de potencia de un arrancador estático) y de cada punto de conexión PLC insertado (por ejemplo, L1-L2-L3), así como la designación de punto de conexión (por ejemplo, 1-3-5).

Figura 5.97. Propiedades de Caja PLC.

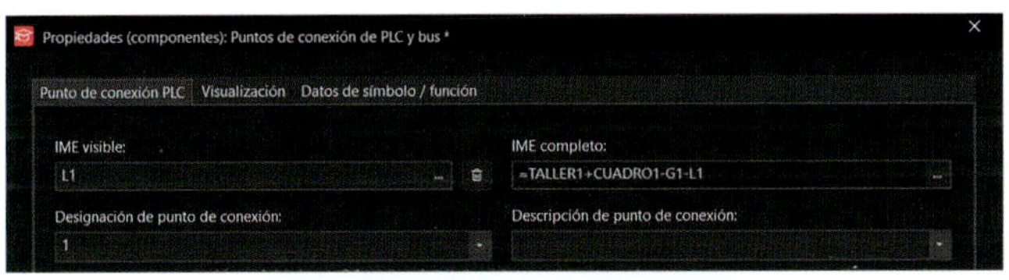

Figura 5.98. Propiedades de Puntos de conexión PLC.

Además, dentro del elemento Caja PLC se pueden añadir símbolos existentes en la librería IEC_Symbol\Electrotecnia (por ejemplo, un **tiristor** con nombre VTHY3 y número 99 dentro del apartado **Electrónica e ítem lógico**) o algún elemento gráfico sencillo mediante el **menú Insertar, Gráfico, Galería de gráficos** (líneas, curvas, etcétera).

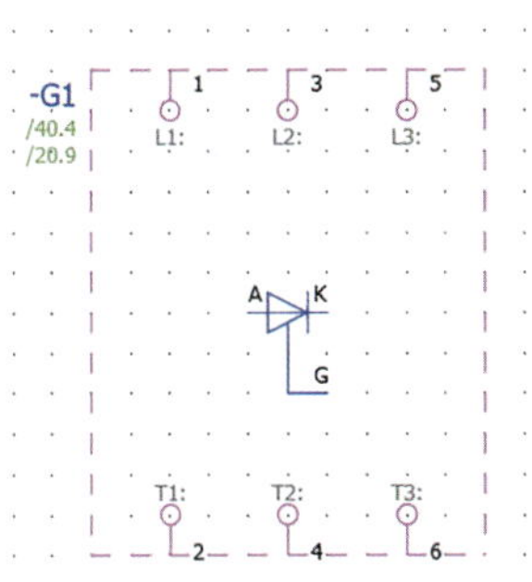

Figura 5.99. Macro de símbolo de un arrancador (circuito de potencia).

Puede ser necesario tener que escalar el símbolo mediante el **menú Editar, Escalar.**

Una vez creado el símbolo (macro de símbolo/ventana) se deben seleccionar todos los elementos mediante una ventana con el ratón y agruparlos mediante el **menú Editar, Agrupar.** A continuación se debe **crear la macro de símbolo** (extensión .ems) mediante el botón derecho del ratón y guardarla indicando el nombre del fichero, su descripción y definiendo, en Extras, el punto de captura (esquina superior izquierda, por ejemplo). La macro de símbolo creada se guarda en la ruta C:\Users\Public\EPLAN\Data\Macros\Company name.

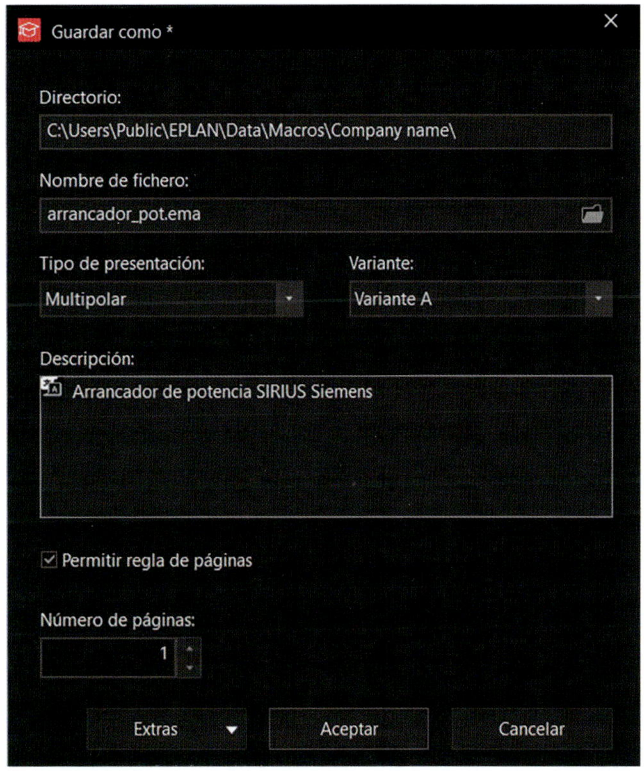

Figura 5.100. Crear macro de símbolo con definición de valores.

Para completar la representación del arrancador estático en el circuito de maniobra se puede crear, por el mismo procedimiento descrito, la macro de símbolo necesaria.

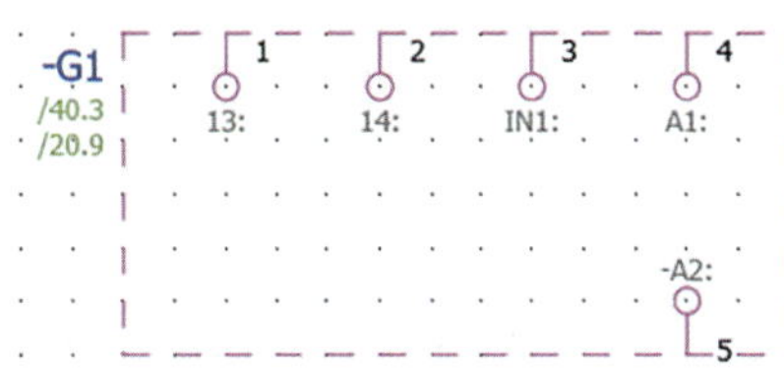

Figura 5.101. Macro de símbolo de un arrancador (circuito de maniobra).

Actividad resuelta 5.1

Realiza con el programa ePLAN Educacional, macros de símbolo de un variador trifásico para utilizarlas en esquemas de cableado (circuito de potencia y circuito de maniobra) trifásico.

Solución:

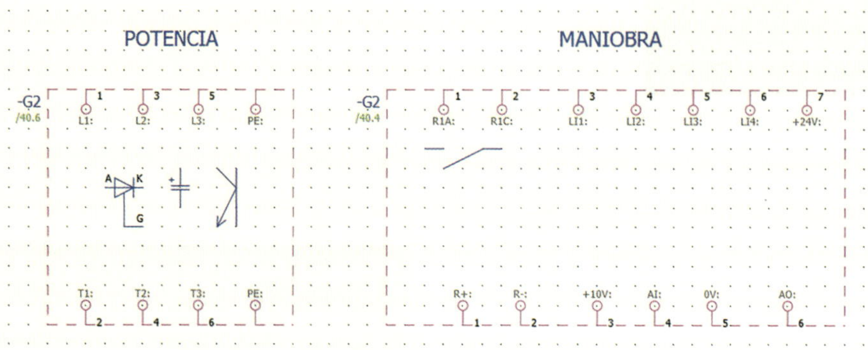

Figura 5.102. Macros de símbolo para un variador de velocidad.

El **menú Editar, Desagrupar** permite realizar modificaciones en la macro creada para, posteriormente, volver a agruparla y actualizarla (o crearla nuevamente con la misma descripción y nombre). También es posible **crear una macro con diferentes variantes** (por ejemplo, cambiando su orientación 90º a la derecha o a la izquierda) o modificando alguna parte de la macro como el tipo de alimentación) asociando cada variante de la macro a una forma diferente del símbolo.

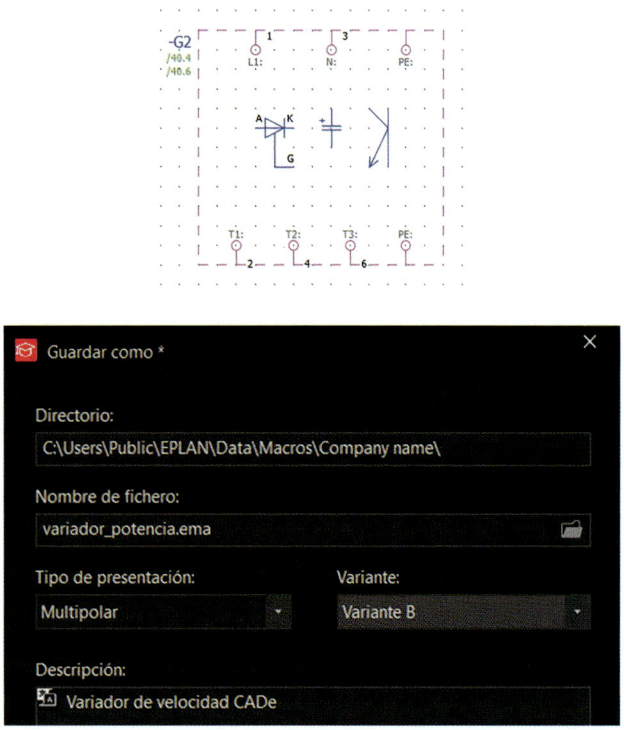

Figura 5.103. Macros de símbolo para un variador de velocidad.

En el caso de necesitar **insertar una macro de ventana o de símbolo** existente en la librería de ePLAN (o creada anteriormente en una hoja de trabajo) se debe ir al **Centro de inserción, Macros de ventana/símbolos.** En la ventana del centro se pueden ver todas las carpetas de los fabricantes presentes en la base de datos del Proyecto «ESS_Sample_Project_Education» y la previsualización de aquellas macros que se han situado en el directorio raíz. Basta entrar en las carpetas existentes para previsualizar las macros existentes.

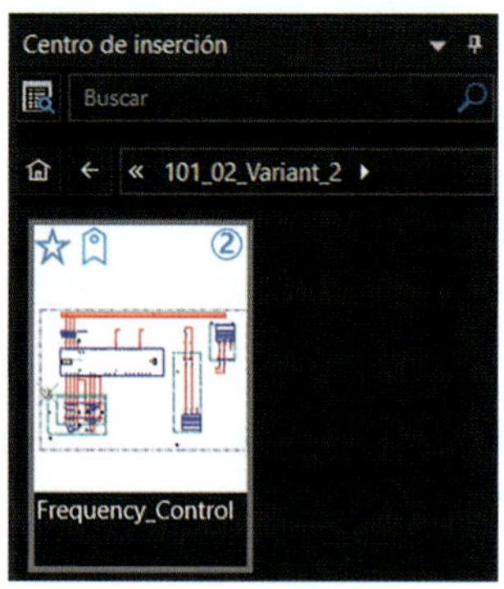

Figura 5.104. Previsualización de macros.

Estas macros de símbolos/ventana pueden estar limitadas al símbolo de un único elemento técnico o a una **agrupación de varios** (por ejemplo, un arranque de un motor trifásico mediante un modelo de variador de velocidad de un fabricante).

También es posible descargarse las librerías de macros para ePLAN directamente desde los fabricantes a través de enlaces en sus páginas web que, a veces, requieren registrarse en sus plataformas. En el caso del

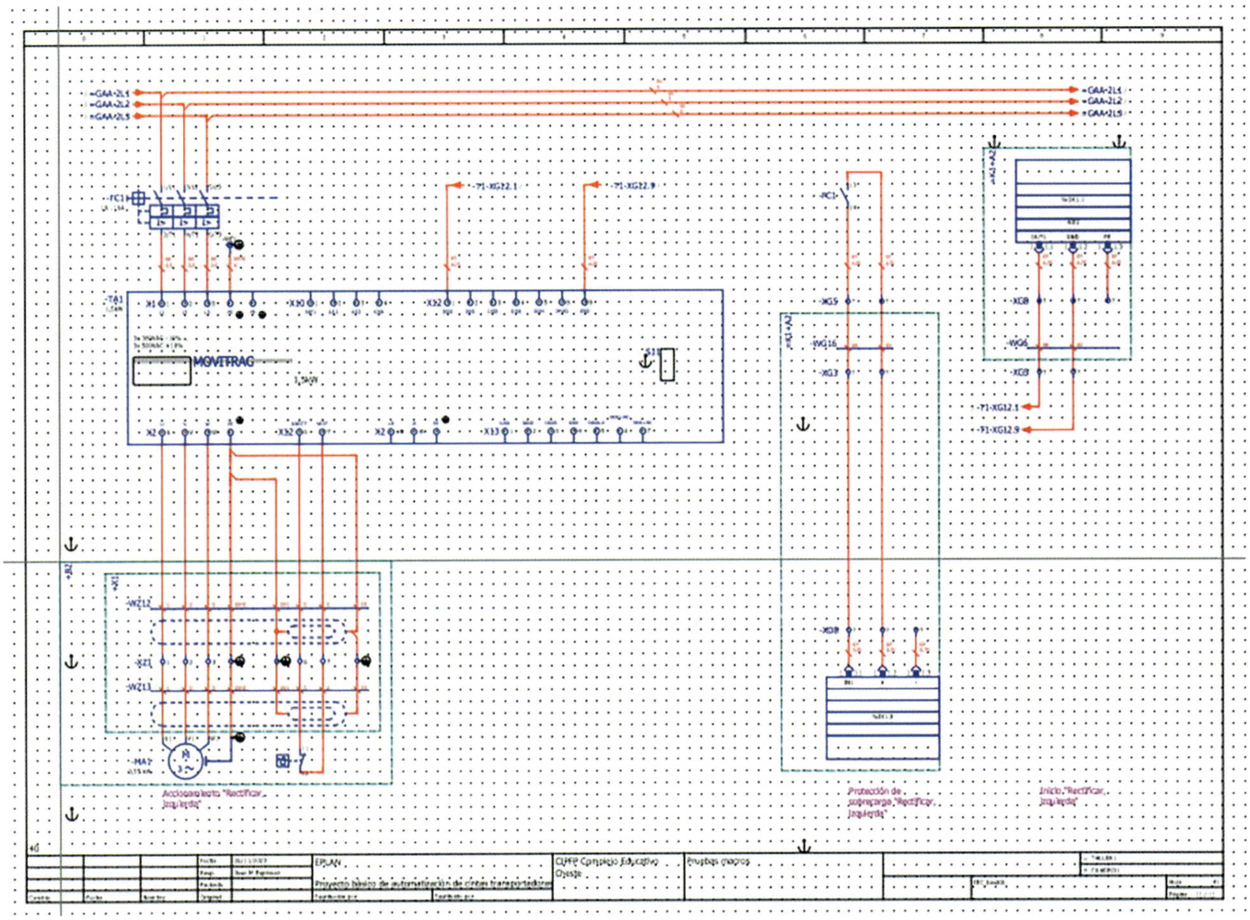

Figura 5.105. Inserción de una macro de símbolo/ventana.

fabricante Siemens, las macros de ventana se pueden obtener en la **página oficial del fabricante** (por ejemplo, en el Support de Siemens dándose de alta en la misma con usuario y contraseña o en la base de datos «Industry Bilddatenbank»). A través de la **base de datos de imágenes** (https://www.automation.siemens.com/bilddb/) se puede acceder a fotos, grafismos, 3D, etc. En este caso, se debe elegir los datos CAx y, mediante criterios de búsqueda, elegir los archivos .edz de los productos industriales para su posterior descarga.

Una vez descargado, se debe emplear un programa de descompresión (por ejemplo, 7-ZIP) para extraer el archivo de extensión .ema (por ejemplo, para una CPU 1214C AC/DC/RLY situado en G_ST70_XX_97500V.edz\items\macro\Siemens\Automation_Systems\S7-1200).

Por otro lado, en el caso de no disponer del símbolo adecuado de un elemento de automatización (por ejemplo, una sonda de temperatura PT-100 a 3 hilos) se puede **crear símbolo mediante la modificación** de una variante de uno existente en la biblioteca.

Para poder **modificar un símbolo existente**, inicialmente se debe ir al **menú Datos básicos, Biblioteca de símbolos, Abrir** para buscar en la biblioteca de símbolos

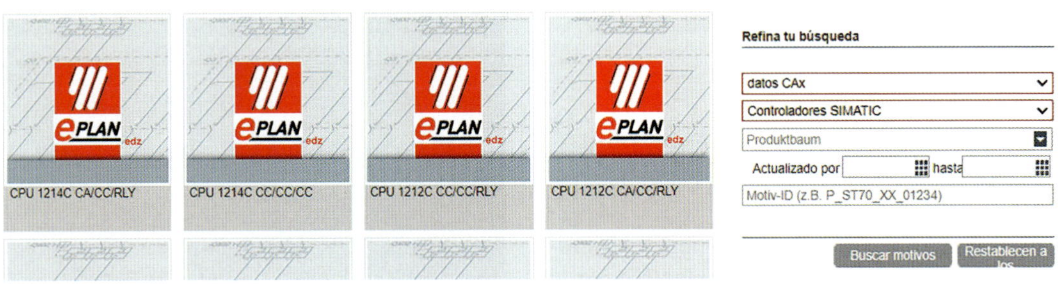

Figura 5.106. Búsqueda de archivos con macros para ePLAN.

«IEC_symbol.slk» (ventana Selección de símbolos) donde se encuentra el símbolo inicial. Por tanto, desde el **menú Datos básicos/Símbolo/Copiar** basta seleccionar un sensor analógico de 2 hilos (nombre RA, número 120, variante A) para copiarlo.

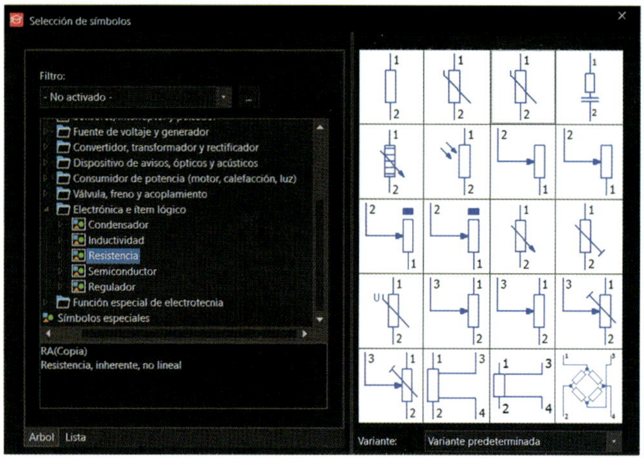

Figura 5.107. Símbolo copiado en la librería (Selección de símbolos).

A continuación, se abre el símbolo copiado (nombre RA copia, número 1655, variante A) para modificarlo utilizando elementos gráficos (líneas) y añadir un nuevo punto de conexión, si es necesario, desde el **menú Insertar/Lógica/Puntos de conexión de símbolo** (derecha). El **menú Editar** permite realizar operaciones sencillas como Duplicar, Desplazar, Girar y Reflejar.

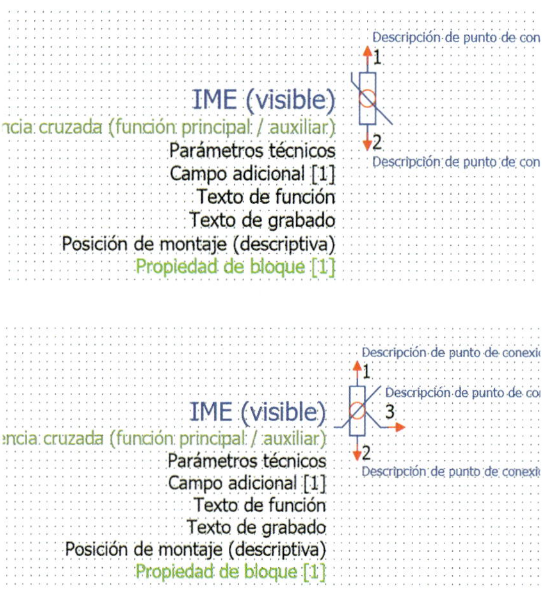

Figura 5.108. Símbolo nuevo creado a partir de uno copiado.

Una vez modificado, bastará crear un nuevo símbolo mediante el **menú Datos básicos/Símbolos/Nuevo** y, seleccionándolo todo, pegar el símbolo modificado. Por último, se deberá cerrar el símbolo copiado, el nuevo símbolo creado y realizar la sincronización de la biblioteca de datos. El nuevo símbolo se ubicará, por defecto, dentro de la biblioteca IEC_symbol, Electrotecnia, Función especial de electrotecnia, Otros. Cuando se desee, en el mismo menú, se puede proceder al borrado del símbolo copiado.

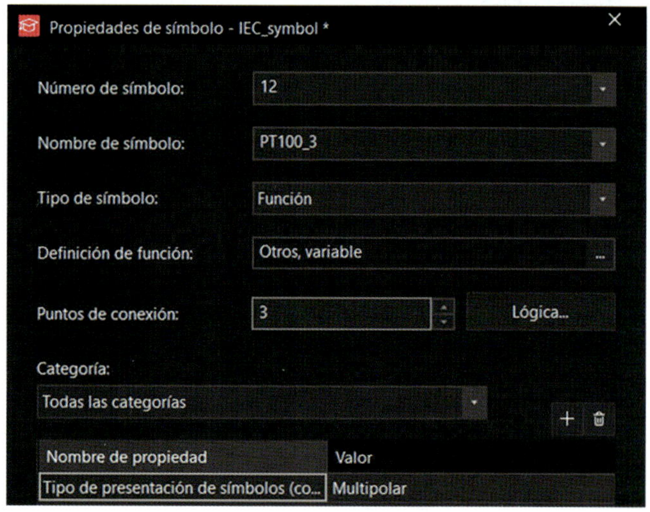

Figura 5.109. Nombre y definición de función de un símbolo nuevo.

5.7. Diseño de un esquema electroneumático

El programa de representación ePLAN Educacional permite representar **esquemas de instalaciones neumáticas** insertando en un Proyecto, desde una localización, nuevas páginas de tipo **Esquema fluido (I)** con el botón derecho del ratón. Como antes, se debe rellenar la descripción de página y verificar los valores de Propiedad (cajetín, escala, retícula y técnica).

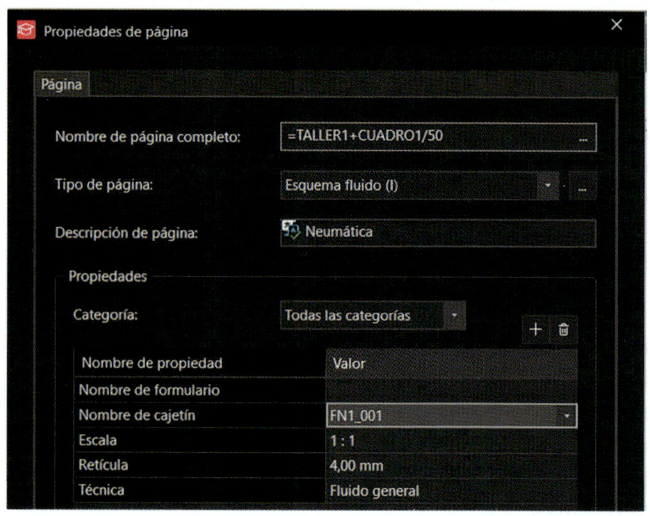

Figura 5.110. Selección del tipo de página nueva Esquema fluido (I).

La realización del esquema requiere **añadir en el Proyecto la biblioteca de símbolos PNE1ESS** desde el menú Fichero, Ajustes seleccionando dicha biblioteca en la carpeta Gestión del Proyecto.

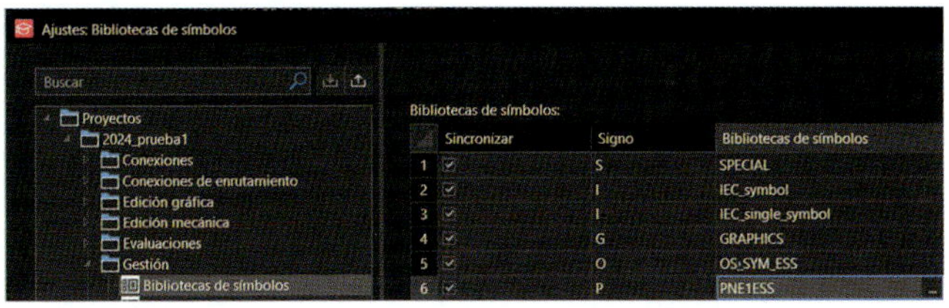

Figura 5.111. Biblioteca de símbolos PNE1ESS añadida al Proyecto.

El principio del esquema neumático requiere insertar la simbología de una **fuente de energía neumática** con un punto de conexión. Para ello se debe ir al Centro de inserción, Símbolos, PNE1ESS y seleccionar dicho elemento (nombre F15.2.1 y número 253) desde la carpeta **Fluido/ Bomba y traductor de presión.**

Figura 5.112. Insertar símbolo de una fuente de energía neumática.

En la pestaña Propiedades/Bomba del símbolo añadido se debe completar, como mínimo, el IME visible (por ejemplo, –P1) y la designación de punto de conexión (por ejemplo, 1). En la pestaña Propiedades, Datos de símbolo/función se puede consultar el número, nombre del símbolo y su variante.

La **creación de las macros** de los elementos neumáticos requiere utilizar el Centro de inserción y, desde la biblioteca PNE1ESS, ir seleccionando cada parte de los mismos con la variante necesaria (uso del Tabulador) mediante la ventana de Selección de símbolos. Por ejemplo, para situar una válvula 3/2 NC con accionamiento por enclavamiento general con silenciador se deben añadir los siguientes símbolos:

- **Válvula 3/2 NC en PNE1ESS, Fluido, Válvula, distribuidor e ítem lógico, Válvula de vías:** válvula 3/2, una dirección de paso, cerrada en posición de reposo (nombre V11.5.1_32_01, número 989, variante D).
- **Enclavamiento general en PNE1ESS, Fluido, Válvula, distribuidor e ítem lógico, Accionamiento, Gráfico:** accionamiento de válvula izquierda, general, enclavable (nombre V_BT_037_L, número 450, variante D).
- **Silenciador en PNE1ESS, Fluido, Distribuidor/conector de líneas, accesorios, Accesorio:** silenciador (nombre F.15.3.1, número 256, variante D).

Para **crear la macro de ventana** se debe añadir, desde la **biblioteca SPECIAL/Fluido/Función especial**, una Caja de aparato (fluido) con nombre DCF (número 3). Se debe modificar la definición de función para que sea Punto de conexión de dispositivo (fluido), 2 puntos de conexión. Bastará añadir ángulos rectos y piezas en T, eliminar los IME visibles y las designaciones en los elementos necesarios y agrupar todos los símbolos para crear posteriormente una macro.

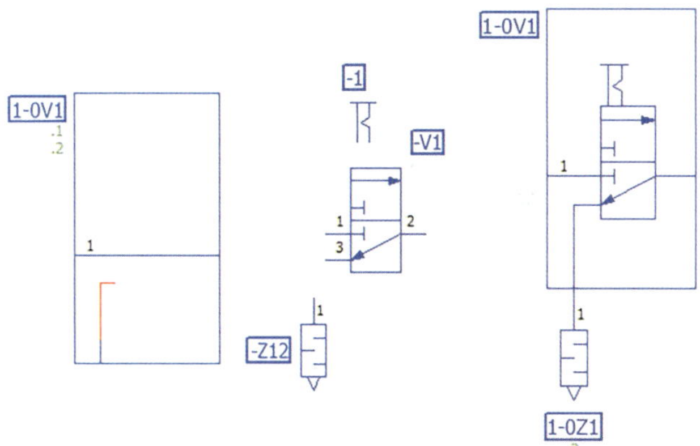

Figura 5.113. Crear una macro mediante símbolos de biblioteca neumática.

En el caso de disponer, por ejemplo, de una **unidad de mantenimiento** formada por un filtro de aire, válvula reguladora de presión, manómetro y lubricador del aire a presión se deberá crear la macro de ventana correspondiente por agrupación de símbolos de misma manera.

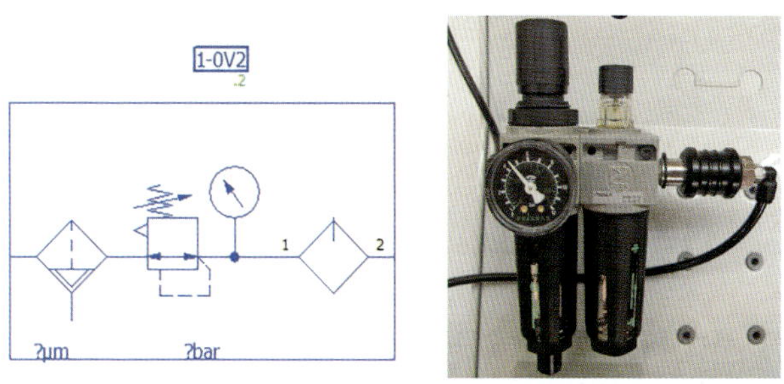

Figura 5.114. Macro de ventana para una unidad de mantenimiento.

Para acabar la instalación de preparación del aire comprimido basta añadir un Punto de interrupción en la hoja de trabajo que permitirá disponer de alimentación neumática de entrada a repartidores de varias salidas.

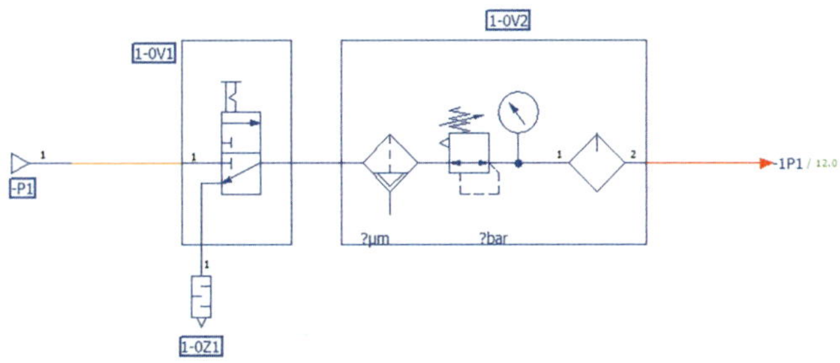

Figura 5.115. Esquema final de la instalación de preparación de aire comprimido.

Para representar el esquema neumático de alimentación a 2 cilindros se requiere situar primero en una página nueva Esquema de fluido (I) un **punto de interrupción** para recibir la alimentación neumática de otra hoja. Para representar un **distribuidor o repartidor** con varias salidas con válvulas antirretorno es necesario insertar a continuación un distribuidor con 3 puntos de conexión:

- **Distribuidor con 3 puntos de conexión en PNE1ESS, Fluido, Distribuidor/Conector, accesorios, Distribuidor/Conector:** distribuidor, 3 puntos de conexión (nombre GS7.2.3_01, número 192).

- **Distribuidor neumático en PNE1ESS, Fluido, Distribuidor/Conector, accesorios, Conector enchufable:** acoplamiento de cierre rápido con una válvula de retención (nombre SV_013, número 688).

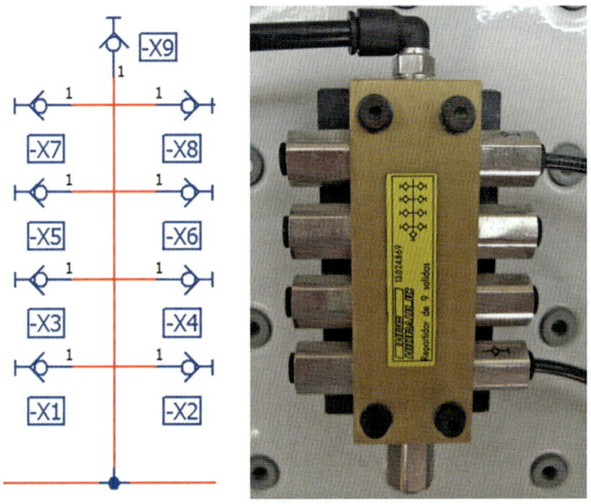

Figura 5.116. Distribuidor de 9 vías.

Para crear la macro de una **electroválvula,** por ejemplo, una electroválvula 5/2 biestable, se deben emplear y agrupar los símbolos de la biblioteca PNE1ESS:

- **Válvula 5/2 biestable en PNE1ESS, Fluido, Válvula, distribuidor e ítem lógico, Válvula de vías:** válvula de vías 5/2 (nombre V11.5.1_52_01, número 90).

- **Solenoide de bobina en PNE1ESS, Electrotecnia, Válvula, freno y acoplamiento, Válvula simple:** accionamiento de válvula izquierda y derecha: bobina magnética, 1 bobinado (nombre V_BT_030_L, número 401).

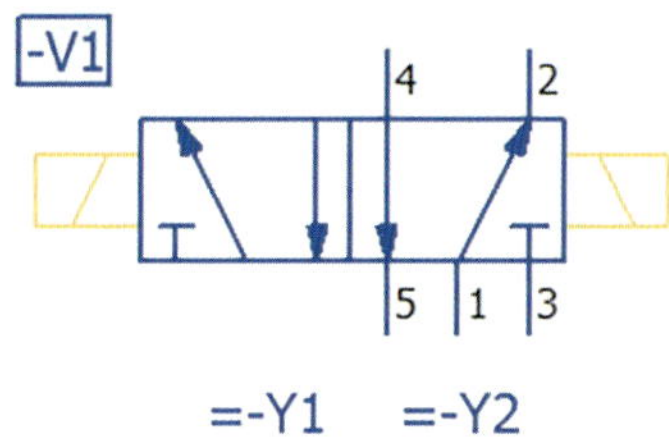

Figura 5.117. Simbología agrupada de una electroválvula 5/2 biestable.

La conexión de una salida de aire a presión del distribuidor hacia la electroválvula requiere utilizar distribuidores/conectores desde la **biblioteca SPECIAL/Fluido/Distribuidor/conector de líneas, accesorios**. Se deberán eliminar los IME visibles para proceder luego a agruparlos y crear macro de ventana.

Por último, faltará añadir las válvulas estranguladoras con antirretorno para **regular la velocidad** de salida y entrada del vástago del cilindro y el propio cilindro de doble efecto. El regulador de velocidad requiere insertar el símbolo de una válvula de mariposa ajustable en paralelo con una válvula de retención sin resorte, 2 puntos de conexión. El **cilindro de doble efecto** requiere considerar un cilindro, 2 puntos de conexión abajo, vástago derecho agrupado con 2 gráficos de la biblioteca neumática como son el émbolo de un cilindro con amortiguación a ambos lados y un vástago con diámetro pequeño para amortiguación delante.

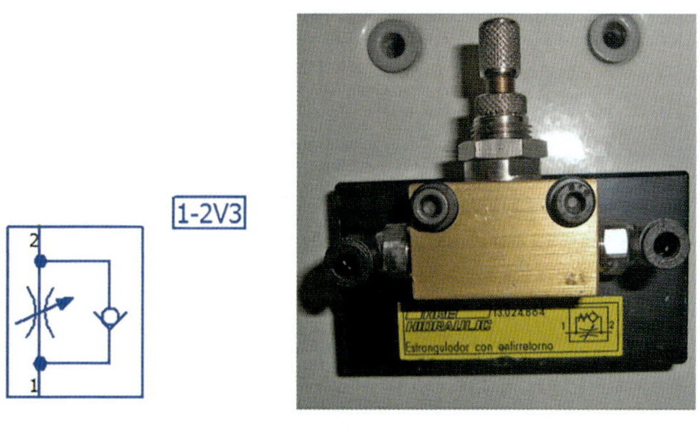

Figura 5.118. Estrangulador con antirretorno.

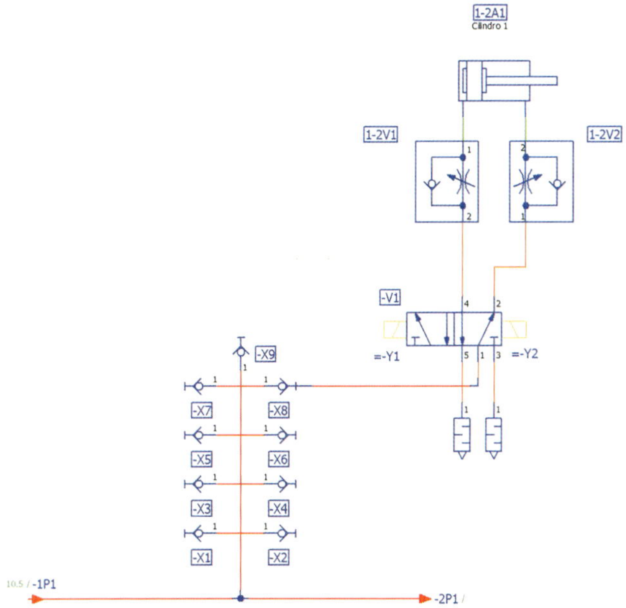

Figura 5.119. Esquema final electroneumático con cilindro y EV 5/2 biestable.

5.8. Diseño del esquema de cableado de un autómata

En el caso de elaborar la documentación de una automatización realizada con un autómata, el programa ePLAN Educacional permite **crear una macro de ventana específica** que represente al autómata. Para ello se debe ir al **menú Insertar, Medios de explotación** para seleccionar sus diferentes opciones como son Caja PLC, Punto de conexión PLC (ED), Punto de conexión PLC (SD), Punto de conexión PLC (EA), Punto de conexión PLC (SA), Suministro de tarjetas de PLC y Fuente de alimentación de PLC.

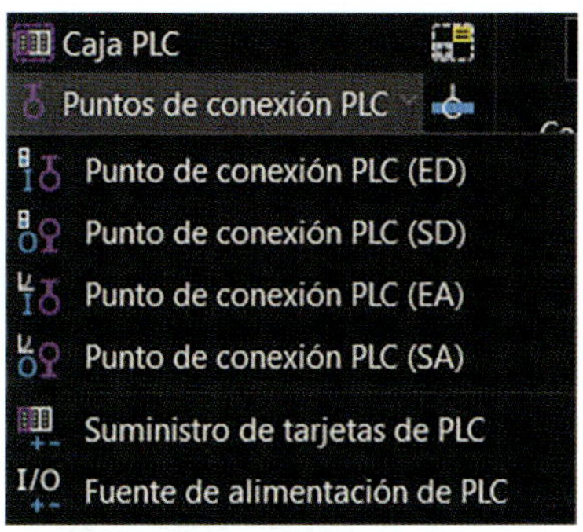

Figura 5.120. Barra de herramientas Caja PLC.

Con estos elementos, es posible crear una **macro de ventana** de un **autómata LOGO! OBA8 12/24 RCE** donde integrar las entradas digitales (de I1 a I6), las entradas analógicas (de I7 a I8) y las salidas digitales (de Q1 a Q4).

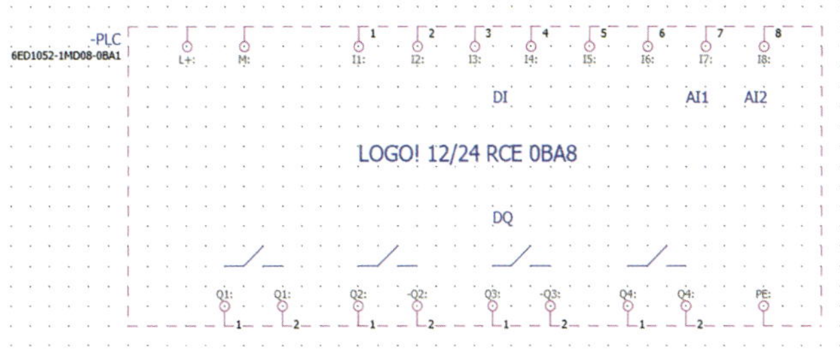

Figura 5.121. Caja PLC creada para LOGO! OBA8.

En la parte superior de la Caja PLC se sitúan 2 puntos de **suministro de tarjeta de PLC** para la alimentación L+ y M del módulo base A continuación, se sitúan 6 **puntos de conexión PLC (ED)** para entradas digitales y 2 **puntos de conexión PLC (EA)** para entradas analógicas. En la parte inferior se sitúan 2 **puntos de conexión PLC (SD)** para salidas digitales por cada salida a relé del autómata (Q1:1 y Q1:2, por ejemplo). Una vez creado, se deben agrupar los elementos para, teniéndolos seleccionados, hacer clic con el botón derecho del ratón y crear una macro de ventana. Se debe añadir nombre de fichero, su descripción y, en Extras, definir su punto de inserción.

Mediante este procedimiento también se puede crear la **macro de ventana completa** de un **autómata S7-1214C con una tarjeta SB 1232 AQ.** Esta macro permitirá utilizar una única hoja de trabajo (esquema multipolar) para representar esquemas de cableado sencillos de automatizaciones con pocas entradas/salidas al PLC. En la parte superior se sitúan 3 puntos de **suministro de tarjetas de PLC** (L1, N y PE), 4 puntos de **fuente de alimentación de PLC** (L+, M, 1M y 2M), 14 **puntos de conexión PLC (ED)** para entradas digitales (de I0.0 a I1.5) y 2 **puntos de conexión PLC (EA)** para entradas analógicas (IW64 e IW66).

En la parte inferior se sitúan **puntos de conexión PLC (SD)** para salidas digitales (de Q0.0 a Q1.1), **puntos de conexión PLC (SA)** para salidas analógicas (QW80) y varios bornes de **suministro de tarjetas PLC** (0M, PE, 1L y 2L). Una vez creado, se deben agrupar los elementos para, teniéndolos seleccionados, hacer clic con el botón derecho del ratón y Crear una macro de ventana. Se debe añadir nombre de fichero, su descripción y, en Extras, definir su punto de inserción.

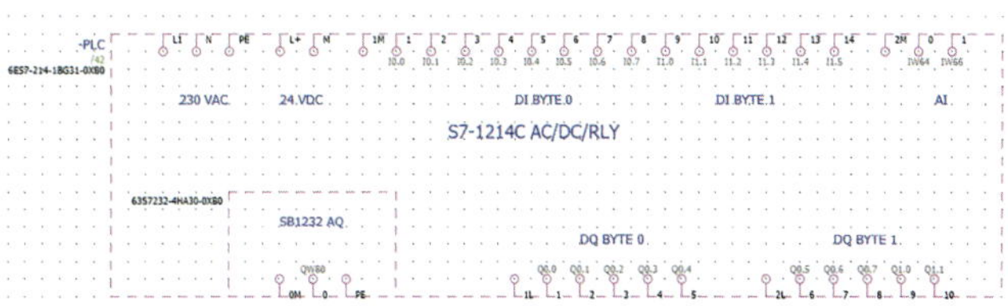

Figura 5.122. Caja PLC creada para un autómata S7-1200.

El Plano de cableado en entradas/salidas del PLC requiere utilizar, mediante puntos de interrupción, la alimentación monofásica (2L1, 2N, 2PC) definida en el Plano de potencia. En concreto, la alimentación monofásica es necesaria para la parte AC del PLC y para el primer bloque de 5 salidas digitales. Además, se necesitan otros 2 puntos de interración en continua (L+, L–) definidos en el Plano de potencia para alimentar al segundo bloque de salidas digitales. Como se aprecia, se utiliza la alimentación DC, de la propia fuente del PLC para alimentar las diferentes entradas digitales (2 hilos y 3 hilos PNP) presentes en la automatización.

En la actividad se muestra el resultado correcto del Plano de conexión de bornes del regleteo X2, pues se han situado dichos bornes en el Plano de cableado de entradas/salidas del PLC. Además, se ha editado dicho regleteo para añadir los puentes de regleta internos necesarios.

Actividad resuelta 5.2

Realiza el esquema de cableado de entradas/salidas digitales, en un PLC S7-1214C AC/DC/RLY de Siemens, de un arranque directo secuencial de 2 cintas transportadoras con ePLAN Educacional. Mediante un pulsador de marcha S1_ NO se pone en marcha la cinta transportadora 1 (contactor KM1 230 V AC) que debe desplazar un objeto desde la posición inicial definida por el final de carrera S3_NO. Cuando el objeto alcance la posición del detector inductivo B1_NO (3 hilos PNP 24 V DC), se activará además la cinta transportadora 2 (contactor KM2 230 V AC). La instalación se debe detener totalmente cuando el objeto alcance la posición final definida por una barrera réflex B2_NC, cuando se actúe sobre el pulsador de paro S2_NC o por disparo de los relés térmicos de ambos motores, F1_NC y F2_NC, enseriados en una única entrada digital. Se debe señalizar la marcha de cada cinta transportadora con pilotos de señalización 24 V DC (H1, H3) y el disparo por sobrecarga en los motores eléctricos (pilotos de señalización 24 V DC H2, H4).

Solución:

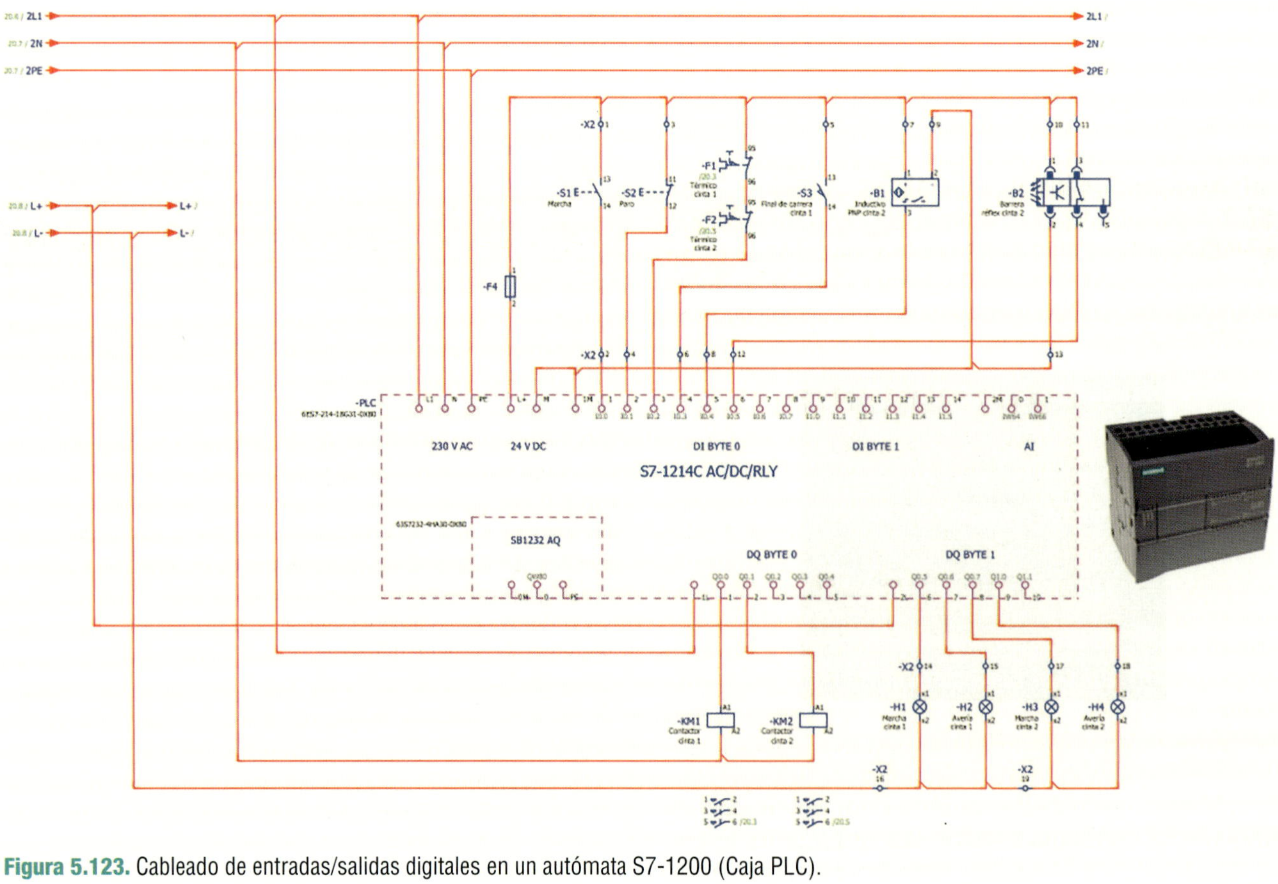

Figura 5.123. Cableado de entradas/salidas digitales en un autómata S7-1200 (Caja PLC).

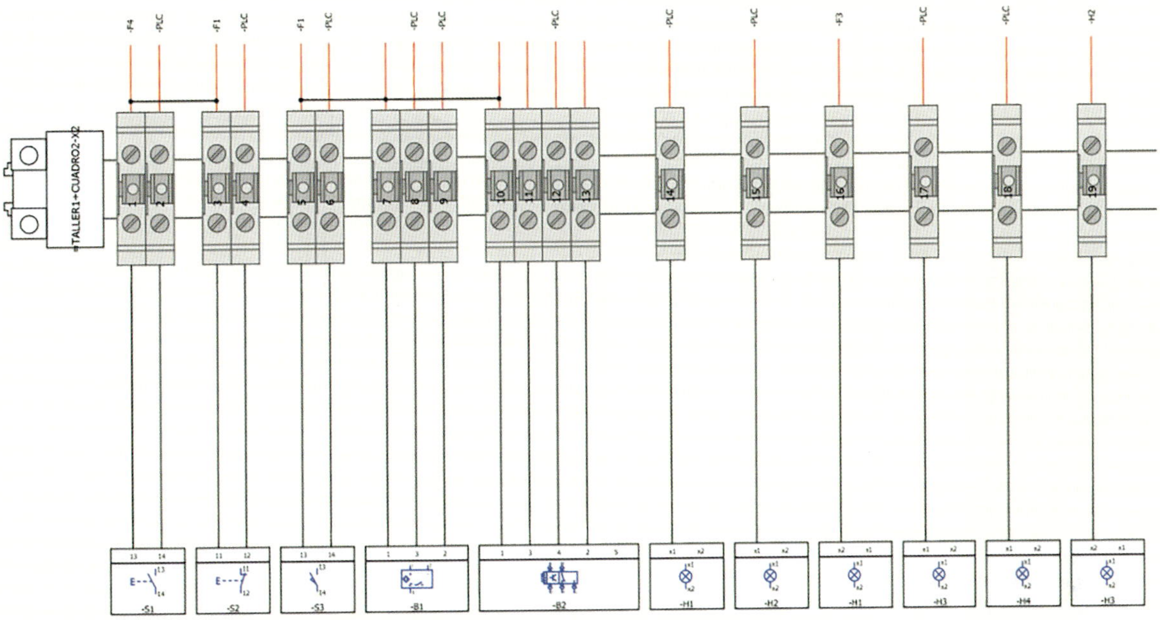

Figura 5.124. Plano de conexión de bornes del regletero X2.

Fila	Estado	Destino (externo)	Cable (externo)	Color / número...	Puentes de r...	Designación de borne	Vista previa	Número de...	Puentes de regleta (internos)	Destino (interno)
1		=TALLER1+CUADRO2-S1:13	=+			1			•	=TALLER1+CUADRO2-F4:1
2		=TALLER1+CUADRO2-S1:14	=+			2			•	=TALLER1+CUADRO2-PLC:1
3		=TALLER1+CUADRO2-S2:11	=+			3			•	=TALLER1+CUADRO2-F1:95
4		=TALLER1+CUADRO2-S2:12	=+			4			•	=TALLER1+CUADRO2-PLC:2
5		=TALLER1+CUADRO2-S3:13	=+			5			•	=TALLER1+CUADRO2-F1:95
6		=TALLER1+CUADRO2-S3:14	=+			6			•	=TALLER1+CUADRO2-PLC:4
7		=TALLER1+CUADRO2-B1:1	=+			7			•	
8		=TALLER1+CUADRO2-B1:3	=+			8			•	=TALLER1+CUADRO2-PLC:5
9		=TALLER1+CUADRO2-B1:2	=+			9				=TALLER1+CUADRO2-PLC:1M
10		=TALLER1+CUADRO2-B2:1	=+			10				
11		=TALLER1+CUADRO2-B2:3	=+			11				
12		=TALLER1+CUADRO2-B2:4	=+			12				=TALLER1+CUADRO2-PLC:6
13		=TALLER1+CUADRO2-B2:2	=+			13				
14		=TALLER1+CUADRO2-H1:x1	=+			14			•	=TALLER1+CUADRO2-PLC:6
15		=TALLER1+CUADRO2-H2:x1	=+			15			•	=TALLER1+CUADRO2-PLC:7
16		=TALLER1+CUADRO2-H1:x2	=+			16				=TALLER1+CUADRO2-F3:4
17		=TALLER1+CUADRO2-H3:x1	=+			17				=TALLER1+CUADRO2-PLC:8
18		=TALLER1+CUADRO2-H4:x1	=+			18				=TALLER1+CUADRO2-PLC:9
19		=TALLER1+CUADRO2-H3:x2	=+			19				=TALLER1+CUADRO2-H2:x2

Figura 5.125. Editar regleta de bornes X2 con puentes de regleta internos.

Otra opción muy extendida a la hora de realizar esquemas de cableados de entradas/salidas de un autómata es emplear, en diferentes hojas de trabajo, las **variantes de la macro de ventana proporcionada por el propio fabricante**. En el **Centro de inserción** se debe buscar la macro (CPU S7-1214C AC/DC/RLY de Siemens con referencia 6ES7214-1BG31-0XB0). Una vez localizada, se debe insertar en la hoja de trabajo y, con el Tabulador, se puede cambiar la variante de la misma:

- Presentación multipolar variante A: alimentación para el autómata de tipo AC y fuente de alimentación **DC del propio autómata.**
- Presentación multipolar variante B: byte de entradas digitales IB0 (desde I0.0 hasta I0.7).
- Presentación multipolar variante C: byte de entradas digitales IB1 (desde I1.0 hasta I1.5).
- Presentación multipolar variante D: palabras de entradas analógicas (IW64, IW66).
- Presentación multipolar variante E: byte de salidas digitales QB0 (desde Q0.0 hasta Q0.7).
- Presentación multipolar variante F: byte de salidas digitales QB1 (desde Q1.0 hasta Q1.1).
- Presentación multipolar variante G: archivo DXF de la CPU S7-1214C indicada.

Se puede repetir el procedimiento anterior para una tarjeta de señal SB 1232 AQ para S7-1200.

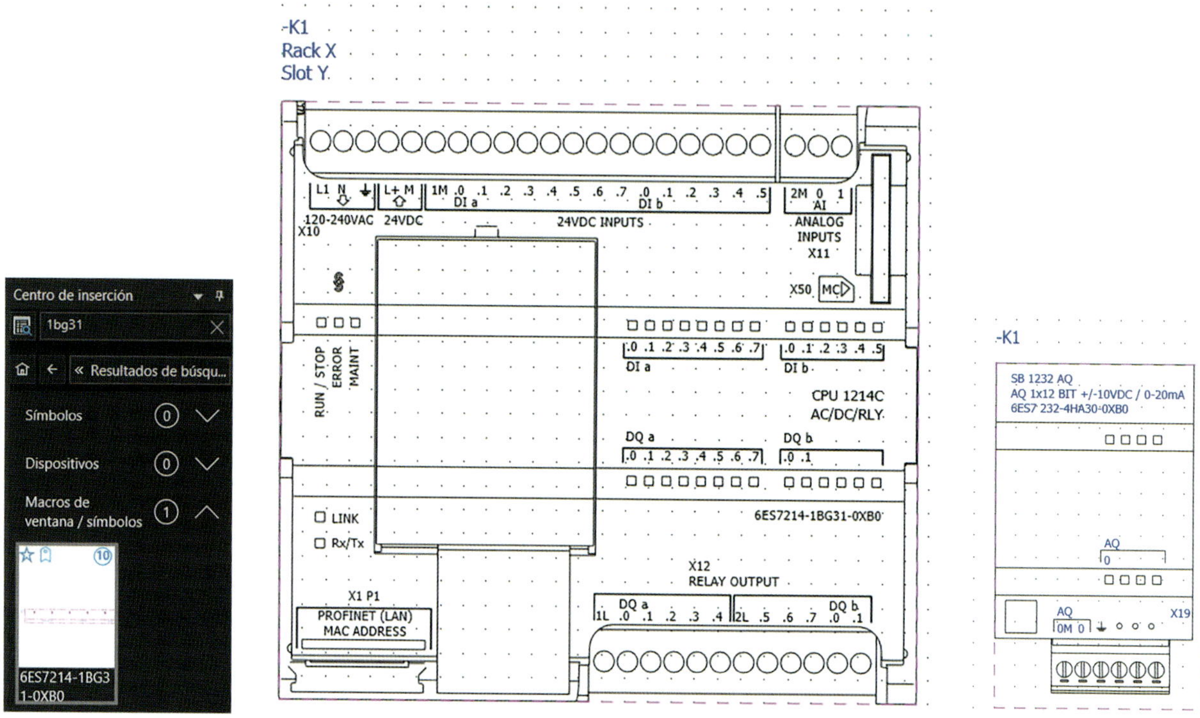

Figura 5.126. Variantes de macros para una CPU S7-1200.

En el caso de realizar algún esquema de cableado con la variante G (que es igual a importa el archivo DXF correspondiente) es necesario modificar la separación de la retícula C (4 mm) a la retícula A (1 mm).

Actividad resuelta 5.3

Repite el cableado de entradas/salidas digitales del PLC de la actividad resuelta anterior utilizando las variantes de la macro de ventana proporcionada por el fabricante.

Solución:

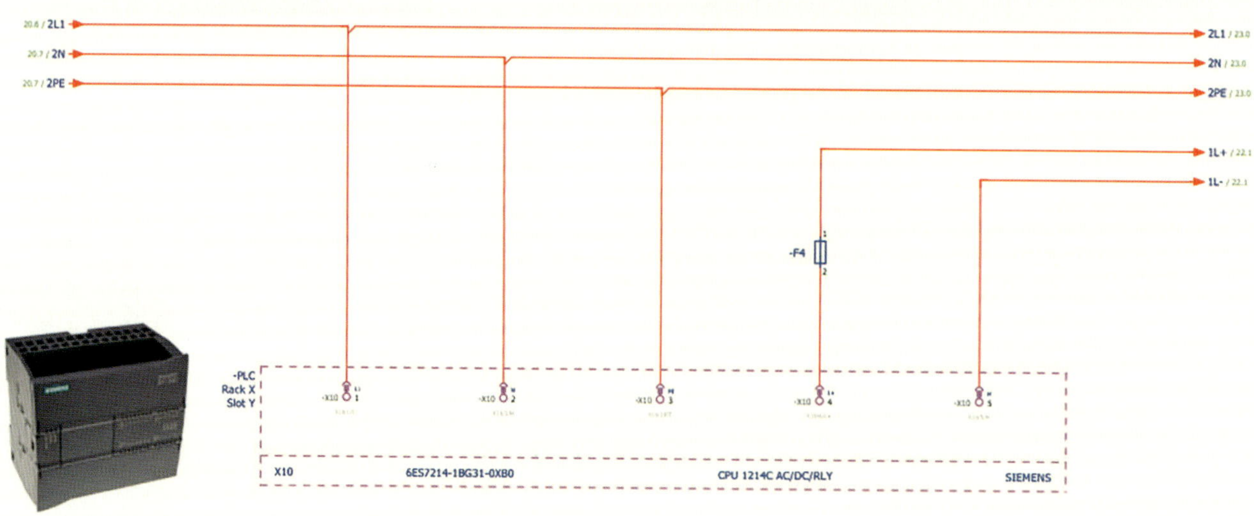

Figura 5.127. Alimentaciones para el autómata S7-1200.

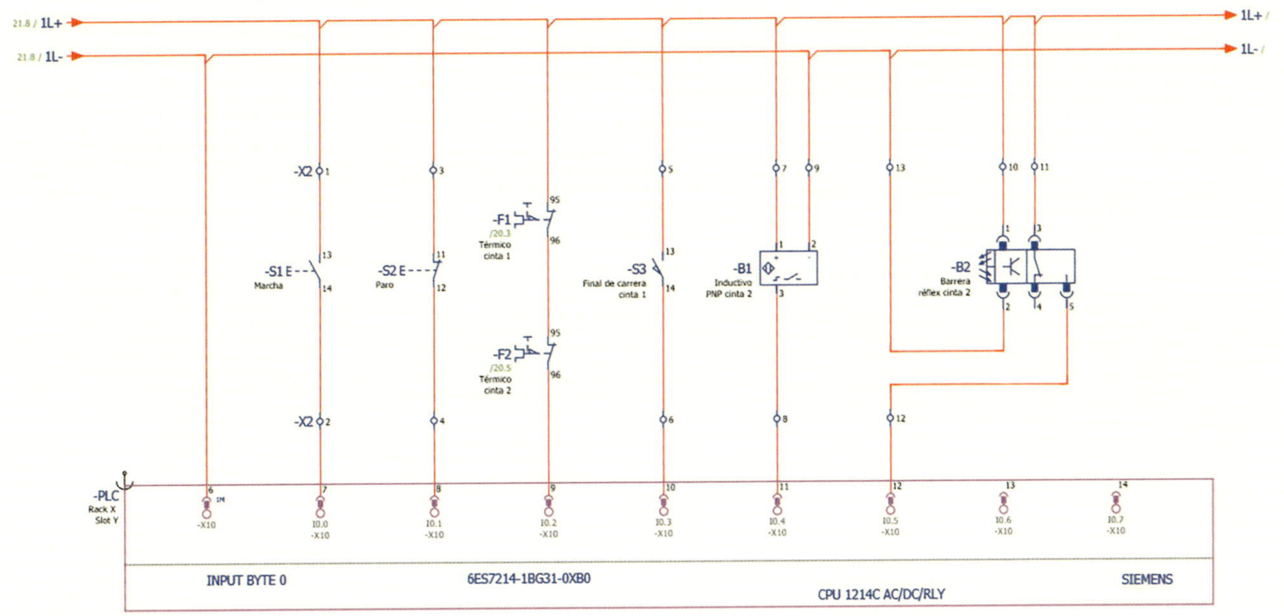

Figura 5.128. Entradas digitales IB0 del autómata S7-1200.

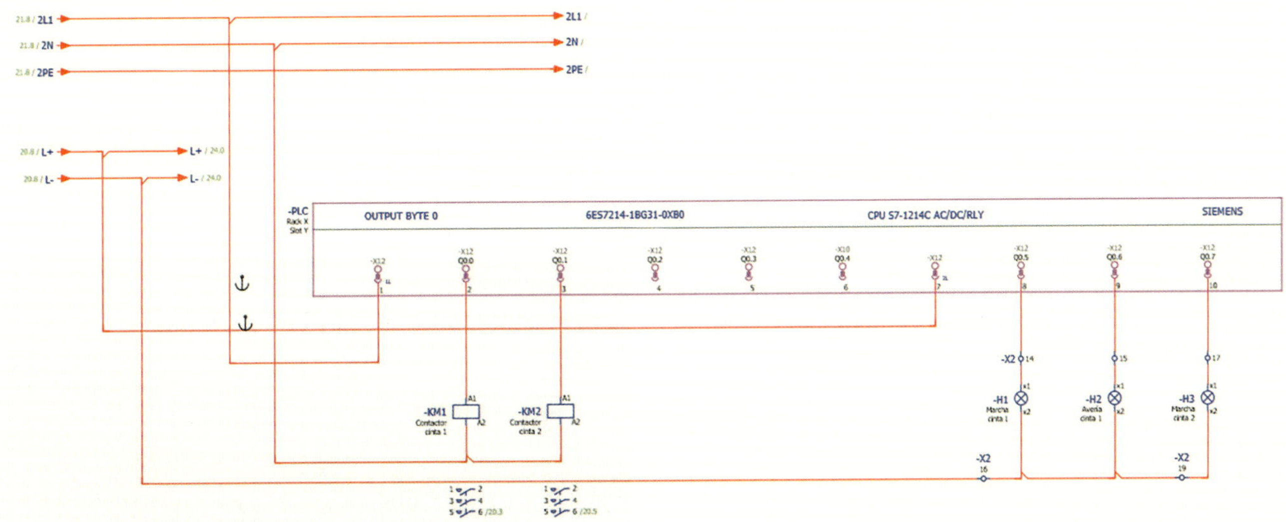

Figura 5.129. Salidas digitales QB0 del autómata S7-1200.

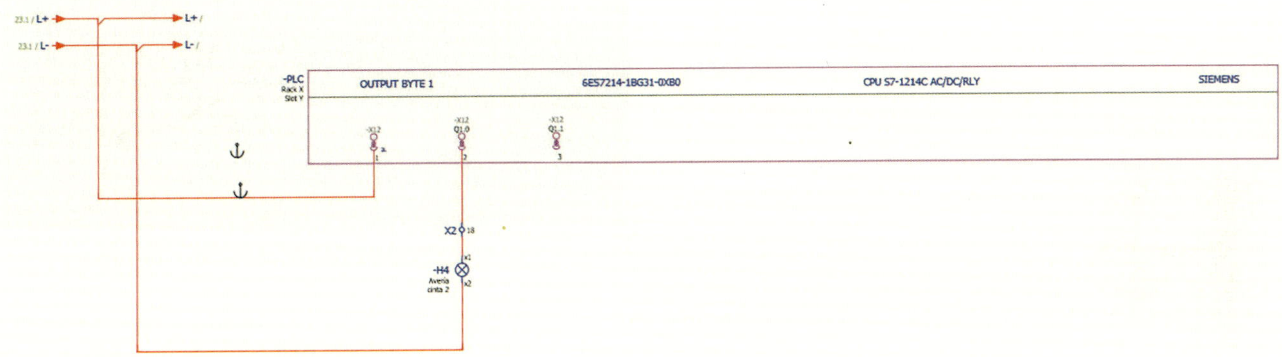

Figura 5.130. Salidas digitales QB1 del autómata S7-1200.

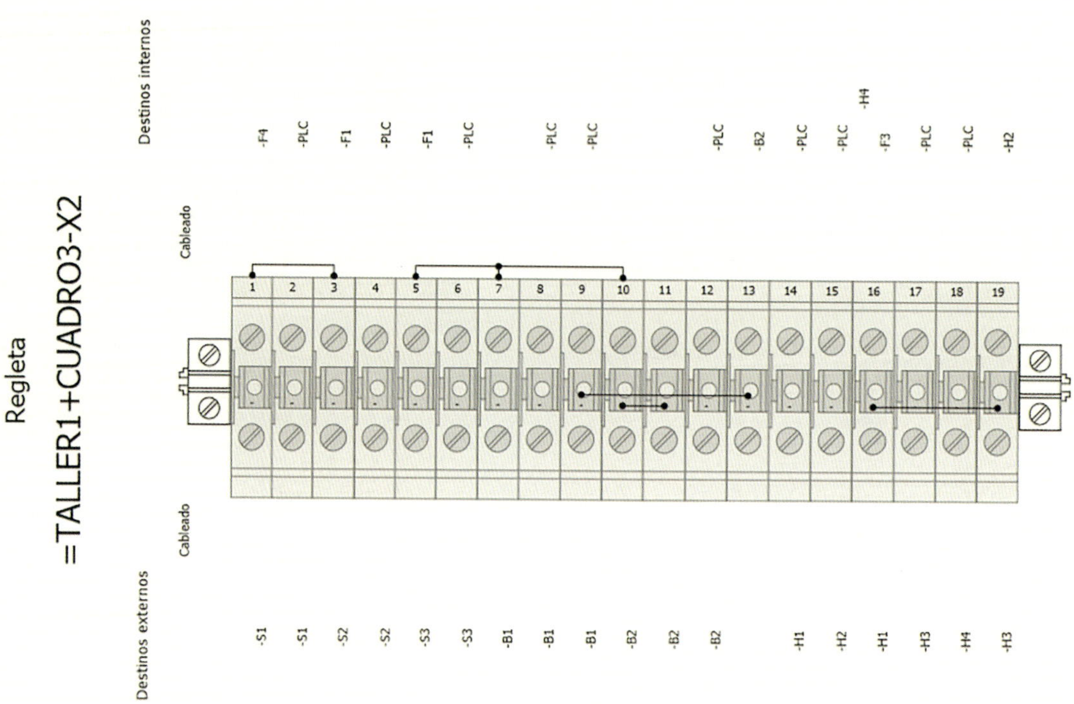

Figura 5.131. Plano de bornes del regletero X2.

5.9. Artículos y Data Portal

En este apartado se presenta la importancia de utilizar artículos concretos de fabricantes asociados a la simbología de un Proyecto, pues de esta forma, se pueden listar todos ellos a la hora de gestionar su compra, hacer un Presupuesto, etc. En caso de no disponer de la referencia del fabricante deseado, Data Portal permite importar toda la información deseada y sincronizada con la base de datos o biblioteca del programa ePLAN.

5.9.1. Utilización de artículos

El programa ePLAN Educacional permite asociar cada borne o símbolo insertado en una hoja de trabajo (por ejemplo, un interruptor guardamotor –Q3) con un **artículo de un fabricante** concreto (por ejemplo, un interruptor guardamotor Siemens 3RV2011-1GA15 con número de artículo SIE.3RV2011-1GA15) guardado en una base de datos (por defecto, «ePLAN_parts_Education»). Con ello se puede generar, posteriormente, una **lista de artículos o materiales** del Proyecto.

Para ello basta seleccionar el símbolo elegido del Plano y, con el botón derecho del ratón, abrir la **ventana Propiedades/Artículo.** Para **asociar el artículo disponible con el símbolo**, se puede hacer clic en el botón «...» situado en la tabla **Número de artículo**. Esto permite abrir una nueva ventana, con la totalidad de elementos presentes en la base de datos, en donde se puede buscar el artículo deseado.

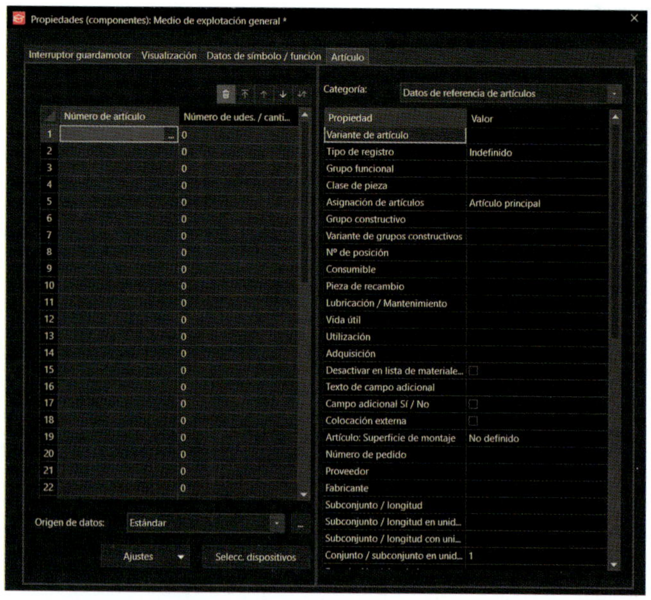

Figura 5.132. Ventana Artículo en Propiedades de un símbolo.

La segunda opción, desde la **ventana Propiedades/Artículo**, es ir al botón **Selecc. dispositivos** para **filtrar en la base de datos** los artículos que están relacionados con un interruptor magnetotérmico.

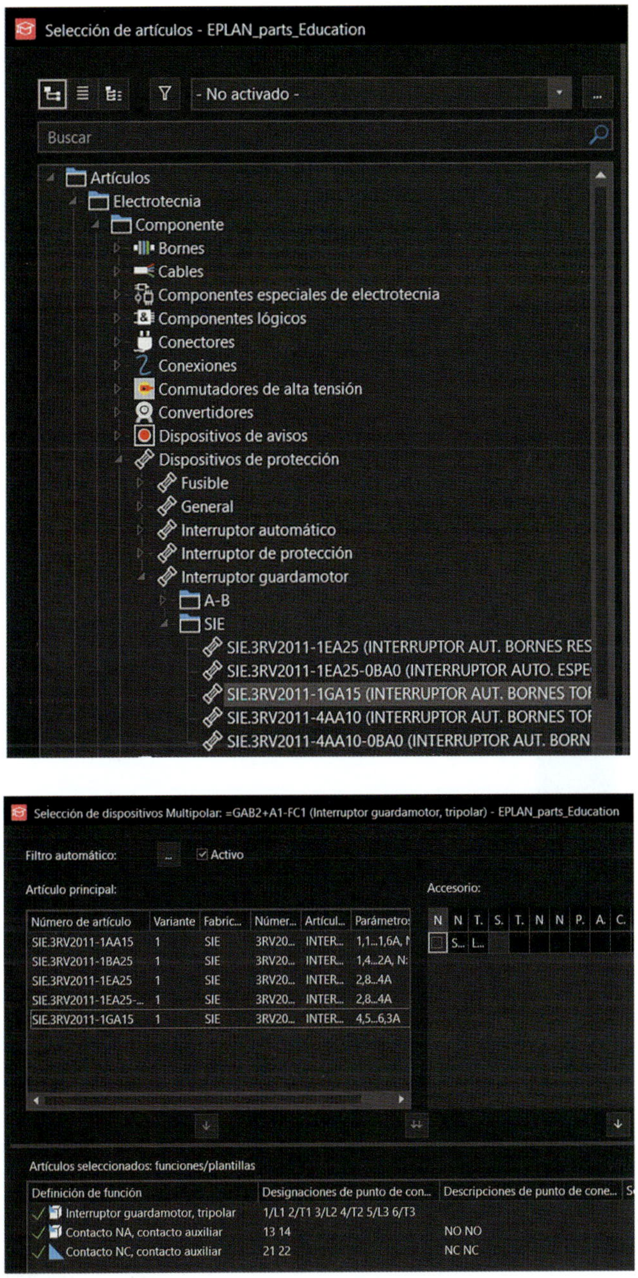

Figura 5.133. Selección de artículos y de dispositivos para un símbolo.

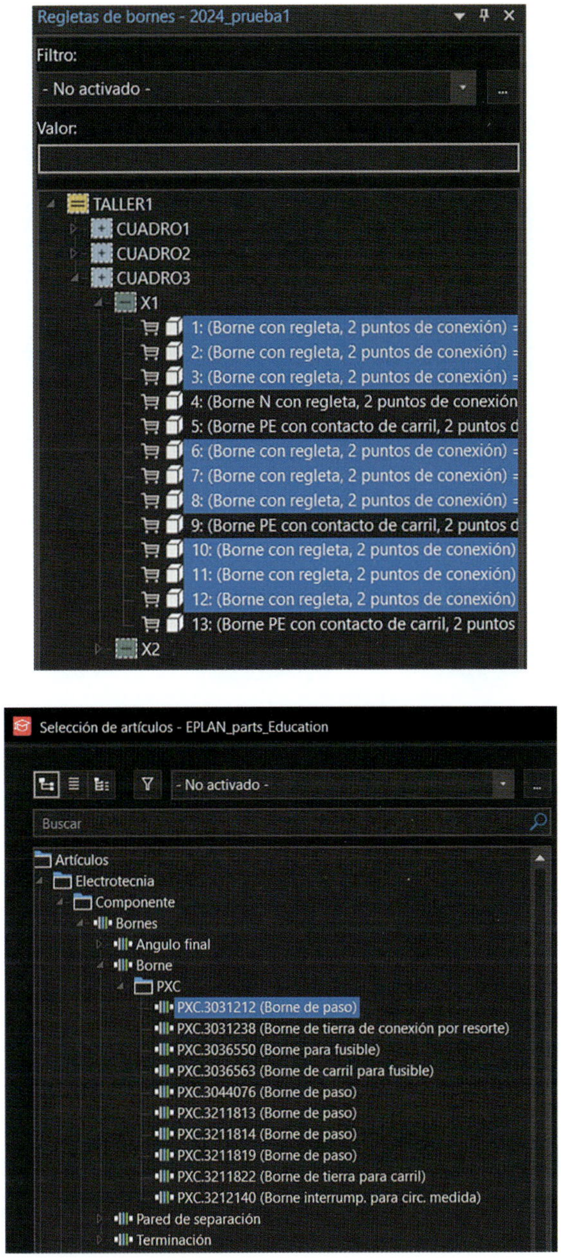

Figura 5.134. Asignación de artículo mediante navegador de regletas de bornes.

En el caso de los borneros X1 y X2, se puede utilizar el **navegador de regletas de bornes** (**menú Medios de explotación, Bornes**) para asociar de forma conjunta el artículo correspondiente a cada tipo de borne utilizado con la función previamente definida (botón derecho del ratón, Propiedades). Así, todos los bornes para fase se pueden asociar al borne de paso con número de artículo PXC.3031212 de Phoenix Contact. Bastará repetir la asignación de artículo para el borne de neutro (número de artículo PXC.3211819) y para los bornes de tierra PE (número de artículo PXC.3031238) para tener montado con artículos todo el bornero considerado.

Es posible comprobar la asignación realizada de artículos a cada borne situándose sobre el regletero (X1 en este caso), botón derecho del ratón, para ir a **Editar.**

Para introducir en el bornero el resto de **elementos mecánicos** (Terminación, Ángulo final y Pared de separación) es necesario, sobre el regletero considerado y con el botón derecho del ratón, añadir **Generar definición de regletas de bornes, Propiedades.** En la ventana de **Selección de artículos** se seleccionan los números de artículos para el ángulo final (PXC.3022218), para paredes de separación intermedias (PXC.3024481) y para tapas de terminación (PXC.3212044).

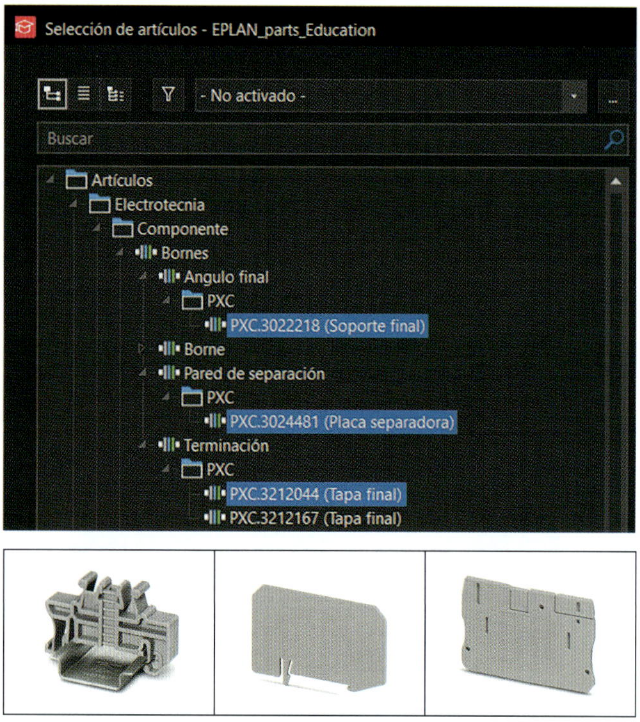

Figura 5.135. Asignación de artículos (Generar definición de regletas de bornes).

A continuación, basta seleccionar nuevamente el regletero considerado y con el botón derecho del ratón, ir a **Editar** para situar los elementos mecánicos en el bornero (Figura 5.136).

Además, es posible abrir **cualquier navegador** en ePLAN Educacional (navegador de regletas de bornes, navegador de cables, navegador de potenciales, etc.) desde el **menú Ver, Abrir, Navegadores.**

5.9.2. Utilización de Data Portal

En muchas ocasiones suele ser necesario **introducir nuevos artículos** en la base de datos de ePLAN, bien porque se trabaje con un nuevo fabricante o proveedor o bien porque se trate de productos nuevos no utilizados antes de un fabricante habitual. Para ello se puede ir al **menú ePLAN Cloud, Productos ePLAN** y a la opción **Data Portal.**

Figura 5.137. Herramienta Data Portal de ePLAN Educacional.

Es necesario insertar la **referencia del producto** deseado (por ejemplo, SE.A9F94440) en la barra de **Búsquedas** de Data Portal. En este caso, se desean los datos del artículo «Interruptor magnetotérmico Acti9 iC60L, 4P, 40 A, curva C, 25 kA (IEC 60947-2)» de Schneider Electric.

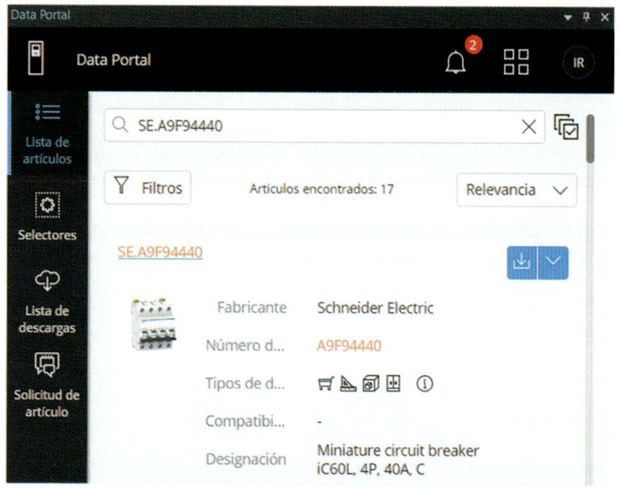

Figura 5.138. Herramienta Data Portal de ePLAN Educacional.

Es posible consultar los **Tipos de datos disponibles** del artículo deseado haciendo clic en la «i» de información (Datos comerciales, Distribución de conexiones, Datos gráficos 3D, etcétera).

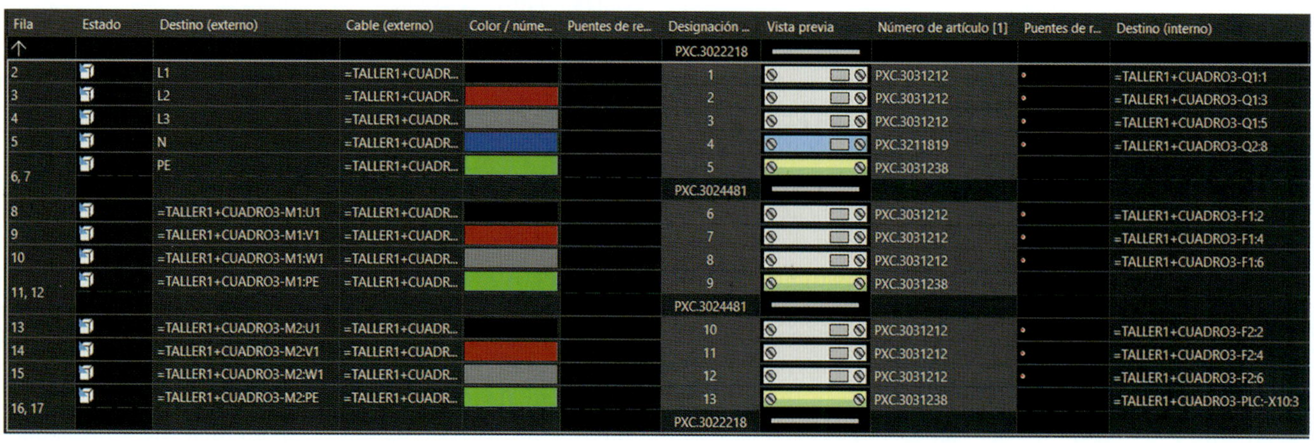

Figura 5.136. Editar regletero X1 con elementos mecánicos.

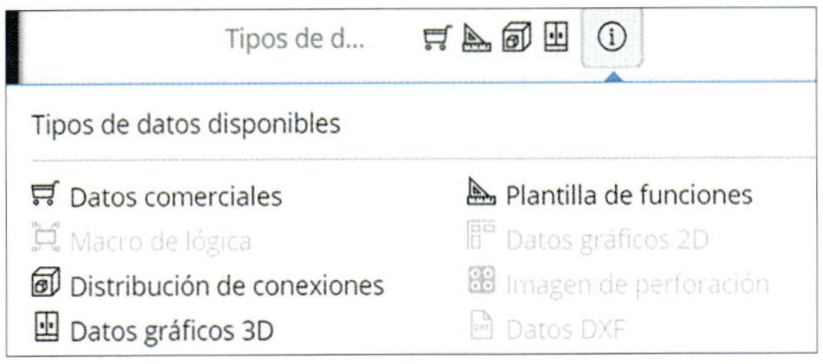

Figura 5.139. Tipos de datos disponibles de un artículo en Data Portal.

También es posible abrir la **Vista en detalle** del artículo deseado haciendo clic en su propia imagen. Desde la vista abierta, es posible consultar también la **Lista de Accesorios** compatibles con el artículo deseado.

A continuación, se debe hacer clic en el botón Importar del artículo seleccionado en la herramienta Data Portal. La ventana de **Importación de artículos** permite seleccionar el **Tipo de importación** (Agregar solo nuevos datos de artículos, Actualizar solo datos de artículos existentes, etc.) y el **Alcance de la importación de artículos.** Es posible descargar solo el artículo deseado (7 ficheros con un tamaño total de 8.02 MB) o añadir Accesorios/Artículos dependientes o Datos del fabricante (mayor tamaño total).

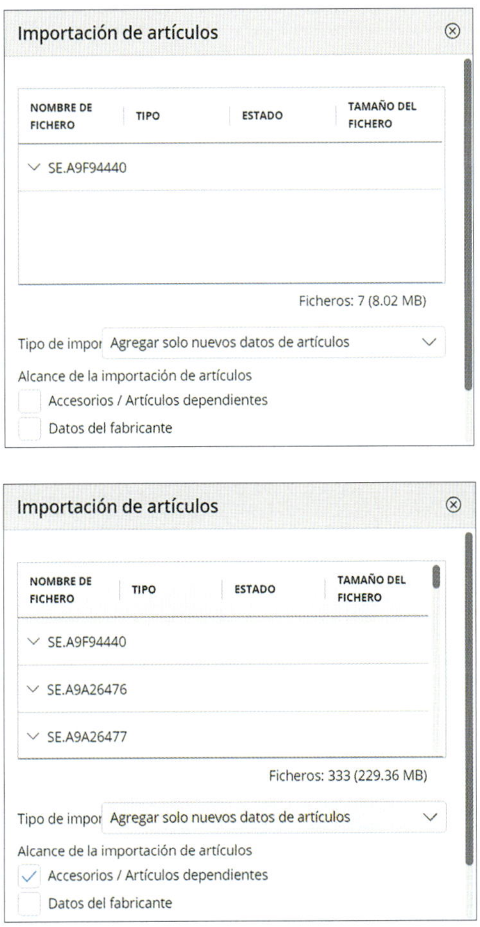

Figura 5.140. Opciones de Importación de artículos en Data Portal.

Basta hacer clic en **Aceptar** para preparar los archivos que descargar y, posteriormente, hacer clic en **Importar.**

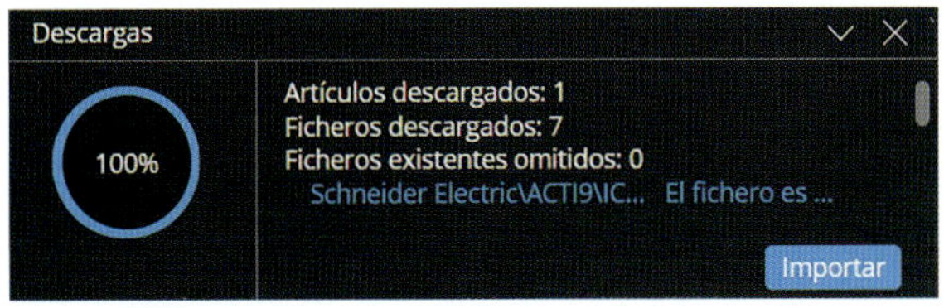

Figura 5.141. Archivos preparados para descarga (Importar).

La herramienta Data Portal también permite buscar, descargarse e insertar directamente macros, macros 3D y artículos de un producto de un fabricante (por ejemplo, una CPU S71214C AC/DC/RLY de Siemens con referencia 6ES7214-1BG40-0XB0).

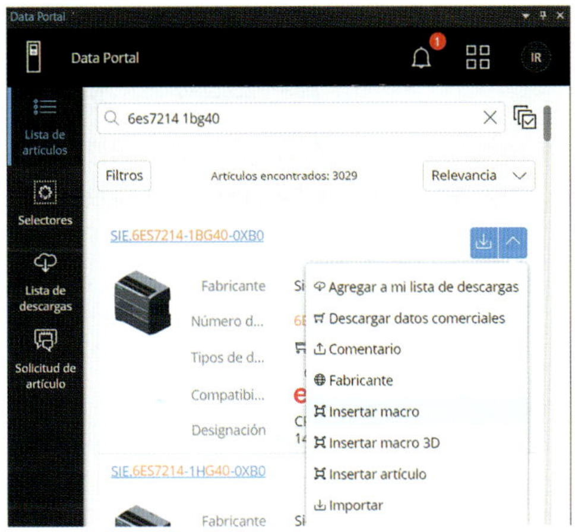

Figura 5.142. Insertar macro desde Data Portal.

Desde el **Centro de inserción** se puede buscar la referencia introducida del artículo que aparecerá en los apartados **Dispositivos y Macros de ventana/símbolos**. Es posible introducir en el Proyecto un tipo de **página Vista 2D,** de forma que al arrastrar a la misma el dispositivo solo aparezca la variante G o archivo DXF.

Figura 5.143. Centro de inserción con Dispositivos y Macros.

Además, también se puede introducir una **página Resumen** donde, al arrastrar, se podrá comprobar el resumen de cableado de entradas/salidas digitales al PLC realizadas con las cajas o tarjetas PLC en hojas o Planos posteriores (alimentación PLC, entradas digitales ED, salidas digitales SD, etcétera).

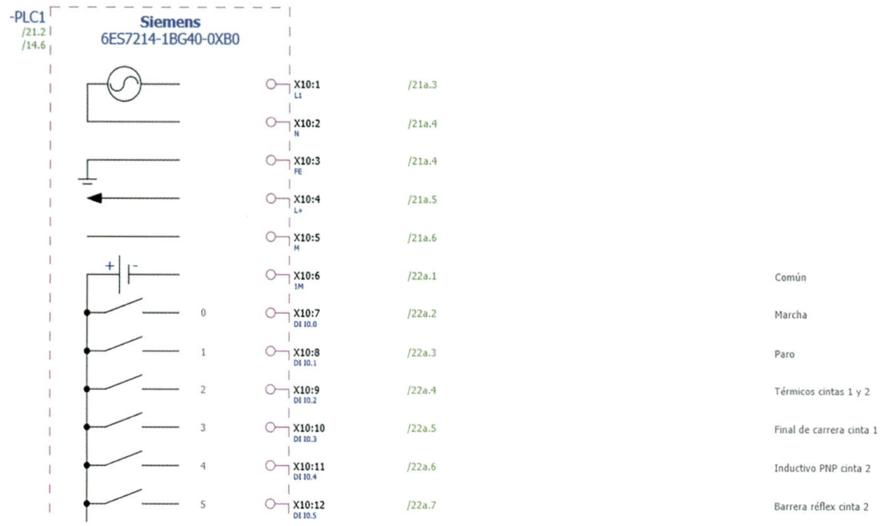

Figura 5.144. Resumen de alimentaciones y entradas digitales al PLC.

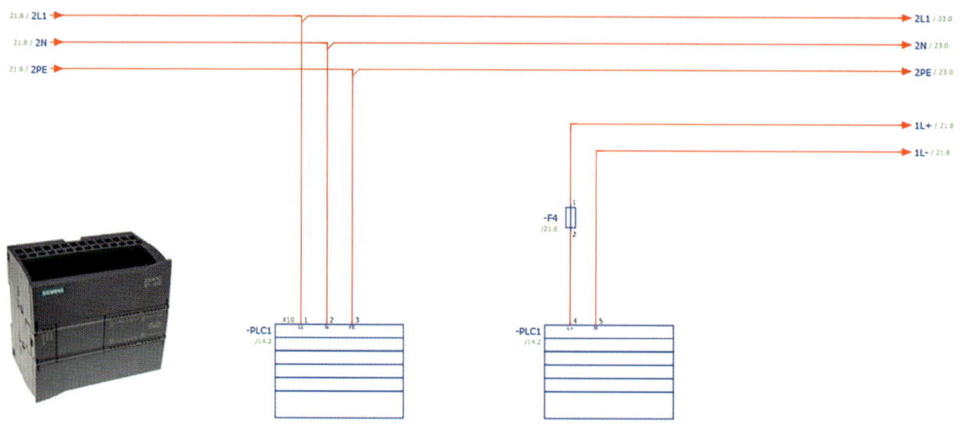

Figura 5.145. Alimentaciones con tarjetas PLC.

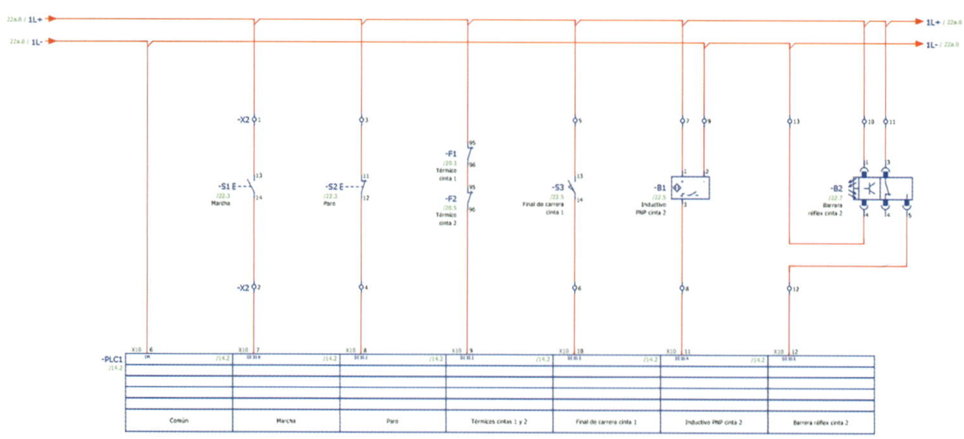

Figura 5.146. Entradas digitales con tarjetas PLC.

5.10. Cuadro 3D (Propanel)

ePLAN Educacional permite trabajar dentro de la **pestaña Espacio para crear un cuadro 3D** con los diferentes artículos utilizados en los Planos (pestaña **Páginas**). En este apartado es muy importante contar con toda la información de los artículos importados con la herramienta Data Portal. Bastará situarse sobre Espacio para, con el botón derecho del ratón, crear un nuevo elemento llamado en sus Propiedades «cuadro3».

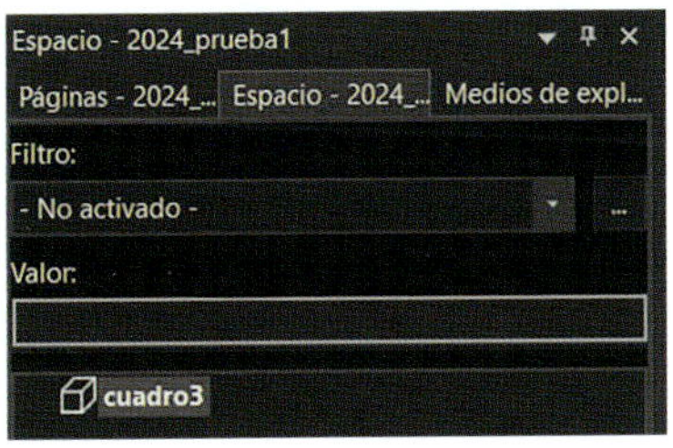

Figura 5.147. Nuevo elemento en Espacio.

Una vez situado en el elemento, se debe ir al **menú Insertar, Medios de explotación** para ir construyendo el cuadro 3D. Esta barra de herramientas tiene diferentes botones que permiten insertar armarios, placa de montaje, **placas de montaje libre**, **tubo para cable**, **carril portabornes**, carril definido por el usuario, etcétera.

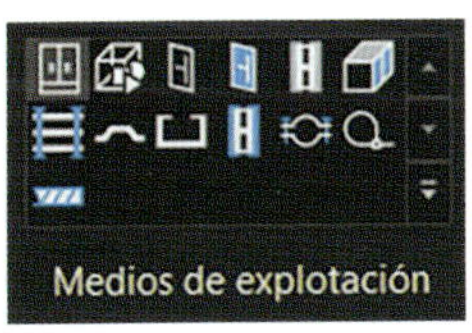

Figura 5.148. Medios de explotación para cuadros 3D.

- **Placa de montaje libre**

  Tras hacer clic en el botón Placa de montaje libre se deben definir los **valores de anchura, altura y profundidad.** Además, se deben escribir directamente las **coordenadas absolutas X, Y, Z** de su punto de inserción en el espacio 3D.

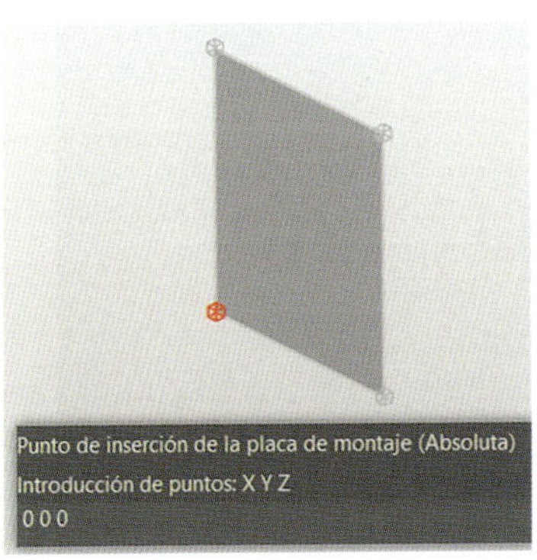

Figura 5.149. Inserción de una placa de montaje libre 400 × 500 mm.

- **Tubo para cable (canal tapada)**

  En primer lugar, en la ventana de Espacio, se debe abrir el elemento «cuadro3» y situarse en la **vista 2D del frontal** de la placa de montaje MP1. A continuación, tras hacer clic en el botón Tubo para cable, se abre la ventana de Selección de artículos donde seleccionar el tubo para cable. En caso necesario, mediante Data Portal, se deberá **importar el artículo** canal UNEX 40.30.77.

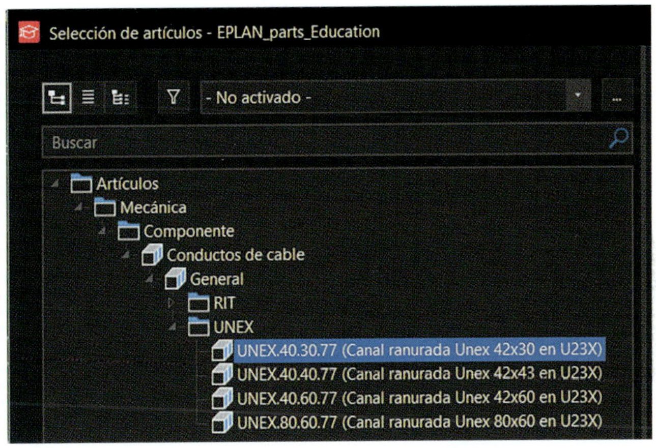

Figura 5.150. Base de datos con canal UNEX importada.

Para los **tramos verticales,** se debe considerar el **punto superior izquierdo y el punto superior derecho** para, con el botón derecho del ratón, ir a **Opciones de colocación.**

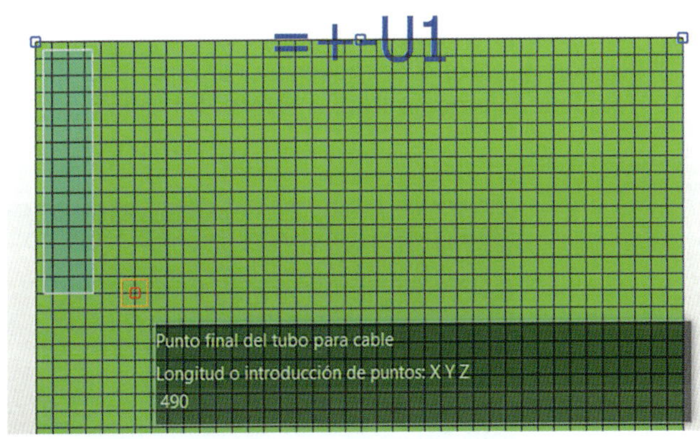

Figura 5.151. Colocación de canal vertical para cable.

Se debe indicar el **punto de captura** (Abajo izquierda, Arriba izquierda) y las **desviaciones X, Y** (5 mm, –5 mm; –5 mm, –5 mm), en cada caso. A continuación, se debe escribir directamente las coordenadas absolutas de altura de la canal tapada (por ejemplo, 490 mm).

Los **tramos horizontales,** situados en la **parte superior e inferior,** se pueden colocar directamente al tener activada la captura de objetos. Es interesante utilizar las opciones de Copiar, Pegar, Duplicar y Desplazar (botón derecho del ratón sobre el tubo para cables) para situarlo en el punto deseado. Para los **tramos horizontales intermedios**, es recomendable primero medir la longitud que queda en vertical usando el botón Medir (**menú Inicio, Espacio 3D**). De esta forma, conocida la distancia total, se puede duplicar el tramo horizontal superior (las veces necesarias) y definir las distancias relativas entre cada uno de los tramos intermedios de canal horizontal (por ejemplo, –140 mm).

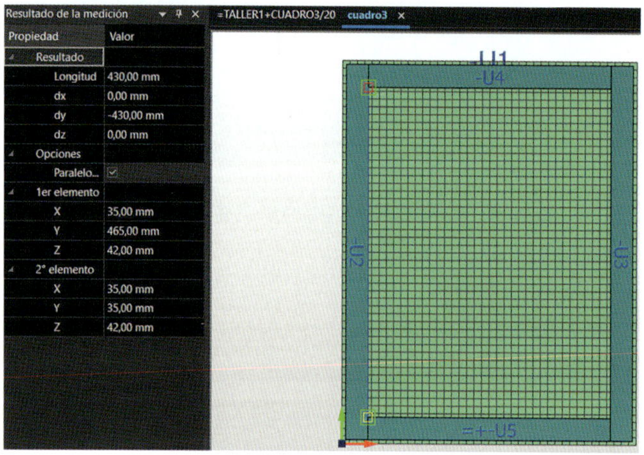

Figura 5.152. Medida de distancia vertical para colocar la canal tapada.

- **Carril portabornes**

En este caso, tras hacer clic en el botón Carril portabornes, se abre la ventana de Selección de artículos donde seleccionar el elemento de la base de datos (número de artículo RIT.2313150). En cada caso, el tramo de carril se debe situar a una distancia definida con respecto al punto de referencia inferior del tramo horizontal más próximo de la canal tapada. En **Opciones de colocación** se debe considerar un **punto de captura** (Centro izquierda) y la **desviación Y** (–60 mm).

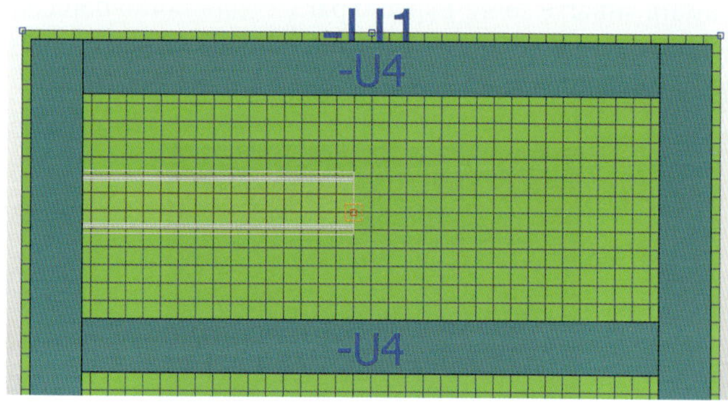

Figura 5.153. Colocación del carril portabornes RIT.

- **Colocación de artículos**

El paso siguiente es insertar los diferentes artículos asociados a los símbolos de las hojas de trabajo. En caso de disponer de todas las referencias de los artículos, se puede trabajar con el **navegador 3D** desde el **menú Insertar, Construcción 3D.**

En caso de no disponer de todos los artículos, se deberán comprobar uno a uno para ver si están en la base de datos o requieren importarlos desde Data Portal. Se debe ir a la **pestaña Medios de explotación** y situarse sobre cada elemento para ir asignando el número de artículo de cada uno en la ventana Propiedades. Cuando se haya asignado artículo, se podrá

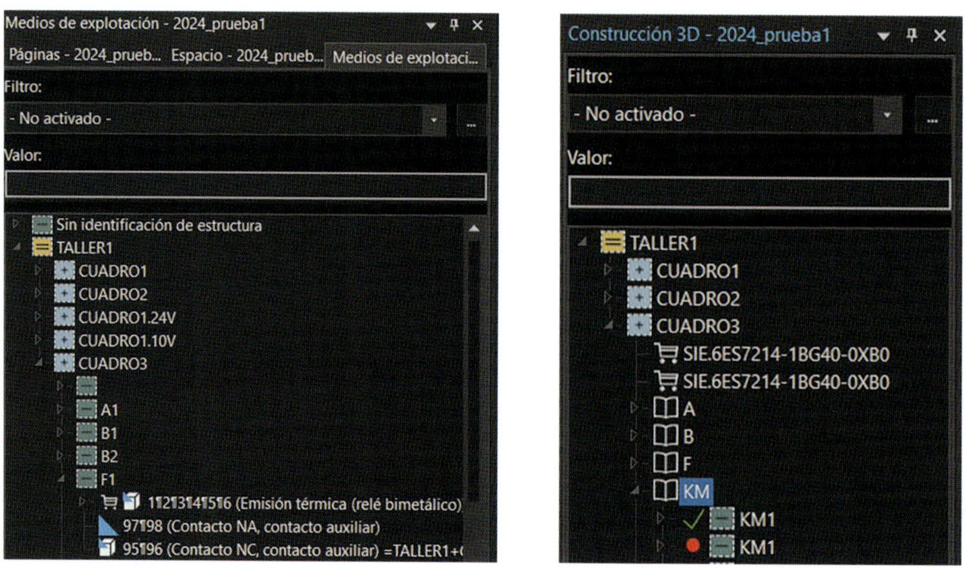

Figura 5.154. Medios de explotación y navegador 3D.

arrastrar la referencia del elemento hasta la **vista frontal** de la placa de montaje MP1. Desde el **menú Insertar, Construcción 3D** se puede abrir el navegador para ver si algún elemento o símbolo está mal asignado a un artículo de fabricante. También permite añadir los **elementos sin identificación de estructura** (placa de montaje libre, tubo para cable, etc. con designación –U) en la localización CUADRO3 (Propiedades, Colocación de artículos con indicación en el IME de una función y localización).

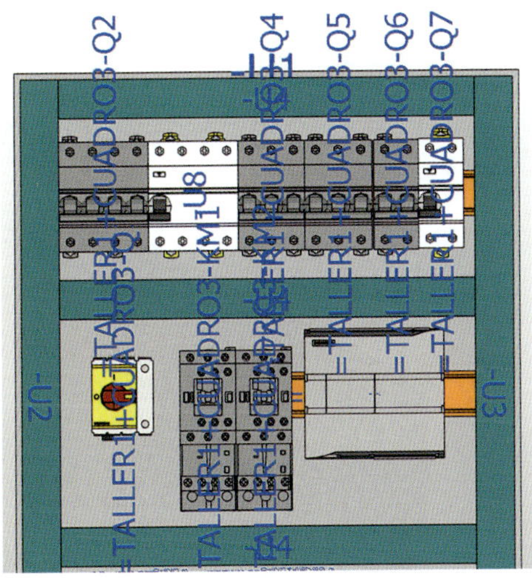

Figura 5.155. Vista parcial del cuadro 3D con artículos asignados.

Es interesante disponer de una **tabla** con los diferentes **elementos y números de artículos** que se han asignado a los elementos de los Planos del Proyecto.

En el caso de los **regleteros X1 y X2**, previamente definidos con artículos de la base, bastará arrastrar X1 y X2 de la pestaña Medios de explotación hasta su posición en el carril inferior del frontal de la placa de montaje.

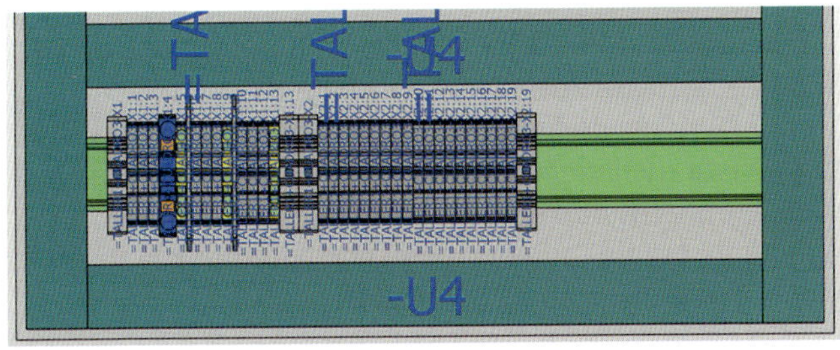

Figura 5.156. Vista parcial del cuadro 3D (regleteros).

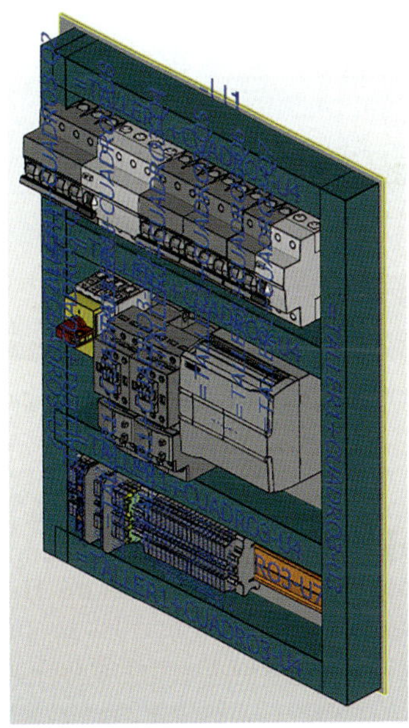

Figura 5.157. Vista del cuadro 3D.

Tabla 5.1. Resumen de artículos usados en el cuadro 3D

Elemento	Número de artículo	Fabricante
Interruptor-seccionador	SIE.3LD3130-0TL13	Siemens
Interruptor automático 4P	SE.A9F94440	Schneider Electric
Interruptor diferencial 4P	SE.A9R75440	Schneider Electric
Interruptor automático 3P	SE.A9F77325	Schneider Electric
Interruptor magnetotérmico 2P	SE.A9F79210	Schneider Electric
Interruptor diferencial 2P	SE.A9R60225	Schneider Electric
Contactor 3P	SE.LC1D09P7	Schneider Electric
Relé térmico 3P	SE.LRD16C	Schneider Electric
PLC S7-1214C AC/DC/RLY	SIE.6ES7214-1BG40-0XB0	Siemens
SB 1232 AQ	SIE.6ES7232-4HA30-0XB0	Siemens

Una vez hecho el cuadro 3D, es posible pasar a la **pestaña de Páginas** para insertar nuevas páginas **(Vista 2D o Gráfico)** donde mostrar las vistas deseadas del cuadro.

En la página **Vista 2D** se debe definir el tamaño de área de la vista (**menú Insertar, Ver, Vista 2D**) y, en la ventana Vista 2D, se puede indicar el **Nombre de la vista**, el **Punto de vista** (delante, sudoeste isométrica, nordeste isométrica, etc.), el **Estilo** (líneas ocultas, sombreado, etc.) y el **Ajuste de escala** (automáticamente, determinada manualmente con indicación de la **Escala**).

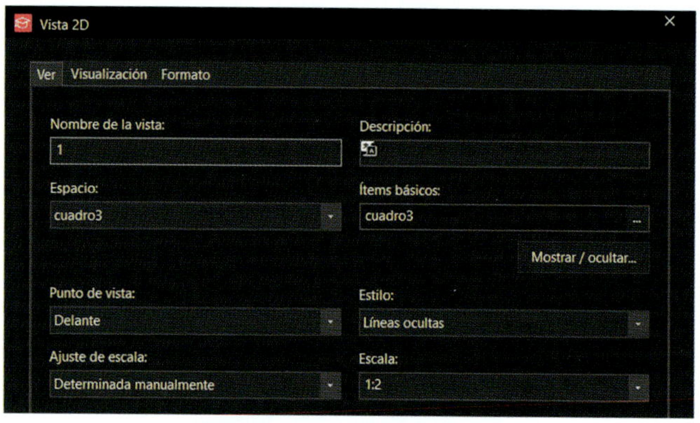

Figura 5.158. Configuración de una Vista 2D en página 2D.

Es posible **duplicar el área de la vista** en la página y mostrar, por ejemplo, en la otra parte de la página una vista 3D con sombreado o realizar el acotado lineal **(menú Insertar, Acotación lineal)**. El **menú Herramientas, Gestión, Capas** permite modificar las propiedades de las capas existentes, como la de la capa de acotación.

Es posible actualizar las vistas del cuadro ante cualquier cambio que se debe hacer mediante el **menú Herramientas, Actualizar.**

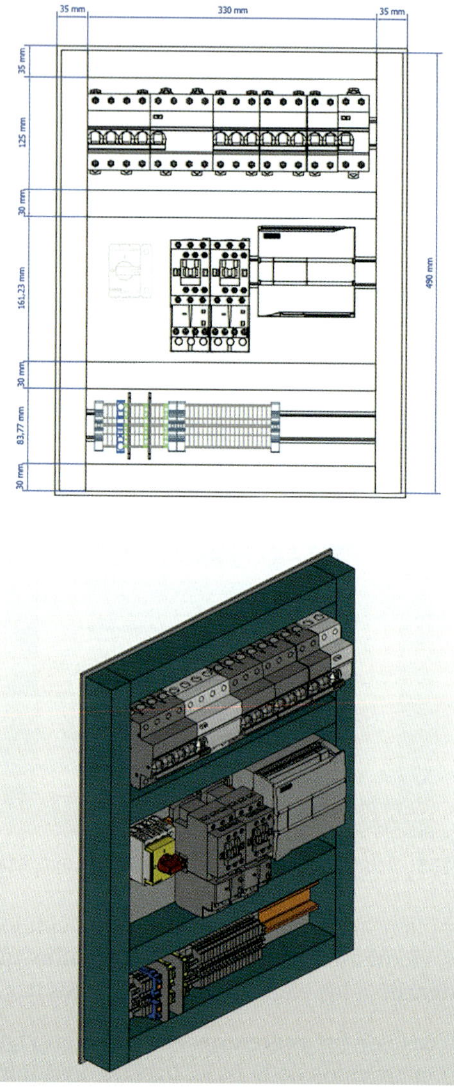

Figura 5.159. Página Vista 2D con diferentes vistas.

Mapa conceptual

Pasos iniciales ePLAN Electric

- Instalación y licencias
  - Copias de seguridad
  - Exportar Proyecto (formatos .DWG, .PDF)
- Interfaz de usuario Modo experto
  - Barra de título
  - Barra de menús
  - Barras de herramientas: uso general
  - Navegador de página (forma de árbol)
  - Selección de plantilla
  - Propiedades del Proyecto
  - Instalación/Lugar de montaje
  - Tipos de páginas/Hojas
  - Asignación IME (símbolo)
  - Modificar variante (símbolo)
  - Propiedades en conjunto (símbolo)
  - Texto/Insertar imagen

Circuito de potencia con ePLAN

- Punto de conexión de potencial
  - Alterna: fases, neutro y PE
  - Continua: positivo y negativo
- Punto de interrupción
- Biblioteca IEC_ Symbol, Electrotecnia
  - Sensores, interruptor y pulsador
  - Dispositivos de protección
  - Bobinas, contactos y circuitos protectores
  - Consumidor de potencia
  - Convertidor, transformador y rectificador
  - Piezas en T (derivaciones) y Ángulo recto
  - Definición de cable
  - Bornes y conectores
- Crear macro de ventana/símbolos
  - Arrancador CA
  - Variador CA/CC

Mapa conceptual

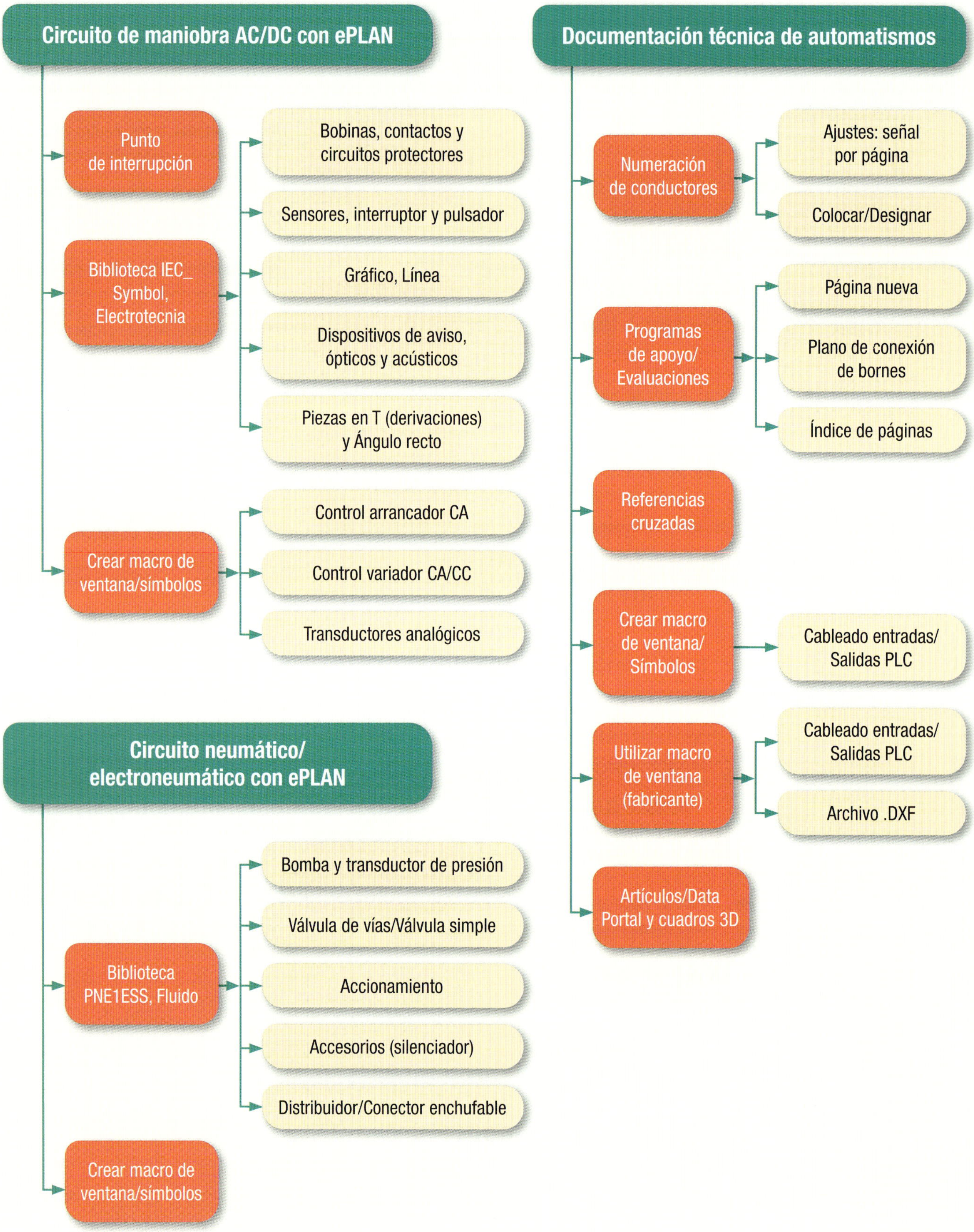

De comprobación

5.1. **La plantilla que elegir en ePLAN para hacer Proyectos estándar en Europa es:**

a) GB_bas001.zw9.

b) GOST_bas001.zw9.

c) NFPA_bas001.zw9.

d) IEC_bas001.zw9.

5.2. **La estructura generada en forma de árbol en un Proyecto de ePLAN es:**

a) Nombre del Proyecto, localización, función y las hojas añadidas.

b) Nombre del Proyecto, función, localización y las hojas añadidas.

c) Localización, función, nombre del Proyecto y las hojas añadidas.

d) Función, localización, nombre del Proyecto y las hojas añadidas.

5.3. **Las propiedades que tiene, por defecto, una nueva página insertada en ePLAN son:**

a) Nombre de formulario, escala y técnica.

b) Nombre de formulario, escala y nombre de cajetín.

c) Nombre de formulario, nombre de cajetín y retícula.

d) Ninguna de las respuestas anteriores es correcta.

5.4. **Para definir la representación gráfica de un sistema trifásico a 5 hilos, se deben emplear por este orden:**

a) Puntos de conexión de potencial y puntos de interrupción (fases, neutro y PE).

b) Puntos de interrupción y puntos de conexión de potencial (fases, neutro y PE).

c) Puntos de interrupción de potencial y puntos de conexión (fases, neutro y PE).

d) Ninguna de las respuestas anteriores es correcta.

5.5. **El IME completo de un elemento o símbolo insertado en ePLAN tiene como estructura:**

a) = «Localización» + «Función» – «Nombre del elemento».

b) = «Localización» – «Función» + «Nombre del elemento».

c) = «Función» + «Localización» – «Nombre del elemento».

d) = «Función» – «Localización» + «Nombre del elemento».

5.6. **El símbolo de un contacto de potencia de un contactor se puede insertar desde la biblioteca IEC_Symbol, Electrotecnia:**

a) Sensores, interruptor y pulsador.

b) Dispositivos de protección.

c) Bobinas, contactos y circuitos protectores.

d) Bornes y conectores.

5.7. **El símbolo de un interruptor diferencial se puede insertar desde la biblioteca IEC_Symbol, Electrotecnia:**

a) Sensores, interruptor y pulsador.

b) Dispositivos de protección.

c) Convertidor, transformador y rectificador.

d) Bornes y conectores.

5.8. **Para generar en ePLAN un Plano de conexión con bornes gráficos, se deben insertar desde la biblioteca IEC_Symbol, Electrotecnia, Bornes y conectores:**

a) Borne, general, sin regleta, 2 puntos de conexión.

b) Borne, con regleta, 2 puntos de conexión.

c) Borne con regleta.

d) Ninguna de las respuestas anteriores es correcta.

5.9. **La numeración de conductores en Planos mediante ePLAN:**

a) Requiere utilizar el menú Datos de Proyecto, Conexiones, Numeración.

b) Requiere seleccionar como Ajustes la opción Señal por página.

c) Las dos respuestas anteriores son correctas.

d) Ninguna de las respuestas anteriores es correcta.

5.10. **Indica la respuesta que es falsa en el programa ePLAN:**

a) Es posible crear una macro de ventana mediante la barra de herramientas Cajas.

b) Las macros de ventana de los fabricantes pueden incluir diferentes variantes.

c) La librería PNE1ESS permite insertar la simbología neumática en un Plano.

d) No es posible introducir nuevos artículos en la base de datos de ePLAN.

De aplicación

Realiza un Proyecto en ePLAN para cada actividad de la Unidad 4 hecha inicialmente en CADeSIMU. Cada Proyecto debe incluir, al menos, el esquema de potencia y esquema o esquemas de maniobra (AC, DC) con borneros X1, X2, mangueras y numeración de conductores. Genera los Planos de bornes, de conexión de bornes y el índice de página en cada cuadro. Además, realiza las siguientes actividades propuestas.

5.1. Se desea realizar el automatismo cableado para el arranque mediante un arrancador SIRIUS 3RW30 de un motor asíncrono trifásico M1 que acciona una cinta transportadora sobre la que se mueve un objeto (pulsador de marcha S1_NO). Al alcanzar el final de carrera S3_NO, se realiza una pauta de reposo temporizada de 5 s con un temporizador a la conexión KT1. La cinta debe reemprender marcha y detenerse al alcanzar el detector B1_NO inductivo a 3 hilos, PNP, 24 V DC. Como seguridades en el automatismo, se debe considerar un pulsador de paro S2_NC y un disyuntor Q3 con un contacto auxiliar 13-14 NO.

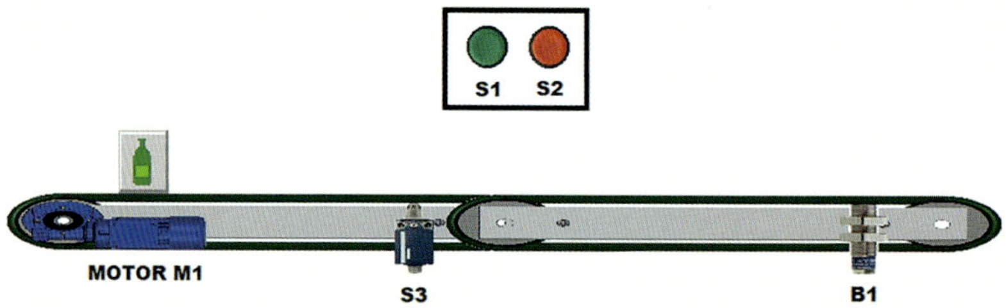

5.2. Se desea realizar el arranque de un motor asíncrono trifásico M1 mediante un variador de velocidad ATV31/312 (alimentación monofásica, salida trifásica 230 V) con sentido de giro a derechas (LI1 = FWD). Al actuar sobre el pulsador de marcha S1_NO, se realiza una pauta de reposo de 5 segundos (relé auxiliar KA1 y temporizador KT1) para arrancar la cinta transportadora y desplazar un objeto a una frecuencia preseleccionada de 18 Hz hasta que dicho objeto alcanza la posición del detector inductivo B1_NO 3 hilos PNP, 24 V DC.

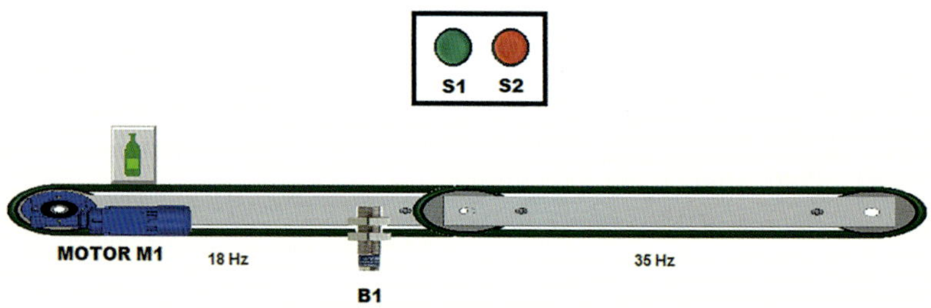

Desde dicha posición hasta que se realice el paro manual de la cinta actuando sobre el pulsador S2_NC, el variador de velocidad debe tener activa una frecuencia preseleccionada de 35 Hz.

Se deben utilizar contactos auxiliares de relés KA2 y KA4 para realizar la combinación adecuada de tensiones (0 = 0 V; 1 = +24 V) en las entradas lógicas LI3 y LI4 del bornero de control del variador.

Realiza un Proyecto en ePLAN para cada uno de los siguientes ejemplos hechos inicialmente en CADeSIMU. Cada Proyecto debe incluir el esquema de potencia y esquema o esquemas de cableado con borneros X1, X2 (caja PLC o variantes multipolares de macro de ventana del fabricante INPUT/OUTPUT BYTE, mangueras y numeración de conductores). Genera los Planos de bornes, de conexión de bornes y el índice de página en cada cuadro. Además, realiza las siguientes actividades propuestas.

5.3. Realiza el diseño y cableado del automatismo programado de la instalación con un módulo base LOGO! 12/24 RCE 0BA8. Todos los tiempos t son de 3 segundos. Se requiere añadir un módulo de ampliación de entradas/salidas digitales. La instalación dispone de un pulsador de paro S1_NC y de 2 pulsadores de marcha (S2_NO y S3_NO) para realizar un ciclo único (a través de S2) o un ciclo continuo (a través de S3). La secuencia de avances/retrocesos de los vástagos de los cilindros es:

S2: A+, temp1, B+, temp2, C+ , temp3, A–, temp4, B–, temp5, C–, FIN CICLO

S3: A+, temp1, B+, temp2, C+ , temp3, A–, temp4, B–, temp5, C–, temp6, CICLO CONTINUO

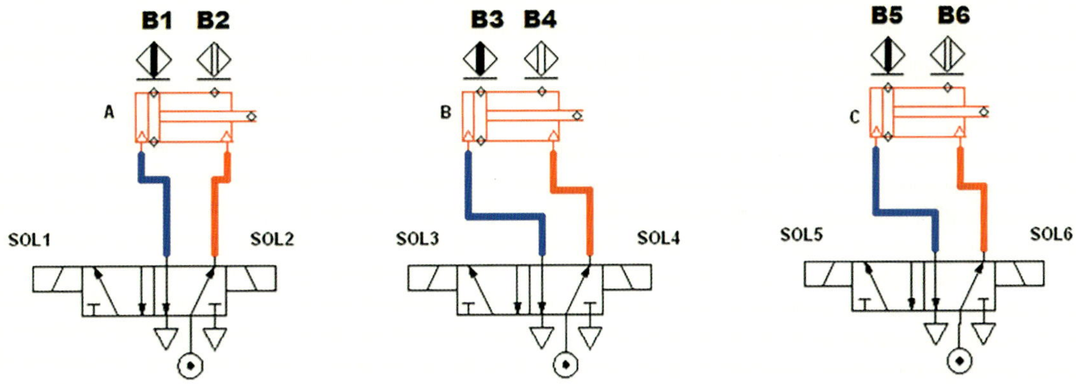

	Elemento	Denominación	Entradas DIG	Salidas DIG
1	Pulsador de paro NC.	S1	I1	—
2	Pulsador de marcha NO. Ciclo único.	S2	I2	—
3	Pulsador de marcha NO. Ciclo continuo.	S3	I3	—
4	Detectores inicio y final de cilindros (magnéticos a 2 hilos).	B1 a B6	I4 a I9	—
5	Cilindros de doble efecto. Electroválvulas 5/2.	EV1, EV2 y EV3	—	—
6	Solenoide 1 (Sale cilindro 1).	SOL1	—	Q1
7	Solenoide 3 (Sale cilindro 2).	SOL3	—	Q2
8	Solenoide 5 (Sale cilindro 3).	SOL5	—	Q3
9	Solenoide 2 (Entra cilindro 1).	SOL2	—	Q4
10	Solenoide 4 (Entra cilindro 2).	SOL4	—	Q5
11	Solenoide 6 (Entra cilindro 3).	SOL6	—	Q6

5.4. Se desea realizar la automatización mediante un autómata S7-1200 para el transporte y almacenaje de fosfatos en 2 silos. La instalación consta de una cinta transportadora accionada por un motor asíncrono trifásico M1 con arranque directo (contactor KM1), un cilindro de doble efecto accionado mediante electroválvula 5/3 de centros cerrados (EV1 y EV2) para poder realizar parada intermedia en su carrera, detectores capacitivos a 3 hilos, PNP, 24 V DC (B1, B2 y B3) para detectar las posiciones del vástago del cilindro y 2 silos de almacenaje con sus correspondientes electroválvulas (EV3 y EV4) de vaciado.

Cada **silo** consta de un transductor analógico por ultrasonidos (entradas IW) para la medida de la distancia en el silo. El transductor da una señal normalizada en tensión 0-10 V, con un rango de medida de 60 a 600 cm. Se debe realizar un control del nivel de llenado **(programación con FB)** definiendo el mínimo cuando la distancia de detección sea menor de 550 cm y el máximo cuando sea menor de 80 cm.

Además, dispone de un motor M2 (agitador) accionado a través de un variador de velocidad (salida QW80). Se requiere un contactor de marcha KM2 e indicar el sentido de giro del variador. El agitador gira a más velocidad cuanto menor sea la cantidad de producto almacenado, es decir, cuanto mayor sea la distancia de detección.

Actividades finales

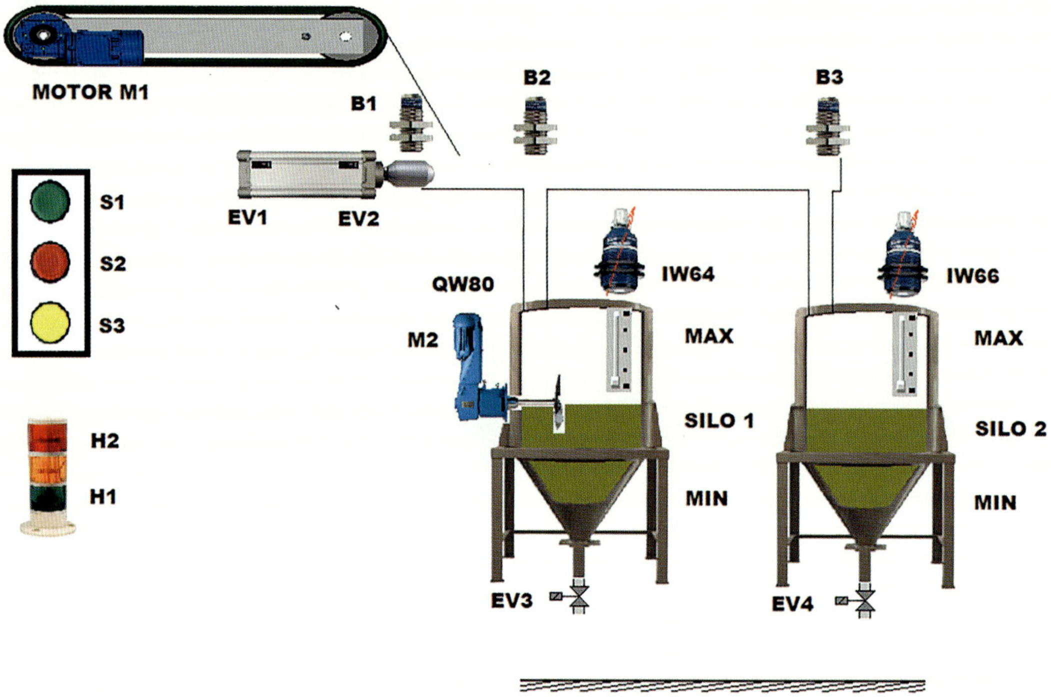

Cuando se activa el pulsador de marcha S1_NO, se debe activar la instalación (señalización H) y arrancar la cinta transportadora (motor M1). El cilindro de doble efecto tiene el vástago totalmente contraído detectando B1. Supon que inicialmente los silos de almacenaje están totalmente vacíos.

La cinta debe funcionar un tiempo de 10 segundos, pasados los cuales se debe detener. A partir de los 9 segundos de funcionamiento, el vástago del cilindro sale desplazándose hasta la posición B2 y arrastrando el material consigo. Mientras no se alcance el nivel máximo en el silo 1, el vástago del cilindro se detiene al llegar a la posición B2 (parada intermedia) introduciendo el material en el silo 1. Tras una pauta de reposo de 2 segundos, el vástago del cilindro debe entrar hasta recuperar la posición B1 finalizando el ciclo.

Para mover más material se requiere accionar nuevamente el pulsador de marcha S1_NO. A medida que se introduce material en el silo 1, el agitador mueve (motor M2) el material accionado mediante un variador de velocidad (salida QW80 con tensión de referencia 0-10 V para mandar analógicamente el bornero de control de un variador ATV31/312 de Schneider Electric).

Cuando se alcance el nivel máximo en el silo 1, el vástago del cilindro se debe detener únicamente al llegar a la posición B3 (recorrido total) introduciendo el material en el silo 2. Tras una pauta de reposo de 2 segundos, el vástago del cilindro debe entrar hasta recuperar la posición B1 finalizando el ciclo.

Se dispone, adicionalmente, de un pulsador de vaciado S3_NO para que, a partir de nivel mínimo en ambos silos, se pueda vaciar el producto a voluntad. Se requiere mantener pulsado S3_NO (sin realimentación). Además, se debe señalizar con un piloto intermitente condiciones de avería (contactos del relé térmico F1_NC y del relé de falta R1A_R1C del variador).

De ampliación

5.1. Busca información en Internet y realiza la macro de ventana en ePLAN Educacional de un convertidor electrónico configurable para una sonda de temperatura PT-100 del fabricante Phoenix Contact (referencia MINI MCR-SL-PT100-UI-200-NC).

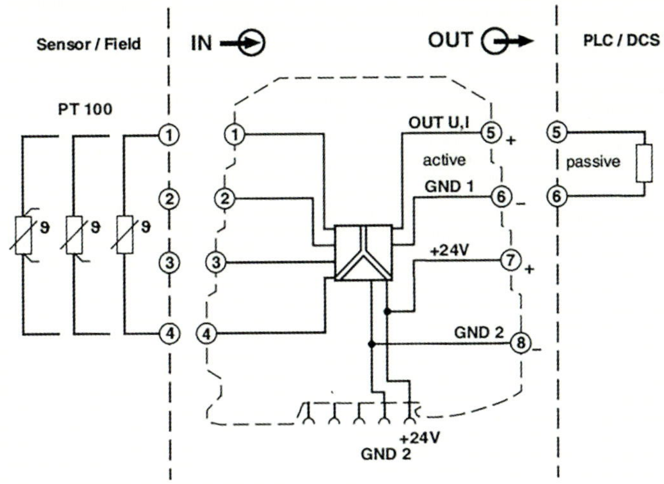

5.2. Busca información en Internet y realiza la macro de ventana en ePLAN Educacional de un convertidor electrónico configurable para un termopar J del fabricante Phoenix Contact (referencia MINI MCR-SL-TC-UI).

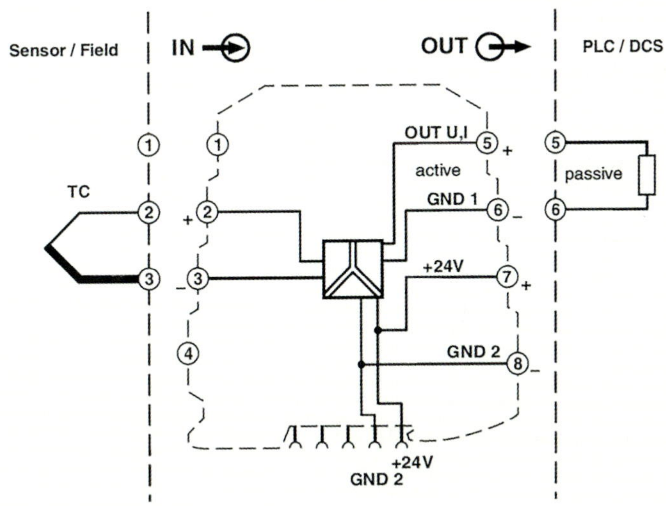

5.3. Busca información en Internet y descárgate los artículos para ePLAN Educacional de los variadores de velocidad G120, con unidad CU 240B-2 DP y con unidad CU 250S-2 PN, del fabricante Siemens.

6 Confección de Presupuestos de instalaciones y sistemas automáticos

Contenidos

La realización de Presupuestos es un proceso no vinculante que permite integrar los costes directos ligados a los materiales requeridos y a la mano de obra necesaria para ejecutar un Proyecto de un sistema automático. También es necesario incluir los costes indirectos asociados a la realización de la actividad. Estos dos apartados permiten conocer el Presupuesto de Ejecución Material (PEM).

El Presupuesto requiere considerar, además, los gastos generales de la empresa o instalación industrial, el beneficio estimado para la empresa que realice la ejecución del Proyecto y los impuestos en vigor como el IVA. Con todo ello se define el Presupuesto de Ejecución por Contrata (PEC).

Por último, considerando los honorarios profesionales vinculados a la redacción del Proyecto, se conocerá el Presupuesto Total (PT).

Todos estos cálculos se pueden realizar en casos sencillos mediante programas informáticos generales como hojas de cálculo o, en casos más complejos, mediante programas informáticos específicos como Arquímedes, el cual utiliza bases de datos estadísticas de precios (descompuestos o unitarios) elaboradas por las Administraciones públicas o por los propios fabricantes (archivos de extensión .BC3).

Objetivos

- Identificar las unidades de obra de las instalaciones o los sistemas y los elementos que las componen.
- Realizar las mediciones de obra, determinando los recursos necesarios para cada unidad de obra.
- Obtener los precios unitarios a partir de catálogos de fabricantes.
- Detallar el coste de cada unidad de obra.
- Realizar las valoraciones de cada capítulo del Presupuesto.
- Elaborar Presupuestos mediante el uso de aplicaciones informáticas.
- Valorar el coste del mantenimiento predictivo y preventivo.

6.1. Estructura de costes de un Presupuesto. Análisis de costes

Los costes son todos aquellos gastos necesarios para poder realizar una tarea, un trabajo o un Proyecto concreto. Los dos tipos principales de costes se llaman **costes directos y costes indirectos:**

- **Costes directos:** son aquellos que intervienen directamente en las diferentes fases de un Proyecto y se deben reflejar en los Presupuestos. Se suelen considerar los costes de los **materiales utilizados** (por ejemplo, materias primas provenientes de la naturaleza o de empresas del sector primario), los de la **mano de obra directa** (por ejemplo, el salario que reciben los trabajadores por las horas invertidas en un Proyecto) y los gastos debidos a la **maquinaria necesaria** (por ejemplo, su alquiler).
- **Costes indirectos:** son aquellos que están relacionados de **forma general** con las tareas o con los trabajos requeridos para **elaborar uno o más productos** en su etapa de producción (por ejemplo, el consumo de energía eléctrica necesario para el funcionamiento). También se pueden considerar otros **costes de tipo administrativo o financiero** (por ejemplo, el salario del personal administrativo o el alquiler de una nave industrial). En ocasiones, es habitual realizar una estimación de estos mediante un porcentaje sobre los costes directos (por ejemplo, el 10 % de la mano de obra directa).

Como se comentó en la unidad inicial, la suma de estos tipos de costes da lugar al **Presupuesto de Ejecución Material (PEM).**

Los **gastos generales (GG)** son todos aquellos costes ligados al hecho de tener una empresa o una actividad industrial en funcionamiento. Dicho de otra manera, en este concepto se deberán considerar todos los gastos necesarios para que no cese la actividad industrial y que no estén directamente relacionados con los servicios o productos que se elaboran (diferencia importante para evitar confusiones con los costes indirectos previamente definidos).

Por ejemplo, se pueden considerar gastos generales los gastos de contabilidad, los seguros, los intereses que deban abonarse, las tarifas legales o licencias, los impuestos, las facturas de servicios como Internet, agua o electricidad, los gastos de representación y de viajes, etcétera.

Para hallar el porcentaje de gastos generales, se pueden dividir los costes indirectos entre los costes directos y multiplicar el resultado por 100. Como valores de referencia, se puede considerar un porcentaje del capital invertido en gastos generales entre el 13 y el 20 % del PEM.

Además, es necesario añadir a los costes del Presupuesto un porcentaje atribuible al **beneficio industrial (BI),** definido como importe que se supone que gana la empresa adjudicataria que ejecuta el Proyecto. Habitualmente, este concepto se fija entre el 6 y el 8 % del PEM.

La suma de los tres conceptos desglosados (PEM + + GG + BI), antes de aplicar el IVA, permite definir el **Coste Total del Proyecto (CT).** La suma del IVA (por ejemplo, 21 %) al coste total del Proyecto CT permite obtener el **Presupuesto de Ejecución por Contrata (PEC).**

$$CT = PEM + GG + BI \qquad PEC = CT + IVA$$

El **Presupuesto Total** requiere añadir al apartado anterior los **honorarios profesionales (HP)** ligados a la redacción y diseño del Proyecto (por ejemplo, 10 % del PEM) y a la dirección de obras y tramitación de licencias (por ejemplo, 6 % del PEM).

$$PT = PEC + HP$$

Actividad resuelta 6.1

Evalúa los costes directos e indirectos ligados a un Proyecto de modificación y optimizado de una instalación clasificadora de diversos productos alimentarios, donde se desea aumentar la velocidad de las cintas y detectar atascos que provocan paradas en la instalación. Realiza una estimación del resto de parámetros del Presupuesto.

Solución:

En primer lugar, es necesario definir los materiales o equipos necesarios para la ejecución del Proyecto. La instalación inicial está compuesta de cuatro zonas de clasificación mediante periferias descentralizadas ET 200S con bus de comunicación Profibus DP y un autómata S7-314C de Siemens.

En este caso, se va a implantar una pantalla HMI (Interfaz Hombre Máquina) con la que supervisar la ejecución de los procesos de clasificación. Además, se añadirán variadores de frecuencia a las cintas transportadoras para modificar los tiempos de clasificación de las cajas de producto acabado.

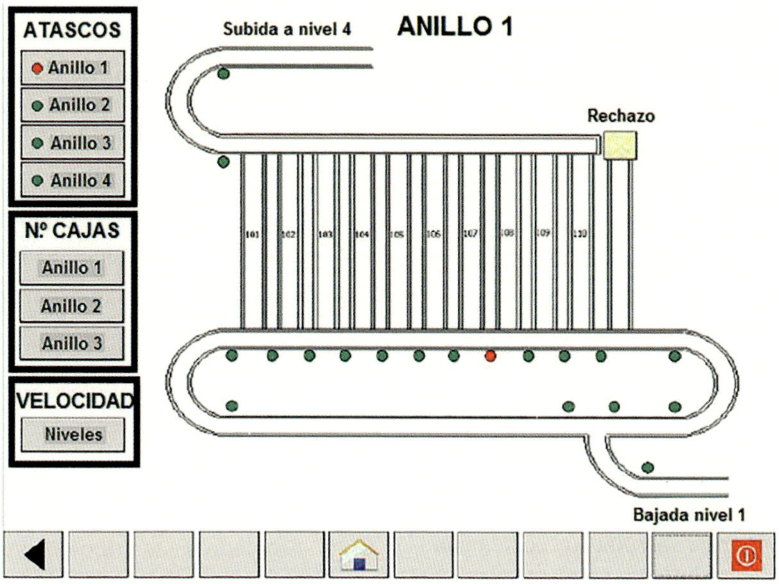

Figura 6.1. Diseño de una imagen/pantalla del dispositivo HMI.

Tabla 6.1. Costes directos (materiales)

Materiales utilizados			
Cantidad	**Material**	**Precio unitario**	**Precio total**
1	Pantalla HMI TP1500 Basic Color (Siemens)	2005,00 €	2005,00 €
1	Autómata S7-1517T	5300,00 €	5300,00 €
20	Variador de frecuencia LENZE modelo E82MV551-4B001	529,40 €	10 588,00 €
4	Rollo de cable Ethernet de 50 m	35,90 €	143,60 €
TOTAL			18 036,60 €

Tabla 6.2. Costes directos (mano de obra)

Mano de obra directa				
Cantidad	**Cualificación del empleado**	**N.º de horas**	**Precio unitario**	**Precio total**
4	Técnico electricista para instalación de variadores de frecuencia	6	25 €	600 €
3	Programadores para parametrización de variadores de frecuencia	4	36 €	432 €
2	Programador para diseño de pantalla HMI	10	36 €	720 €
TOTAL				1752 €

La estimación de los **costes directos** asciende a una cantidad de 19 788,60 € (suma de los materiales utilizados y la mano de obra directa). Para la estimación de los **costes indirectos** se considera un 10 % de la mano de obra directa, lo que supone 175,20 €. El **Presupuesto de Ejecución Material (PEM)** asciende a la cantidad de 19 963,80 €.

Nota: considerando porcentajes habituales de gastos generales (GG) y de beneficio industrial (BI) del 13 % y del 6 % del PEM, respectivamente, el Coste Total ascendería a la cantidad de:

$$CT = PEM + GG + BI = PEM + 19\ \%\ PEM = 1{,}19 \times PEM = 1{,}19 \times 19\,963{,}80 = 23\,756{,}92\ €$$

Considerando un valor para el IVA del 21 %, el Presupuesto de Ejecución por Contrata (PEC) será de:

$$PEC = CT + 21\ \%\ CT = 1{,}21 \times CT = 1{,}21 \times 23\,756{,}92 = 28\,745{,}87\ €$$

Por último, considerando los honorarios profesionales por redacción y diseño del Proyecto (por ejemplo, 10 % del PEM) y por la dirección de obras y tramitación de licencias (por ejemplo, 6 % del PEM), el Presupuesto Total (PT) asciende a:

$$PT = PEC + HP = PEC + 0{,}16 \times PEM = 28\,745{,}87 + 3194{,}20 = 31\,940{,}07\ €$$

6.2. Costes de mantenimiento

Durante el funcionamiento de una instalación industrial suele ser muy habitual tener que calcular los costes anuales asociados al tipo de mantenimiento (preventivo o predictivo) aplicado a los equipos y las instalaciones durante su vida útil (preventivo o predictivo).

La estimación de estos costes anuales es siempre difícil, con un nivel moderado de incertidumbre, y requiere un buen conocimiento del funcionamiento de los procesos automatizados. No obstante, pueden establecerse las siguientes indicaciones:

- Los costes anuales de mantenimiento pueden desglosarse en una parte fija (por ejemplo, mano de obra habitual o coste de las reparaciones programadas) y en otra parte variable (por ejemplo, según los tipos de averías producidas en el periodo considerado).
- El primer año se deben considerar los costes iniciales de implantación (por ejemplo, la compra inicial de herramienta y del *stock* de repuesto, el periodo de formación del personal, etc.). Estos costes solo se repetirán en momentos puntuales cuando se decida realizar modificaciones importantes del proceso productivo que impliquen maquinaria nueva y formación adicional del personal.
- Pueden existir costes de mantenimiento que deban desglosarse en un periodo de tiempo mayor al anual como, por ejemplo, revisiones muy exhaustivas de diferentes procesos automatizados para afrontar auditorías externas o procesos de certificación de la calidad.
- En ocasiones puede ser necesario añadir los costes anuales asociados a empresas externas que, por contrato, realizan el mantenimiento de partes de la instalación. Estos mantenimientos pueden estar fijados de origen por el contrato de ejecución de una determinada instalación o por circunstancias posteriores.
- Es también muy habitual considerar un porcentaje sobre el coste total de mantenimiento para cubrir imprevistos. Esta cantidad incrementará el coste anual asociado a cada tipo de mantenimiento presente.

6.3. Unidades de obra. Elementos significativos

Una **unidad de obra** se puede definir, de manera sencilla, como cada una de las partes en las que puede dividirse el Proyecto a efecto de cálculo del Presupuesto. Se suele expresar con la unidad de la magnitud física más característica.

La definición de las diferentes unidades requiere considerar, de forma habitual, la disponibilidad del coste de los precios descompuestos para cada unidad de obra y su facilidad de medición (número de veces que se repite cada unidad de obra en el Presupuesto de una instalación o sistema automatizado).

Es bastante habitual disponer de bases de datos en formato papel (para su uso y consulta directa) o en formato electrónico (para su uso a través de las diferentes aplicaciones informáticas como Gest, Arquímedes, Presto, etc.). Pueden ser realizadas por las empresas fabricantes de material técnico o por las Administraciones públicas; en el segundo caso, se emplean los datos estadísticos de los Presupuestos ejecutados y presentados ante las mismas como parte de la documentación requerida para solicitar permisos, licencias, etcétera.

Es preciso definir adecuadamente cada unidad de obra indicando los diferentes materiales que incluye, las condiciones de instalación, el uso de elementos o piezas especiales, el grado de acabado, los controles de calidad, etc. En el precio descompuesto se deberán indicar dichos elementos, así como la parte proporcional de la mano de obra, los medios auxiliares, los costes indirectos, etcétera.

Actividad resuelta 6.2

Busca en Internet algún ejemplo de bases de datos de precios y localiza precios descompuestos.

Solución:

Realizando la búsqueda en Internet se puede utilizar la base de datos de construcción de Cantabria que, si bien está muy enfocada a su utilización en obras de tipo civil, permite seleccionar precios descompuestos de:

- Instalaciones eléctricas e iluminación (capítulos 20 y 21).
- Instalaciones de calefacción y climatización (capítulos 24 y 25).
- Instalaciones de gas (capítulo 26).
- Instalaciones de elevación (capítulo 27).
- Instalaciones de protección (capítulo 28).
- Instalaciones de telecomunicación (capítulo 29).
- Seguridad y salud (capítulo 37).

Tabla 6.3. Precio descompuesto por metro lineal de un circuito eléctrico

ml	Circuito eléctrico aéreo 4 × 10 mm² Cu			
	Circuito eléctrico aéreo, instalado con cable de cobre del tipo XLPE, aislado para resistir una tensión nominal de 1000 V, con una sección de 4 conductores de 10 mm² de sección nominal mínima en fases y neutro, para su fijación en paramentos verticales mediante taco de fijación de ø8 mm, así como con abrazadera de fijación. Las fijaciones se colocarán cada 50 cm. Incluso parte proporcional de empalmes, conexiones, abrazaderas, tacos, grapas, piezas especiales, cinta aislante vulcanizada y pequeño material. Totalmente acabado.			
Unidad	**Descripción**	**Cantidad**	**Precio**	**Total**
H	Oficial 1.ª electricista	0,075	18,05 €	1,35 €
H	Ayudante electricista	0,075	17,23 €	1,29 €
ml	Cable XLPE 0,6/1 kV, Cu, 4 × 10 mm²	1,000	2,50 €	2,50 €
Ud.	Abrazadera con grapa, brida y taco	3,000	0,54 €	1,62 €
%	Pequeño material eléctrico	0,010	4,12 €	0,04 €
%	Costes indirectos (sobre Total)	0,030	6,80 €	0,20 €
TOTAL				**7,00 €**

Tabla 6.4. Precio descompuesto por unidad de una luminaria suspendida

Ud	Luminaria suspendida OD-2101 2 × 36 W			
	Luminaria de suspender serie elíptica, de dimensiones reducidas, de 2 × 36 W, compuesta por chasis de aluminio esmaltado en blanco, de 1600 × 98 × 60 mm, con difusor de lamas, termoesmaltada en blanco. Incluso parte proporcional de equipo eléctrico completo, tubo fluorescente, cableado, accesorios, etc. Totalmente instalada.			
Unidad	**Descripción**	**Cantidad**	**Precio**	**Total**
H	Oficial 1.ª electricista	0,450	18,05 €	8,12 €
H	Ayudante electricista	0,450	17,23 €	7,75 €
Ud.	Luminaria suspendida 2 × 36 W	1,000	89,38 €	89,38 €
Ud.	Celosía lamas aluminio 36 W	1,000	13,46 €	13,46 €
Ud.	Fluorescente estándar 36 W ø26 mm	2,000	2,11 €	4,22 €
%	Pequeño material eléctrico	0,010	107,06 €	1,07 €
%	Costes indirectos (sobre Total)	0,030	124,00 €	3,72 €
Total				**127,72 €**

6.4. Presupuestos. Estructura y cuadros

La elaboración del Presupuesto requiere considerar diferentes etapas a la hora de su confección:

- **Cuadro de precios de la mano de obra:** en este cuadro se deben considerar los precios de la mano de obra directa, así como otros ligados al coste del personal no ejecutivo.
- **Cuadro de precio de los materiales:** en este cuadro se debe reflejar el precio de los materiales en almacén, el precio del transporte, los procesos de manutención (carga y descarga) y las pérdidas por roturas o productos no conformes.
- **Cuadro de precios unitarios:** en este cuadro se indica la relación de los precios de las unidades de obra expresados en letra y cifra.
- **Cuadro de precios descompuestos:** son los precios unitarios desglosados indicando, para cada uno, las cantidades y el precio de los materiales y de la mano de obra empleada.
- **Estado de mediciones:** es el resumen desglosado del número necesario de cada unidad de obra presente en el Presupuesto.
- **Presupuesto parcial:** representa el coste parcial y se obtiene sumando, para cada unidad de obra, el resultado de multiplicar el precio descompuesto por el número de unidades presentes (medición).
- **Presupuesto de ejecución general:** representa el coste total del Proyecto y se obtiene como suma de los Presupuestos parciales.

Se puede incrementar, en función del destino de Proyecto, con gastos generales y beneficio industrial, honorarios e impuestos.

Actividad resuelta 6.3

Elabora un Presupuesto para el cuadro eléctrico de una máquina cortadora-rebobinadora de bobinas de papel. Estructura el Presupuesto considerando el precio descompuesto del coste de la mano de obra y de los costes de los materiales. Completa el estudio calculando el valor del Presupuesto de Ejecución Material (PEM), el Presupuesto de Ejecución por Contrata (PEC) y el Presupuesto Total (PT).

Solución:

Tabla 6.5. Precios descompuestos (costes de mano de obra)

Costes de mano de obra					
Unidad	**Cantidad**	**Descripción**	**Número**	**Precio parcial (€/hora)**	**Precio unitario (€)**
Horas	20	Ingeniero	3	20,00	1200,00
Horas	45	Oficial 1.ª electricista	1	16,00	720,00
Horas	64	Ayudante electricista	10	12,00	7680,00
TOTAL					**9600,00**

Tabla 6.6. Precios descompuestos (costes de materiales)

COSTES DE MATERIALES				
Unidad	**Cantidad**	**Descripción**	**Precio parcial (€/hora)**	**Precio unitario (€)**
Unidad	2	Int. magnetotérmico 2P 16 A K60N	13,50	27,00
Unidad	2	Int. magnetotérmico 2P 10 A K60N	12,90	25,80
Unidad	2	Int. magnetotérmico 2P 2 A K60N	11,80	23,60
Unidad	2	Contacto auxiliar para Int. Magnetotérmico K60N	16,40	32,80

COSTES DE MATERIALES				
Unidad	**Cantidad**	**Descripción**	**Precio parcial (€/hora)**	**Precio unitario (€)**
Unidad	1	Base enchufe Schuko 16 A	36,70	36,70
Unidad	3	Transformador intensidad Circutor 250/5 A	22,15	66,45
Unidad	1	Termostato de ventilación	49,65	49,65
Unidad	1	Pulsador luminoso led blanco	10,14	10,14
Unidad	1	Cuerpo piloto led blanco 24 V DC	8,75	8,75
Unidad	2	Contacto auxiliar Mini-Contactor	6,73	13,46
Unidad	1	Paro de emergencia tipo seta	26,70	26,70
Unidad	1	Etiqueta circular Paro emergencia	5,29	5,29
Unidad	2	Base Potencia Tesys U	55,70	111,40
Unidad	2	Unidad de control Tesys U	54,80	109,60
Unidad	2	Bloque de contactos auxiliares Tesys U	8,99	17,98
Unidad	2	Bloque de contactos estado Tesys U	8,85	17,70
Unidad	20	Relé Phoenix Contact 1 contacto 24 V DC	7,20	144,00
Unidad	6	Contacto auxiliar disyuntor	10,95	65,70
Unidad	2	Disyuntor	70,30	140,60
Unidad	1	Disyuntor	84,47	84,47
Unidad	2	Armario eléctrico Rittal (1800 × 800 × 600)	1032,65	2065,30
Unidad	1	Conjunto laterales Rittal (1800 × 600)	150,70	150,70
Unidad	2	Zócalo Rittal (800 × 200)	220,80	441,60
Unidad	4	Zócalo Rittal (600 × 200)	198,70	794,80
Unidad	1	Toroidal	83,05	83,05
Unidad	1	Relé diferencial	85,20	85,20
Unidad	1	Interruptor general ABB + Bobina de disparo MX	103,60	103,60
Unidad	1	Repartidor 630 A	336,75	336,75
Unidad	1	Analizador de redes Circutor	125,90	125,90
Unidad	2	Int. magnetotérmico 2P 16 A K60N	13,65	27,30
Unidad	2	Int. magnetotérmico 2P 10 A K60N	13,45	26,90
Unidad	1	Base enchufe Schuko	36,65	36,65
Unidad	1	Fuente de alimentación 230 V/24 V DC 10 A	238,50	238,50
Unidad	1	Transformador tensión 400/230 V 2000 VA	272,10	272,10
Unidad	1	Transformador tensión 400/24V 630 VA	222,50	222,50
Unidad	3	Transformador intensidad 250/5 A	23,08	69,24
Unidad	1	Termostato ventilación	47,72	47,72
Unidad	2	Ventilador Rittal	113,77	227,54
Unidad	2	Filtro para ventilador Rittal	30,95	61,90
Unidad	1	Pulsador luminoso led blanco	9,75	9,75
Unidad	1	Pulsador luminoso led rojo	9,75	9,75
Unidad	1	Cuerpo piloto led blanco 24 V	8,75	8,75

COSTES DE MATERIALES				
Unidad	**Cantidad**	**Descripción**	**Precio parcial (€/hora)**	**Precio unitario (€)**
Unidad	1	Cuerpo piloto led rojo 24 V	8,75	8,75
Unidad	1	Contacto NO	5,06	5,06
Unidad	1	Contacto NC	5,06	5,06
Unidad	1	Relé de seguridad Preventa	175,90	175,90
Unidad	2	Mini-Contactor 230 V AC	34,26	68,52
Unidad	2	Contacto auxiliar Mini-Contactor	6,48	12,96
Unidad	1	Paro de emergencia tipo seta	26,70	26,70
Unidad	1	Etiqueta circular Paro Emergencia	5,30	5,30
Unidad	1	Bloque contactos pulsatería 2NC	10,60	10,60
Unidad	2	Base de potencia Tesys U	58,05	116,10
Unidad	2	Unidad de control Tesys U	55,00	110,00
Unidad	2	Bloque contactos Tesys U	9,40	18,80
Unidad	2	Bloque contactos de estado Tesys U	8,90	17,80
Unidad	4	Relé Phoenix Contact 1 contacto	7,20	28,80
Unidad	1	Disyuntor	185,60	185,60
Unidad	5	Contacto auxiliar disyuntor	10,50	52,50
Unidad	1	Arrancador suave 15 kW	390,25	390,25
Unidad	3	Disyuntor	67,50	202,50
Unidad	1	Disyuntor	80,47	80,47
Unidad	1	PLC (16ED + 16SD + 4EA + 2SA)	2090,00	2090,00
Unidad	1	Pantalla táctil	3275,00	3275,00
Unidad	3	Variador Powerflex 525 0,75 kW (Ethernet)	980,75	2942,25
Unidad	2	Pantalla Variador	75,80	151,60
Unidad	2	Tarjeta encoder Variador Powerflex	69,25	138,50
Unidad	2	Tarjeta Safety Variador Powerflex	57,45	114,90
Unidad	2	Int. magnetotérmico 2P 2 A K60N	12,34	24,68
Unidad	2	Contacto auxiliar magnetotérmico K60N	16,40	32,80
Unidad	2	Peana relé	3,25	6,50
Unidad	2	Relé 2 contactos 24 V AC	10,86	21,72
Unidad	1	Variador Powerflex 755 7,5 kW	1500,00	1500,00
Unidad	1	Switch Ethernet	144,00	144,00
Unidad	1	Resistencia de frenado	564,75	564,75
Unidad	1	Motor 22 kW 39 A IP54 BE 210 Nm 999 r. p. m.	5450,80	5450,80
Unidad	1	Motor 7,5 kW 16,7 A IP54 BE 210 Nm 999 r. p. m.	3110,25	3110,25

COSTES DE MATERIALES				
Unidad	**Cantidad**	**Descripción**	**Precio parcial (€/hora)**	**Precio unitario (€)**
Unidad	1	Herramientas para electricista con: • Taladro/percutor • Brocas y coronas de diamante • Destornilladores, alicates y pelacables • Tijeras de electricista • Crimpadora • Polímetro • Llaves ALLEN e inglesa	60,00	60,00
TOTAL				**27 612,71**

El **coste total del precio desglosado** de la mano de hora y de los materiales asciende a un total de 37 212,71 €. A esta cantidad se debe añadir un 2 % de costes directos complementarios y un 8 % de costes indirectos. El **Presupuesto de Ejecución Material (PEM)** asciende, por tanto, a un precio unitario de 40 933,98 € por cuadro eléctrico para una máquina cortadora-rebobinadora de bobinas de papel.

Para obtener el **Presupuesto Total (PT)** se deben añadir los gastos generales (GG), el beneficio industrial (BI), el IVA y los honorarios profesionales (HP).

Tabla 6.7. Cuadro de Presupuestos (precios unitarios)

Unidad	Descripción	Valor	Costes (€)
Presupuesto de Ejecución Material (PEM)	Precio unitario descompuesto		40 933,98
Gastos generales (GG)	Seguros, impuestos, energía, etcétera	13 % del PEM	5321,42
Beneficio industrial (BI)	Beneficio	8 % del PEM	3274,71
Coste Total (CT)	Suma del PEM + GG + BI		49 530,11
IVA	Impuesto del valor añadido	21 % del CT	10 401,32
Presupuesto de Ejecución por Contrata (PEC)	Suma del CT y del IVA		59 931,43
Honorarios Profesionales (HP)	Redacción del Proyecto	10 % del PEM	4093,40
Presupuesto Total (PT)	**Suma del PEC y de los HP**		**64 024,83**

Nota: Como se observa en los gastos generales considerados, la parte de costes variables ligados al consumo energético de la máquina durante su funcionamiento puede ser relevante. Otros gastos, como el Beneficio Industrial o los Honorarios Profesionales, estarán muy relacionados con el tipo y complejidad del proyecto considerado.

6.5. Aplicaciones informáticas para la elaboración de Presupuestos (hoja de cálculo, aplicaciones específicas, entre otras)

En la actualidad existen en el mercado diferentes aplicaciones informáticas con las que elaborar Presupuestos de forma rápida y fiable, siempre que se disponga de la correspondiente base de datos actualizada y que dicha base de datos incluya las diferentes unidades de obra necesarias con los materiales requeridos para el Proyecto.

Esta última condición es precisamente la más complicada de cumplir en Proyectos de instalaciones de sistemas automatizados, pues las bases de datos están muy centradas en materiales utilizados en obras de construcción y obras civiles. Es por ello por lo que muchas veces se recurre a elaborar dichos estudios de costes y Presupuestos mediante hojas de cálculo convencionales como Microsoft Excel o similares. También es posible realizar con ellas diagramas de tiempos y actividades (diagramas de Gantt).

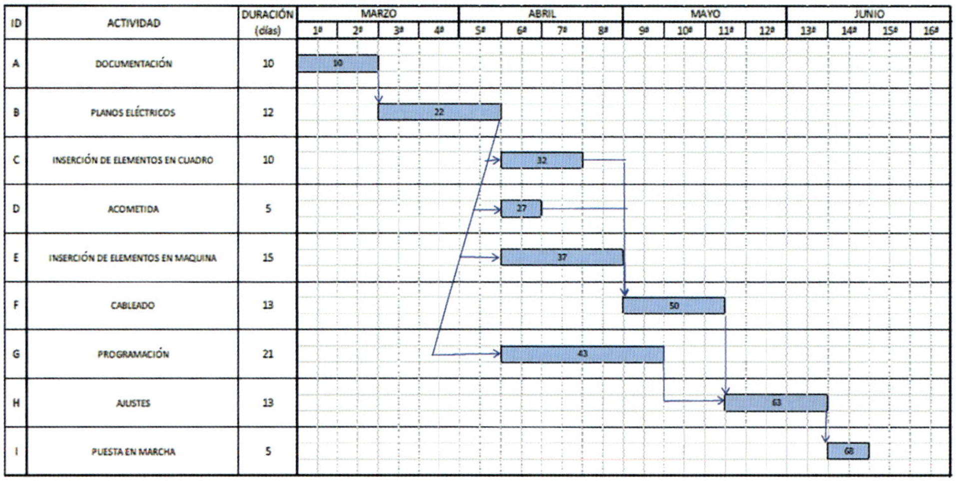

Figura 6.2. Ejemplo de diagrama de Gantt.

Actividad resuelta 6.4

Evalúa, mediante el uso de una hoja de cálculo, los costes directos e indirectos ligados a un Proyecto de modificación y optimizado de una instalación clasificadora de diversos productos alimentarios en la que se desea aumentar la velocidad de las cintas y detectar atascos que provocan paradas en la instalación. Realiza una estimación del resto de parámetros del Presupuesto.

Solución:

	A	B	C	D	E	F	G
1		Materiales utilizados					
2		Cantidad	Material		Precio unitario (€)	Precio total(€)	
3		1	Pantalla HMI TP1500 Basic Color (Siemens)		1822	1822	
4			Variador de frecuencia LENZE				
5		42	modelo E82MV551-4B001		481,27	20213,34	
6		1	Rollo de cable PROFINET de 50 m		26,49	26,49	
7		TOTAL				22061,83	
8							
9		Mano de obra directa					
10		Cantidad	Cualificación del empleado	Nº horas	Precio unitario (€)	Precio total(€)	
11			Técnico electricista para instalación				
12		4	de variadores de frecuencia	6	21	504	
13			Programadores para parametrización				
14		3	de variadores de frecuencia	4	30	360	
15		1	Programador para diseño de pantalla HMI	10	30	300	
16		TOTAL				1164	
17							
18			Concepto	Cantidad (€)			
19			Costes directos	23225,83			
20			Costes indirectos (10 % mano de obra directa)	116,40			
21			Presupuesto Ejecución Material (PEM)	23342,23			
22			Gastos Generales (13% del PEM)	3034,49			
23			Beneficio Industrial (6% del PEM)	1400,53			
24			Coste Total	27777,25			
25			IVA (21 % del CT)	5833,22			
26			Presupuesto Ejecución Contrata (PEC)	33610,48			
27			Honorarios	3734,76			
28			Presupuesto Total	37345,23			

Hoja1 Hoja2 Hoja3

Figura 6.3. Cuadro de costes y Presupuesto mediante hojas de cálculo.

Como ejemplo de aplicación informática, en la web de CYPE está disponible la versión estudiante del programa Arquímedes. Esta aplicación informática permite:

- Realizar mediciones, Presupuestos y Pliegos de Condiciones.
- Importar y exportar bancos de precios en formato FIEBDC-3.
- Intercambiar datos con otros programas (Microsoft Excel y Word).
- Modificar precios y realizar diagramas de tiempos y actividades (diagramas de Gantt).

Muchos fabricantes de materiales eléctricos (por ejemplo, Schneider Electric, ABB, etc.) permiten descargar sus catálogos de productos en formato FIEBDC-3 (archivo con extensión .BC3) para importarlos en las aplicaciones informáticas. El formato BC3 establece un protocolo que permite al usuario final traspasar cómoda y libremente información entre diferentes programas de Presupuestos y bases de datos.

De esta forma, una vez importada la base de datos necesaria desde el programa Arquímedes, es fácil realizar búsquedas de un material requerido (por ejemplo, un cuadro metálico para distribución) como una partida con un precio unitario o viendo el precio descompuesto.

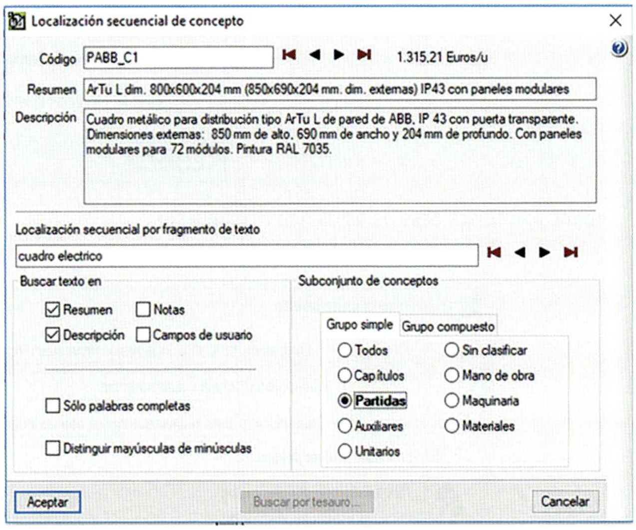

Figura 6.4. Búsqueda en una base de datos con el programa Arquímedes.

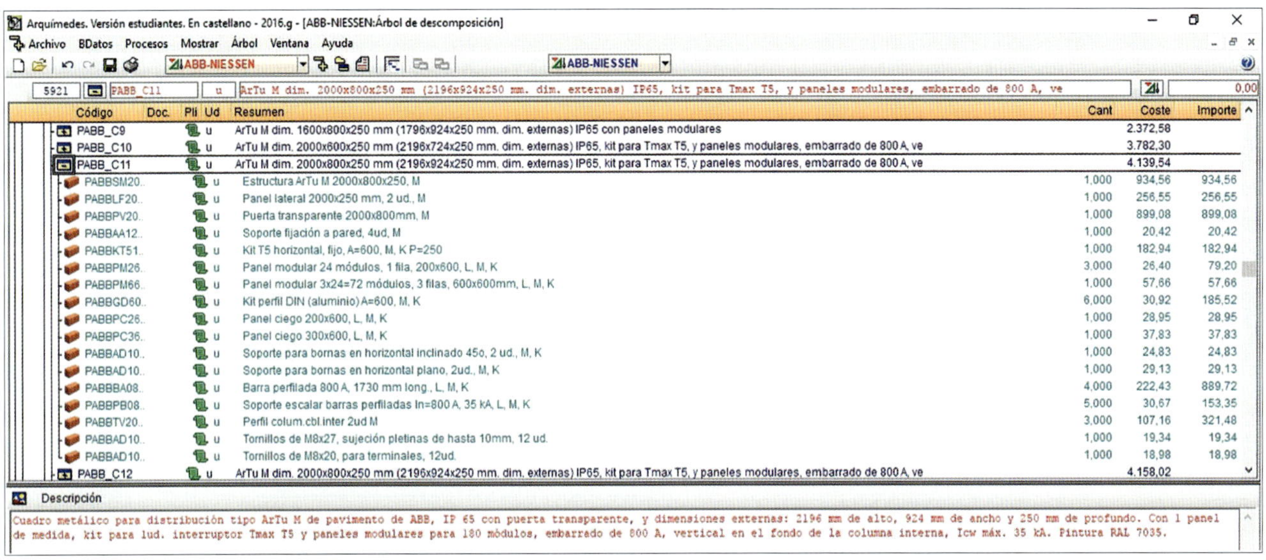

Figura 6.5. Precio descompuesto de un cuadro metálico de ABB.

Actividad resuelta 6.5

Mediante el programa Arquímedes y las bases de datos IVE-BDC09 (Junta de Extremadura) y del fabricante ABB, realiza el Presupuesto de Ejecución Material (PEM) y el Presupuesto de Ejecución por Contrata (PEC) para dos cuadros de automatismos para el arranque con variador de velocidad de dos cintas transportadoras.

Solución:

Una vez instalado el programa, se debe ir al menú Archivo, Nuevo para crear una nueva base de datos de tipo Presupuesto en la que realizarlos. Tras hacer clic en Aceptar, se deberán rellenar los datos del nuevo Presupuesto considerando, en la pestaña Tipo de Proyecto, un Proyecto de promoción privada y la estructura de precios del Presupuesto.

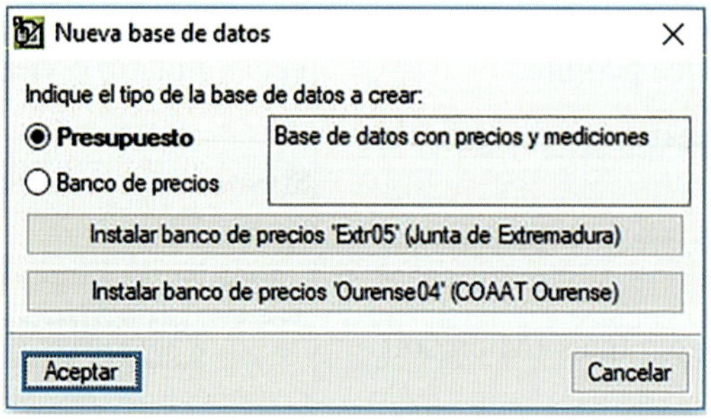

Figura 6.6. Nueva base de datos tipo Presupuesto.

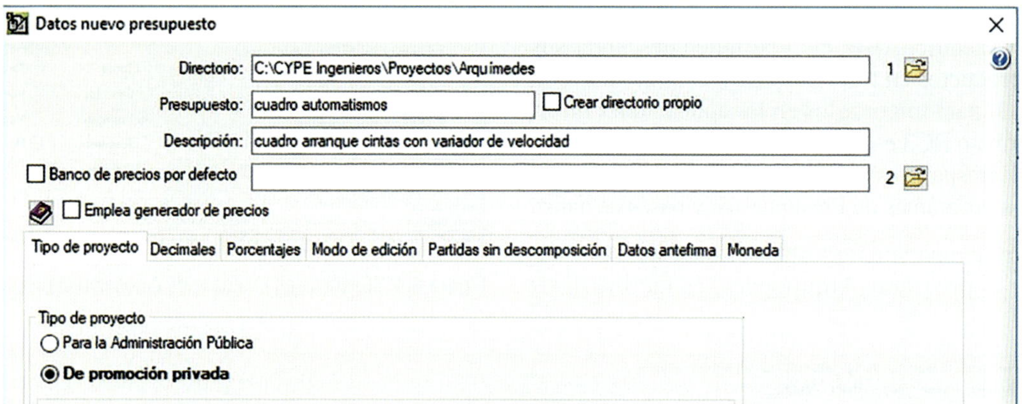

Figura 6.7. Datos del nuevo Presupuesto.

Del resto de pestañas existente en este apartado merece la pena destacar la pestaña Porcentajes en la que se pueden modificar los porcentajes asignados a los costes indirectos (de Presupuesto, de venta y de estudio), los gastos generales (por ejemplo, 13 %), el beneficio industrial (por ejemplo, 6 %) y los impuestos (por ejemplo, 21 % del IVA).

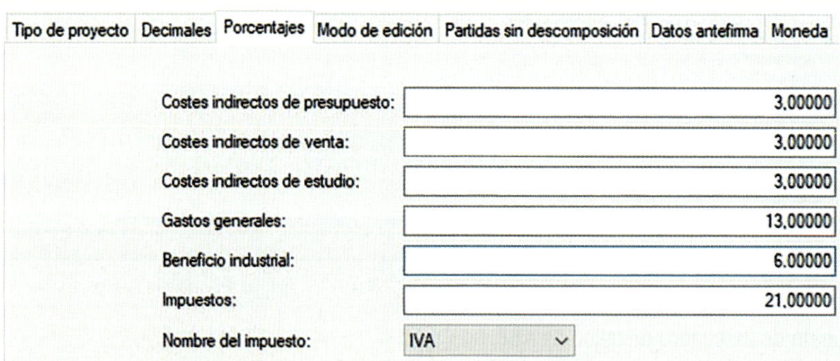

Figura 6.8. Porcentajes aplicables al nuevo Presupuesto.

Al hacer clic en Aceptar, se crea el nuevo Presupuesto al que se le debe asignar un código (por ejemplo, CUADRO A). Antes de empezar a buscar los diferentes capítulos necesarios para nuestro Presupuesto de las bases de datos disponibles y arrastrarlos al nuevo Presupuesto, conviene revisar que están activas en el menú BDDatos. Además, la manera más cómoda de trabajar es partiendo la ventana en modo Mosaico vertical, de forma que en el lado izquierdo esté la base de datos que utilizar (ABB, Schneider, IVE_DBC09, etc.) y en el lado derecho esté la base de datos del nuevo Proyecto.

Bastará empezar a seleccionar los elementos requeridos para los cuadros eléctricos de la base de datos ABB y copiarlos dentro de un capítulo de la nueva base. Para ello se puede ir al menú Árbol/Localizar concepto y hacer la búsqueda requerida (por ejemplo, armario automatismo).

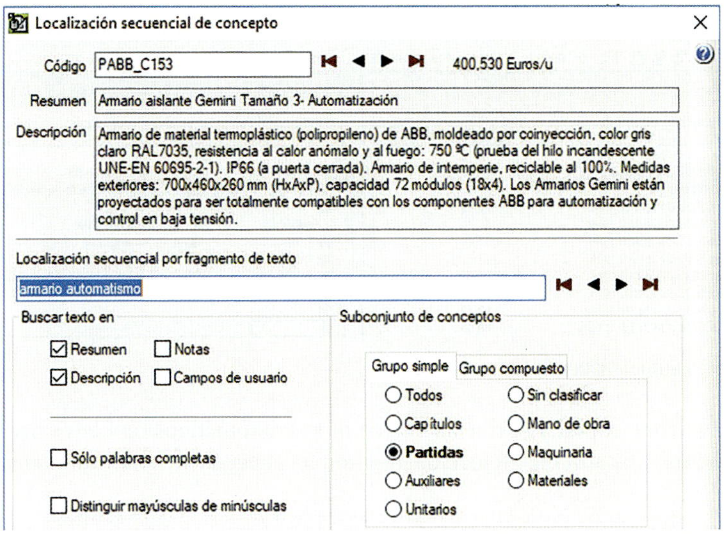

Figura 6.9. Localización secuencial de un concepto.

Inicialmente, dentro del capítulo CBASE, se copia el elemento PABB_C153 que corresponde a un armario aislante Gemeni y se modifican las cantidades en los elementos presentes (armario, placa, contrapuerta y soporte) para poder presupuestar los dos cuadros de automatismos pedidos.

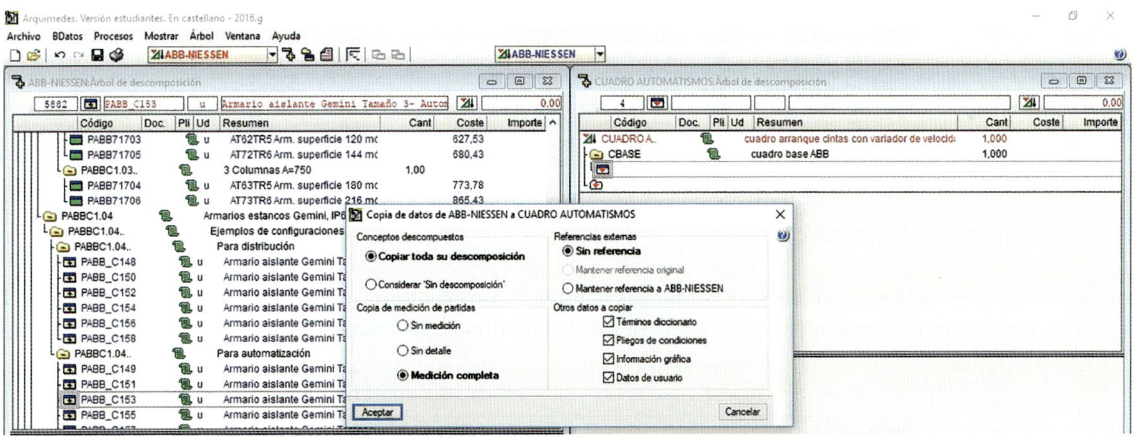

Figura 6.10. Copia de un elemento entre las bases de datos.

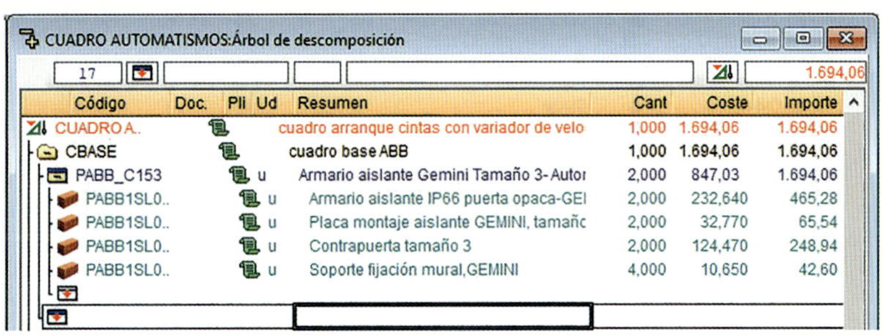

Figura 6.11. Elemento descompuesto con cantidades modificadas.

En el siguiente capítulo se copian los interruptores automáticos tripolares curva C requeridos para los cuadros. En este caso, se debe copiar toda la carpeta PABBB 1.05 a la nueva base de datos para, posteriormente, eliminar aquellos interruptores cuyos calibres no sean requeridos. También se debe modificar la columna Cantidad.

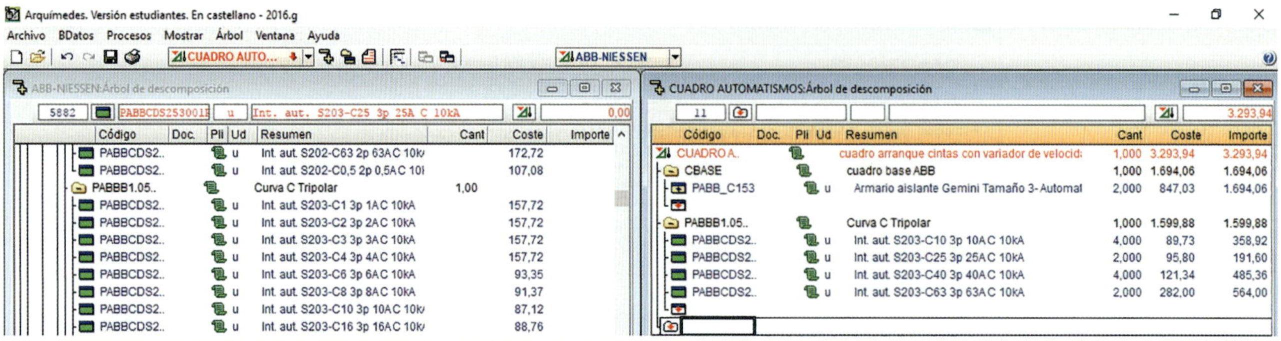

Figura 6.12. Capítulo interruptores automáticos tripolares.

Actuando de igual forma, se pueden copiar y borrar los interruptores automáticos bipolares necesarios para las mediciones de los cuadros de automatización. Los artículos seleccionados con un check azul se borrarán mediante la tecla Supr.

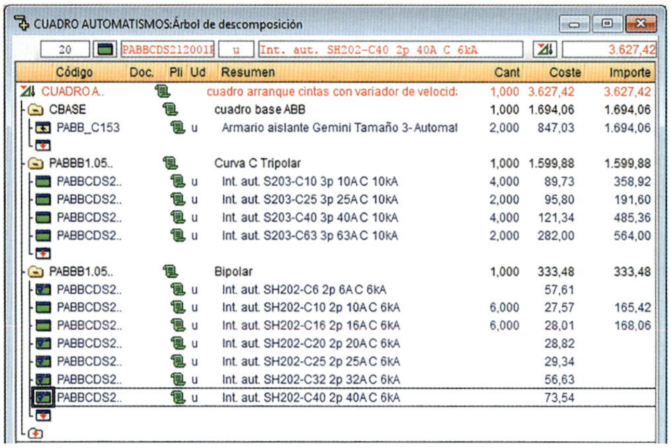

Figura 6.13. Capítulo interruptores automáticos bipolares.

Siguiendo el mismo procedimiento, se deben insertar los capítulos correspondientes a los bornes de paso (color gris, azul, rojo y negro) y a los bornes de tierra (amarillo-verde). Se pueden minimizar los capítulos anteriores para trabajar mejor en la ventana Mosaico vertical.

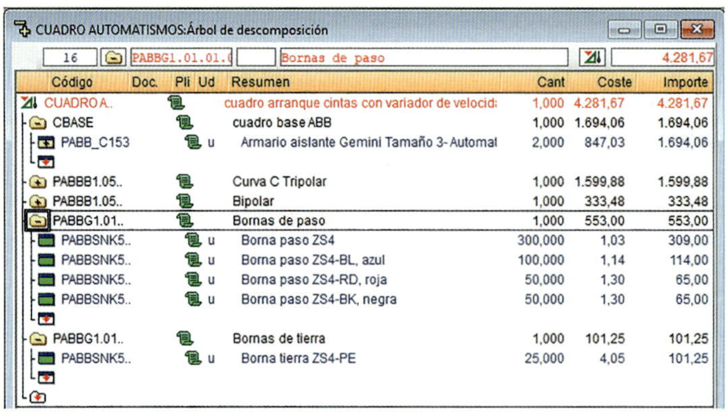

Figura 6.14. Capítulos bornes de paso y bornes de tierra.

El siguiente capítulo no está disponible ni en la base de datos de ABB ni en la de Schneider Electric. Por tanto, se deberá crear en la base de datos de los cuadros una nueva línea de descomposición para situar el capítulo VARVEL (formado por variadores de velocidad ATV312, contactores Tesys D y guardamotores necesarios).

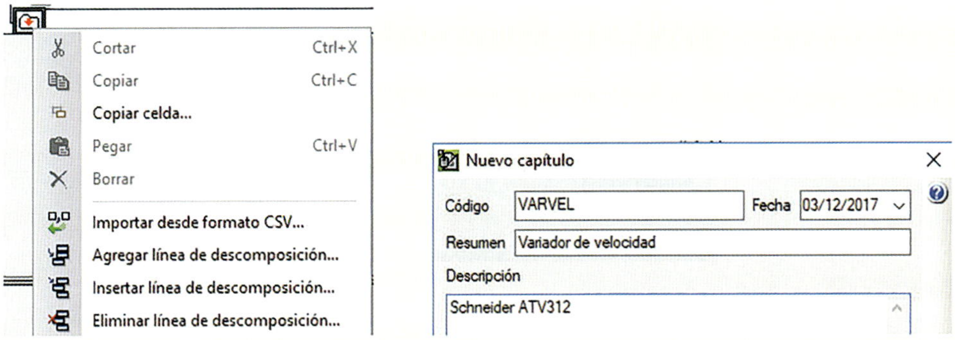

Figura 6.15. Añadir un nuevo capítulo no existente en base de datos.

Al hacer clic en Aceptar en Nuevo capítulo, se abre una nueva pestaña en la que añadir el concepto variador de velocidad. Requiere definir Crear nuevo concepto como Partida alzada, indicando los apartados código, unidad, precios, resumen del concepto y una descripción de este. De forma similar, se deberán añadir los conceptos del contactor KM Tesys D y del disyuntor (guardamotor) con el número de unidades necesarias.

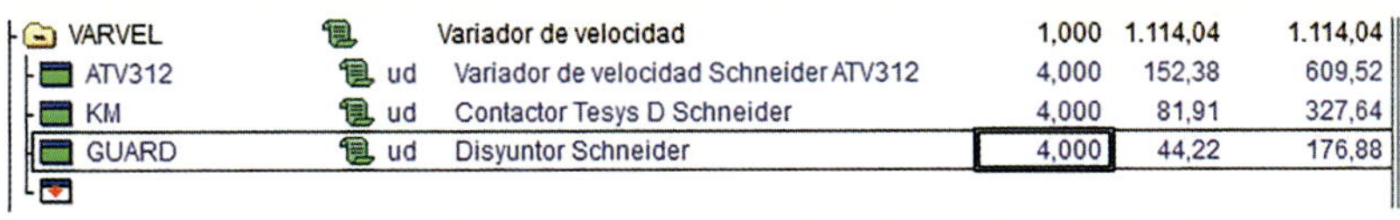

Figura 6.16. Conceptos añadidos a nuevo capítulo VARVEL.

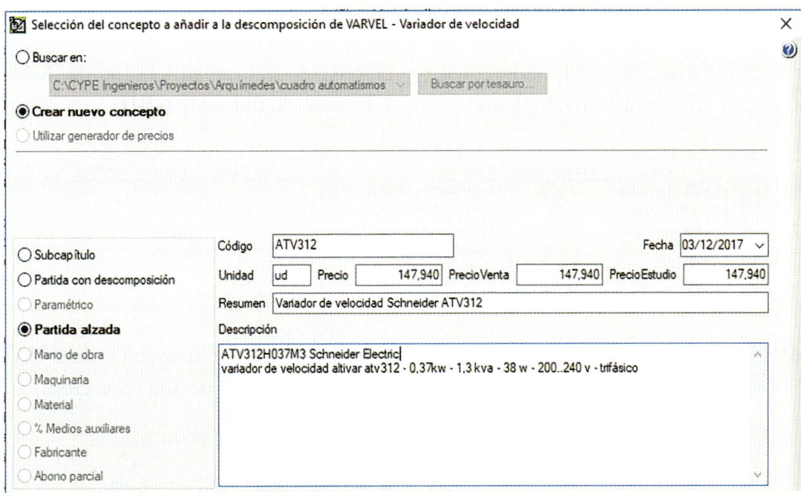

Figura 6.17. Definición de nuevo concepto ATV312 (capítulo VARVEL).

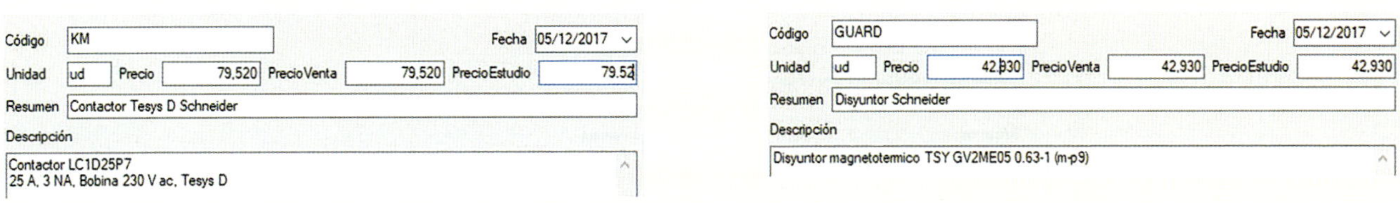

Figura 6.18. Definición de conceptos KM y GUARD (capítulo VARVEL).

Con el mismo procedimiento, se debe añadir el capítulo correspondiente al autómata Zelio necesario en cada cuadro de automatismos. Este autómata estará formado por tres conceptos que son el módulo base, el módulo de comunicaciones Ethernet y el módulo de ampliación de dos salidas analógicas.

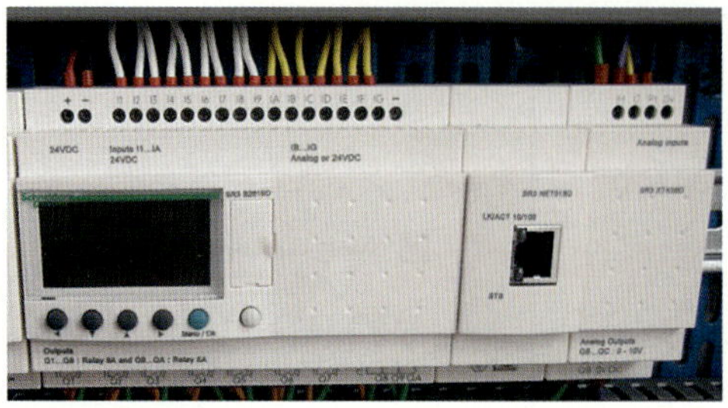

Figura 6.19. Autómata Zelio con sus módulos de ampliación.

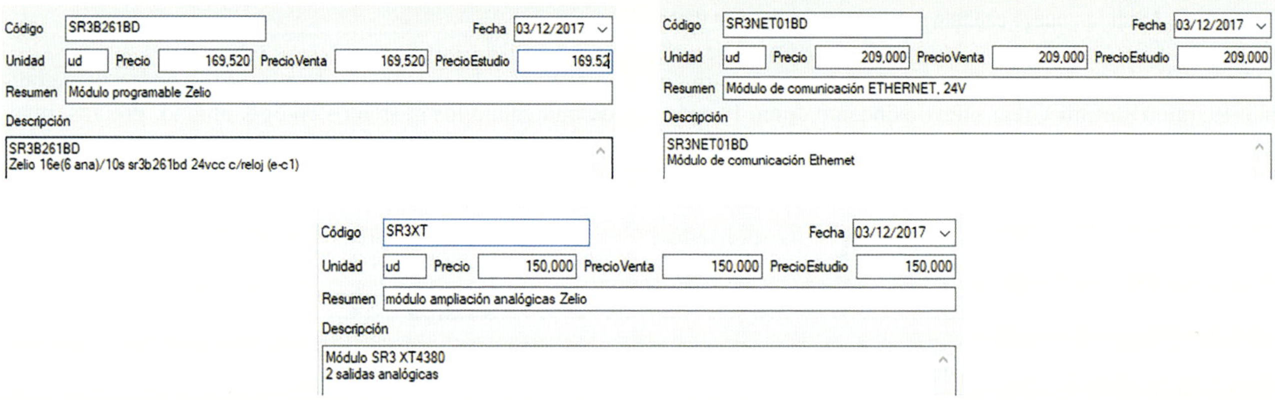

Figura 6.20. Definición de nuevos conceptos (autómata Zelio).

Para completar el resto de capítulos de material de los cuadros eléctricos, falta añadir la fuente de alimentación de 24 V DC (dos unidades de cada concepto en el capítulo desglosado) desde la base de datos de ABB.

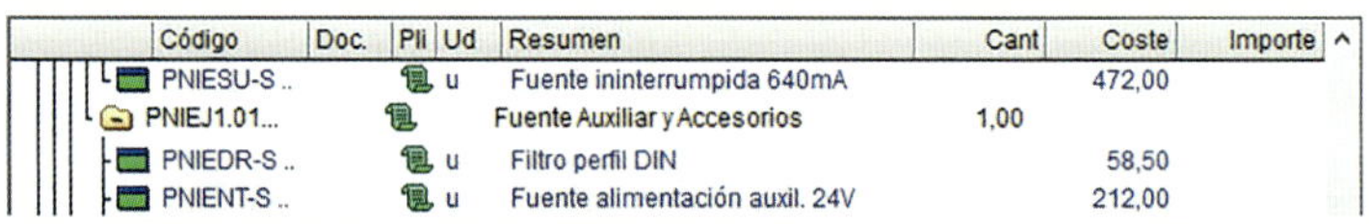

Código	Doc.	Pli	Ud	Resumen	Cant	Coste	Importe
PNIESU-S ..			u	Fuente ininterrumpida 640mA		472,00	
PNIEJ1.01...				Fuente Auxiliar y Accesorios	1,00		
PNIEDR-S ..			u	Filtro perfil DIN		58,50	
PNIENT-S ..			u	Fuente alimentación auxil. 24V		212,00	

Figura 6.21. Capítulo de la fuente de alimentación 24 V DC.

Por último, se debe añadir el coste directo de la mano de obra electricistas desde la base de datos IVE_BDC09. Como anteriormente, se puede ir al menú Árbol/Localizar concepto y hacer la búsqueda requerida (por ejemplo, electricista).

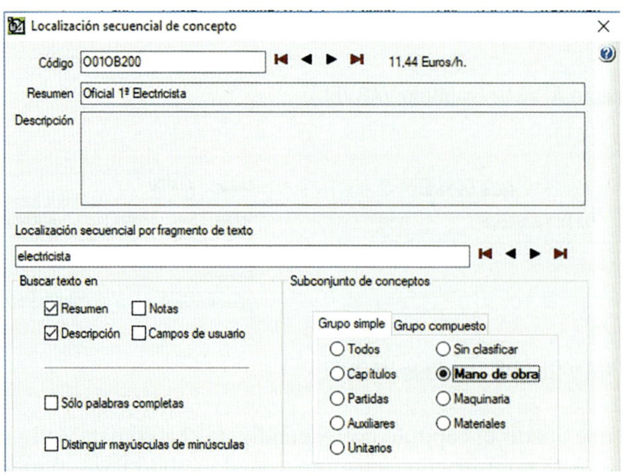

Figura 6.22. Localización secuencial de un concepto.

Una vez insertado el capítulo de la mano de obra ELECTRICISTAS, con las horas requeridas en cada categoría para el montaje de los dos cuadros eléctricos, se tiene completada la base de datos CUADRO A, lo que equivale al Presupuesto de Ejecución Material (PEM).

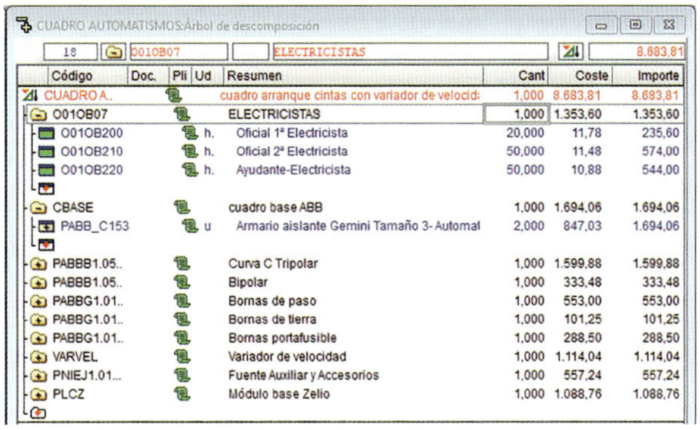

Figura 6.23. Base de datos del CUADRO A finalizada.

Para generar los archivos de extensión .PDF con el Presupuesto por capítulos más la hoja PEM y la Hoja de resumen del PEC con IVA (Presupuesto de Ejecución por Contrata), se debe hacer clic en el icono de Imprimir y seleccionar las opciones indicadas.

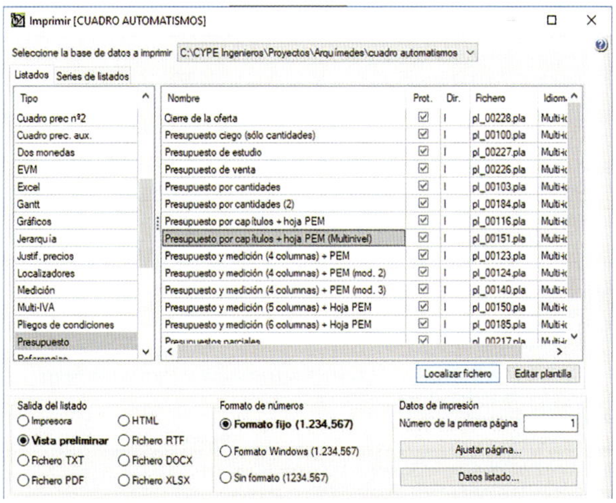

Figura 6.24. Impresión elegida de la base de datos del CUADRO A.

Presupuesto parcial nº 1 ELECTRICISTAS

Num.	Ud	Descripción	Medición	Precio (€)	Importe (€)
1.1	h.	Oficial 1ª Electricista	20,000	11,78	235,60
1.2	h.	Oficial 2ª Electricista	50,000	11,48	574,00
1.3	h.	Ayudante-Electricista	50,000	10,88	544,00
				Total presupuesto parcial nº 1 ELECTRICISTAS:	**1.353,60**

Presupuesto parcial nº 2 cuadro base ABB

Num.	Ud	Descripción	Medición	Precio (€)	Importe (€)
2.1	u	Armario de material termoplástico (polipropileno) de ABB, moldeado por coinyección, color gris claro RAL7035, resistencia al calor anómalo y al fuego: 750 ºC (prueba del hilo incandescente UNE-EN 60695-2-1). IP66 (a puerta cerrada). Armario de intemperie, reciclable al 100%. Medidas exteriores: 700x460x260 mm (HxAxP), capacidad 72 módulos (18x4). Los Armarios Gemini están proyectados para ser totalmente compatibles con los componentes ABB para automatización y control en baja tensión.	2,000	847,03	1.694,06
				Total presupuesto parcial nº 2 cuadro base ABB:	**1.694,06**

Figura 6.25. Presupuesto por capítulos (base de datos CUADRO A).

Presupuesto parcial nº 3 Curva C Tripolar

Num.	Ud	Descripción	Medición	Precio (€)	Importe (€)
3.1	u	Interruptor automático magnetotérmico modular S203-C10, 3 polos, 10A de intensidad nominal, curva C, 10kA de poder de corte, correspondiente al código ABB 2CDS253001R0104.	4,000	89,73	358,92
3.2	u	Interruptor automático magnetotérmico modular S203-C25, 3 polos, 25A de intensidad nominal, curva C, 10kA de poder de corte, correspondiente al código ABB 2CDS253001R0254.	2,000	95,80	191,60
3.3	u	Interruptor automático magnetotérmico modular S203-C40, 3 polos, 40A de intensidad nominal, curva C, 10kA de poder de corte, correspondiente al código ABB 2CDS253001R0404.	4,000	121,34	485,36
3.4	u	Interruptor automático magnetotérmico modular S203-C63, 3 polos, 63A de intensidad nominal, curva C, 10kA de poder de corte, correspondiente al código ABB 2CDS253001R0634.	2,000	282,00	564,00
				Total presupuesto parcial nº 3 Curva C Tripolar:	**1.599,88**

Presupuesto parcial nº 4 Bipolar

Num.	Ud	Descripción	Medición	Precio (€)	Importe (€)
4.1	u	Interruptor automático magnetotérmico modular para uso residencial y terciario SH202-C10, 2 polos, 10A de intensidad nominal, curva C, 6kA de poder de corte, correspondiente al código ABB 2CDS212001R0104.	6,000	27,57	165,42
4.2	u	Interruptor automático magnetotérmico modular para uso residencial y terciario SH202-C16, 2 polos, 16A de intensidad nominal, curva C, 6kA de poder de corte, correspondiente al código ABB 2CDS212001R0164.	6,000	28,01	168,06
				Total presupuesto parcial nº 4 Bipolar:	**333,48**

Presupuesto parcial nº 5 Bornas de paso

Num.	Ud	Descripción	Medición	Precio (€)	Importe (€)
5.1	u	Borna paso ZS4 de ABB.	300,000	1,03	309,00
5.2	u	Borna paso ZS4-BL, azul de ABB.	100,000	1,14	114,00
5.3	u	Borna paso ZS4-RD, roja de ABB.	50,000	1,30	65,00
5.4	u	Borna paso ZS4-BK, negra de ABB.	50,000	1,30	65,00
				Total presupuesto parcial nº 5 Bornas de paso:	**553,00**

Presupuesto parcial nº 6 Bornas de tierra

Num.	Ud	Descripción	Medición	Precio (€)	Importe (€)
6.1	u	Borna tierra ZS4-PE de ABB.	25,000	4,05	101,25
				Total presupuesto parcial nº 6 Bornas de tierra:	**101,25**

Presupuesto parcial nº 7 Bornas portafusible

Num.	Ud	Descripción	Medición	Precio (€)	Importe (€)
7.1	u	Borna portafusible ZS4-SF de ABB.	50,000	5,77	288,50
				Total presupuesto parcial nº 7 Bornas portafusible:	**288,50**

Presupuesto parcial nº 8 Variador de velocidad

Num.	Ud	Descripción	Medición	Precio (€)	Importe (€)
8.1	ud	ATV312H037M3 Schneider Electric variador de velocidad altivar atv312 - 0,37kw - 1,3 kva - 38 w - 200..240 v - trifásico	4,000	152,38	609,52
8.2	ud	Contactor LC1D25P7 25 A, 3 NA, Bobina 230 V ac, Tesys D	4,000	81,91	327,64
8.3	ud	Disyuntor magnetotérmico TSY GV2ME05 0.63-1 (m-p9)	4,000	44,22	176,88
				Total presupuesto parcial nº 8 Variador de velocidad:	**1.114,04**

Presupuesto parcial nº 9 Fuente Auxiliar y Accesorios

Num.	Ud	Descripción	Medición	Precio (€)	Importe (€)
9.1	u	Filtro perfil DIN de NIESSEN.	2,000	60,26	120,52
9.2	u	Fuente alimentación auxil. 24V de NIESSEN.	2,000	218,36	436,72
				Total presupuesto parcial nº 9 Fuente Auxiliar y Accesorios:	**557,24**

Presupuesto parcial nº 10 Módulo base Zelio

Num.	Ud	Descripción	Medición	Precio (€)	Importe (€)
10.1	ud	SR3B261BD Zelio 16e(6 ana)/10s sr3b261bd 24vcc c/reloj (e-c1)	2,000	174,61	349,22
10.2	ud	SR3NET01BD Módulo de comunicación Ethernet	2,000	215,27	430,54
10.3	ud	Módulo SR3 XT4380 2 salidas analógicas	2,000	154,50	309,00
				Total presupuesto parcial nº 10 Módulo base Zelio:	**1.088,76**

Figura 6.25. Presupuesto por capítulos (base de datos CUADRO A) (continuación).

Presupuesto de ejecución material	Importe (€)
1 ELECTRICISTAS	1.353,60
2 cuadro base ABB	1.694,06
3 Curva C Tripolar	1.599,88
4 Bipolar	333,48
5 Bornes de paso	553,00
6 Bornes de tierra	101,25
7 Bornes portafusible	288,50
8 Variador de velocidad	1.114,04
9 Fuente Auxiliar y Accesorios	557,24
10 Módulo base Zelio	1.088,76
Total ....:	8.683,81

Asciende el presupuesto de ejecución material a la expresada cantidad de OCHO MIL SEISCIENTOS OCHENTA Y TRES EUROS CON OCHENTA Y UN CÉNTIMOS.

Figura 6.26. Hoja con el PEM (base de datos CUADRO A).

Proyecto: cuadro arranque cintas con variador de velocidad

Capítulo	Importe
1 ELECTRICISTAS	1.353,60
2 cuadro base ABB	1.694,06
3 Curva C Tripolar	1.599,88
4 Bipolar	333,48
5 Bornes de paso	553,00
6 Bornes de tierra	101,25
7 Bornes portafusible	288,50
8 Variador de velocidad	1.114,04
9 Fuente Auxiliar y Accesorios	557,24
10 Módulo base Zelio	1.088,76
Presupuesto de ejecución material	8.683,81
13% de gastos generales	1.128,90
6% de beneficio industrial	521,03
Suma	10.333,74
21% IVA	2.170,09
Presupuesto de ejecución por contrata	12.503,83

Asciende el presupuesto de ejecución por contrata a la expresada cantidad de DOCE MIL QUINIENTOS TRES EUROS CON OCHENTA Y TRES CÉNTIMOS.

Figura 6.27. Hoja de resumen del PEC con IVA.

Mapa conceptual

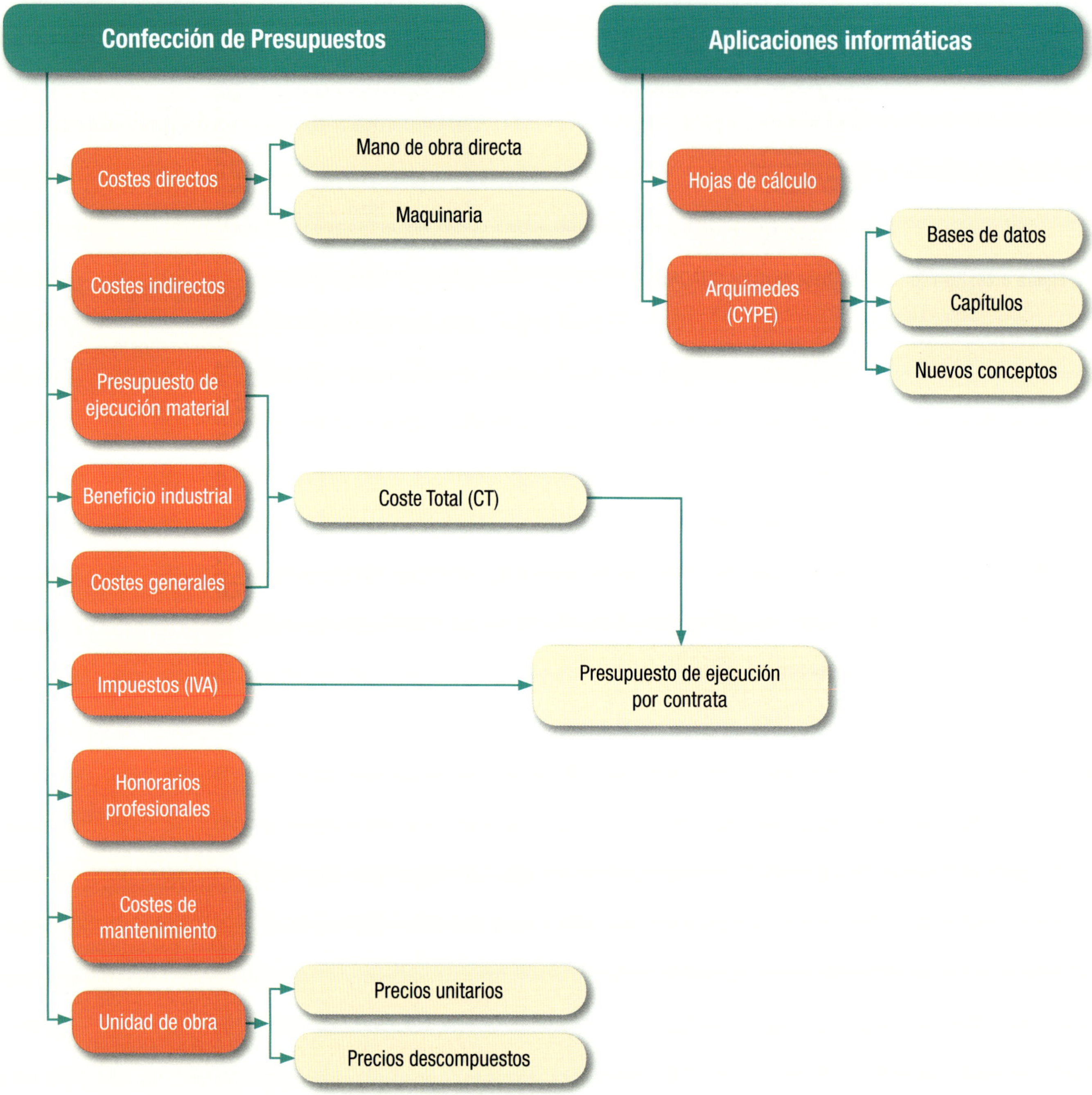

De comprobación

6.1. El coste de la mano de obra y los gastos debidos a la maquinaria requerida son:

a) Costes indirectos.

b) Honorarios profesionales.

c) Gastos generales.

d) Ninguna de las respuestas anteriores es correcta.

6.2. Los gastos generales (GG) son:

a) Costes ligados al hecho de tener una actividad industrial en funcionamiento.

b) Costes relacionados con tareas o trabajos necesarios para elaborar productos.

c) Costes ligados a la redacción y al diseño del Proyecto.

d) Ninguna de las respuestas anteriores es correcta.

6.3. Los honorarios profesionales (HP) son:

a) Costes ligados al hecho de tener una actividad industrial en funcionamiento.

b) Costes relacionados con tareas o trabajos necesarios para elaborar productos.

c) Costes ligados a la redacción y el diseño del Proyecto.

d) Ninguna de las respuestas anteriores es correcta.

6.4. El importe que se supone que gana la empresa que ejecuta un Proyecto se denomina:

a) Presupuesto de Ejecución Material (PEM).

b) Presupuesto de Ejecución por Contrata (PEC).

c) Beneficio industrial (BI).

d) Ninguna de las respuestas anteriores es correcta.

6.5. El Presupuesto de Ejecución por Contrata (PEC) se obtiene:

a) Sumando el IVA al Presupuesto de Ejecución Material (PEM).

b) Sumando los gastos generales y el beneficio industrial al Presupuesto de Ejecución Material (PEM).

c) Sumando el IVA al Coste Total del Proyecto (CT).

d) Ninguna de las respuestas anteriores es correcta.

6.6. La unidad de obra es:

a) Cada una de las partes o divisiones de un Proyecto para calcular el Presupuesto.

b) Un diagrama que relacione los tiempos y las actividades de ejecución.

c) Un cuadro con los precios de la mano de obra y de los materiales.

d) Ninguna de las respuestas anteriores es correcta.

6.7. El coste de la mano de obra y los gastos debidos a los materiales utilizados son:

a) Costes directos.

b) Honorarios profesionales.

c) Gastos generales.

d) Ninguna de las respuestas anteriores es correcta.

6.8. Los costes iniciales de implantación, ligados al mantenimiento, requieren de:

a) Compra inicial de herramientas y del *stock* de repuesto.

b) Periodo de formación del personal.

c) Las dos respuestas anteriores son correctas.

d) Ninguna de las respuestas anteriores es correcta.

6.9. La aplicación informática Arquímedes de CYPE permite:

a) Realizar mediciones, Presupuestos y Pliegos de Condiciones.

b) Importar y exportar bancos de precios en formato FIEBDC-3.

c) Las dos respuestas anteriores son correctas.

d) Ninguna de las respuestas anteriores es correcta.

6.10. En la aplicación informática Arquímedes de CYPE, es recomendable generar:

a) El archivo con el Presupuesto por capítulos y la hoja PEM.

b) El archivo con el resumen del PEC con IVA (Presupuesto de Ejecución por Contrata).

c) Las dos respuestas anteriores son correctas.

d) Ninguna de las respuestas anteriores es correcta.

De aplicación

6.1. Con ayuda del programa Arquímedes, realiza el Presupuesto de Ejecución Material (PEM) para situar, dentro de un armario eléctrico del fabricante ABB, un circuito de automatismos cableado formado por:

- 1 disyuntor Siemens SIRIUS 3RV1011-1AA10 con bloque de contactos auxiliares NO-NC.
- 3 contactores Siemens SIRIUS 3RT1016-1AP01 con 2 bloques de contactos auxiliares NC.
- 1 relé térmico Siemens SIRIUS 3RU1116-1CB0.
- Canal tapado y carril DIN.
- Bornero formado por bornes simples grises y azules, paredes separadoras y topes.

Considera que la mano de obra requerida para su montaje es de 5 horas de un oficial 1.ª electricista y de 10 horas de dos oficiales 2.ª electricista al precio indicado en la base de datos IVE_BDC09 o similar.

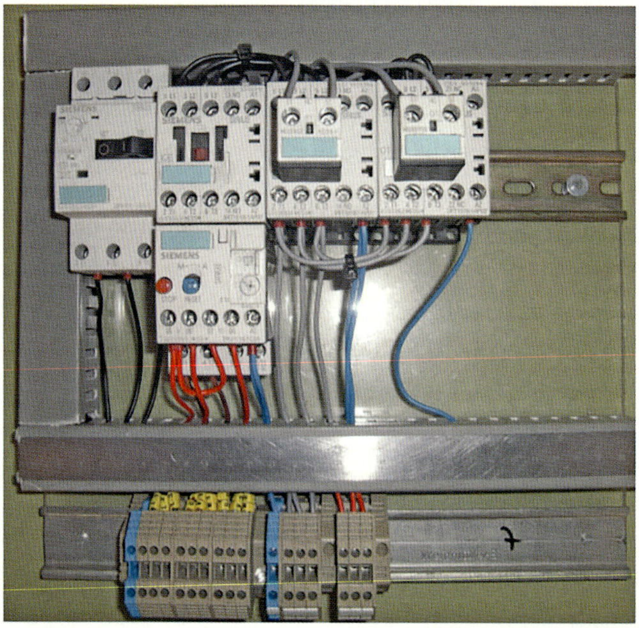

6.2. Con ayuda del programa Arquímedes, realiza el Presupuesto de Ejecución Material (PEM) para situar, dentro de un armario eléctrico del fabricante ABB, un circuito de automatismos con PLC y variador de velocidad formado por:

- 1 variador de velocidad Schneider ATV312HU15M2.
- 2 interruptores magnetotérmicos bipolares C10.
- 1 fuente de alimentación 24 V DC /2,5 A para montaje en carril DIN.
- 1 autómata Zelio de Schneider Electric SR3B261BD con módulo de ampliación de salidas analógicas SR3XT.
- 2 relés auxiliares 24 V DC con 2 juegos de contactos conmutados.
- 4 bornes con fusibles de 2 A.
- Bornero formado por bornes simples grises y azules, bornes grises de 2 pisos (bornero +, –), bornes de tierra, paredes separadoras y topes.

Considera que la mano de obra requerida para su montaje es de 7 horas de un oficial 1.ª electricista y de 15 horas de dos oficiales 2.ª electricista al precio indicado en la base de datos IVE_BDC09 o similar.

De ampliación

6.1. Busca en Internet una nueva aplicación informática (por ejemplo, Presto) con la que poder realizar Presupuestos. Realiza los ejercicios anteriores y compara los resultados. ¿Qué bases de datos utiliza dicha aplicación?

6.2. Busca en Internet el catálogo de productos de autómatas de Siemens (con precios incluidos) y crea en la aplicación Arquímedes una base de datos específica de dicho material introduciendo nuevos conceptos a partida alzada.

7 Elaboración de documentos del Proyecto y manuales

Contenidos

El Proyecto de una instalación de tipo industrial requiere elaborar documentos justificativos y consultivos de las soluciones técnicas adoptadas. Estos documentos, generalmente extensos, se sitúan como Anexos (de cálculo, de programación, etc.). También se emplean otros anexos con información técnica relevante (por ejemplo, manuales de usuario, manuales de instrucciones, etcétera).

El funcionamiento diario de una instalación basada en sistemas automatizados requiere, además, la consulta y elaboración de documentación adicional para realizar el aseguramiento de la gestión de la calidad y residuos del proceso. Es también imprescindible valorar los riesgos laborales inherentes a cada etapa del proceso para minimizarlos aplicando medidas correctoras disponibles como EPI, señalizaciones de riesgos, etcétera.

Por último, se deben implantar varias técnicas de mantenimiento que garanticen la correcta salud de los sistemas automatizados durante su funcionamiento en el tiempo (manuales de mantenimiento, históricos de fallos, etcétera).

Objetivos

- Elaborar anexos de cálculo y de programación en Proyectos de instalaciones y sistemas automatizados, mediante el uso de las aplicaciones informáticas específicas diseñadas por los fabricantes.
- Elaborar y utilizar manuales de instrucciones y de usuario de equipos técnicos (uso interno o externo) para personal cualificado.
- Identificar los riesgos laborales asociados a las actividades de montaje o mantenimiento de las instalaciones y los sistemas automatizados.
- Conocer y utilizar las medidas correctoras implementadas para minimizar los riesgos laborales (equipos de protección individual y señalizaciones).
- Identificar las pautas de actuación en situaciones de emergencia.
- Definir los indicadores de calidad de la instalación o sistema.
- Establecer el procedimiento de trazabilidad de materiales y residuos, determinando el proceso de almacenaje y tratamiento de los residuos generados.

7.1. Anexos de cálculos y programación. Aplicaciones informáticas

Los anexos son documentos habituales en un Proyecto, dentro del apartado de la Memoria Descriptiva, que permiten recoger toda la información justificativa referida a:

- Cálculos empleados en las soluciones adoptadas en el Proyecto (por ejemplo, de tipo eléctrico, para poder seleccionar las protecciones o elegir las secciones de conductores, o de tipo neumático, para seleccionar el diámetro de las tuberías). Suele ser habitual disponer de aplicaciones informáticas proporcionadas por los fabricantes para su elaboración y selección de materiales específicos de dichos fabricantes.
- Programación empleada en autómatas y pantallas táctiles requeridas para las soluciones adoptadas en el Proyecto que permitan controlar procesos industriales. Estos anexos se suelen generar mediante las aplicaciones informáticas suministradas por los fabricantes de materiales de automatización (por ejemplo, la plataforma de diseño e ingeniería TIA Portal del fabricante Siemens).
- Programación empleada en robots para diseñar las soluciones necesarias basadas en lenguajes de programación específicos (por ejemplo, en lenguaje Rapid) implementados en el *software* de diseño y simulación de los fabricantes (por ejemplo, el *software* Robot Studio del fabricante ABB).

Actividad resuelta 7.1

Realiza el anexo de programación con un autómata S7-1214C AC/DC/RLY del proceso automatizado de una cinta transportadora clasificadora de piezas (Actividad de aplicación 4.4).

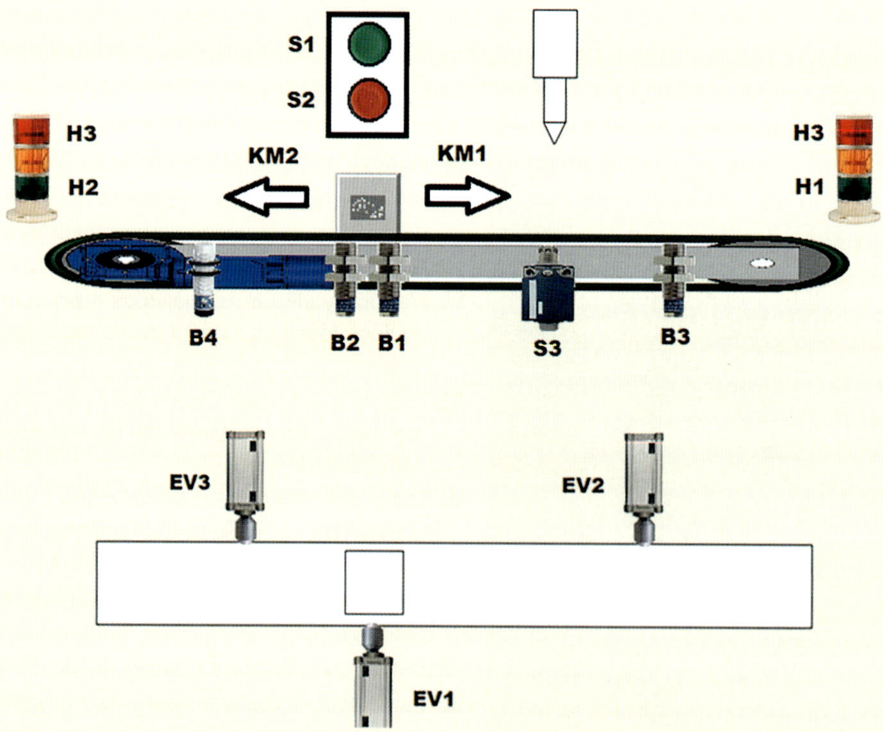

Figura 7.1. Instalación automatizada clasificadora de piezas.

Solución:

El anexo de programación incluye los listados generados por el entorno de programación TIA Portal cuando se exporta el Proyecto en formato PDF. De ellos, los más importantes son la tabla de variables empleadas en la solución adoptada y los segmentos de programación del bloque de organización principal OB1.

Tabla 7.1. Tabla de variables empleadas en la programación

Nombre	Tipo	Dirección	Comentario
RELÉ T	Bool	%I0.0	Relé térmico F1
PARO	Bool	%I0.1	Paro instalación
MARCHA	Bool	%I0.2	Marcha instalación
CIL 1 DENTRO	Bool	%I0.3	Empuja la pieza
CIL 1 FUERA	Bool	%I0.4	Retrocede el cilindro 1
CIL 2 FUERA	Bool	%I0.5	Final de carrera 1
CIL 3 FUERA	Bool	%I0.6	Final de carrera 2
CIL 4 ARRIBA	Bool	%I0.7	Mecanizado pieza
CIL 4 ABAJO	Bool	%I1.0	Detector magnético abajo
S1-INDUCTIVO	Bool	%I1.1	Inductivo det pieza
S2-CAPACITIVO	Bool	%I1.2	Capacitivo det pieza
S3 FC1	Bool	%I1.3	Final de carrera 1
S4 FC2	Bool	%I1.4	Final de carrera 2
S5 MEC	Bool	%I1.5	Proximidad mecanizado
Y1	Bool	%Q0.0	Cilindro 1
Y2	Bool	%Q0.1	Cilindro 2
Y3	Bool	%Q0.2	Cilindro 3
Y4	Bool	%Q0.3	Cilindro 4
KA1	Bool	%Q0.4	Auxiliar derecha
KA2	Bool	%Q0.5	Auxiliar izquierda
VERDE DER.	Bool	%Q0.6	Baliza verde derecha
VERDE IZQ.	Bool	%Q0.7	Baliza verde izquierda
ROJO	Bool	%Q1.0	Avería mecanizado
MARCHA INST.	Bool	%M10.0	Marca marcha instalación
P METAL	Bool	%M10.1	Pieza metálica
P NO METAL	Bool	%M10.2	Pieza no metálica
MARCA MOTOR KA1	Bool	%M10.3	Sentido derecha
MARCA MECANIZADO	Bool	%M10.4	
MARCA PARO MECANIZADO	Bool	%M10.6	Marca paro mecanizado
EXPULSIÓN PIEZA	Bool	%M10.7	
FN FC1	Bool	%M11.0	Flanco neg. Final FC1
FN FC2	Bool	%M11.1	Flanco neg. Final FC2
MARCA MOTOR KA2	Bool	%M11.2	Sentido izquierda
MARCA PARO TEMP KA2	Bool	%M11.3	
MARCA CONTADOR	Bool	%M11.4	Contador piezas

El bloque de organización OB1 consta de 17 segmentos de programación. En cada uno de ellos se debe indicar un título y un pequeño comentario indicativo de su funcionalidad que ayudará a comprender el funcionamiento de la automatización. Es también recomendable mostrar una tabla con las variables de programación empleadas en cada segmento (símbolo, dirección, tipo y comentario de cada una).

Segmento 1: MARCHA INSTALACIÓN

Marca de seguridad para la puesta en marcha de la instalación

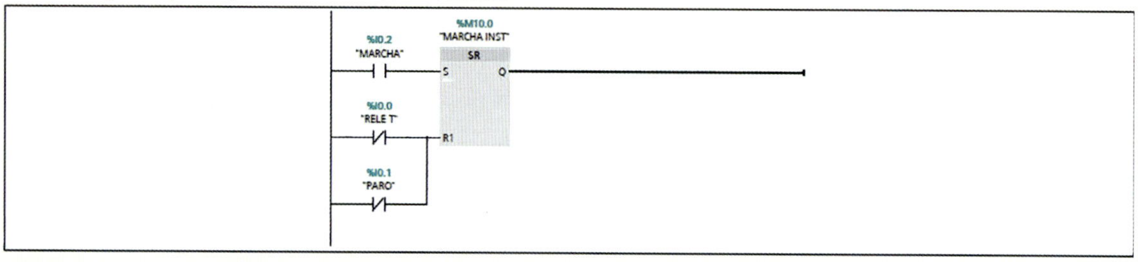

Símbolo	Dirección	Tipo	Comentario
"MARCHA"	%I0.2	Bool	Marcha
"MARCHA INST"	%M10.0	Bool	MARCA MARCHA INSTALACIÓN
"RELE T"	%I0.0	Bool	Rele térmico F1
"PARO"	%I0.1	Bool	Para la instalación

Segmento 2: SALIDA Y RETROCESO DEL CILINDRO 1

Se introduce la pieza en la cinta

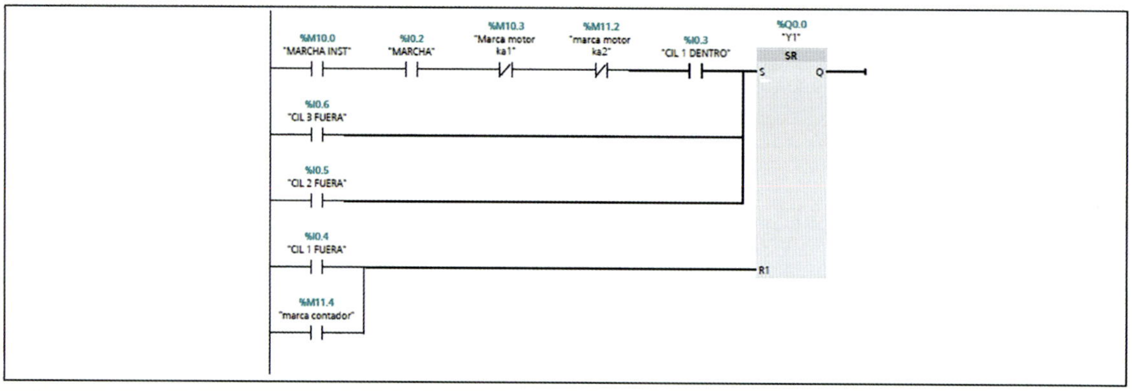

Símbolo	Dirección	Tipo	Comentario
"MARCHA"	%I0.2	Bool	Marcha
"MARCHA INST"	%M10.0	Bool	MARCA MARCHA INSTALACIÓN
"Y1"	%Q0.0	Bool	CILINDRO 1
"CIL 1 FUERA"	%I0.4	Bool	RETROCEDE EL CILINDRO 1
"Marca motor ka1"	%M10.3	Bool	marca motor ka1
"CIL 3 FUERA"	%I0.6	Bool	FINAL DE CARRERA 2
"marca motor ka2"	%M11.2	Bool	
"CIL 2 FUERA"	%I0.5	Bool	FINAL DE CARRERA 1
"CIL 1 DENTRO"	%I0.3	Bool	EMPUJA LA PIEZA
"marca contador"	%M11.4	Bool	

Segmento 3: DETECCIÓN PIEZA METÁLICA

Se detecta pieza metálica

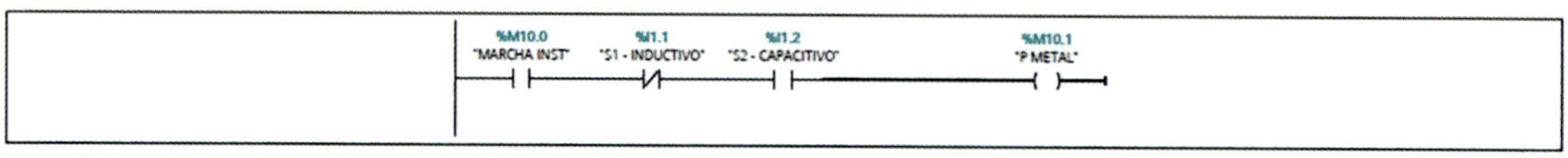

Símbolo	Dirección	Tipo	Comentario
"MARCHA INST"	%M10.0	Bool	MARCA MARCHA INSTALACIÓN
"S1 - INDUCTIVO"	%I1.1	Bool	INDUCTIVO DET PIEZA
"S2 - CAPACITIVO"	%I1.2	Bool	CAPACITIVO DET PIEZA
"P METAL"	%M10.1	Bool	PIEZA METÁLICA

Figura 7.2. Segmentos de programación incorporados en un anexo.

Segmento 4: DETECCIÓN PIEZA NO METÁLICA

Se detecta pieza no-metálica

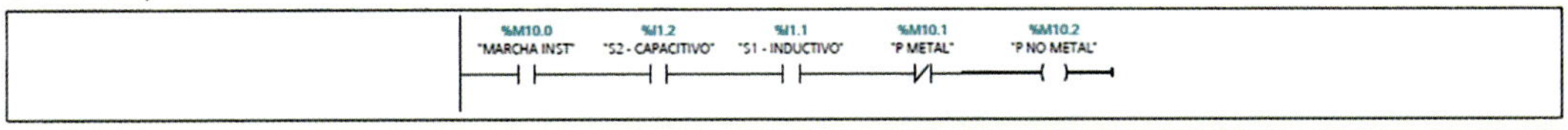

Símbolo	Dirección	Tipo	Comentario
"MARCHA INST"	%M10.0	Bool	MARCA MARCHA INSTALACIÓN
"S1 - INDUCTIVO"	%I1.1	Bool	INDUCTIVO DET PIEZA
"S2 - CAPACITIVO"	%I1.2	Bool	CAPACITIVO DET PIEZA
"P METAL"	%M10.1	Bool	PIEZA METÁLICA
"P NO METAL"	%M10.2	Bool	PIEZA NO METÁLICA

Segmento 5: TIMER PIEZAS METÁLICAS

5 segundos para la puesta en marcha de la cinta en sentido derecha

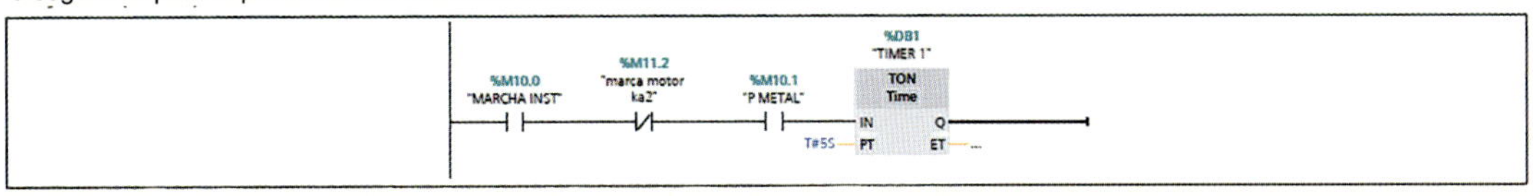

Símbolo	Dirección	Tipo	Comentario
"MARCHA INST"	%M10.0	Bool	MARCA MARCHA INSTALACIÓN
"P METAL"	%M10.1	Bool	PIEZA METÁLICA
"TIMER 1"	%DB1	IEC_Timer	
T#5S	T#5S	Time	
"marca motor ka2"	%M11.2	Bool	

Segmento 6: PUESTA DE LA MARCHA EN SENTIDO DERECHA

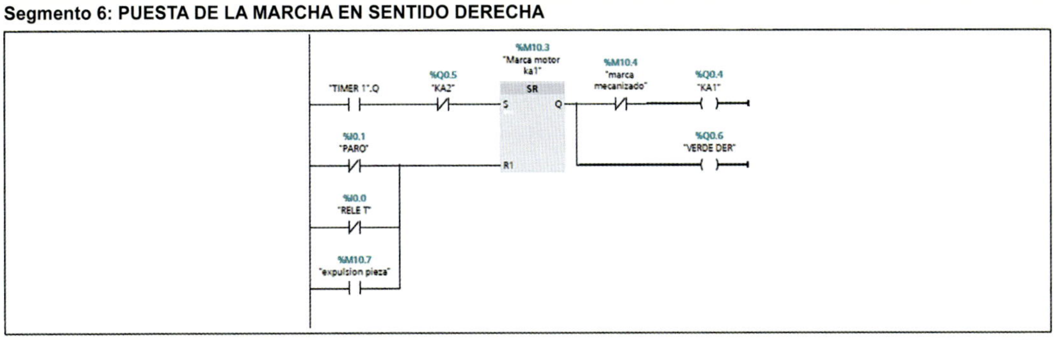

Símbolo	Dirección	Tipo	Comentario
"RELE T"	%I0.0	Bool	Rele térmico F1
"PARO"	%I0.1	Bool	Para la instalación
"Marca motor ka1"	%M10.3	Bool	marca motor ka1
"TIMER 1"	%DB1	IEC_Timer	
"TIMER 1".Q		Bool	
"KA1"	%Q0.4	Bool	DERECHA
"marca mecanizado"	%M10.4	Bool	
"expulsión pieza"	%M10.7	Bool	
"KA2"	%Q0.5	Bool	IZQUIERDA
"VERDE DER"	%Q0.6	Bool	

Segmento 7: PARO PARA EL MECANIZADO DE LA PIEZA

Detección por la fotocélula S5

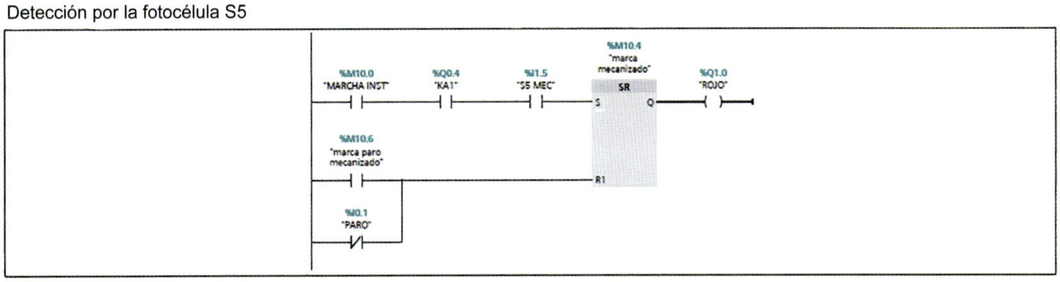

Símbolo	Dirección	Tipo	Comentario
"MARCHA INST"	%M10.0	Bool	MARCA MARCHA INSTALACIÓN
"PARO"	%I0.1	Bool	Para la instalación
"KA1"	%Q0.4	Bool	DERECHA
"S5 MEC"	%I1.5	Bool	PROXIMIDAD MECANIZADO
"marca mecanizado"	%M10.4	Bool	
"marca paro mecanizado"	%M10.6	Bool	marca paro mecanizado
"ROJO"	%Q1.0	Bool	AVERÍA

Figura 7.2. Segmentos de programación incorporados en un anexo (continuación).

Segmento 8: TEMPORIZACIÓN MECANIZADO

Se temporizan 20 s

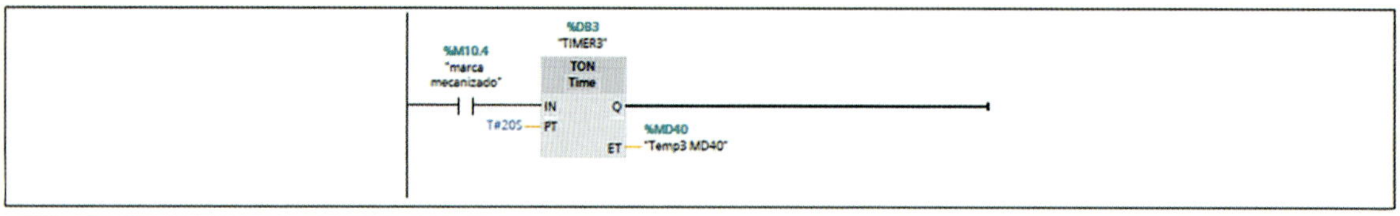

Símbolo	Dirección	Tipo	Comentario
"TIMER3"	%DB3	IEC_Timer	
T#20S	T#20S	Time	
"Temp3 MD40"	%MD40	Time	
"marca mecanizado"	%M10.4	Bool	

Segmento 9: BAJA EL CILINDRO 4 Y MECANIZA

Empieza mecanizado durante 10 s

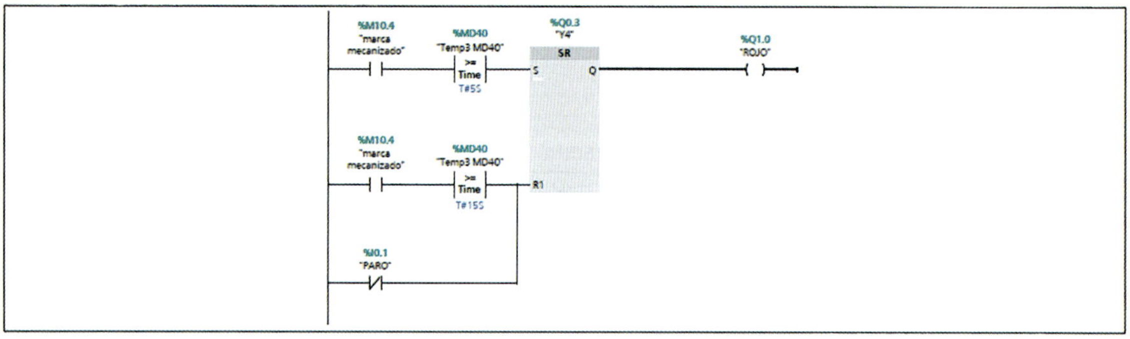

Símbolo	Dirección	Tipo	Comentario
"PARO"	%I0.1	Bool	Para la instalación
T#5S	T#5S	Time	
T#15S	T#15S	Time	
"Temp3 MD40"	%MD40	Time	
"marca mecanizado"	%M10.4	Bool	
"Y4"	%Q0.3	Bool	CILINDRO 4
"ROJO"	%Q1.0	Bool	AVERÍA

Segmento 10: SE PARA EL MECANIZADO Y SE PONE EN MARCHA LA CINTA

Termina el mecanizado 20 s

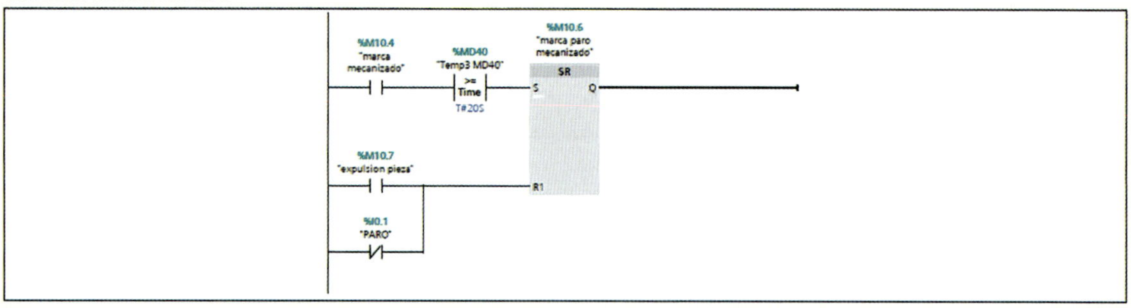

Símbolo	Dirección	Tipo	Comentario
"PARO"	%I0.1	Bool	Para la instalación
T#20S	T#20S	Time	
"Temp3 MD40"	%MD40	Time	
"marca mecanizado"	%M10.4	Bool	
"marca paro mecanizado"	%M10.6	Bool	marca paro mecanizado
"expulsión pieza"	%M10.7	Bool	

Figura 7.2. Segmentos de programación incorporados en un anexo (continuación).

Segmento 11: EXPULSIÓN DE LA PIEZA METÁLICA

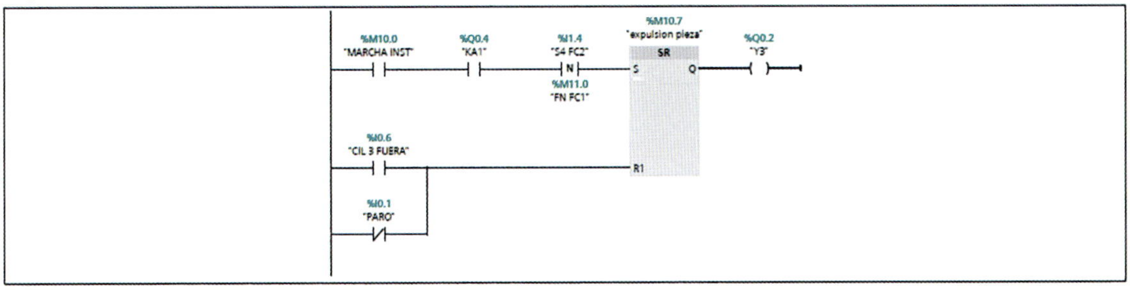

Símbolo	Dirección	Tipo	Comentario
"MARCHA INST"	%M10.0	Bool	MARCA MARCHA INSTALACIÓN
"PARO"	%I0.1	Bool	Para la instalación
"KA1"	%Q0.4	Bool	DERECHA
"FN FC1"	%M11.0	Bool	Flanco negativo Final de carrera 1-Izquierda
"expulsión pieza"	%M10.7	Bool	
"CIL 3 FUERA"	%I0.6	Bool	FINAL DE CARRERA 2
"Y3"	%Q0.2	Bool	CILINDRO 3 Final de carrera derecha
"S4 FC2"	%I1.4	Bool	FINAL DE CARRERA 2

Segmento 12: TEMPORIZADOR PUESTA EN MARCHA SENTIDO IZQUIERDA

5 segundos

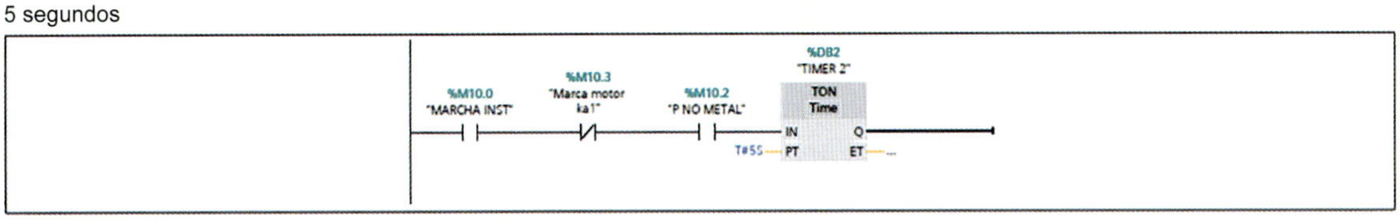

Símbolo	Dirección	Tipo	Comentario
"MARCHA INST"	%M10.0	Bool	MARCA MARCHA INSTALACIÓN
"P NO METAL"	%M10.2	Bool	PIEZA NO METÁLICA
T#5S	T#5S	Time	
"Marca motor ka1"	%M10.3	Bool	marca motor ka1
"TIMER 2"	%DB2	IEC_Timer	

Segmento 13: MARCHA MOTOR SENTIDO IZQUIERDA

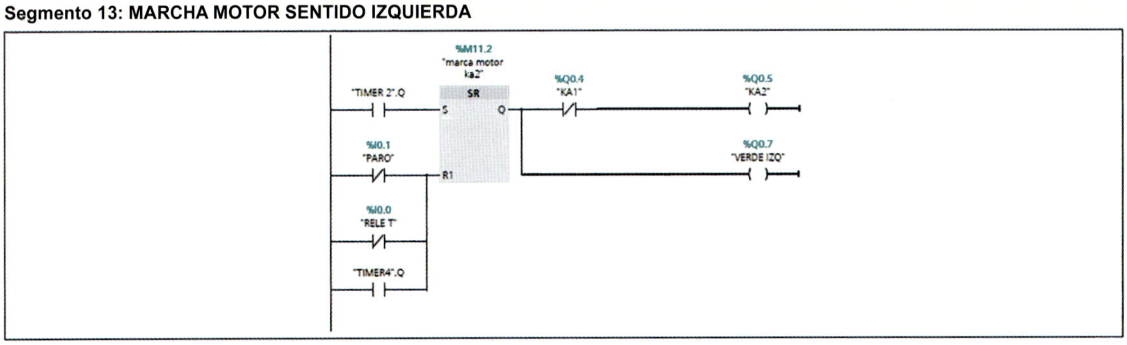

Símbolo	Dirección	Tipo	Comentario
"RELE T"	%I0.0	Bool	Rele térmico F1
"PARO"	%I0.1	Bool	Para la instalación
"KA1"	%Q0.4	Bool	DERECHA
"TIMER 2"	%DB2	IEC_Timer	
"TIMER 2".Q		Bool	
"marca motor ka2"	%M11.2	Bool	
"KA2"	%Q0.5	Bool	IZQUIERDA
"TIMER4"	%DB4	IEC_Timer	
"TIMER4".Q		Bool	
"VERDE IZQ"	%Q0.7	Bool	

Figura 7.2. Segmentos de programación incorporados en un anexo (continuación).

Segmento 14: PUESTA EN MARCHA TEMPORIZADOR SENTIDO IZQUIERDA

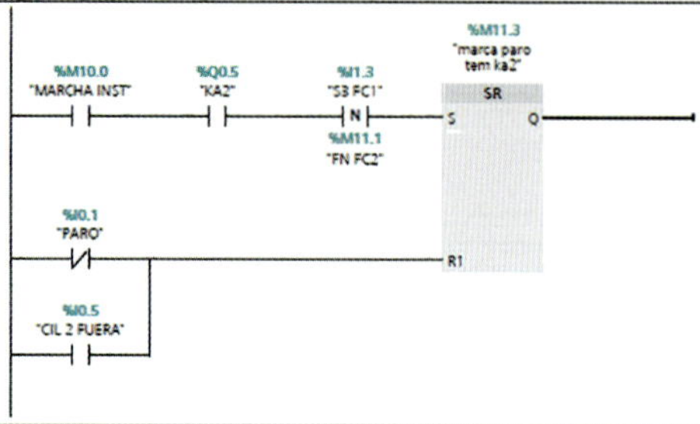

Símbolo	Dirección	Tipo	Comentario
"MARCHA INST"	%M10.0	Bool	MARCA MARCHA INSTALACIÓN
"PARO"	%I0.1	Bool	Para la instalación
"KA2"	%Q0.5	Bool	IZQUIERDA
"marca paro tem ka2"	%M11.3	Bool	
"CIL 2 FUERA"	%I0.5	Bool	FINAL DE CARRERA 1
"S3 FC1"	%I1.3	Bool	FINAL DE CARRERA 1
"FN FC2"	%M11.1	Bool	Flanco negativo Final de carrera 2- Derecha

Segmento 15: TEMPORIZADOR PARO

2 segundos

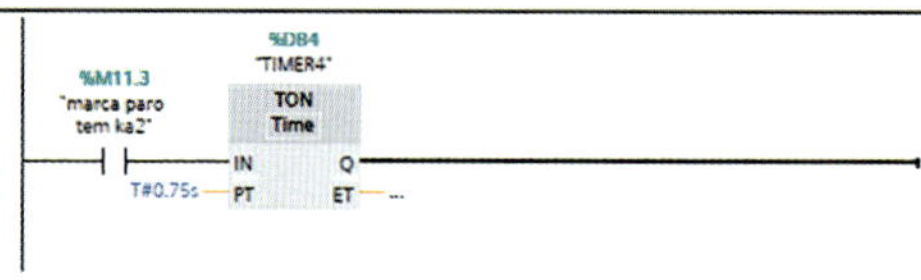

Símbolo	Dirección	Tipo	Comentario
"marca paro tem ka2"	%M11.3	Bool	
"TIMER4"	%DB4	IEC_Timer	
T#0.75s	T#0.75s	Time	

Segmento 16: EXPULSIÓN DE LA PIEZA Y RETROCESO DEL CILINDRO

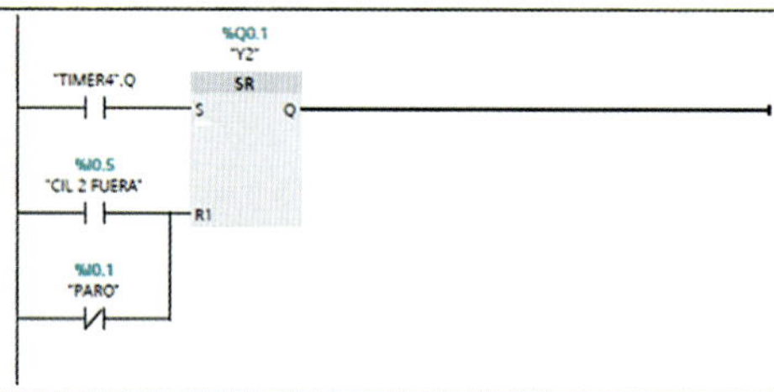

Símbolo	Dirección	Tipo	Comentario
"PARO"	%I0.1	Bool	Para la instalación
"TIMER4"	%DB4	IEC_Timer	
"TIMER4".Q		Bool	
"Y2"	%Q0.1	Bool	CILINDRO 2 Final de carrera izquierda
"CIL 2 FUERA"	%I0.5	Bool	FINAL DE CARRERA 1

Segmento 17: CONTADOR DE PIEZA EXPULSADOS POR EL SURTIDOR

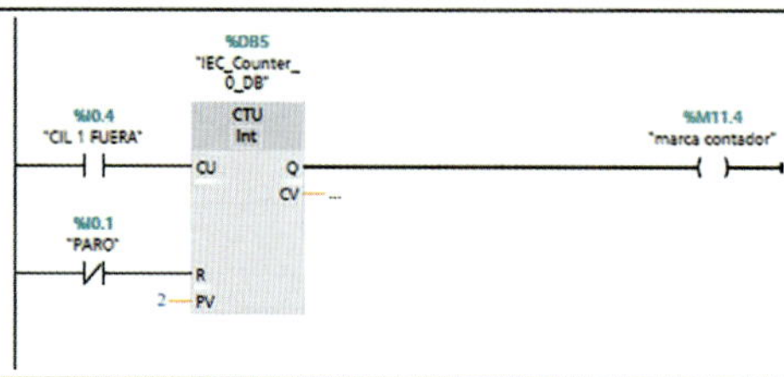

Símbolo	Dirección	Tipo	Comentario
"PARO"	%I0.1	Bool	Para la instalación
"CIL 1 FUERA"	%I0.4	Bool	RETROCEDE EL CILINDRO 1
"IEC_Counter_0_DB"	%DB5	IEC_Counter	
2	2	Int	
"marca contador"	%M11.4	Bool	

Figura 7.2. Segmentos de programación incorporados en un anexo (continuación).

7.2. Otros anexos de la memoria. Manuales de instrucciones

Es bastante habitual que el apartado de anexos incluya otros documentos que, a efectos informativos, han sido utilizados en la elaboración de la solución técnica adoptada como son los manuales de instrucciones o los manuales de usuario de los diferentes componentes técnicos utilizados (por ejemplo, con las recomendaciones de montaje y programación de un autómata, de cableado y configuración de un convertidor electrónico de temperatura para sondas PT-100 o de uso de un sistema HMI con instrucciones para navegar entre diferentes imágenes mediante botones o listas de texto).

En general, los manuales de usuario de los diferentes equipos técnicos pueden ser bastante voluminosos en cuanto a número de páginas y se suelen añadir al Proyecto en formato electrónico (básicamente, en formato PDF) lo que permite anexar múltiple información técnica proporcionada por los fabricantes.

7.2.1. Manuales de instrucciones

De forma general, se pueden definir como instrucciones al conjunto de órdenes que indican cómo se puede hacer una cosa. En el caso de hablar de instrucciones técnicas, la definición se debe enfocar hacia el conjunto de normas de uso que permiten el montaje o la instalación de un equipo técnico y su utilización o manejo por parte de usuarios con un cierto nivel de cualificación. Suelen emplearse esquemas y fotografías aclarativas acotadas con dimensiones y suelen estar redactados en varios idiomas.

Estas instrucciones (que deben revisarse siempre de forma previa al uso del equipo) se presentan en forma de manual, con un índice de contenidos y una versión actualizada según el sistema de gestión de calidad implantado por el fabricante. En el mercado se pueden encontrar manuales, en soporte electrónico (archivos con extensión .PDF) o en soporte papel, que pueden abarcar un número reducido de páginas para equipos sencillos. No obstante, al aumentar la complejidad de los equipos técnicos suele aumentar el número total de páginas.

Actividad resuelta 7.2

Busca en Internet el manual de instrucciones del detector inductivo de seguridad GG711S del fabricante IFM electronic y analiza las características de dicho documento.

Solución:

El manual indicado está disponible en formato electrónico (archivo PDF) y tiene una extensión de 15 páginas, elaborado íntegramente en español. El manual está codificado con un número interno, la versión y la fecha de creación. Dispone de un índice de contenidos bien estructurado que permite conocer los diferentes apartados.

Los dos primeros apartados realizan una **explicación de los signos** empleados en el propio manual y un listado, bastante extenso, con las **indicaciones** y los **requisitos técnicos de seguridad.** El apartado 3 permite conocer los **componentes incluidos** en la entrega, lo que es muy útil; en este caso, el manual de instrucciones hace referencia al detector de seguridad GG711S con dos tuercas de fijación de métrica M18 y al propio manual de instrucciones original con su número de referencia 80005285.

En el apartado 4, se indica el **uso previsto** del detector, con función de seguridad SF y capaz de detectar metales sin contacto. Además, se señalan las normas internacionales (por ejemplo, la norma EN ISO 13849-1, según recomendaciones IEC) y las certificaciones (por ejemplo, la TÜVNord alemana) que cumple el producto.

Los siguientes apartados están referidos a la **función del equipo** (con indicación de la zona de accionamiento y la distancia de desconexión segura mayor de 12 mm), las medidas necesarias para realizar el **montaje** (no enrasado según norma IEC 60947-5-2) y las posibilidades de **conexión eléctrica** (tensión nominal 24 V DC con posible conexión a 4 o 3 hilos).

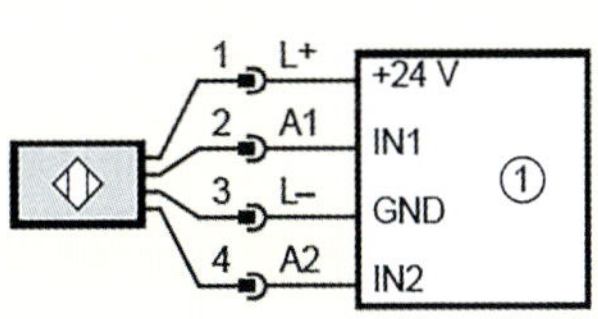

Figura 7.3. Esquema de conexionado a 4 hilos.

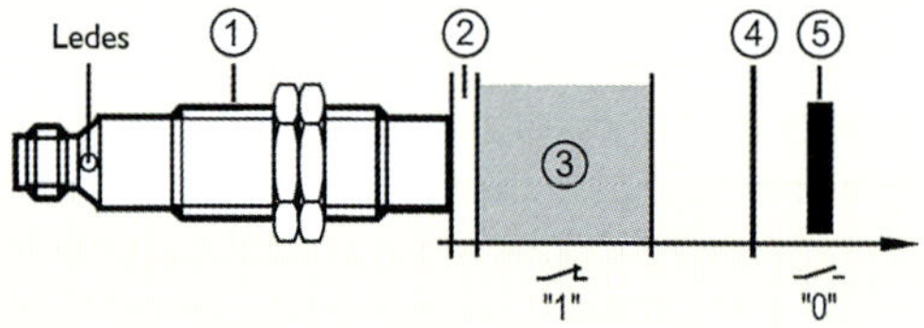

1: Detector de seguridad
2: Zona de acción inmediata
3: Zona de accionamiento
4: Distancia de desconexión segura s_{ar}
5: Elemento amortiguador

Figura 7.4. Zonas de funcionamiento del detector inductivo de seguridad.

El apartado 8 define el **funcionamiento** del detector indicando las condiciones que deben cumplirse para definir el estado seguro (estado sin corriente con al menos una de las salidas A1 o A2 desconectada) o el estado conmutado (activación de las dos salidas A1 y A2 si un elemento metálico está situado en la zona de accionamiento y no hay error del detector). El fabricante también indica los tiempos de reacción del detector, así como el significado de las diferentes indicaciones de los ledes.

El apartado 9 recoge de forma ampliada los **datos técnicos** del detector indicando las características del producto, su aplicación, los datos eléctricos, los datos mecánicos, de conexionado y accesorios. El apartado 10 indica, en forma de tabla, la **solución de fallos** típicos a partir del problema detectado y su posible causa.

Los últimos apartados hacen referencia a medidas de **mantenimiento y reparación**, **homologaciones y normas** que se han aplicado en su fabricación y la **terminología técnica** empleada.

7.3. Prevención de riesgos laborales. Estudios y planes de emergencia

La prevención de riesgos laborales en el ámbito de las empresas o industrias con sistemas automáticos requiere elaborar Estudios básicos de Seguridad y Salud, planes de seguridad y prevención y utilizar, por parte de los trabajadores y las trabajadoras, equipos de protección individual en aquellas zonas señalizadas al efecto.

7.3.1. Estudios básicos de Seguridad y Salud

Los Estudios básicos de Seguridad y Salud son documentos que forman parte de la prevención de riesgos laborales y que permiten estimar los distintos riesgos laborales asociados a los diferentes equipos y medios utilizados por los trabajadores de una instalación o de una máquina automatizada, así como las posibles medidas que adoptar para evitarlos o reducirlos.

Normalmente es interesante clasificar los riesgos laborales presentes entre aquellos que son completamente evitables mediante la adopción de técnicas de seguridad y aquellos riesgos laborales que no son completamente evitables. En este segundo caso, se deben adoptar medidas preventivas (especiales o de tipo alternativo) y utilizar los llamados equipos de protección individual (EPI). Es necesario realizar periódicamente una evaluación de las medidas diseñadas para comprobar su utilización y fiabilidad.

En España existe numerosa normativa en el ámbito de la prevención de riesgos laborales para identificar los riesgos presentes en cada situación. En el ámbito industrial es preciso tener en cuenta, como mínimo, alguno de los siguientes según las actividades productivas (Tabla 7.2):

Tabla 7.2. Resumen de la normativa para la prevención de riesgos laborales

Real Decreto 485/1997, de 14 de abril, sobre disposiciones mínimas en materia de señalización de seguridad y salud en el trabajo.
Real Decreto 486/1997, de 14 de abril, por el que se establecen las disposiciones mínimas de seguridad y salud en los lugares de trabajo.
Real Decreto 487/1997, de 14 de abril, sobre disposiciones mínimas de seguridad y salud relativas a la manipulación manual de cargas que entrañe riesgos, en particular dorsolumbares, para los trabajadores.
Real Decreto 488/1997, de 14 de abril, sobre disposiciones mínimas de seguridad y salud relativas al trabajo con equipos que incluyen pantallas de visualización.
Real Decreto 665/1997, de 12 de mayo, sobre la protección de los trabajadores contra los riesgos relacionados con la exposición a agentes cancerígenos durante el trabajo.
Real Decreto 773/1997, de 30 de mayo, sobre disposiciones mínimas de seguridad y salud relativas a la utilización por los trabajadores de equipos de protección individual.
Real Decreto 1215/1997, de 18 de julio, por el que se establecen las disposiciones mínimas de seguridad y salud para la utilización por los trabajadores de los equipos de trabajo.
Real Decreto 614/2001, de 8 de junio, sobre disposiciones mínimas para la protección de la salud y seguridad de los trabajadores frente al riesgo eléctrico.

Real Decreto 681/2003, de 12 de junio, sobre la protección de la salud y la seguridad de los trabajadores expuestos a los riesgos derivados de atmósferas explosivas en el lugar de trabajo.
Real Decreto 2267/2004, de 3 de diciembre, por el que se aprueba el Reglamento de seguridad contra incendios en los establecimientos industriales.
Real Decreto 1311/2005, de 4 de noviembre, sobre la protección de la salud y la seguridad de los trabajadores frente a los riesgos derivados o que puedan derivarse de la exposición a vibraciones mecánicas.
Real Decreto 286/2006, de 10 de marzo, sobre la protección de la salud y la seguridad de los trabajadores contra los riesgos relacionados con la exposición al ruido.
Real Decreto 299/2016, de 22 de julio, sobre la protección de la salud y la seguridad de los trabajadores contra los riesgos relacionados con la exposición a campos electromagnéticos.
Real Decreto 513/2017, de 22 de mayo, por el que se aprueba el Reglamento de instalaciones de protección contra incendios.

Como ejemplo para realizar un Estudio básico de Seguridad y Salud se puede considerar el caso de una máquina resmadora de bobinas de papel. Es una máquina cortadora de precisión diseñada para el uso de un amplio rango de papeles y cartones para las operaciones de impresión y empaquetado o embalado *(packaging)*.

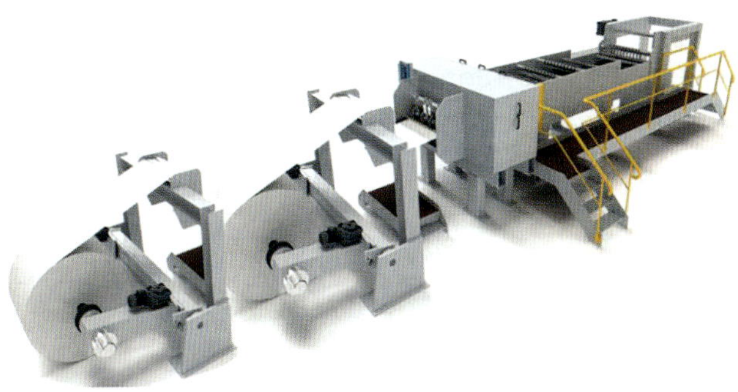

Figura 7.5. Máquina resmadora de bobinas de papel.

El uso de esta máquina (equipada con controlador PLC y un dispositivo HMI) requiere evaluar los riesgos laborales asociados en sus diferentes partes como, por ejemplo:

- Sección de corte automático (longitudinal y transversal) realizado mediante diferentes cuchillas sincronizadas y accionadas por servomotores AC, dado que el operario es el encargado de ajustar los elementos, comprobar el correcto funcionamiento y mantener el orden y la limpieza en la máquina.
- Sección de almacenamiento y manipulación de grandes bobinas de diferentes tipos de papel que sirven de alimentación a la máquina cortadora.
- Sección de desbobinado automático con control de la velocidad.

7.3.2. Equipos de protección individual (EPI)

Se entiende por EPI los equipos destinados a ser llevados por el trabajador para que esté protegido ante uno o varios riesgos existentes en el puesto de trabajo (por ejemplo, en cada una de las partes del cuerpo expuestas), así como cualquier complemento o accesorio destinado a tal fin que permita mejorar la salud, la ergonomía y la comodidad de trabajador (libertad de movimientos, transpiración, etc.). Su utilización está regulada por normativa (Real Decreto 773/1997, de 30 de mayo, sobre disposiciones mínimas de seguridad y salud relativas a la utilización por los trabajadores de equipos de protección individual).

La realización de trabajos en instalaciones y máquinas automatizadas requiere proteger las diferentes partes del cuerpo de un operario que se encuentre situado en la zona de trabajo.

Los EPI adecuados, de forma general, son la ropa de trabajo, el casco de seguridad para el cráneo, la pantalla facial, las gafas inactínicas, los cascos de protección auditiva, los guantes (ignífugos o de protección mecánica), el cinturón de seguridad para trabajos en altura, la bolsa portaherramientas, las herramientas debidamente aisladas y el calzado de seguridad. En trabajos de tipo eléctrico, el trabajador necesita, además, una protección segura de sus manos contra los riesgos de la corriente.

Figura 7.6. Algunos EPI de uso en entornos industriales.

Por ejemplo, en trabajos con riesgos de lesiones en la cabeza es necesario utilizar casco protector; ante trabajos con proyecciones o salpicaduras, deslumbramientos, etc., se requiere utilizar gafas de seguridad; ante riesgos de lesiones para los pies, se deberá usar calzado de seguridad; ante tareas o trabajos con riesgo de caídas en altura, se deberá utilizar cinturón de seguridad, etcétera.

7.3.3. Señalización de seguridad

Las zonas de trabajo o partes de un proceso automatizado donde están presentes diferentes riesgos para la salud de un trabajador se deben señalizar como indica la normativa (Real Decreto 485/1997, de 14 de abril, sobre disposiciones mínimas en materia de señalización de seguridad y salud en el trabajo) para llamar la atención sobre los riesgos presentes de una forma rápida y fácilmente comprensible. Es una medida complementaria ante un riesgo.

La falta de señalización de seguridad incrementa el riesgo para la salud de un trabajador al no disponer de la información básica sobre el mismo y la manera de evitarlo. Los trabajadores deben recibir formación específica para conocer el significado de las señales y los comportamientos generales o específicos que deben adoptarse en función de dichas señales.

En general, las señales de seguridad se clasifican en:

- Señales de advertencia, de fondo amarillo y forma triangular.
- Señales de prohibición, de fondo blanco y forma circular con borde rojo.
- Señales de obligación, de fondo azul y forma circular.
- Señales de salvamento o socorro, de fondo verde y forma rectangular o cuadrada.
- Señales de equipos de lucha contra incendios.

Figura 7.7. Algunas señales de seguridad.

Además, en ambientes industriales, es bastante habitual el uso de alarmas o señales de tipo luminoso y acústico para alertar sobre una situación de riesgo.

La señalización óptica se debe emplear en zonas donde la intensidad del ruido ambiental no garantice la percepción de una señal acústica o verbal o cuando el trabajador tenga alguna limitación en sus capacidades físicas auditivas.

La señalización acústica se debe emplear en situaciones de riesgo o peligro en las que el humo, la oscuridad u otros obstáculos dificulten la percepción de otras señales visuales. Es posible combinar ambos tipos de señalización en forma de columnas seleccionando la tensión de alimentación 230 V AC/24 V DC, diámetro, color de la carcasa, longitud del cable y si se añade o no elemento sonoro.

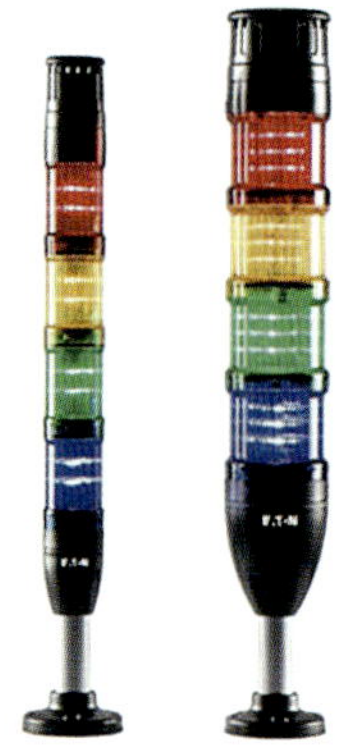

Figura 7.8. Columnas de señalización.

7.3.4. Planes de emergencia

Los planes de emergencia tienen por objeto definir las actuaciones que deben seguir los trabajadores de una instalación industrial ante situaciones potenciales de emergencia (por ejemplo, accidentes de trabajadores, incendio de materias primas inflamables, etc.). De esta forma, se pretenden reducir los efectos de las situaciones de emergencia producidas en el interior de las instalaciones.

Suele ser necesario definir en dichos planes las funciones del coordinador o jefe de emergencia, de los diferentes miembros del personal que integran el Equipo de Emergencia y del encargado de Primeros Auxilios o la persona cuya función sea proporcionar asistencia a las víctimas mientras llega ayuda externa. Para todos y cada uno de ellos se deben indicar los protocolos de actuación ante cada una de las situaciones potenciales de emergencia.

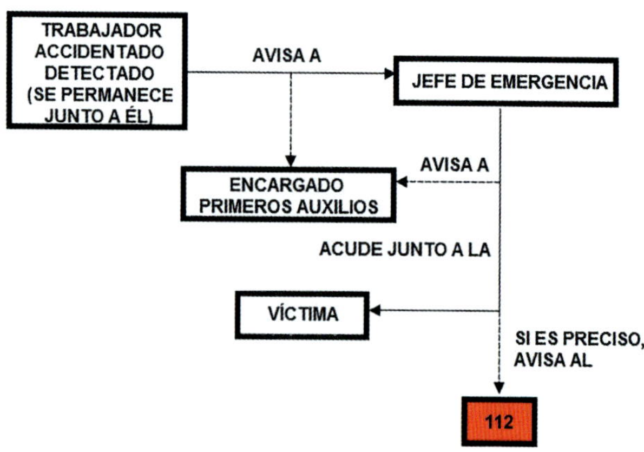

Figura 7.9. Protocolo de emergencia ante un trabajador accidentado.

También es necesario conocer dónde estará situado el centro de control, dónde se deberán situar los diferentes puntos de reunión para proceder a la evacuación de los trabajadores, etc. Cada cierto tiempo (al menos una vez al año) es necesario realizar simulacros con los que validar o modificar las condiciones definidas en el plan de emergencia. En estos planes es habitual indicar cuáles son los recursos disponibles (número y ubicación) para su utilización ante situaciones de este tipo como son:

- Extintores de polvo o de CO_2.
- Alumbrado de emergencia.
- Bocas de Incendios Equipadas (BIE).
- Botiquín de primeros auxilios.
- Otros medios como detectores y alarmas de incendios, pulsadores de alarma de incendios, extinción automática, señalización, grupo electrógeno, equipo de bombeo, etcétera.

7.4. Planes y manuales de calidad

Un plan de calidad, según la norma UNE-EN ISO 9000: 2005, es un documento a través del cual se detalla cómo deben ser los procedimientos y los recursos asociados, quiénes deben aplicarlos y cuándo deben aplicarse para garantizar los requisitos de calidad en los Proyectos, productos o procesos. Un plan de calidad suele explicar la forma de aplicar un sistema de gestión de la calidad en la empresa.

Las fases necesarias para implantar un plan de calidad, ligado a la fabricación de un producto o en un proceso de producción, pueden ser:

- Identificar las necesidades para desarrollar un plan de la calidad en la empresa.
- Determinar las entradas (por ejemplo, requisitos legales, requerimientos de los clientes o inversores, recursos disponibles, etc.) para el plan de calidad.
- Definir claramente el alcance del plan de calidad.
- Planificarlo, definiendo a la persona encargada y al equipo de trabajo.
- Redactar su contenido.
- Revisar, aceptar e implementarlo.

Un manual de calidad es un documento interno que detalla los medios y formas empleados en una empresa para asegurar la calidad. No debe ser muy extenso y se debe centrar en unos contenidos mínimos que son:

- Política y objetivos de calidad.
- Estructura organizativa con definición de un organigrama y de las funciones y responsabilidades de cada uno de sus miembros, en especial, la Dirección.
- Gestión de los recursos materiales y humanos.
- Requisitos ligados a la realización de un producto (diseño, producción, compras, etcétera).
- Medición, análisis y mejoras (medida de la satisfacción del cliente, control de producto no conforme, análisis estadísticos de datos, acciones de mejora, etcétera).

7.5. Plan de Gestión medioambiental. Gestión de residuos

Un Plan de Gestión medioambiental es un documento que ayuda a las empresas o industrias a determinar las pautas necesarias para conseguir un desarrollo sostenible de su actividad industrial y reducir los impactos negativos sobre el medio natural.

Estos planes persiguen reducir los riesgos de contaminación asociados a la actividad industrial de una empresa y se basan en la norma UNE-EN ISO 14001:2015, Sistemas de gestión ambiental. Requisitos con orientación para su uso, y en el Reglamento Comunitario de Ecogestión y Ecoauditoría EMAS (Eco-Management and Audit Scheme) de la Unión Europea.

7.5.1. Estudios de Impacto Ambiental

Los Estudios de Impacto Ambiental (EIA) son documentos técnicos de carácter multidisciplinar que permiten determinar si un Proyecto o una actividad industrial actúa de forma responsable ante los efectos ambientales que genera mediante la aplicación de medidas de mitigación, reparación o compensación.

Según la normativa, un Estudio de Impacto Ambiental consta de:

- Descripción del Proyecto y sus acciones, así como las alternativas técnicamente viables.
- Inventario ambiental e interacciones ecológicas existentes.
- Identificación y valoración de impactos.
- Establecimiento de medidas protectoras y correctoras.
- Programa de Vigilancia Ambiental.
- Conclusiones.

7.5.2. Gestión de residuos. Almacenaje y etiquetado

Como consecuencia de las diferentes actividades ligadas a los procesos productivos, se generan inevitablemente residuos que deben gestionarse de acuerdo con la normativa y al Plan de Gestión medioambiental que tenga implantado la empresa. Los residuos de tipo industrial se diferencian en asimilables a residuos sólidos urbanos (RSU), inertes y residuos peligrosos. Tendrán la catalogación de residuos peligrosos aquellos que figuran en la Lista Europea de Residuos (Orden MAM/304/2002), los que figuran en la normativa nacional, así como los recipientes y los envases que los hayan contenido.

Tabla 7.3. Ejemplos de códigos LER (Lista Europea de Residuos) de diferentes tipos de residuos

Código LER	Composición residuo	Tipo
17.04.01	Cobre, bronce, latón	No peligroso
05.01.12*	Hidrocarburos que contienen ácidos	Peligroso
08.03.12*	Residuos de tintas que contienen sustancias peligrosas	Peligroso
08.03.13	Residuos de tintas distintos de los especificados en el código 08.03.12	No peligroso

Nota: los residuos peligrosos aparecen marcados con un asterisco (*).

Otra información que también es relevante para gestionar los residuos generados son las fichas de seguridad, que hacen referencia a las sustancias que contienen los productos de partida y sus propiedades físicas y químicas más relevantes. Debe ser proporcionada por el fabricante o proveedor de una sustancia o un preparado.

La gestión de los residuos implica la recogida selectiva de los mismos, su almacenaje en dependencias adecuadas y el transporte hasta instalaciones o empresas externas preparadas tecnológicamente para su posterior tratamiento. Este tratamiento puede ser el aprovechamiento del residuo (tratamiento intermedio) o su eliminación (tratamiento final). También se deben vigilar por parte del gestor los lugares de depósito o vertido (almacenaje).

Por último, la normativa (Reglamento 1272/2008, de 16 de septiembre, sobre clasificación, etiquetado y envasado de sustancias y mezclas) exige el correspondiente etiquetado de los recipientes o envases (bultos) que contengan residuos peligrosos. La etiqueta debe tener la siguiente información:

- Código de identificación de los residuos (código LER y característica de peligrosidad HP).
- Nombre, dirección y teléfono del titular de los residuos.
- Fecha de envasado.
- Naturaleza de los riesgos que presentan los residuos (pictogramas del Sistema Globalmente Armonizado, SGA).

Tabla 7.4. Características de peligrosidad HP

Peligros físicos	HP1: Explosivo	HP15: Residuos que puedan presentar una de las características de peligrosidad mencionadas que no las presentaba el residuo original
	HP2: Comburente	
	HP3: Inflamable	
Peligros para la salud	HP4: Irritante	HP9: Infeccioso
	HP5: Toxicidad específica en determinados órganos	HP10: Tóxico para la reproducción
	HP6: Toxicidad aguda	HP11: Mutágeno
	HP7: Carcinógeno	HP12: Liberación de gas de toxicidad aguda
	HP8: Corrosivo	HP13: Sensibilizante
Peligros para el medioambiente	HP14: Ecotóxico	

Figura 7.10. Pictogramas del Sistema Globalmente Armonizado.

Datos del productor del residuo: **Nombre:** **Dirección:** **Teléfono:**	**BATERÍAS USADAS**
CORROSIVO • Provoca quemaduras y lesiones oculares graves. • Manténgase fuera del alcance de los niños. • En caso de contacto con la piel u ojos, lávese con abundante agua y acuda al médico. • Use guantes adecuados y protección para ojos y cara. • Manténgase el recipiente bien cerrado.	 **CORROSIVO**
Identificación del residuo: **HP8: Corrosivo** **LER: 16 06 01* Baterías usadas**	**UN 2794**
Fecha de inicio de envasado:	

Figura 7.11. Ejemplo de etiquetado de sustancias peligrosas.

7.6. Manuales de mantenimiento. Tipos de mantenimiento

Todo equipo funcionando durante un periodo de tiempo en un entorno industrial, definido por sus condiciones ambientales y físicas, está abocado a un inevitable proceso de deterioro. Es por ello por lo que deben redactarse manuales internos para realizar un correcto mantenimiento de estos.

El **mantenimiento** se puede entender como cualquier actividad necesaria que permita asegurar el buen uso de una parte del proceso o en sus elementos o, en caso de fallo, de su correcta reparación para que siga realizando adecuadamente sus funciones. Los tipos más habituales de mantenimiento se pueden clasificar en dos grandes grupos, como son **mantenimiento de conservación** y de **actualización.**

Para poder conservar en correcto funcionamiento dichos equipos es necesario corregir aquellos defectos o averías que se producen (**mantenimiento correctivo**) de forma inmediata, en el caso de ser averías críticas, o de forma diferida en el tiempo. Este tipo de mantenimiento requiere disponer tanto de personal cualificado (técnicos) bien formados como del material de repuesto o sustitución.

Además, es posible plantear otro tipo de mantenimiento, si se destinan recursos materiales, recursos técnicos y medios humanos para controlar la **fiabilidad de los equipos** industriales antes de que se produzca su avería (**mantenimiento preventivo**).

Este tipo de mantenimiento se puede realizar de **forma programada,** con el consiguiente cambio o sustitución de componentes o equipos cumpliendo un programa de revisión definido (por ejemplo, al alcanzar un número de ciclos de conexión/desconexión, un número de horas de funcionamiento, etcétera).

También es posible realizar este mantenimiento de forma predictiva; es decir, mediante el empleo de **técnicas** con las que controlar y monitorizar aquellas variables críticas del equipo (por ejemplo, el desgaste visual y las vibraciones de un cojinete), de forma que se puedan pronosticar o predecir con dichos valores (con un cierto margen de error) el momento en el que debe ser reemplazado por uno nuevo. Es bastante habitual definir con el estudio de los valores monitorizados un umbral o valor de aviso que puede implicar una sustitución inmediata de la pieza o componente.

En la actualidad, las técnicas predictivas más habituales son:

- Análisis de **vibraciones mecánicas** (por ejemplo, una desalineación en un eje mediante acelerómetros, módulo de vibraciones y *software* de control).

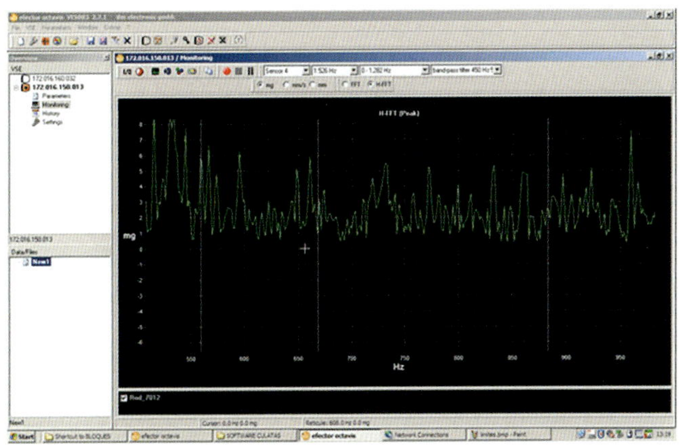

Figura 7.12. Monitorización de vibraciones mediante *software* de control.

- Análisis de **propiedades en elementos lubricantes** (por ejemplo, cambios de densidad o viscosidad por partículas presentes en aceites).
- Análisis por **ultrasonidos** (por ejemplo, para detectar fugas de fluidos o posibles arcos eléctricos).
- Análisis por **termografía infrarroja** (por ejemplo, para visualizar temperaturas de superficies mediante escalas de colores en elementos de cuadros eléctricos).
- Análisis por **algoritmos estadísticos.**

- Análisis de **magnitudes eléctricas** (por ejemplo, estado de la resistencia de aislamiento de un equipo en vacío o en carga mediante la medida de las intensidades de corriente).

Por tanto, en toda instalación o industria con procesos automatizados y de robótica, más o menos complejos, es necesario diseñar un **plan de mantenimiento preventivo** en sus dos posibilidades (programada o predictiva).

Actividad resuelta 7.3

En una instalación industrial con una máquina dispensadora de especias, indica cuáles son las instrucciones para realizar el mantenimiento preventivo de sus diferentes componentes.

Tabla 7.5. Elementos de una instalación industrial

Elementos	Descripción
V1-V13	Electroválvula de mariposa con detector interno
B1	Electrobomba centrífuga
C1	Caudalímetro
D1	Flujostato
D2-D3	Detector de posicionamiento del torpedo de limpieza
R1	Manorreductor de aire
P1, P2 y P3	Células de carga comunicadas con una caja de sumas
S1	Sonda de temperatura PT-100
E1	Estación de salida del torpedo, con dos válvulas neumáticas y 2 detectores de posición
E2	Estación de llegada del torpedo
A1	Pistón de enclavamiento del torpedo

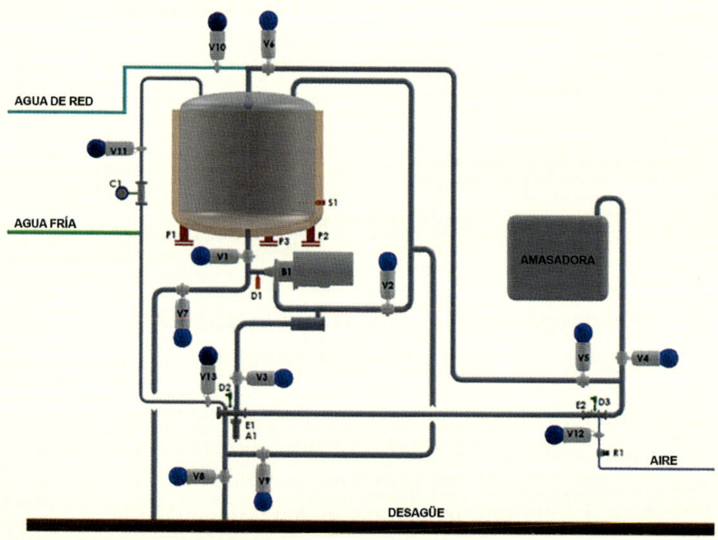

Figura 7.13. Esquema de parte de una instalación mezcladora de especias.

Solución:

- Pigging System (sistema de arrastre del producto terminado hacia la amasadora): se debe realizar el mantenimiento del torpedo o cabezal de limpieza de los tubos cada 15 días o cuando lo estime oportuno la propiedad. Es necesario extraer el cabezal de la línea para hacer una inspección visual del cuerpo y de las juntas de silicona alimentaria para observar su estado. En caso de detectar un deterioro, se deben sustituir las juntas.
- Bombas de impulsión: se deben desmontar las bombas para extraer el rodete y observar su superficie para detectar erosiones debidas a partículas sólidas bombeadas en los procesos de producción. La frecuencia del mantenimiento es cada seis meses o cuando lo estime oportuno la propiedad.
- Válvulas: se debe comprobar el estado de las juntas interiores para asegurar su estanqueidad. También es necesario comprobar el sistema de accionamiento para su apertura y cierre. La frecuencia del mantenimiento es cada seis meses o cuando lo estime oportuno la propiedad.

Por último, una vez al año se deben revisar los elementos restantes de la instalación como son caudalímetros de turbina de acero inoxidable, sondas de temperatura PT-100, células de carga con soporte antivuelco y cajas de sumas para el pesaje de cada depósito de mezcla de productos, etcétera.

Actividad resuelta 7.4

En una instalación automatizada con control por visión artificial de elementos plásticos, indica cuáles son las instrucciones para realizar el mantenimiento preventivo de sus diferentes componentes.

Solución:

Una instalación de visión artificial consta de una cámara industrial acoplada en un soporte (preparada para funcionar de modo continuo), un sensor de cámara alojado en una carcasa, una óptica donde va alojado el sensor, un objetivo y un sistema de iluminación (frontal, lateral, *darkfield, backlight,* etc.) adecuado al objeto que se debe analizar. Además, se requiere de un *software* de procesamiento de imágenes mediante ordenador donde guardar la información (fotos realizadas).

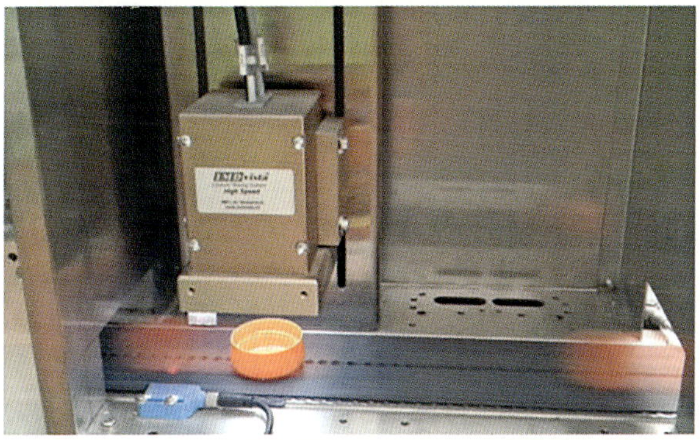

Figura 7.14. Sistema de visión artificial para control de tapones.

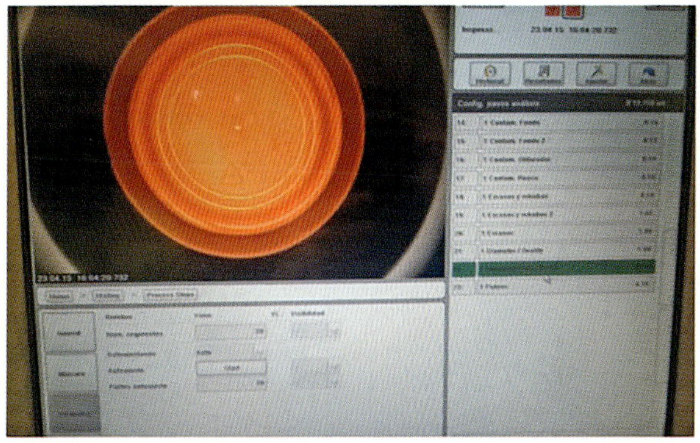

Figura 7.15. *Software* de control de un sistema de visión artificial.

Además, la parte eléctrica consta de una cinta transportadora, columnas de emergencia, avisadores acústicos y un cuadro eléctrico donde ubicar el autómata, las protecciones, la fuente de alimentación, los contactores, los relés auxiliares, etcétera.

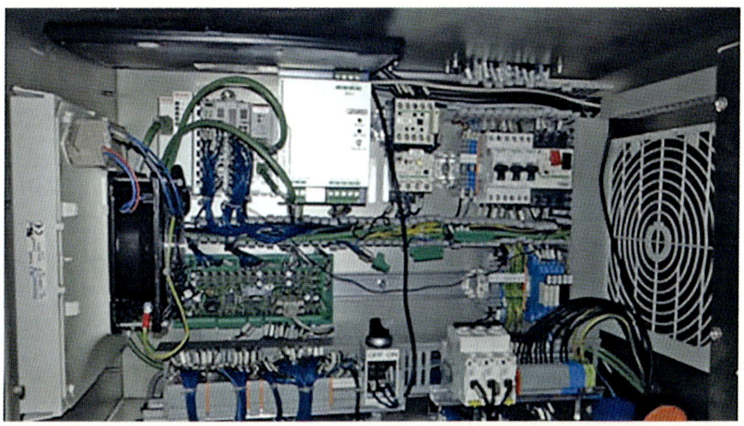

Figura 7.16. Cuadro eléctrico de la cinta de un sistema de visión artificial.

En este tipo de instalaciones se requiere un mantenimiento predictivo para limpiar cada cierto tiempo la cámara de la suciedad presente en el entorno industrial. También suele ser necesario reajustarla, para que enfoque correctamente la pieza que analizar, debido a las vibraciones de los automatismos. En el caso de que se produzcan apagados inesperados por fallos eléctricos, puede ser necesario volver a ajustar ciertos parámetros del *software* de procesamiento y que se dañe la CPU o el disco duro del sistema de procesamiento de imágenes. También se debe realizar el mantenimiento preventivo de la parte eléctrica verificando el correcto funcionamiento del autómata, de los relés, de las columnas ópticas, de los avisadores acústicos; el estado adecuado del cableado interno del cuadro; el consumo de los motores eléctricos, etcétera.

Con toda la información recogida por las diferentes tareas de mantenimiento definidas en la instalación o proceso industrial, se puede elaborar un histórico de mantenimiento y un histórico de averías. Esta información es muy valiosa y permite tomar decisiones de planificación de mantenimiento con datos reales del comportamiento de una instalación.

Mapa conceptual

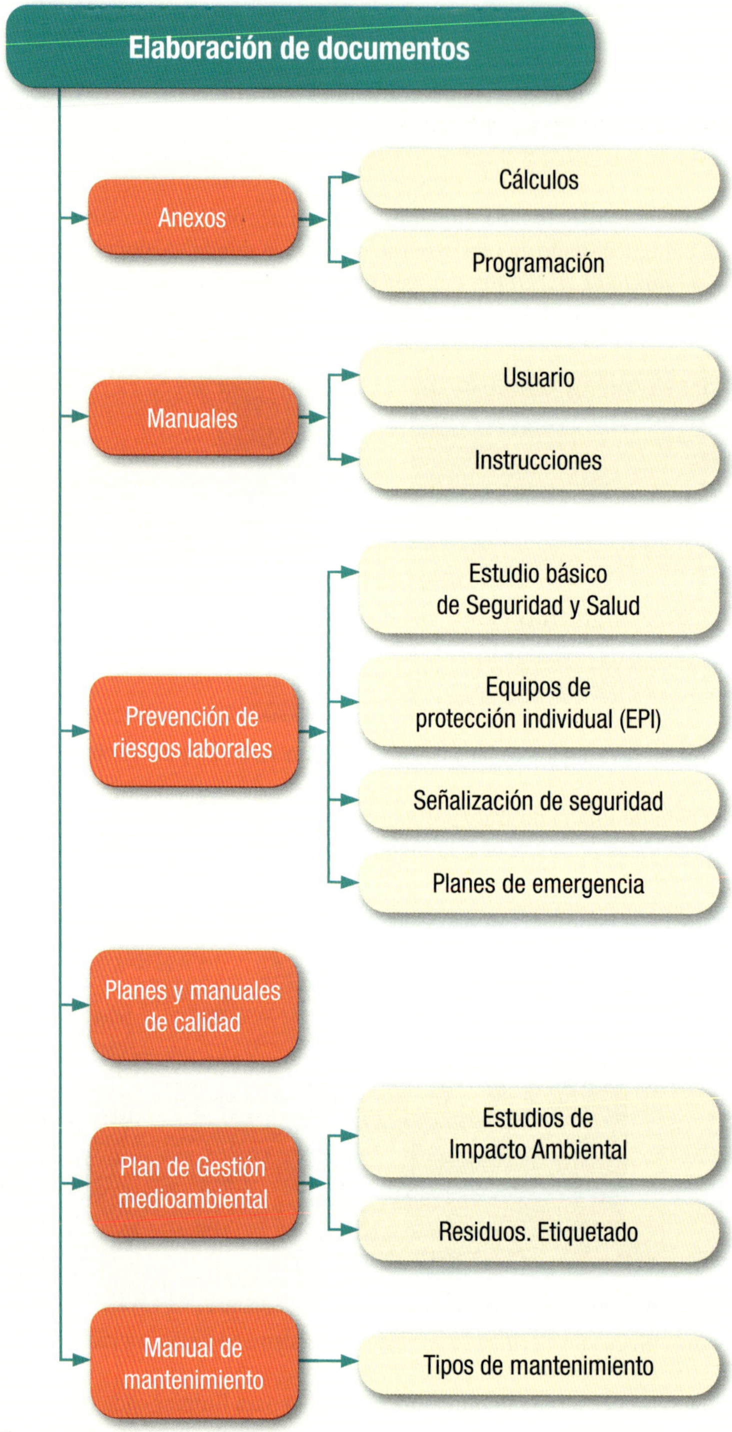

De comprobación

7.1. **El conjunto de normas de uso que permiten el montaje o instalación de un equipo es:**

a) El manual de usuario.

b) El manual de instrucciones.

c) El manual de calidad.

d) El manual de emergencia.

7.2. **El documento que permite estimar los distintos riesgos laborales asociados a los distintos equipos y medios utilizados por los trabajadores es:**

a) El manual de usuario.

b) El manual de instrucciones.

c) El manual de calidad.

d) Ninguna de las respuestas anteriores es correcta.

7.3. **Un equipo de protección individual (EPI) es:**

a) Un equipo que protege al trabajador ante uno o varios riesgos existentes en el puesto de trabajo.

b) Un equipo que permite mejorar la salud, la ergonomía y la comodidad del trabajador.

c) Las dos respuestas anteriores son correctas.

d) Ninguna de las respuestas anteriores es correcta.

7.4. **La señalización representada en la figura siguiente es:**

a) Una señal de advertencia obligatoria individual contra caídas.

b) Una señal de prohibición obligatoria individual contra caídas.

c) Una señal de protección obligatoria individual contra caídas.

d) Ninguna de las respuestas anteriores es correcta.

7.5. **La señalización representada en la siguiente figura es:**

a) Una señal de advertencia para engrasar la máquina en funcionamiento.

b) Una señal de prohibición de engrasar la máquina en funcionamiento.

c) Una señal de protección para engrasar la máquina en funcionamiento.

d) Ninguna de las respuestas anteriores es correcta.

7.6. **La señalización representada en la siguiente figura es:**

a) Una señal de advertencia para un peligro en general.

b) Una señal de prohibición para un peligro en general.

c) Una señal de protección para un peligro en general.

d) Ninguna de las respuestas anteriores es correcta.

7.7. **Un plan de calidad:**

a) Explica la forma de aplicar un sistema de gestión de la calidad en la empresa.

b) Clasifica los riesgos laborales presentes entre completamente evitables y no evitables.

c) Define las actuaciones que deben seguir los trabajadores ante una emergencia.

d) Todas las respuestas anteriores son correctas.

7.8. **La característica de peligrosidad HP4 es:**

a) Un peligro para la salud de tipo irritante.

b) Un peligro para la salud de tipo corrosivo.

c) Un peligro para la salud de tipo mutágeno.

d) Ninguna de las respuestas anteriores es correcta.

7.9. **El mantenimiento correctivo permite:**

a) Conservar el correcto funcionamiento de los equipos corrigiendo aquellos defectos o averías que se producen.

b) Emplear técnicas con las que controlar y monitorizar las variables críticas del equipo.

c) Las dos respuestas anteriores son correctas.

d) Ninguna de las respuestas anteriores es correcta.

7.10. **El mantenimiento preventivo permite:**

a) Conservar el correcto funcionamiento de los equipos corrigiendo aquellos defectos o averías que se producen.

b) Emplear técnicas con las que controlar y monitorizar las variables críticas del equipo.

c) Las dos respuestas anteriores son correctas.

d) Ninguna de las respuestas anteriores es correcta.

Actividades finales

De aplicación

7.1. ¿Cuál es la definición de una instrucción técnica? ¿Cuáles son las características principales de un manual de instrucciones? Razona la respuesta.

7.2. ¿Qué es un Estudio básico de Seguridad y Salud? ¿Y un EPI? Razona las respuestas. Indica, al menos, tres ejemplos de EPI.

7.3. ¿Qué es una señalización de seguridad situada en una zona de trabajo? Razona la respuesta indicando las diferentes clasificaciones que pueden hacerse de las señales de seguridad.

7.4. ¿Qué es un plan de calidad? ¿Cuáles son las diferentes fases necesarias para su implantación?

7.5. ¿Cuáles son los documentos que integran un Estudio de Impacto Ambiental?

7.6. ¿Qué es el mantenimiento predictivo? Indica, al menos, cuatro de las técnicas más habituales usadas en la actualidad.

De ampliación

7.1. Busca en Internet el manual de instrucciones de una fuente de alimentación 230 V AC/24 V DC y analiza las partes en las que se divide, así como las normativas y directrices que cumple.

7.2. Busca en Internet el manual de instrucciones de un variador de velocidad y analiza también las partes en las que se divide, así como las normativas y directrices que cumple.